北京工业大学研究生创新教育系列著作

最优化：理论、计算与应用

薛 毅 编著

科 学 出 版 社

北 京

内 容 简 介

本书包括最优化理论、计算和应用三个方面的内容，共 6 章，分别是最优化问题概述、一维搜索与信赖域方法、无约束最优化方法、非线性方程与最小二乘问题、线性规划、约束最优化方法.

将最优化的理论、计算和应用结合在一起是本书最大的特点，其目的是让学习者掌握求解最优化问题的基本理论，理解相关算法的设计思想，了解最优化问题的求解过程，学会使用 MATLAB 软件(优化工具箱中的函数)计算最优化问题.

本书可作为数学专业本科生、研究生以及工科研究生公共课“最优化方法”或“数值优化”课程的教材或教学参考书，也可作为科技工作者和工程技术人员学习最优化理论与计算的参考用书.

图书在版编目(CIP)数据

最优化：理论、计算与应用/薛毅编著. —北京：科学出版社，2019. 2
ISBN 978-7-03-060523-8

Ⅰ. ①最… Ⅱ. ①薛… Ⅲ. ①最佳化－教材 Ⅳ. ①O224

中国版本图书馆 CIP 数据核字 (2019) 第 023591 号

责任编辑：李 欣 李香叶／责任校对：彭珍珍
责任印制：吴兆东／封面设计：陈 敬

科学出版社 出版
北京东黄城根北街 16 号
邮政编码：100717
http://www.sciencep.com

北京中石油彩色印刷有限责任公司 印刷
科学出版社发行 各地新华书店经销
*
2019 年 2 月第 一 版 开本：720 × 1000 B5
2019 年 2 月第一次印刷 印张：22 3/4
字数：459 000

定价：128.00 元

(如有印装质量问题，我社负责调换)

前　　言

本书包含最优化理论、计算和应用三个方面的内容, 为什么选择这三个方面的内容呢? 首先, 在目前的教材中, 全部包含这三个方面的书不多. 其次, 在编者的教学实践中发现: 有的学生将最优化作为纯数学内容来学, 这当然没有什么不对的, 它本身就是一门数学课程, 但这类学生往往不擅长计算, 使用数学软件求解最优化问题都不会; 还有的学生将最优化理论作为计算机的内容来学, 会使用数学软件进行求解, 但出现问题后不知如何处理, 这是因为这部分学生没有很好地掌握最优化理论, 不理解求解最优化问题的算法是如何设计的.

求解最优化问题, 特别是非线性最优化问题, 实际上是相当复杂的, 即使是使用昂贵的数学软件, 也不能保证求出全部最优化问题的解, 有时需要根据问题的特点, 借助你对算法的了解, 适当地调整参数或选择适合问题的算法, 才能得到你所需要的结果. 没有相关的优化理论是无从下手的.

本书介绍的应用只是众多最优化问题应用中很小的一部分, 是想起到抛砖引玉的作用, 通过简单的最优化问题的求解过程来展示如何使用数学软件完成相关的计算. 实际上, 不单单是最优化问题的应用, 其理论与计算方面的内容也是相当丰富的, 不可能在一部教材中完成, 因此, 这里也只能介绍最优化理论与计算中最基本的部分.

本书仅给出最优化问题最基本定理的证明, 并使用大量的篇幅对相关算法给出直观的解释, 比如, 尽可能地配上图形对算法可能遇到的问题加以说明. 而对一些复杂的定理, 本书只给出相应的结论, 例如, 只给出算法的超线性收敛性的结论, 而略去复杂的证明过程. 本书的重点是基本理论, 所以书中没有包含近些年来最优化理论的新成果, 如果读者需要查看这方面内容, 请阅读相关教材或专著.

作为最优化方面的教材, 本书也不例外地包含线性规划方面的内容, 但这部分的理论内容较少, 只介绍了最基本的单线性形和对偶单纯形算法及相关的定理, 这部分内容的重点是线性规划问题的应用, 特别是增加了图论方面的应用, 并没有介绍诸如椭球算法或 Karmarkar 等内点算法. 不是这部分内容不重要, 而是本书的重点是基本理论, 对于大规模优化问题的计算, 将交给数学软件来完成.

本书使用 MATLAB 软件完成优化问题的计算, 这里包括两个方面的内容, 一是按照算法, 编写相应的 MATLAB 程序, 其目的是复习和巩固每一章中介绍的相关算法. 二是 MATLAB 优化工具箱中相关函数的介绍, 读者可以利用这些函数求解较为复杂的优化问题.

本书共 6 章. 第 1 章, 最优化问题概述. 介绍最优化问题的分类、最优化问题的最优性条件, 以及 MATLAB 优化工具箱. 第 2 章, 一维搜索与信赖域方法. 介绍 0.618 法、两点二次插值方法作为精确一维搜索方法的代表和非精确一维搜索算法; 介绍信赖域方法的结构, 以及求解信赖域子问题的 dogleg 算法; 介绍求解一维极小化问题函数的使用, 以及一维最优化问题的应用. 第 3 章, 无约束最优化方法. 介绍求解无约束最优化问题的最速下降法、共轭梯度法、Newton 法、拟 Newton 法和信赖域算法, 以及相关定理的证明和算法的收敛性质; 介绍求解无约束最优化问题的函数, 以及无约束最优化问题的应用. 第 4 章, 非线性方程与最小二乘问题. 介绍求解非线性方程组的 Newton 法和拟 Newton 法、求解超定方程组 Gauss-Newton 法、Levenberg-Marquardt 方法和拟 Newton 法; 介绍求解非线性方程与最小二乘问题的优化函数, 以及这两类问题的应用. 第 5 章, 线性规划. 介绍求解线性规划问题的单纯形法和对偶单纯形法、线性规划的理论和对偶定理、求解线性规划 (包括整数规划) 的函数, 以及线性规划的应用. 第 6 章, 约束最优化方法. 介绍求解二次规划问题的算法, 如有效集法. 求解一般约束问题的罚函数法和序列二次规划方法; 介绍求解二次规划、一般约束问题的优化函数, 以及约束最优化问题的应用.

本书的全部程序均通过计算检验, 书中的程序已在 MATLAB R2014a 环境下运行通过, 倘若读者使用的 MATLAB 软件的版本低于此版本, 基本上也不会影响到书中程序的运行, 除少数函数 (如求解整数线性规划的函数) 外. 如果读者需要书中的自编程序 (包括例题和习题数据), 可发邮件至 xueyi@bjut.edu.cn, 向作者索取.

由于编者水平所限, 可能在内容的取材、结构的编排以及课程的讲法上存在着不妥之处, 希望使用本书的老师、同学以及同行专家和其他读者提出批评与建议.

在本书出版之际, 谨向对本书提供过帮助的各位老师和专家表示感谢, 同时感谢科学出版社编辑为本书的出版做的大量工作.

编 者
2018 年 2 月
于北京工业大学

目　　录

第 1 章　最优化问题概述 ······ 1
1.1　最优化问题的数学模型与分类 ······ 1
1.2　最优化问题 ······ 2
1.2.1　无约束最优化问题 ······ 2
1.2.2　线性规划问题 ······ 3
1.2.3　二次规划问题 ······ 4
1.2.4　约束优化问题 ······ 6
1.3　无约束问题的最优性条件 ······ 7
1.3.1　无约束问题的最优解 ······ 7
1.3.2　最优性条件 ······ 9
1.4　约束问题的最优性条件 ······ 13
1.4.1　约束问题的全局解与局部解 ······ 13
1.4.2　约束问题最优解的最优性条件 ······ 14
1.5　凸集与凸函数 ······ 21
1.5.1　凸集 ······ 22
1.5.2　凸函数 ······ 25
1.6　约束问题最优性条件的证明 ······ 28
1.6.1　一阶必要条件的证明 ······ 28
1.6.2　二阶充分条件的证明 ······ 33
1.7　MATLAB 优化工具箱 ······ 35
1.7.1　MATLAB 概述 ······ 35
1.7.2　MATLAB 优化工具箱概述 ······ 35
1.7.3　MATLAB 优化工具箱中的函数 ······ 36
习题 1 ······ 37
第 2 章　一维搜索与信赖域方法 ······ 42
2.1　求解无约束问题的结构 ······ 42
2.1.1　一维搜索策略的下降算法 ······ 42
2.1.2　信赖域方法 ······ 42
2.2　一维搜索 ······ 43

2.2.1 精确一维搜索算法 …… 43
2.2.2 非精确一维搜索算法 …… 46
2.2.3 正定二次函数的一维搜索方法 …… 48
2.3 下降算法的收敛性 …… 49
2.3.1 算法的收敛性 …… 49
2.3.2 算法的收敛速率 …… 52
2.3.3 算法的二次终止性 …… 52
2.4 信赖域方法 …… 53
2.4.1 信赖域方法的基本结构 …… 53
2.4.2 求解信赖域子问题的 dogleg 方法 …… 54
2.4.3 信赖域方法的全局收敛性 …… 55
2.5 自编的 MATLAB 程序 …… 57
2.5.1 一维搜索程序 …… 57
2.5.2 求解信赖域子问题折线方法 …… 61
2.6 MATLAB 优化工具箱中的函数 …… 63
2.7 一维优化问题的应用 …… 64
2.7.1 路灯照明问题 …… 65
2.7.2 极大似然估计 …… 66
习题 2 …… 67
第 3 章 无约束最优化方法 …… 68
3.1 算法 …… 68
3.1.1 最速下降法的收敛性质 …… 68
3.1.2 算法的收敛性质 …… 70
3.2 共轭梯度法 …… 74
3.2.1 线性共轭梯度法 …… 74
3.2.2 非线性共轭梯度法 …… 79
3.2.3 共轭梯度法的收敛性质 …… 82
3.3 Newton 法 …… 85
3.3.1 精确 Newton 法 …… 85
3.3.2 Newton 法的收敛性质 …… 87
3.3.3 非精确 Newton 法 …… 88
3.3.4 带有一维搜索的 Newton 法 …… 89
3.3.5 信赖域 Newton 法 …… 91
3.4 拟 Newton 法 …… 94

3.4.1 秩 1 修正公式 95
3.4.2 秩 1 修正公式的性质 98
3.4.3 秩 2 修正公式 100
3.4.4 秩 2 修正公式的性质 105
3.4.5 信赖域算法 110
3.5 自编的 MATLAB 程序 111
3.5.1 最速下降法 111
3.5.2 共轭梯度法 112
3.5.3 Newton 法 113
3.5.4 拟 Newton 法 114
3.5.5 信赖域方法 115
3.6 MATLAB 优化工具箱中的函数 118
3.6.1 多变量极小化函数 118
3.6.2 设置优化参数 121
3.7 无约束最优化问题的应用 125
3.7.1 选址问题 125
3.7.2 曲线拟合问题 126
3.7.3 药物浓度的测定 126
习题 3 129
第 4 章 非线性方程与最小二乘问题 133
4.1 求解非线性方程组 133
4.1.1 非线性方程求根 133
4.1.2 非线性方程组求解 136
4.2 超定方程组求解与最小二乘问题 143
4.2.1 线性最小二乘问题 144
4.2.2 Gauss-Newton 法 146
4.2.3 Levenberg-Marquardt 方法 149
4.2.4 拟 Newton 法 152
4.3 自编 MATLAB 程序 153
4.3.1 求解非线性方程的方法 153
4.3.2 求解非线性方程组的方法 156
4.3.3 求解非线性最小二乘问题的算法 161
4.4 MATLAB 优化工具箱中的函数 167
4.4.1 求解非线性方程 (组) 167

4.4.2 求解线性最小二乘问题 …… 170
4.4.3 求解非线性最小二乘问题 …… 174
4.5 非线性方程 (组) 的应用 …… 177
4.5.1 求极值问题 …… 177
4.5.2 GPS 定位问题 …… 179
4.6 最小二乘问题的应用 …… 182
4.6.1 曲线拟合问题 …… 182
4.6.2 GPS 定位问题 (续) …… 182
习题 4 …… 184
第 5 章 线性规划 …… 187
5.1 线性规划的数学模型 …… 187
5.1.1 线性规划的实例 …… 187
5.1.2 线性规划的标准形式 …… 190
5.1.3 线性规划的图解法 …… 191
5.2 求解线性规划问题的单纯形法 …… 194
5.2.1 基本单纯形法 …… 194
5.2.2 单纯形表 …… 197
5.2.3 两阶段方法 …… 199
5.2.4 改进单纯形法 …… 203
5.3 线性规划的对偶问题 …… 205
5.3.1 对偶线性规划 …… 205
5.3.2 线性规划的对偶理论 …… 208
5.3.3 对偶单纯形法 …… 211
5.4 内点算法概述 …… 215
5.4.1 算法复杂性的基本概念 …… 215
5.4.2 单纯形法的复杂性 …… 215
5.4.3 内点算法简介 …… 216
5.5 自编 MATLAB 程序 …… 217
5.5.1 从基本可行解开始的单纯形法 …… 217
5.5.2 两阶段方法 …… 218
5.5.3 从正则解开始的对偶单纯形法 …… 220
5.6 MATLAB 优化工具箱中的函数 …… 222
5.6.1 linprog 函数 …… 222
5.6.2 Lagrange 乘子的意义 …… 224

5.6.3 intlinprog 函数 ······ 227
5.7 线性规划问题的应用 ······ 230
5.7.1 城市规划 ······ 230
5.7.2 投资 ······ 233
5.7.3 生产计划与库存控制 ······ 236
5.7.4 人力规划 ······ 244
5.7.5 最小覆盖 ······ 246
5.8 用线性规划求解图论中的问题 ······ 248
5.8.1 运输问题 ······ 248
5.8.2 最优指派问题 ······ 250
5.8.3 最短路问题 ······ 253
5.8.4 最大流问题及应用 ······ 258
习题 5 ······ 264
第 6 章 约束最优化方法 ······ 273
6.1 二次规划问题 ······ 273
6.1.1 二次规划的基本性质 ······ 273
6.1.2 等式二次规划问题 ······ 274
6.1.3 求解凸二次规划的有效集法 ······ 280
6.2 罚函数方法 ······ 286
6.2.1 二次罚函数方法 ······ 286
6.2.2 l_1 模罚函数方法 ······ 294
6.2.3 乘子罚函数法 ······ 297
6.2.4 一般等式约束问题的乘子罚函数法 ······ 302
6.2.5 一般约束问题的乘子罚函数法 ······ 304
6.3 序列二次规划方法 ······ 308
6.3.1 Lagrange-Newton 法 ······ 308
6.3.2 一般约束问题的序列二次规划方法 ······ 310
6.4 序列二次规划的信赖域方法 ······ 316
6.4.1 求解等式约束问题的信赖域算法 ······ 316
6.4.2 求解一般约束问题的信赖域算法 ······ 320
6.5 MATLAB 优化工具箱中的函数 ······ 323
6.5.1 求解二次规划问题 ······ 323
6.5.2 求解一般约束问题 ······ 327
6.6 约束最优化问题的应用 ······ 331

6.6.1 投资组合问题 …… 331
6.6.2 选址问题 …… 332
习题 6 …… 334
习题参考答案 …… 339
参考文献 …… 347
索引 …… 348
MATLAB 函数索引 …… 352
MATLAB 自编函数索引 …… 353

第 1 章　最优化问题概述

最优化就是在众多方案中寻找最好的方案与方法的学科, 是运筹学的重要组成部分, 在自然科学、社会科学、生产实际、工程设计和现代管理中有着重要的应用价值. 例如, 在工程中如何选择最优参数, 使得既满足设计要求, 又做到成本最低; 在投资项目中, 如何进行组合使得到的收益最大或风险最小; 在运输网络中, 如何安排使得总运费最少, 或者具有最大的运力, 或者是使两地距离最短. 这类问题是普遍存在的, 这就需要根据实际问题建立数学模型, 并进行求解.

1.1　最优化问题的数学模型与分类

最优化是决策科学和物理系统分析中的重要工具, 在介绍最优化问题的求解之前, 需要建立最优化问题的数学模型, 例如, 什么是需要处理的变量, 什么是目标函数, 变量受到哪些约束限制等.

最优化问题的数学模型的一般表达式为

$$\min \ f(x), x \in \mathbb{R}^n, \tag{1.1}$$

$$\text{s.t.} \ \ c_i(x) = 0, \ i \in \mathcal{E}, \tag{1.2}$$

$$c_i(x) \geqslant 0, \ i \in \mathcal{I}, \tag{1.3}$$

称 x 为未知参数. 称 $f(x)$ 为目标函数, 用 min 表示求极小, 当然, 也可用 max 表示求极大. s.t. 是单词 subject to 的缩写, 意思为“受 $\cdots$ 限制”, 即约束. 称 $c_i(x)$ 为约束函数, 用 $\mathcal{E}$ 表示等式约束指标集, $\mathcal{I}$ 表示不等式约束指标集, 因此, $c_i(x) = 0 \ (i \in \mathcal{E})$ 表示等式约束, $c_i(x) \geqslant 0 \ (i \in \mathcal{I})$ 表示不等式约束.

最优化问题的分类是十分重要的, 因为不同类型的最优化问题, 需要用到不同的算法求解.

按照约束条件进行划分, 最优化问题可以分成无约束最优化问题和约束最优化问题. 所谓无约束最优化问题就是没有约束条件 (1.2)–(1.3), 即

$$\min \ f(x), \quad x \in \mathbb{R}^n. \tag{1.4}$$

而约束最优化问题就是问题 (1.1)–(1.3).

按照函数的性质划分, 如果目标函数 $f(x)$ 和约束函数 $c_i(x)$ 均为线性函数, 则称为线性规划问题; 如果在目标函数和约束函数中至少一个函数是非线性的, 则称为非线性规划问题. 如果目标函数 $f(x)$ 为二次函数, 约束函数 $c_i(x)$ 为线性函数, 则称为二次规划问题.

按照变量的性质划分, 如果变量的取值均为整数, 则称为纯整数规划, 如果部分变量取值为整数, 则称为混合整数规划.

还有更细的划分, 如几何规划、网络优化、组合优化等.

1.2　最优化问题

最优化问题有多种, 有无约束最优化问题和约束最优化问题; 有线性规划和二次规划. 下面分别予以介绍.

1.2.1　无约束最优化问题

无约束最优化问题就是变量无限制, 非线性最小二乘问题是一类典型的无约束最优化问题.

例 1.1(非线性最小二乘问题)　一位医院管理人员想建立一个模型, 对重伤患者出院后的长期恢复情况进行预测. 自变量是患者住院的天数 (t), 因变量是患者出院后长期恢复的预后指数 (y), 指数的数值越大表示预后效果越好. 为此, 研究了 15 个患者的数据, 这些数据列在表 1.1 中. 根据经验, 患者住院的天数 (t) 和预后指数 (y) 应满足非线性模型

$$y = \phi(x;t) = x_1 + x_2 \exp(x_3 t).$$

试用最小二乘方法建立估计参数 x_1, x_2 和 x_3 的数学模型.

表 1.1　关于重伤患者的数据

病例号	住院天数	预后指数	病例号	住院天数	预后指数
1	2	54	9	34	18
2	5	50	10	38	13
3	7	45	11	45	8
4	10	37	12	52	11
5	14	35	13	53	8
6	19	25	14	60	4
7	26	20	15	65	6
8	31	16			

解　令 $x = (x_1, x_2, x_3)^{\mathrm{T}}$, 确定 x, 使得 $\phi(x;t_i)$ 尽可能靠近 y_i, 定义残差

$$r_i(x) = y_i - \phi(x;t_i) = y_i - x_1 - x_2 \exp(x_3 t_i), \quad i = 1, 2, \cdots, 15,$$

则最小二乘问题为

$$\min\ f(x) = \frac{1}{2}\sum_{i=1}^{15} r_i^2(x) = \frac{1}{2}\sum_{i=1}^{15}\left[y_i - x_1 - x_2\exp(x_3 t_i)\right]^2.$$

对于一般情况, 设 $x \in \mathbb{R}^n$, 当 $r_i(x),\ i = 1, 2, \cdots, m\ (m \geqslant n)$ 为非线性函数, 则称问题

$$\min\ f(x) = \frac{1}{2}\sum_{i=1}^{m} r_i^2(x), \quad x \in \mathbb{R}^n \tag{1.5}$$

为非线性最小二乘问题.

无约束最优化问题的一般表达式为

$$\min\ f(x), \quad x \in \mathbb{R}^n. \tag{1.6}$$

1.2.2 线性规划问题

对于最优化问题 (1.1)–(1.3), 如果目标函数 $f(x)$ 和约束函数 $c_i(x)$ $(i \in \mathcal{E} \cup \mathcal{I})$ 是线性函数, 则问题就简化成线性规划问题. 下面看一个例子.

例 1.2 (食谱问题) 现有 n 种食物, 共包含 m 种营养, 其中每单位的第 j 种食物含有第 i 种营养 a_{ij} 个单位. 假设第 i 种营养的需求量至少为 b_i 个单位, 第 j 食物的单价为 c_j. 那么, 在满足营养需求的情况下, 如何搭配这 n 种食品, 使得费用最低. 试建立相应的数学模型.

解 设 x_j 为第 j 种食物的购买量, 那么, 第 j 种食物所需的费用为 $c_j x_j$, 总的费用为 $\sum\limits_{j=1}^{n} c_j x_j$. 因此, 目标函数为

$$\min\quad z = \sum_{j=1}^{n} c_j x_j.$$

因为 a_{ij} 为每单位的第 j 种食物含有第 i 种营养的量, 所以 $a_{ij}x_j$ 就是第 j 种食物含有第 i 种营养的量, $\sum\limits_{j=1}^{n} a_{ij}x_j$ 就是全部 n 种食物含有第 i 种营养的总量, 它不少于需求量 b_i, 因此, 得到约束

$$\sum_{j=1}^{n} a_{ij}x_j \geqslant b_i, \quad i = 1, 2, \cdots, m.$$

另外, 每种食物的购买量 x_j 应是非负的, 由此得到食谱问题的数学模型

$$\begin{aligned} \min \quad & z=\sum_{j=1}^{n} c_j x_j, && (1.7)\\ \text{s.t.} \quad & \sum_{j=1}^{n} a_{ij} x_j \geqslant b_i, \quad i=1,2,\cdots,m, && (1.8)\\ & x_j \geqslant 0, \quad j=1,2,\cdots,n. && (1.9) \end{aligned}$$

线性规划的一般表达式为

$$\begin{aligned} \min \quad & z=c^{\mathrm{T}} x, && (1.10)\\ \text{s.t.} \quad & a_i^{\mathrm{T}} x=b_i,\ i \in \mathcal{E}, && (1.11)\\ & a_i^{\mathrm{T}} x \geqslant b_i,\ i \in \mathcal{I}, && (1.12) \end{aligned}$$

其中 $a_i\ (i \in \mathcal{E} \cup \mathcal{I})$ 和 c 为 n 维向量.

如果线性规划问题 (1.10)–(1.12) 中的变量 x_j 全部要求是整数解, 则称问题为纯整数线性规划问题. 如果有部分变量取整数, 则称问题为混合整数线性规划问题. 如果变量只取 0 或 1, 则称问题为 0–1 线性规划问题.

1.2.3　二次规划问题

如果目标函数 $f(x)$ 为二次函数, 约束函数为线性函数, 则此类问题称为二次规划问题. 下面通过投资组合模型来建立二次规划问题.

每位投资者都知道风险与利润并存. 为了增加在投资方面的预期利润, 投资者可能要面对较高的风险. 投资理论是研究应该如何建立数学模型, 使投资者在一定的风险下得到最大的利润, 或者是在一定的利润下使风险达到最小.

设有 n 个投资机会, 每一种投资的利润为 $r_i(i=1,2,\cdots,n)$. 在通常的情况下, 利润 r_i 是未知的, 并假设它是服从正态分布的随机变量. 用 $\mu_i=E[r_i]$ 表示其数学期望, 因此, μ_i 为第 i 项投资的平均利润. 用 $\sigma_i^2=E[(r_i-\mu_i)^2]$ 表示利润 r_i 的方差, 方差越大, 其利润的变化范围也就越大. 因此, 可以定义方差为该项投资的风险.

现有一笔资金, 打算对 n 个项目进行投资. 设第 i 个项目投资的百分比为 $x_i(i=1,2,\cdots,n)$, 并假设这笔资金全部用于投资, 即得到 $\sum\limits_{i=1}^{n} x_i=1\ (x_i \geqslant 0, i=1,2,\cdots,n)$. 所以, 相应的投资组合的利润为

$$R=\sum_{i=1}^{n} x_i r_i. \tag{1.13}$$

这样投资组合的平均利润为

$$E(R)=E\left[\sum_{i=1}^{n}x_ir_i\right]=\sum_{i=1}^{n}x_iE[r_i]=\mu^{\mathrm{T}}x.$$

下面考虑投资组合的风险, 也就是方差, 有

$$\begin{aligned}E\left[(R-E[R])^2\right]&=E\left[\left(\sum_{i=1}^{n}x_ir_i-\sum_{i=1}^{n}x_i\mu_i\right)^2\right]=E\left[\left(\sum_{i=1}^{n}x_i(r_i-\mu_i)\right)^2\right]\\&=E\left[\sum_{i=1}^{n}\sum_{j=1}^{n}x_ix_j(r_i-\mu_i)(r_j-\mu_j)\right]\\&=\sum_{i=1}^{n}\sum_{j=1}^{n}x_ix_jE[(r_i-\mu_i)(r_j-\mu_j)]=\sum_{i=1}^{n}\sum_{j=1}^{n}\sigma_{ij}x_ix_j,\end{aligned}$$

其中 $\sigma_{ij}=E[(r_i-\mu_i)(r_j-\mu_j)]$ 为 r_i 与 r_j 的协方差.

令 $x=(x_1,x_2,\cdots,x_n)^{\mathrm{T}}$, $\Sigma=(\sigma_{ij})_{n\times n}$, 则

$$E\left[(R-E[R])^2\right]=x^{\mathrm{T}}\Sigma x.$$

如果期望预期的平均利润为 μ_0, 而风险越小越好, 这样投资组合问题就是一个二次规划模型

$$\begin{aligned}\min\quad&\frac{1}{2}x^{\mathrm{T}}\Sigma x, &(1.14)\\ \text{s.t.}\quad&\mu^{\mathrm{T}}x\geqslant\mu_0, &(1.15)\\ &e^{\mathrm{T}}x=1, &(1.16)\\ &x\geqslant 0, &(1.17)\end{aligned}$$

其中 $e=(1,1,\cdots,1)^{\mathrm{T}}$. 称二次规划 (1.14)–(1.17) 为投资组合问题.

二次规划的一般表达式可以写成

$$\begin{aligned}\min\quad&\frac{1}{2}x^{\mathrm{T}}Gx+r^{\mathrm{T}}x, &(1.18)\\ \text{s.t.}\quad&a_i^{\mathrm{T}}x=b_i,\ i\in\mathcal{E}, &(1.19)\\ &a_i^{\mathrm{T}}x\geqslant b_i,\ i\in\mathcal{I}, &(1.20)\end{aligned}$$

其中 G 为对称矩阵. 如果 G 为半正定矩阵, 则称问题 (1.18)–(1.20) 为凸二次规划问题.

1.2.4 约束优化问题

线性规划问题和二次规划问题也属于约束优化问题, 这里更确切地说, 是指非线性约束优化问题.

例 1.3 (人字架最优设计问题) 考虑如图 1.1 所示的钢管构造的人字架, 设钢管壁厚 $t=\bar{t}$ 和半跨度 $s=\bar{s}$ 已给定, 试求能承受负荷 $2P$ 的最轻设计. 试建立其数学模型.

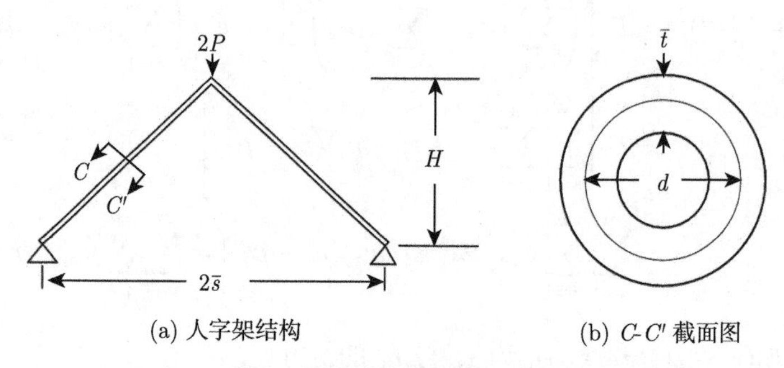

(a) 人字架结构 (b) C-C' 截面图

图 1.1 人字架最优设计问题

分析 首先来定性地分析此问题. 壁厚和半跨度一定, 欲求最轻设计, 需要杆短. 这样做必使张角增大, 则负荷 $2P$ 就会在钢管上有很大的张力. 为了能承受这样的应力, 钢管需变粗, 其结果是杆变重.

解 下面进行定量的分析. 给定一组 d 和 H 值后, 可以计算出钢管的截面积 A 和钢管的长度 L, 即

$$\begin{aligned} A &= \frac{1}{4}\pi(D_2^2-D_1^2)=\frac{\pi}{4}(D_2+D_1)(D_2-D_1)=\pi d\bar{t}, \\ L &= (\bar{s}^2+H^2)^{\frac{1}{2}}, \end{aligned}$$

因此, 钢管的重量为

$$w(d,H)=2\rho\pi d\bar{t}(\bar{s}^2+H^2)^{\frac{1}{2}},$$

其中 ρ 为比重.

下面考虑 d 和 H 受到的限制, 当负荷为 $2P$ 时, 杆受到的压力为

$$\sigma(d,H)=\frac{P}{\pi\bar{t}}\cdot\frac{(\bar{s}^2+H^2)^{\frac{1}{2}}}{Hd}.$$

根据结构力学原理, 对于选定的钢管, 不出现断裂的条件 (屈服条件) 是

$$\sigma(d,H)\leqslant\sigma_y,$$

其中 σ_y 为钢管最大许可的抗压强度. 不出现弹性弯曲的条件 (屈曲条件) 为

$$\sigma(d,H) \leqslant \frac{\pi^2 E(d^2+\bar{t}^2)}{8(\bar{s}^2+H^2)},$$

其中 E 为钢管材料的杨氏模量. 因此, 人字架最优设计问题是在上述两个条件下使得 $w(d,H)$ 达到最小.

为了方便起见, 写成统一的数学表达式, 分别用 x_1 和 x_2 代替 d 和 H, 记 $x=(x_1,x_2)^{\mathrm{T}}$, 用 f 代替 w, 因此, 人字架最优设计问题的数学表达式为

$$\begin{aligned}
\min \quad & f(x) = 2\pi\rho\bar{t}x_1\left(\bar{s}^2+x_2^2\right)^{\frac{1}{2}}, \\
\text{s.t.} \quad & c_1(x) = \sigma_y - \frac{P}{\pi\bar{t}}\cdot\frac{\left(\bar{s}^2+x_2^2\right)^{\frac{1}{2}}}{x_1x_2} \geqslant 0, \\
& c_2(x) = \frac{\pi^2E}{8}\cdot\frac{\bar{t}^2+x_1^2}{\bar{s}^2+x_2^2} - \frac{P}{\pi\bar{t}}\cdot\frac{\left(\bar{s}^2+x_2^2\right)^{\frac{1}{2}}}{x_1x_2} \geqslant 0.
\end{aligned}$$

对于其他的约束问题可能还有等式约束, 所以一般形式的约束最优化问题的数学模型为

$$\min \quad f(x), \tag{1.21}$$

$$\text{s.t.} \quad c_i(x) = 0, \quad i\in\mathcal{E}, \tag{1.22}$$

$$c_i(x) \geqslant 0, \quad i\in\mathcal{I}. \tag{1.23}$$

1.3 无约束问题的最优性条件

本节介绍无约束问题的最优解的定义, 以及关于最优解的一阶必要条件和二阶充分条件.

1.3.1 无约束问题的最优解

对于无约束最优化问题 (1.6), 若存在 $x^*\in\mathbb{R}^n$, 使得

$$f(x) \geqslant f(x^*), \quad \forall x\in\mathbb{R}^n, \tag{1.24}$$

则称 x^* 为无约束问题 (1.6) 的全局解 (或整体解).

设 $\mathcal{N}(x^*)$ 为 x^* 的一个邻域, 例如, 可将 $\mathcal{N}(x^*)$ 定义为

$$\mathcal{N}(x^*) = \{x \mid \|x-x^*\|<\delta, \ \exists\delta>0\}, \tag{1.25}$$

其中 $\|\cdot\|$ 表示范数①. 若存在 x^* 的邻域 $\mathcal{N}(x^*)$, 使得

$$f(x) \geqslant f(x^*), \quad \forall x \in \mathcal{N}(x^*), \tag{1.26}$$

则称 x^* 为无约束问题 (1.6) 的局部解. 若

$$f(x) > f(x^*), \quad \forall x \in \mathcal{N}(x^*) \quad 且 \quad x \neq x^* \tag{1.27}$$

成立, 则称 x^* 为无约束问题 (1.6) 的严格局部解.

为便于理解局部解与全局解, 先看一下一维的情况 (图 1.2). 图中有 4 个点, 其中 x_1 是局部极小值点, x_4 是全局极小值点, 这两个点可以看成极小化问题的最优解. 而 x_2 是局部极大值点, x_3 是拐点. 但这 4 个点有一个共同的性质, 一阶导数等于 0.

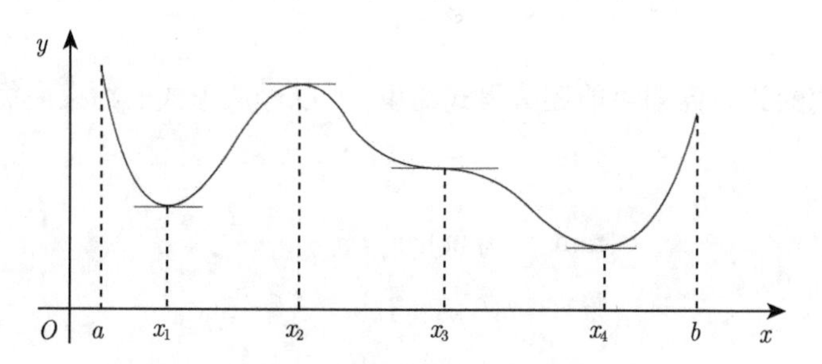

图 1.2　最优化问题的全局解与局部解 (一维)

再看一下二维情况. 考虑无约束问题

$$\min \ f(x) = x_1^4 - 2x_1^2 x_2 + x_1^2 - 2x_1 x_2 + 2x_2^2 + \frac{9}{2}x_1 - 4x_2 + 4$$

的局部解与全局解.

画出目标函数的等值线, 即 $f(x) = k$ 的曲线, k 的取值分别是 0.3, 1.5, 3, 6.5, 12, 20, 30, 45, 70 和 110, 所画图形如图 1.3 所示. 在图 1.3 中, $x^* = (-1.05, 1.03)^{\mathrm{T}}$ 是问题的全局解, 且 $f(x^*) = -0.5133$. $\tilde{x} = (1.91, 3.84)^{\mathrm{T}}$ 是问题的局部解, 且 $f(\tilde{x}) = 0.9967$.

今后, 无论是局部解, 还是全局解, 都称为最优化问题 (1.6) 的最优解.

① 如果不加以说明, 本书均使用 2-范数.

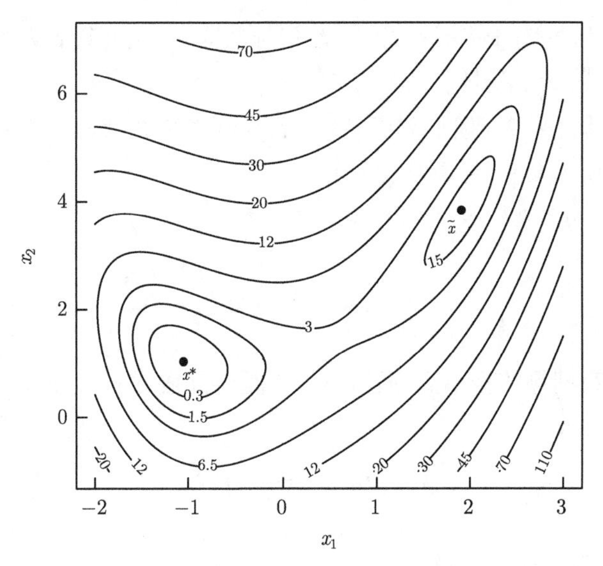

图 1.3 最优化问题的全局解与局部解 (二维)

1.3.2 最优性条件

最优性条件是指最优化问题 (1.6) 的最优解所必须满足的条件, 也是用于判断最优解的条件, 常见的有一阶必要条件和二阶充分条件. 最优性条件不仅对于最优化理论的研究具有重要意义, 而且对最优化算法的设计和终止条件的确定起重要作用.

1. 一阶必要条件

在数学分析 (或高等数学) 中, 涉及极值必要条件的一定涉及导数或偏导数的概念, 这里引进梯度的概念.

称 n 维向量 $\left[\dfrac{\partial}{\partial x_1}f(\bar{x}),\ \dfrac{\partial}{\partial x_2}f(\bar{x}),\ \cdots,\ \dfrac{\partial}{\partial x_n}f(\bar{x})\right]^{\mathrm{T}}$ 为函数 $f(x)$ 在 $x=\bar{x}$ 处的梯度，记为 $\nabla f(\bar{x})$, 即

$$\nabla f(\bar{x})=\left[\frac{\partial}{\partial x_1}f(\bar{x}),\ \frac{\partial}{\partial x_2}f(\bar{x}),\ \cdots,\ \frac{\partial}{\partial x_n}f(\bar{x})\right]^{\mathrm{T}}.$$

称 $\nabla f(x)$ 为梯度函数, 简称为梯度.

可以简单地将梯度看成“导数”, 对于一元函数, 梯度就是导数; 对于多元函数, 梯度是由偏导数构成的向量. 梯度的几何意义是函数等值面 (或等值线) 的法向量, 在数学分析 (或高等数学) 中构造切平面的点法式就是从这个性质得到的.

由数学分析 (或高等数学) 关于极值的必要条件可知: 对于一元函数, 在最优

解处, 一阶导数为 0; 对于多元函数, 一阶偏导数为 0. 由此得到无约束问题局部解 (或全局解) 的一阶必要条件.

定理 1.1 (最优解的一阶必要条件)　设 $f(x)$ 具有连续的一阶偏导数, 若 x^* 为无约束问题 (1.6) 的局部解, 则 $\nabla f(x^*) = 0$.

证明　对于 $d \in \mathbb{R}^n$, 令

$$\phi(\alpha) = f(x^* + \alpha d),$$

由于 x^* 是无约束问题的极小点, 所以 $\alpha = 0$ 是一元函数 $\phi(\alpha)$ 的极小点. 利用一元函数极小点的条件,

$$0 = \phi'(0) = \nabla f(x^*)^{\mathrm{T}} d.$$

由 d 的任意性, 则 $\nabla f(x^*) = 0$.

定理 1.1 的逆命题不成立, 即梯度为 0 的点不一定是局部解. 这种情况由一元函数就可以得到验证 (见图 1.2 中的点 x_2 和 x_3), 但此类点也是很重要的点, 称梯度为 0 的点为稳定点.

2. 二阶充分条件

考虑数学分析 (或高等数学) 中关于函数极值的判别定理.

对于一元函数 $y = f(x)$, 若在 x^* 处, $f'(x^*) = 0$, $f''(x^*) > 0$, 则 x^* 是局部极小点.

对于二元函数 $z = f(x, y)$, 令 $A = \dfrac{\partial^2 f}{\partial x^2}$, $B = \dfrac{\partial^2 f}{\partial x \partial y}$, $C = \dfrac{\partial^2 f}{\partial y^2}$. 若在 (x^*, y^*) 处, $\dfrac{\partial f}{\partial x} = 0$, $\dfrac{\partial f}{\partial y} = 0$, $A > 0$, $AC - B^2 > 0$, 则 (x^*, y^*) 是局部极小点.

实际上, $A > 0$, $AC - B^2 > 0$ 等价于矩阵

$$\begin{bmatrix} A & B \\ B & C \end{bmatrix} = \begin{bmatrix} \dfrac{\partial^2 f}{\partial x^2} & \dfrac{\partial^2 f}{\partial x \partial y} \\ \dfrac{\partial^2 f}{\partial y \partial x} & \dfrac{\partial^2 f}{\partial y^2} \end{bmatrix}$$

正定.

将二阶导数和二阶偏导数概念综合在一起, 引进一个新的概念. 称 n 阶矩阵

$$\begin{bmatrix} \frac{\partial^2}{\partial x_1^2} f(\bar{x}) & \frac{\partial^2}{\partial x_1 \partial x_2} f(\bar{x}) & \cdots & \frac{\partial^2}{\partial x_1 \partial x_n} f(\bar{x}) \\ \frac{\partial^2}{\partial x_2 \partial x_1} f(\bar{x}) & \frac{\partial^2}{\partial x_2^2} f(\bar{x}) & \cdots & \frac{\partial^2}{\partial x_2 \partial x_n} f(\bar{x}) \\ \vdots & \vdots & & \vdots \\ \frac{\partial^2}{\partial x_n \partial x_1} f(\bar{x}) & \frac{\partial^2}{\partial x_n \partial x_2} f(\bar{x}) & \cdots & \frac{\partial^2}{\partial x_n^2} f(\bar{x}) \end{bmatrix}$$

为函数 $f(x)$ 在 $x=\bar{x}$ 处的 Hesse 矩阵, 记为 $\nabla^2 f(\bar{x})$, 即

$$\nabla^2 f(\bar{x}) = \left[\frac{\partial^2}{\partial x_i \partial x_j} f(\bar{x})\right]_{n\times n}.$$

称 $\nabla^2 f(x)$ 为 Hesse 矩阵函数.

对于二元函数, Hesse 矩阵有着明显的几何意义 (图 1.4).

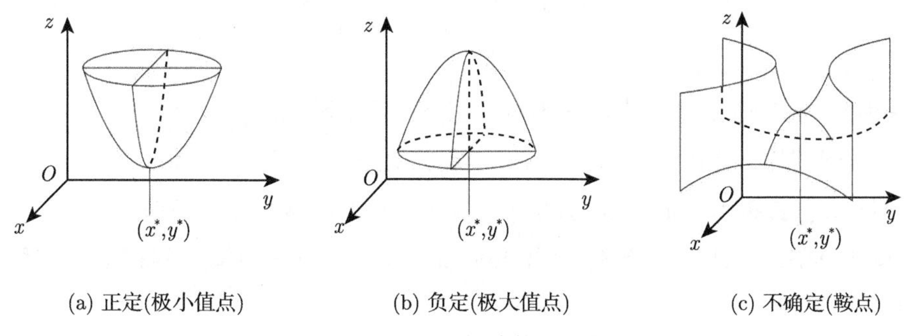

(a) 正定(极小值点)　(b) 负定(极大值点)　(c) 不确定(鞍点)

图 1.4 Hesse 矩阵的几何意义

将一元和二元情况推广到一般情况, 有如下定理.

定理 1.2 (局部解的二阶充分条件) 设 $f(x)$ 具有连续的二阶偏导数, 在 x^* 处满足 $\nabla f(x^*)=0$, $\nabla^2 f(x^*)$ 正定, 则 x^* 为无约束问题 (1.6) 的严格局部解.

证明 设 γ 是 $\nabla^2 f(x^*)$ 的最小特征值, 对于 $d\in\mathbb{R}^n$, 且为单位向量 ($\|d\|=1$), 利用多元函数的二阶 Taylor 展开式, 得到

$$\begin{aligned} f(x^*+\alpha d)-f(x^*) &= \alpha d^{\mathrm{T}}\nabla f(x^*)+\frac{1}{2}\alpha^2 d^{\mathrm{T}}\nabla^2 f(x^*)d+o(\alpha^2) \\ &\geqslant \frac{1}{2}\alpha^2\gamma+o(\alpha^2), \end{aligned} \tag{1.28}$$

因此, 存在 $\delta>0$, 使当 $\alpha\in(0,\delta]$ 时, 式 (1.28) 右端大于 0, 即 x^* 是无约束问题 (1.6) 的严格局部解.

可以用无约束问题最优解的一阶必要条件和二阶充分条件来求解无约束最优化问题.

例 1.4　用无约束问题的最优性条件求解无约束问题

$$\min \quad f(x) = 100\left(x_2 - x_1^2\right)^2 + (1 - x_1)^2.$$

解　计算函数的梯度, 并令其等于 0, 即

$$\nabla f(x) = \begin{bmatrix} -400x_1\left(x_2 - x_1^2\right) - 2(1 - x_1) \\ 200\left(x_2 - x_1^2\right) \end{bmatrix} = \begin{bmatrix} 0 \\ 0 \end{bmatrix}.$$

解该非线性方程组得到 $x^* = (1,1)^{\mathrm{T}}$, 在 x^* 处的 Hesse 矩阵

$$\nabla^2 f(x^*) = \begin{bmatrix} 802 & -400 \\ -400 & 200 \end{bmatrix}$$

正定, 因此, 由定理 1.2 得到 x^* 是极小值点, 计算得到 $f(x^*) = 0$.

称该问题的目标函数为 Rosenbrock 函数, 也称为香蕉函数.

例 1.5　画出 Rosenbrock 函数在 $[-2,2] \times [-1,3]$ 区域上的等值线.

解　使用 MATLAB 软件画出 Rosenbrock 函数的等值线, 其程序 (程序名: exam0105.m) 如下

```
x = [-2 : 0.01 : 2]; y = [-1 : 0.01 : 3];
[X, Y] = meshgrid(x, y);
Z = 100*(Y-X.^2).^2 + (1-X).^2;
v=[3 15 40 80 150 250 400 600 850 1200 1600];
[c, h] = contour(X, Y, Z, v); clabel(c, h)
hold on
plot(1, 1, 'ko', 'MarkerFaceColor', 'k')
hold off
text(0.9, 0.85, 'x*', 'FontSize', 12)
```

所作图形如图 1.5 所示, 图中的圆点 (•) 是 $(1,1)^{\mathrm{T}}$, 也就是最优点. 图中的等值线基本上是呈香蕉形状, 这就是称 Rosenbrock 函数为香蕉函数的原因. 这里不对程序中使用的函数作解释, 关于程序中函数的使用, 可参见相关的使用手册.

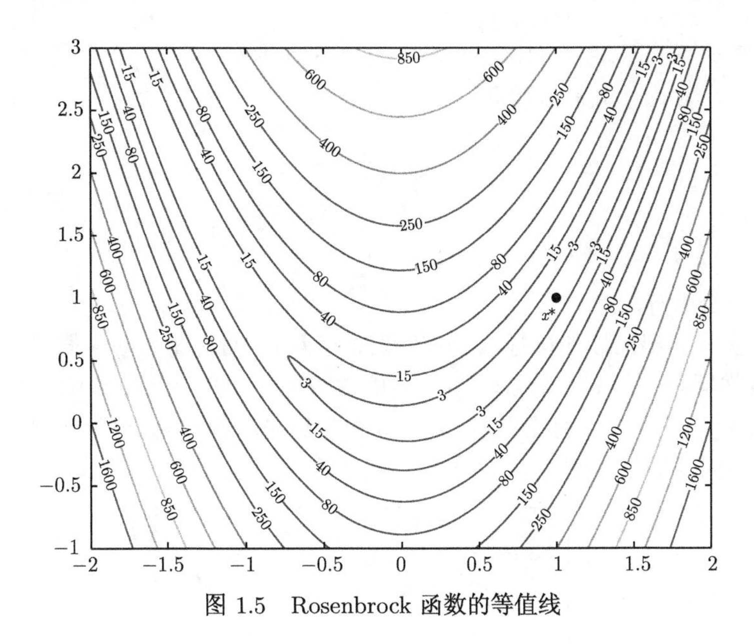

图 1.5 Rosenbrock 函数的等值线

1.4 约束问题的最优性条件

与无约束问题类似, 约束问题的最优性条件是指约束问题 (1.21)–(1.23) 的最优解所必须满足的条件, 特别是约束问题最优解的一阶必要条件在优化理论中是非常重要的.

1.4.1 约束问题的全局解与局部解

称满足约束条件 (1.22)–(1.23) 的点为可行点, 称可行点全体组成的集合为可行域, 记作 Ω, 即

$$\Omega = \{x|\ c_i(x) = 0, i \in \mathcal{E}, c_i(x) \geqslant 0, i \in \mathcal{I}\}. \tag{1.29}$$

对于约束最优化问题 (1.21)–(1.23), 若存在 $x^* \in \Omega$, 使得

$$f(x) \geqslant f(x^*), \quad \forall x \in \Omega, \tag{1.30}$$

则称 x^* 为约束问题 (1.21)–(1.23) 的全局解 (或整体解).

若存在 x^* 的邻域 $\mathcal{N}(x^*)$, 使得

$$f(x) \geqslant f(x^*), \quad \forall x \in \Omega \cap \mathcal{N}(x^*), \tag{1.31}$$

则称 x^* 为约束问题 (1.21)–(1.23) 的局部解. 若

$$f(x) > f(x^*), \quad \forall x \in \Omega \cap \mathcal{N}(x^*) \quad 且 \quad x \neq x^* \tag{1.32}$$

成立, 则称 x^* 为约束问题 (1.21)–(1.23) 的严格局部解.

例 1.6 讨论等式约束问题

$$\begin{aligned} \min \quad & f(x)=\frac{1}{2}\left(x_1^2+x_2^2\right), \\ \text{s.t.} \quad & c(x)=\frac{(x_1-1)^2}{4}-\frac{x_2^2}{4}-1=0 \end{aligned}$$

的局部解与全局解.

解 首先画出问题的可行域 (两条双曲线), 再画目标函数的等值线 (一族同心圆). 在最优解处, 某条等值线 (圆) 与约束曲线 (双曲线) 相切, 如图 1.6 所示. 在图 1.6 中, $x^*=(-1,0)^{\mathrm{T}}$ 是全局解, $\tilde{x}=(3,0)^{\mathrm{T}}$ 是局部解. 与无约束问题一样, 两者都可以看成问题的最优解.

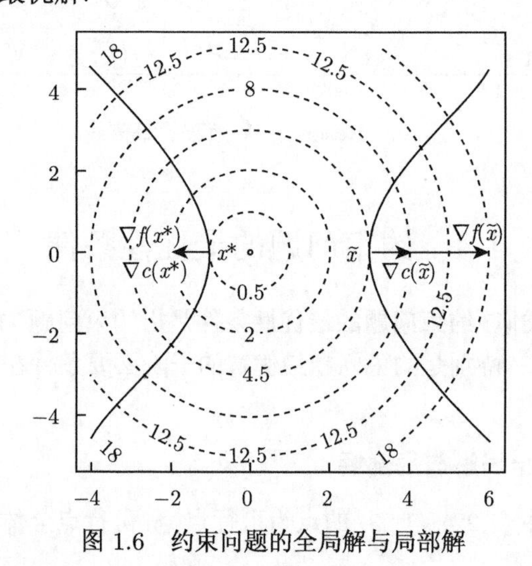

图 1.6 约束问题的全局解与局部解

1.4.2 约束问题最优解的最优性条件

下面分析约束问题最优解的一阶必要条件.

1. 等式约束问题的一阶条件

考虑例 1.6, 由于在最优解处 (不妨考虑在 x^* 处), 双曲线与某个等值线 (圆) 相切, 因此, 它们的法向量共线, 故存在 λ^*, 使得

$$\nabla f(x^*)=\lambda^*\nabla c(x^*). \tag{1.33}$$

在局部解 $\tilde{x}$ 处, 上述性质仍然成立. 无论是全局解, 还是局部解, 首先应是可行点, 即满足 $c(x)=0$.

2. 不等式约束问题的一阶条件

例 1.7 讨论不等式约束问题

$$\begin{aligned} \min \quad & f(x)=\frac{1}{2}\left(x_1^2+x_2^2\right), \\ \text{s.t.} \quad & c(x)=\frac{(x_1-1)^2}{4}-\frac{x_2^2}{4}-1 \geqslant 0 \end{aligned}$$

最优解的一阶条件.

解 此时可行域不再是两条双曲线, 而是两条双曲线以外的区域. 但 x^* 还是问题的全局解, 因此, 式 (1.33) 仍然成立. 注意到: $\nabla f(x^*)$ 与 $\nabla c(x^*)$ 具有相同的方向, 因此, $\lambda^*>0$. 由于 x^* 位于不等式约束的边界上, 所以满足 $c(x)=0$.

在例 1.7 中, $\tilde{x}$ 仍然是约束问题的局部解, 因此, 上述性质仍然成立.

例 1.8 讨论不等式约束问题

$$\begin{aligned} \min \quad & f(x)=\frac{1}{2}\left(x_1^2+x_2^2\right), \\ \text{s.t.} \quad & c(x)=1-\frac{(x_1-1)^2}{4}+\frac{x_2^2}{4} \geqslant 0 \end{aligned}$$

最优解的一阶条件.

解 可行域为两条双曲线中间的部分, 此时, 无论是 $(-1,0)^{\mathrm{T}}$, 还是 $(3,0)^{\mathrm{T}}$ 都不再是约束问题的最优解, 约束问题的最优解实际上就是无约束问题的最优解, $x^*=(0,0)^{\mathrm{T}}$. 在最优解处, $\nabla f(x^*)=0$, $\nabla c(x^*)\neq 0$. 如果希望式 (1.33) 仍然成立, 只能令 $\lambda^*=0$.

注意到, 在 x^* 处, $c(x^*)>0$, 它表明这个约束不起作用.

将例 1.7 和例 1.8 的结论结合起来, 在不等式约束问题最优解 x^* 处, 下列公式成立:

$$\begin{aligned} & \nabla f(x^*)=\lambda^*\nabla c(x^*), \\ & \lambda^*\geqslant 0, \\ & c(x^*)\geqslant 0, \\ & \lambda^* c(x^*)=0. \end{aligned}$$

最后一个条件被称为松弛互补条件.

综上所述, 对于不等式约束 $c_i(x)\geqslant 0$, 如果在最优解 x^* 处, $c_i(x^*)>0$, 则此类约束对于最优解 x^* 而言, 不构成真正有效的约束, 也就是说, 在去掉这些约束后, 最优解仍保持不变. 所以该类约束是非有效的, 称为非有效约束. 而对于 $c_i(x^*)=0$ 的那些约束, 如果去掉它们中的任意一个, 最优解都可能发生改变, 这些约束才是真正有效的, 所以称为有效约束. 另外, 对于等式约束 $c_i(x) = 0$, 每个约束都是有效的, 也称为有效约束.

称

$$\mathcal{A}(x) = \mathcal{E} \cup \{i \in \mathcal{I} \mid c_i(x) = 0\} \tag{1.34}$$

为点 x 处有效约束指标集, 简称有效集.

3. 约束问题最优解的一阶必要条件

结合等式约束和不等式约束最优解的一阶必要条件, 可以得到如下定理.

定理 1.3 (约束问题最优解的一阶必要条件)　设约束问题 (1.21)–(1.23) 中 $f(x)$, $c_i(x)$ $(i \in \mathcal{E} \cup \mathcal{I})$ 具有连续的一阶偏导数, 若 x^* 是约束问题 (1.21)–(1.23) 的局部解, 并且在 x^* 处满足 $\nabla c_i(x^*)(i \in \mathcal{A}(x^*))$ 线性无关, 则存在向量 λ^*, 其分量为 λ_i^* $(i \in \mathcal{E} \cup \mathcal{I})$, 使得

$$\nabla_x L(x^*, \lambda^*) = \nabla f(x^*) - \sum_{i \in \mathcal{E} \cup \mathcal{I}} \lambda_i^* \nabla c_i(x^*) = 0, \tag{1.35}$$

$$c_i(x^*) = 0, \quad i \in \mathcal{E}, \tag{1.36}$$

$$c_i(x^*) \geqslant 0, \quad i \in \mathcal{I}, \tag{1.37}$$

$$\lambda_i^* \geqslant 0, \quad i \in \mathcal{I}, \tag{1.38}$$

$$\lambda_i^* c_i(x^*) = 0, \quad i \in \mathcal{I}, \tag{1.39}$$

其中 $L(x, \lambda)$ 为 Lagrange 函数, 即

$$L(x, \lambda) = f(x) - \sum_{i \in \mathcal{E} \cup \mathcal{I}} \lambda_i c_i(x). \tag{1.40}$$

通常称上述一阶必要条件为 Karush-Kuhn-Tucker 条件, 或简称为 KKT 条件, 称满足 KKT 条件的点为 KKT 点, 称 λ^* 为 x^* 处的 Lagrange 乘子向量.

注意: 定理 1.3 中, $\nabla c_i(x^*)(i \in \mathcal{A}(x^*))$ 线性无关这个条件是不可少的, 该类条件被称为约束限制条件, 没有这个条件, KKT 条件可能会不成立. 请看下面的例子.

例 1.9　考虑等式约束问题,

$$\begin{aligned} \min \quad & f(x) = x^2, \\ \text{s.t.} \quad & c_1(x) = (x_1 - 1)^2 + x_2^2 - 1 = 0, \\ & c_2(x) = (x_1 + 1)^2 + x_2^2 - 1 = 0, \end{aligned}$$

验证 KKT 条件在最优解处不成立.

解　约束 $c_1(x)=0$ 是圆心在 $(1,0)^{\mathrm{T}}$ 处半径为 1 的圆, 约束 $c_2(x)=0$ 是圆心在 $(-1,0)^{\mathrm{T}}$ 处半径为 1 的圆, 两个圆只有一个交点, 也就是一个可行点 $x^*=(0,0)^{\mathrm{T}}$, 因此, x^* 也是最优点.

构造 Lagrange 函数

$$\begin{aligned} L(x,\lambda) &= f(x)-\lambda_1 c_1(x)-\lambda_2 c_2(x) \\ &= x_2-\lambda_1\left[(x_1-1)^2+x_2^2-1\right]-\lambda_2\left[(x_1+1)^2+x_2^2-1\right], \end{aligned}$$

对 x_2 求偏导数, 得

$$\frac{\partial L}{\partial x_2}=1-2\lambda_1 x_2-2\lambda_2 x_2, \tag{1.41}$$

将最优解 $x^*=(0,0)^{\mathrm{T}}$ 代入式 (1.41), 得到 $\dfrac{\partial L}{\partial x_2}=1\neq 0$. KKT 条件不成立. 其原因是

$$\begin{aligned} \nabla c_1(x^*) &= (2(x_1^*-1),\ 2x_2^*)^{\mathrm{T}}=(-2,0)^{\mathrm{T}}, \\ \nabla c_2(x^*) &= (2(x_1^*+1),\ 2x_2^*)^{\mathrm{T}}=(2,0)^{\mathrm{T}}, \end{aligned}$$

$\nabla c_1(x^*)$ 与 $\nabla c_2(x^*)$ 线性相关.

$\nabla c_i(x^*)(i\in\mathcal{A}(x^*))$ 线性无关是最常用的约束限制条件, 也称它为线性独立约束限制条件 (LICQ). 当然还有其他的约束限制条件, 例如, 线性函数约束也是一种约束限制条件. 关于更多的约束限制条件, 大家可以参阅与最优化基础方面相关的参考书, 这里就不介绍了.

可以用 KKT 条件求解约束优化问题的最优解, 请见下面的例子.

例 1.10　求约束问题

$$\begin{aligned} \min\ & f(x)=x_1^2+x_2, \\ \text{s.t.}\ & c_1(x)=9-x_1^2-x_2^2\geqslant 0, \\ & c_2(x)=1-x_1-x_2\geqslant 0 \end{aligned}$$

的 KKT 点.

解　由 KKT 条件得到

$$2x_1+2\lambda_1 x_1+\lambda_2=0, \tag{1.42}$$

$$1+2\lambda_1 x_2+\lambda_2=0, \tag{1.43}$$

$$9-x_1^2-x_2^2\geqslant 0, \tag{1.44}$$

$$
\begin{aligned}
&1 - x_1 - x_2 \geqslant 0, &(1.45)\\
&\lambda_1 \geqslant 0, &(1.46)\\
&\lambda_2 \geqslant 0, &(1.47)\\
&\lambda_1(9 - x_1^2 - x_2^2) = 0, &(1.48)\\
&\lambda_2(1 - x_1 - x_2) = 0. &(1.49)
\end{aligned}
$$

分四种情况进行讨论:

(1) $\lambda_1 = 0, \lambda_2 = 0$ 与式 (1.43) 矛盾.

(2) $\lambda_1 = 0, \lambda_2 \neq 0$, 由式 (1.43) 得到 $\lambda_2 = -1$, 与式 (1.47) 矛盾.

(3) $\lambda_1 \neq 0, \lambda_2 = 0$, 由式 (1.42), 式 (1.43) 和式 (1.48), 得到

$$
\begin{aligned}
&(1 + \lambda_1)x_1 = 0,\\
&1 + 2\lambda_1 x_2 = 0,\\
&x_1^2 + x_2^2 = 9.
\end{aligned}
$$

解方程组得到 $x_1 = 0, x_2 = -3, \lambda_1 = \dfrac{1}{6}$, 因此, KKT 点为 $x^* = (0, -3)^{\mathrm{T}}$, 相应的乘子为 $\lambda^* = \left(\dfrac{1}{6}, 0\right)^{\mathrm{T}}$.

(4) $\lambda_1 \neq 0, \lambda_2 \neq 0$, 由式 (1.48) 和式 (1.49) 得到

$$
\begin{aligned}
x_1^2 + x_2^2 &= 9,\\
x_1 + x_2 &= 1,
\end{aligned}
$$

解方程组得到

$$
x_1 = \frac{1 \pm \sqrt{17}}{2}, \qquad x_2 = \frac{1 \mp \sqrt{17}}{2},
$$

将 $(x_1, x_2)^{\mathrm{T}}$ 代入式 (1.33) 和式 (1.43), 得到 $\lambda_1 < 0$, 因此该点不是 KKT 点.

综上所述, 约束问题有唯一的 KKT 点 $x^* = (0, -3)^{\mathrm{T}}$, 相应的乘子为 $\lambda^* = \left(\dfrac{1}{6}, 0\right)^{\mathrm{T}}$. 由几何直观 (见图 1.7 中的 • 点) 可以看出, x^* 是约束问题的最优解.

再看 (2) 的情况, 当得到 $\lambda_2 = -1$ 后, 再求解方程 (1.42)–(1.49), 得到 $x_1 = \dfrac{1}{2}$, $x_2 = \dfrac{1}{2}$, 即 $\tilde{x} = \left(\dfrac{1}{2}, \dfrac{1}{2}\right)^{\mathrm{T}}$ (见图 1.7 中的 ▲ 点), 它实际上是问题的最大值点.

而 (4) 得到的两点, 就是直线与圆的交点 (见图 1.7 中的■点).

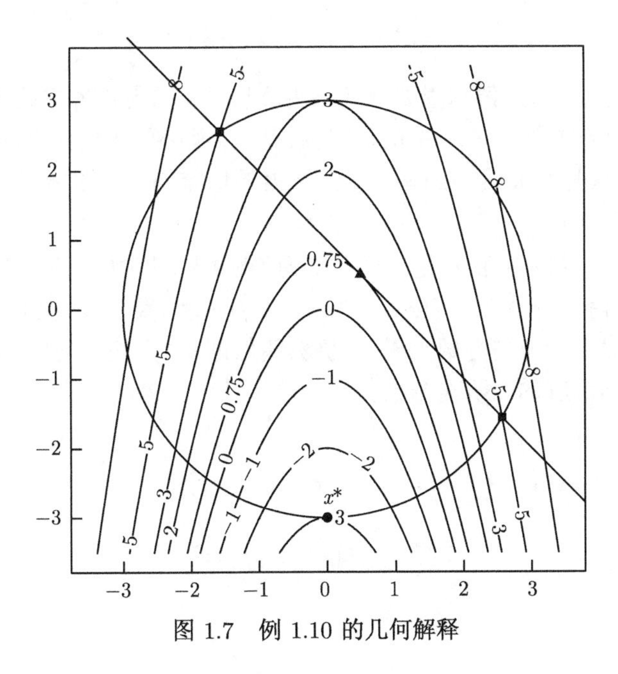

图 1.7 例 1.10 的几何解释

4. 约束问题最优解的二阶充分条件

为了从几何直观上给出约束问题局部解的二阶充分条件, 仅考虑只有一个等式约束的简单问题

$$\min \quad f(x) = f(x_1, x_2), \tag{1.50}$$

$$\text{s.t.} \quad c(x) = c(x_1, x_2) = 0. \tag{1.51}$$

如果 x^* 是它的最优解, 则存在 λ^*, 使得 $\nabla_x L(x^*, \lambda^*) = 0$, 其中 $L(x, \lambda)$ 是 Lagrange 函数.

再回顾一下, 无约束问题最优解的一阶必要条件: $\nabla f(x^*) = 0$.

对比约束问题和无约束问题最优解的一阶必要条件, 可以发现, 在约束问题中, Lagrange 函数在一阶条件中所起的作用与无约束问题的目标函数相当, 都是梯度为 0.

那么可以设想, Lagrange 函数在二阶充分条件中所起的作用也与无约束问题的目标函数相当.

对于无约束问题, 如果在 x^* 处满足: $\nabla f(x^*) = 0$ 且 Hesse 矩阵 $\nabla^2 f(x^*)$ 正定, 则 x^* 是无约束问题的严格局部解.

因此, 可以猜想: 如果 x^* 是约束问题 (1.50)–(1.51) 是可行点, 且存在 λ^*, 使得 $\nabla_x L(x^*, \lambda^*) = 0$, 且 Hesse 矩阵 $\nabla^2_{xx} L(x^*, \lambda^*)$ 正定, 则 x^* 是约束问题 (1.50)–(1.51)

的严格局部解.

这个结论是正确的, 但这里要求的条件太强了. 因为是考虑约束问题, 所以不必要求 Hesse 矩阵 $\nabla_{xx}^2 L(x^*, \lambda^*)$ 正定, 也就是说, 不必要求任何方向上的二阶方向导数大于 0, 而只是在曲线 $c(x) = 0$ 在 x^* 处的切方向上二阶方向导数大于 0. 请看下面的情况.

画出曲面 $y = L(x, \lambda^*)$, 它是一个马鞍面 (图 1.8), 其中 x^* 是马鞍面的鞍点, 注意到, 在可行域内 $L(x, \lambda^*) = f(x) - \lambda^* c(x) = f(x)$, 只要在 x^* 处曲线 $c(x) = 0$ 的切线方向 d 满足二阶方向导数大于 0, 仍然能保证 x^* 是约束问题 (1.50)–(1.51) 的局部解. 因此, 局部解的二阶充分条件应为:

(1) $\nabla_x L(x^*, \lambda^*) = 0$,

(2) 对一切 $d \in \mathcal{M} = \{d \mid d \neq 0, \nabla c(x^*)^{\mathrm{T}} d = 0\}$, 有

$$d^{\mathrm{T}} \nabla_{xx}^2 L(x^*, \lambda^*) d > 0.$$

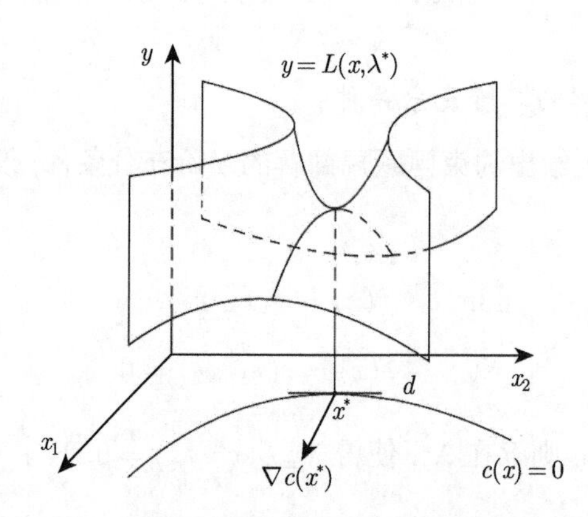

图 1.8　简单约束问题局部解二阶充分条件的几何意义

将上述结论推广到一般约束问题, 得到如下定理.

定理 1.4 (约束问题局部解的二阶充分条件)　考虑一般约束问题 (1.21)–(1.23), 设 $f(x), c_i(x) (i \in \mathcal{E} \cup \mathcal{I})$ 具有连续的二阶偏导数, 若存在 x^* 满足下列条件:

(1) KKT 条件成立, 即存在乘子向量 λ^*, 使得

$$\nabla_x L(x^*, \lambda^*) = 0, \tag{1.52}$$

$$c_i(x^*) = 0, \quad i \in \mathcal{E}, \tag{1.53}$$

$$c_i(x^*) \geqslant 0, \quad i \in \mathcal{I}, \tag{1.54}$$

$$\lambda_i^* \geqslant 0, \quad i \in \mathcal{I}, \tag{1.55}$$

$$\lambda_i^* c_i(x^*) = 0, \quad i \in \mathcal{I}, \tag{1.56}$$

且 λ_i^* 和 $c_i(x^*)(i \in \mathcal{I})$ 不同时为 0(称为严格松弛互补条件).

(2) 对于任意的 $d \in \mathcal{M} = \left\{d \mid d \neq 0, \nabla c_i(x^*)^{\mathrm{T}} d = 0, i \in \mathcal{A}(x^*)\right\}$, 有

$$d^{\mathrm{T}} \nabla_{xx}^2 L(x^*, \lambda^*) d > 0, \tag{1.57}$$

则 x^* 是约束问题 (1.21)–(1.23) 的严格局部解.

例 1.11 用约束问题局部解的一阶必要条件和二阶充分条件求解约束问题

$$\begin{aligned} \min \quad & f(x) = x_1^2 - x_2^2 - 4x_2, \\ \text{s.t.} \quad & c(x) = x_2 = 0. \end{aligned}$$

解 由约束问题的一阶必要条件得到

$$\begin{aligned} & 2x_1 = 0, \\ & -2x_2 - 4 - \lambda = 0, \\ & x_2 = 0. \end{aligned}$$

求解得到 KKT 点 $x^* = (0,0)^{\mathrm{T}}$ 和相应的乘子 $\lambda^* = -4$. 下面验证二阶充分条件. Lagrange 函数在 (x^*, λ^*) 处的 Hesse 矩阵为

$$\nabla_{xx}^2 L(x^*, \lambda^*) = \begin{bmatrix} 2 & 0 \\ 0 & -2 \end{bmatrix} \quad (\text{注意: 该矩阵非正定}).$$

考虑集合

$$\begin{aligned} \mathcal{M} &= \left\{d \mid d \neq 0, \nabla c(x^*)^{\mathrm{T}} d = 0\right\} \\ &= \left\{(\alpha, \beta)^{\mathrm{T}} \mid (\alpha, \beta)^{\mathrm{T}} \neq 0, \beta = 0\right\} \\ &= \left\{(\alpha, 0)^{\mathrm{T}} \mid \alpha \neq 0\right\}, \end{aligned}$$

对于 $d \in \mathcal{M}$, 有

$$d^{\mathrm{T}} \nabla_{xx}^2 L(x^* \lambda^*) d = [\alpha, 0] \begin{bmatrix} 2 & 0 \\ 0 & -2 \end{bmatrix} \begin{bmatrix} \alpha \\ 0 \end{bmatrix} = 2\alpha^2 > 0,$$

因此, x^* 是约束问题的局部解.

1.5 凸集与凸函数

凸集和凸函数在最优化的理论中是较为重要的一部分内容, 本节扼要地介绍凸集和凸函数的基本概念与基本结果.

1.5.1 凸集

定义 1.1 设集合 $\Omega \subset \mathbb{R}^n$, 如果 $\forall x^{(1)}, x^{(2)} \in \Omega, \forall \alpha \in [0,1]$, 均有

$$\alpha x^{(1)} + (1-\alpha) x^{(2)} \in \Omega, \tag{1.58}$$

则称集合 Ω 为凸集.

凸集的几何意义是: 若两个点属于此集合, 则这两点连线上的任意一点均属于此集合 (图 1.9).

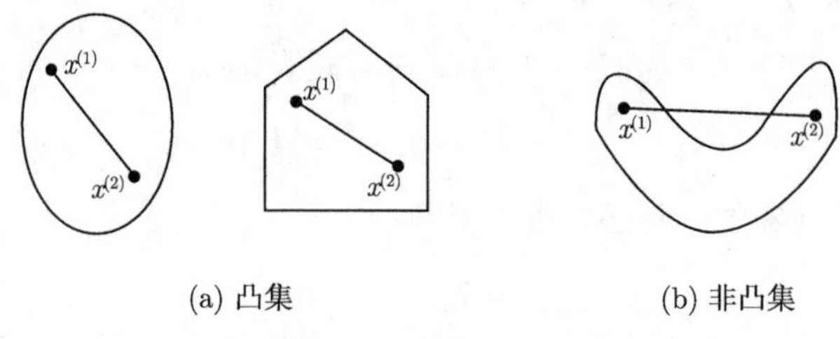

(a) 凸集 (b) 非凸集

图 1.9 凸集与非凸集

定义 1.2 设 $x^{(1)}, x^{(2)}, \cdots, x^{(m)} \in \mathbb{R}^n$, 若 $\alpha_i \geqslant 0, i=1,2,\cdots,m, \sum\limits_{i=1}^{m} \alpha_i = 1$, 则称线性组合 $\sum\limits_{i=1}^{m} \alpha_i x^{(i)}$ 为 $x^{(1)}, x^{(2)}, \cdots, x^{(m)}$ 的凸组合.

显然, 两个点的凸组合表示一条线段, 三个点的凸组合表示的是一个三角形, m 个点的凸组合构成一个凸多面体 (图 1.10).

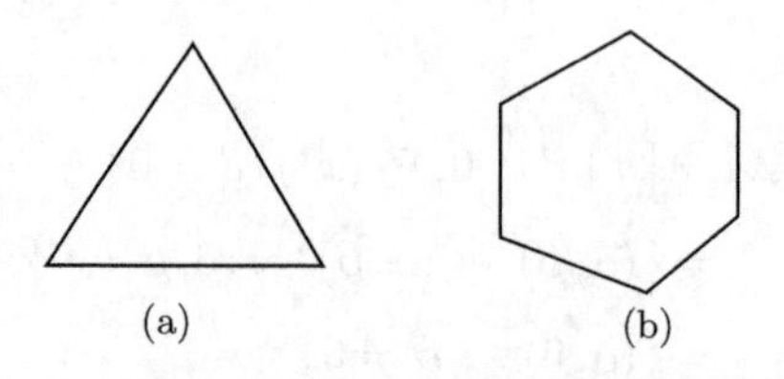

图 1.10 凸组合的几何意义

由凸集的定义可知，超平面 $\{x \mid c^{\mathrm{T}} x = \alpha\}$ 是凸集, 半空间 $\{x \mid c^{\mathrm{T}} x \geqslant \alpha\}$ 和 $\{x \mid c^{\mathrm{T}} x \leqslant \alpha\}$ 是凸集, 凸集的交集仍是凸集.

将凸集的定义 1.1 推广成如下定理.

定理 1.5 Ω 是凸集的充分必要条件是: 对任意的 $m \geqslant 2$, 任给 $x^{(1)}, x^{(2)}, \cdots, x^{(m)} \in \Omega$ 和实数 $\alpha_1, \alpha_2, \cdots, \alpha_m$ 且 $\alpha_i \geqslant 0, i=1,2,\cdots,m, \sum\limits_{i=1}^{m} \alpha_i = 1$, 均有

$$\alpha_1 x^{(1)} + \alpha_2 x^{(2)} + \cdots + \alpha_m x^{(m)} \in \Omega. \tag{1.59}$$

定义 1.3 设 Ω 是非空凸集, $x \in \Omega$. 如果 x 不能表示成 Ω 中另外两个点的严格凸组合, 则称 x 为凸集 Ω 的极点, 即若

$$x = \alpha x^{(1)} + (1-\alpha)x^{(2)}, \quad \alpha \in (0,1), \quad x^{(1)}, x^{(2)} \in \Omega,$$

则有 $x = x^{(1)} = x^{(2)}$.

在图 1.9 的凸集中, 圆周上的点和多边形的顶点都是极点. 下面给出凸集中较为重要的两个定理.

定理 1.6 设 Ω 是非空闭凸集, 若 $y \notin \Omega$, 则存在唯一的点 $\bar{x} \in \Omega$, 使得它与 y 的距离最短, 且满足

$$(x-\bar{x})^{\mathrm{T}}(y-\bar{x}) \leqslant 0, \quad \forall x \in \Omega. \tag{1.60}$$

证明 令 $\inf\{\|y-x\| \mid x \in \Omega\} = \gamma > 0$. 由下确界的定义, 存在序列 $\{x^{(k)}\} \subset \Omega$, 使得 $\|y - x^{(k)}\| \to \gamma$.

下面证明 $\{x^{(k)}\}$ 是 Cauchy 序列. 由平行四边形法则, 有

$$\begin{aligned}\|x^{(k)} - x^{(m)}\|^2 &= 2\|y - x^{(k)}\|^2 + 2\|y - x^{(m)}\|^2 - \|2y - x^{(k)} - x^{(m)}\|^2 \\ &= 2\|y - x^{(k)}\|^2 + 2\|y - x^{(m)}\|^2 - 4\left\|y - \frac{x^{(k)} + x^{(m)}}{2}\right\|^2,\end{aligned} \tag{1.61}$$

由于 Ω 是凸集, $\dfrac{x^{(k)} + x^{(m)}}{2} \in \Omega$, 由 γ 的定义, 有

$$\left\|y - \frac{x^{(k)} + x^{(m)}}{2}\right\|^2 \geqslant \gamma^2. \tag{1.62}$$

因而

$$\|x^{(k)} - x^{(m)}\|^2 \leqslant 2\|y - x^{(k)}\|^2 + 2\|y - x^{(m)}\|^2 - 4\gamma^2,$$

当 k 和 m 充分大时, 有

$$\|x^{(k)} - x^{(m)}\|^2 \to 0.$$

因此 $\{x^{(k)}\}$ 是 Cauchy 序列. 这样存在点 $\bar{x}$, 使得 $x^{(k)} \to \bar{x}$. 由于 Ω 是闭集, 所以 $\bar{x} \in \Omega$.

再证明唯一性. 假设存在 $\bar{x}, \bar{x}' \in \Omega$, 满足

$$\|y - \bar{x}\| = \|y - \bar{x}'\| = \gamma. \tag{1.63}$$

由 Ω 的凸性, $\dfrac{\bar{x} + \bar{x}'}{2} \in \Omega$, 因此

$$\left\|y - \frac{\bar{x} + \bar{x}'}{2}\right\| \leqslant \frac{1}{2}\|y - \bar{x}\| + \frac{1}{2}\|y - \bar{x}'\| = \gamma. \tag{1.64}$$

如果式 (1.64) 中不等式严格成立, 则与 γ 的定义矛盾, 因此只有等号成立. 从而存在着某个常数 α, 使得

$$y-\bar{x}=\alpha(y-\bar{x}').$$

由式 (1.63) 得到 $|\alpha|=1$. 如果 $\alpha=-1$, 则有 $y=\dfrac{\bar{x}+\bar{x}'}{2}\in\Omega$, 这与 $y\notin\Omega$ 矛盾. 因此 $\alpha=1$, 即 $\bar{x}=\bar{x}'$, 唯一性得证.

最后证明式 (1.60) 成立. 对于 $x\in\Omega$, $\alpha\in(0,1)$, 有

$$\bar{x}+\alpha(x-\bar{x})=\alpha x+(1-\alpha)\bar{x}\in\Omega.$$

因为 $\bar{x}$ 是距离 y 的最小点, 所以, 有

$$\|y-\bar{x}\|^2\leqslant\|y-\bar{x}-\alpha(x-\bar{x})\|^2,$$

即有

$$0\leqslant-2(y-\bar{x})^{\mathrm{T}}(x-\bar{x})+\alpha\|x-\bar{x}\|^2. \tag{1.65}$$

在式 (1.65) 中, 令 $\alpha\to0^+$, 得证.

定理 1.6 的几何意义见图 1.11.

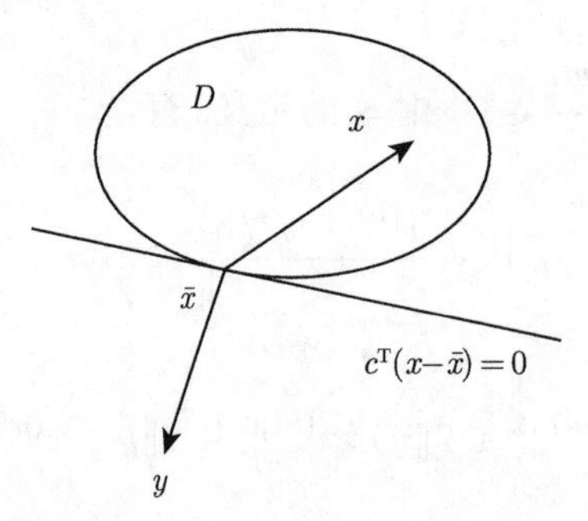

图 1.11　定理 1.6 的几何意义

定理 1.7　设 Ω 是非空闭凸集, 若 $y\notin\Omega$, 则存在 $c\in\mathbb{R}^n$, $c\neq0$ 和 $\alpha\in\mathbb{R}$, 使得

$$c^{\mathrm{T}}x\geqslant\alpha,\quad\forall x\in\Omega, \tag{1.66}$$

$$c^{\mathrm{T}}y<\alpha. \tag{1.67}$$

证明　由定理 1.6, 存在 $\bar{x}\in\Omega$, 使得式 (1.60) 成立. 令 $c=\bar{x}-y$, 则 $c^{\mathrm{T}}(x-\bar{x})\geqslant0$, 即

$$c^{\mathrm{T}}x\geqslant c^{\mathrm{T}}\bar{x},\quad\forall x\in\Omega.$$

令 $\alpha=c^{\mathrm{T}}\bar{x}$, 因此式 (1.66) 成立.

由于 $c=\bar{x}-y\neq 0$, 因此, $0>(\bar{x}-y)^{\mathrm{T}}(y-\bar{x})=c^{\mathrm{T}}(y-\bar{x})$, 得到

$$c^{\mathrm{T}}y<c^{\mathrm{T}}\bar{x}=\alpha.$$

即式 (1.67) 成立.

1.5.2 凸函数

定义 1.4 设 Ω 是非空凸集, f 是定义在 Ω 上的函数, 如果对任意的 $x^{(1)}$, $x^{(2)}\in\Omega$, $\alpha\in(0,1)$, 均有

$$f(\alpha x^{(1)}+(1-\alpha)x^{(2)})\leqslant \alpha f(x^{(1)})+(1-\alpha)f(x^{(2)}),$$

则称 f 为 Ω 上的凸函数.

若对任意的 $x^{(1)}$ 和 $x^{(2)}\in\Omega$, $x^{(1)}\neq x^{(2)}$, $\alpha\in(0,1)$ 均有

$$f(\alpha x^{(1)}+(1-\alpha)x^{(2)})<\alpha f(x^{(1)})+(1-\alpha)f(x^{(2)}),$$

则称 f 为 Ω 上的严格凸函数.

若 $-f$ 为凸函数, 则称 f 为凹函数, 若 $-f$ 为严格凸函数, 则称 f 为严格凹函数.

凸函数的几何意义: 当 x 为单变量时, 凸函数的任意两点间的曲线段总在弦的下方. 凹函数在弦的上方 (图 1.12).

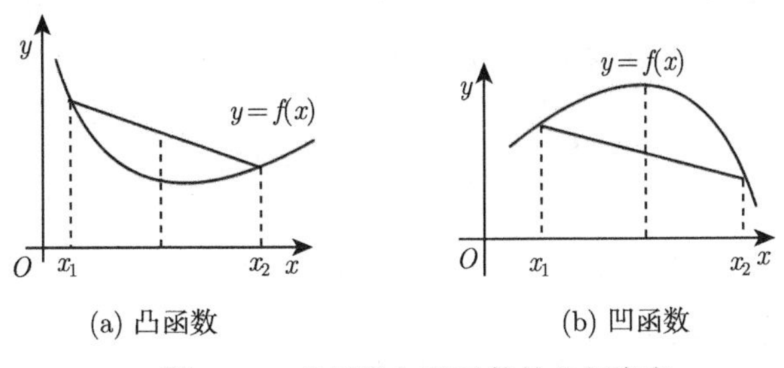

图 1.12 凸函数与凹函数的几何意义

下列函数是 $\mathbb{R}^n$ 上的凸函数.

(1) $f(x)=c^{\mathrm{T}}x$;

(2) $f(x)=\|x\|$;

(3) $f(x)=x^{\mathrm{T}}Ax$, 其中 A 是正定对称矩阵.

定义 1.5 称集合 $\Omega_\alpha=\{x\mid f(x)\leqslant\alpha,\ x\in\Omega\}$ 为函数 f 的水平集.

对于凸函数的水平集, 有如下定理.

定理 1.8 若 Ω 是非空凸集, f 是定义在 Ω 上的凸函数, 则对任意的 $\alpha \in \mathbb{R}$, 水平集 Ω_α 为凸集.

下面讨论可微凸函数的性质.

定理 1.9 设 $\Omega \subset \mathbb{R}^n$ 为非空开凸集, $f(x)$ 在 Ω 上可微, 则 $f(x)$ 为 Ω 上的凸函数的充分必要条件是: $\forall x, y \in \Omega$, 恒有

$$f(y) \geqslant f(x) + \nabla f(x)^{\mathrm{T}}(y-x). \tag{1.68}$$

$f(x)$ 为 Ω 上的严格凸函数的充分必要条件是: $\forall x, y \in \Omega$, $x \neq y$, 恒有

$$f(y) > f(x) + \nabla f(x)^{\mathrm{T}}(y-x). \tag{1.69}$$

证明 必要性. (1) 设 $f(x)$ 为 Ω 上的凸函数, 则 $\forall x, y \in \Omega$, $0 < \alpha < 1$, 恒有

$$f(\alpha y + (1-\alpha)x) \leqslant \alpha f(y) + (1-\alpha) f(x),$$

即

$$f(x + \alpha(y-x)) - f(x) \leqslant \alpha\left[f(y) - f(x)\right]. \tag{1.70}$$

在式 (1.70) 两端同除以 α, 得到

$$\frac{f(x + \alpha(y-x)) - f(x)}{\alpha} \leqslant f(y) - f(x). \tag{1.71}$$

在式 (1.71) 中, 令 $\alpha \to 0^+$, 即得式 (1.68).

(2) 设 $f(x)$ 为 Ω 上的严格凸函数, 则有

$$f\left(\frac{x+y}{2}\right) < \frac{1}{2} f(x) + \frac{1}{2} f(y). \tag{1.72}$$

另一方面, $f(x)$ 是凸函数, 故式 (1.68) 成立, 即

$$\begin{aligned} f\left(\frac{x+y}{2}\right) &\geqslant f(x) + \nabla f(x)^{\mathrm{T}}\left(\frac{x+y}{2} - x\right) \\ &= f(x) + \frac{1}{2}\nabla f(x)^{\mathrm{T}}(y-x), \end{aligned} \tag{1.73}$$

将式 (1.73) 代入式 (1.72), 有

$$\frac{1}{2} f(x) + \frac{1}{2} f(y) > f(x) + \frac{1}{2}\nabla f(x)^{\mathrm{T}}(y-x). \tag{1.74}$$

简化式 (1.74), 得到式 (1.69).

充分性. (1) $\forall x, y \in \Omega$, $\forall \alpha \in [0,1]$, 令 $z = \alpha x + (1-\alpha)y$, 由条件 (1.68), 得到

$$f(x) \geqslant f(z) + \nabla f(z)^{\mathrm{T}}(x-z), \tag{1.75}$$

$$f(y) \geqslant f(z) + \nabla f(z)^{\mathrm{T}}(y-z). \tag{1.76}$$

在式 (1.75) 上乘 α, 在式 (1.76) 上乘 $1-\alpha$, 两式相加得到

$$\alpha f(x) + (1-\alpha)f(y) \geqslant f(z) = f(\alpha x + (1-\alpha)y),$$

所以 f 为凸函数.

(2) 严格凸函数的证明过程相同, 只需将式 (1.75) 和式 (1.76) 中的 "$\geqslant$" 换成 "$>$" 即可.

可微凸函数的几何意义: 对于单变量可微凸函数, 其曲线仅位于其切线的上方 (图 1.13).

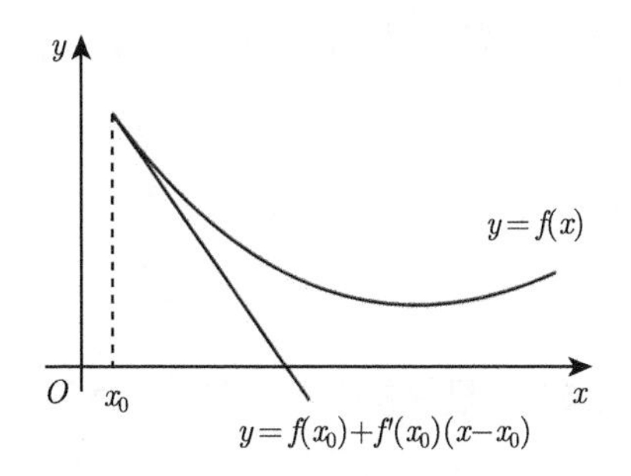

图 1.13 可微凸函数的几何意义

再讨论二次可微凸函数的性质.

定理 1.10 设 $\Omega \subset \mathbb{R}^n$ 为非空开凸集, $f(x)$ 在 Ω 上二次可微, 则 $f(x)$ 为 Ω 上的凸函数的充分必要条件是: $\forall x \in \Omega$, $\nabla^2 f(x)$ 半正定. 若 $\forall x \in \Omega$, $\nabla^2 f(x)$ 为正定矩阵, 则 $f(x)$ 为 Ω 上的严格凸函数.

证明 先证明定理的第一部分.

充分性. 设 $\nabla^2 f(x)\,(x \in \Omega)$ 半正定, $\forall x, y \in \Omega$, 由二阶 Taylor 展式

$$\begin{aligned} f(y) &= f(x) + \nabla f(x)^{\mathrm{T}}(y-x) + \frac{1}{2}(y-x)^{\mathrm{T}}\nabla^2 f(x+\theta(y-x))(y-x) \\ &\geqslant f(x) + \nabla f(x)^{\mathrm{T}}(y-x). \end{aligned} \tag{1.77}$$

注意到式 (1.77) 中 $\theta \in (0,1)$, $x + \theta(y-x) = \theta y + (1-\theta)x \in \Omega$, 由定理 1.9, $f(x)$ 是凸函数.

必要性. 设 $f(x)$ 是 Ω 上的凸函数, 由定理 1.9, $\forall x, y \in \Omega$, 有

$$f(y) \geqslant f(x) + \nabla f(x)^{\mathrm{T}}(y-x). \tag{1.78}$$

对于任意的 $x \in \Omega$, 任意的 $d \neq 0, d \in \mathbb{R}^n$, 由于 Ω 是开集, $\exists \delta > 0$, 使得当 $\alpha \in (0, \delta)$ 时, $x + \alpha d \in \Omega$. 应用式 (1.78) 得到

$$f(x + \alpha d) \geqslant f(x) + \alpha \nabla f(x)^{\mathrm{T}} d. \tag{1.79}$$

另一方面，由二阶 Taylor 展开式，得到

$$f(x + \alpha d) = f(x) + \alpha \nabla f(x)^{\mathrm{T}} d + \frac{1}{2} \alpha^2 d^{\mathrm{T}} \nabla^2 f(x) d + o(\alpha^2). \tag{1.80}$$

比较式 (1.79) 和式 (1.80), 得到

$$\frac{1}{2} \alpha^2 d^{\mathrm{T}} \nabla^2 f(x) d + o(\alpha^2) \geqslant 0. \tag{1.81}$$

在式 (1.81) 两端同除以 α^2, 并令 $\alpha \to 0^+$, 得到

$$d^{\mathrm{T}} \nabla^2 f(x) d \geqslant 0.$$

即 $\nabla^2 f(x)$ 半正定.

再证第二部分. 由于 $\nabla^2 f(x + \theta(y - x))$ 正定, 所以式 (1.77) 改为严格大于号即可.

1.6　约束问题最优性条件的证明 *

前面只是通过直观的几何解释, 给出了约束问题最优解的一阶必要条件和二阶充分条件, 本节给出它们严格的数学证明.

1.6.1　一阶必要条件的证明

本小节给出约束问题最优解一阶必要条件 (定理 1.3) 的证明.

1. 凸锥

定义 1.6　设集合 $\mathcal{C} \subset \mathbb{R}^n$ 非空, 如果 $\forall x \in \mathcal{C}, \lambda \geqslant 0$, 都有

$$\lambda x \in \mathcal{C},$$

则称 $\mathcal{C}$ 为 $\mathbb{R}^n$ 的一个锥. 若 $\mathcal{C}$ 是锥, 又是凸集, 则称 $\mathcal{C}$ 是一个凸锥.

例 1.12　设集合 $\mathcal{S} \subset \mathbb{R}^n$ 非空, 证明:

$$C(\mathcal{S}) = \{\lambda x \mid x \in \mathcal{S}, \lambda \geqslant 0\} \tag{1.82}$$

是一个锥, 称为 $\mathcal{S}$ 的生成锥. 若 $\mathcal{S}$ 是凸集, 则 $C(\mathcal{S})$ 是凸锥 (留作习题).

例 1.13 设 $a_1, a_2, \cdots, a_m \in \mathbb{R}^n$, 证明:

$$\mathcal{C} = \left\{ \sum_{i=1}^{m} \lambda_i a_i \;\middle|\; \lambda_i \geqslant 0, i = 1, 2, \cdots, m \right\} \tag{1.83}$$

是凸锥 (留作习题).

2. Farkas 引理

定理 1.11 设 $a_1, a_2, \cdots, a_m$ 和 $w \in \mathbb{R}^n$, $\mathcal{C}$ 是由式 (1.83) 定义的. 若 $w \notin \mathcal{C}$, 则存在超平面 $d^{\mathrm{T}}x = 0$, 分离 $\mathcal{C}$ 和 w, 即

$$d^{\mathrm{T}}x \geqslant 0, \qquad \forall x \in \mathcal{C}, \tag{1.84}$$

$$d^{\mathrm{T}}w < 0. \tag{1.85}$$

证明 显然 $\mathcal{C}$ 是闭凸集. 由定理 1.7 得到, 存在 $d \in \mathbb{R}^n$, $d \neq 0$ 和 $\alpha \in \mathbb{R}$, 使得

$$d^{\mathrm{T}}x \geqslant \alpha, \qquad \forall x \in \mathcal{C},$$

$$d^{\mathrm{T}}w < \alpha.$$

因为 $\mathcal{C}$ 是锥, 有 $0 \in \mathcal{C}$, 所以 $\alpha \leqslant 0$, 即 $d^{\mathrm{T}}w < 0$. 下面证明

$$d^{\mathrm{T}}x \geqslant 0, \qquad \forall x \in \mathcal{C}.$$

若存在 $\bar{x} \in \mathcal{C}$, 使得 $d^{\mathrm{T}}\bar{x} < 0$, 则对一切 $\lambda \geqslant 0$, $\lambda\bar{x} \in \mathcal{C}$, 因此,

$$\lambda d^{\mathrm{T}}\bar{x} \geqslant \alpha,$$

当 $\lambda \to \infty$ 时, 不等式左端趋于负无穷, 这与 α 是固定的数矛盾.

定理 1.12 (Farkas 引理) 设 $a_1, a_2, \cdots, a_m$ 和 $w \in \mathbb{R}^n$.

系统 I 存在 d 满足

$$a_i^{\mathrm{T}}d \geqslant 0, \qquad i = 1, 2, \cdots, m, \tag{1.86}$$

$$w^{\mathrm{T}}d < 0. \tag{1.87}$$

系统 II 存在非负常数 $\lambda_1, \lambda_2, \cdots, \lambda_m$, 使得

$$w = \sum_{i=1}^{m} \lambda_i a_i. \tag{1.88}$$

则两系统有且仅有一个有解.

证明　分两种情况来讨论.

(1) 若系统 Ⅱ 有解, 则系统 Ⅰ 无解. 设系统 Ⅱ 有解, 即存在 $\lambda_1, \lambda_2, \cdots, \lambda_m$ 且 $\lambda_i \geqslant 0, i = 1, 2, \cdots, m$, 使得

$$w = \sum_{i=1}^{m} \lambda_i a_i,$$

若系统 Ⅰ 有解, 则有

$$0 > w^{\mathrm{T}} d = \sum_{i=1}^{m} \lambda_i a_i^{\mathrm{T}} d \geqslant 0. \tag{1.89}$$

矛盾. 因此系统 Ⅰ 无解.

(2) 若系统 Ⅱ 无解, 则系统 Ⅰ 有解. 设系统 Ⅱ 无解, 构造集合

$$\mathcal{C} = \left\{ v \;\middle|\; v = \sum_{i=1}^{m} \lambda_i a_i, \lambda_i \geqslant 0, i = 1, 2, \cdots, m \right\}.$$

显然 $\mathcal{C}$ 是闭凸锥. 系统 Ⅱ 无解表明, $w \notin \mathcal{C}$, 由定理 1.11, 则存在 d 满足

$$\begin{aligned} &d^{\mathrm{T}} x \geqslant 0, \qquad \forall x \in \mathcal{C}, \\ &d^{\mathrm{T}} w < 0. \end{aligned}$$

特别, 取 $x = a_i, i = 1, 2, \cdots, m$, 则系统 Ⅰ 有解.

Farkas 引理是由 Farkas 在 1902 年给出的, 它有多种叙述形式, 在这里给出的是最常见的形式之一.

推论 1.13　*设 $a_1, a_2, \cdots, a_{l+m}$ 和 $w \in \mathbb{R}^n$.*

系统 Ⅰ　*存在 d 满足*

$$a_i^{\mathrm{T}} d = 0, \qquad i = 1, 2, \cdots, l, \tag{1.90}$$

$$a_i^{\mathrm{T}} d \geqslant 0, \qquad i = l+1, l+2, \cdots, l+m, \tag{1.91}$$

$$w^{\mathrm{T}} d < 0. \tag{1.92}$$

系统 Ⅱ　*存在常数 $\lambda_1, \lambda_2, \cdots, \lambda_{l+m}$ 且 $\lambda_i \geqslant 0, i = l+1, l+2, \cdots, l+m$, 使得*

$$w = \sum_{i=1}^{l+m} \lambda_i a_i, \tag{1.93}$$

则两系统有且仅有一个有解 (留作习题).

3. 一阶必要条件 (定理 1.3) 的证明

考虑一般约束问题 (1.21)–(1.23), 这里假设 $f(x)$, $c_i(x)(i \in \mathcal{E} \cup \mathcal{I})$ 是连续可微函数. 设 x^* 是约束问题的可行点, $\{x^{(k)}\}$ 是约束问题的可行点序列, 并满足 $x^{(k)} \to x^*(k \to \infty)$ 且 $x^{(k)} \neq x^*$, 记

$$x^{(k)} = x^* + \delta_k d^{(k)}, \tag{1.94}$$

其中 $d^{(k)}$ 有固定模长, 而 $\delta_k > 0$, 由于 $x^{(k)} \to x^*$, 因此有 $\delta_k \to 0$ $\left(例如, d^{(k)} = \dfrac{x^{(k)} - x^*}{\|x^{(k)} - x^*\|}, \delta_k = \|x^{(k)} - x^*\|\right)$.

若 $\{d^{(k)}\}$ 有极限, 即 $d^{(k)} \to d$, 则称 $\{x^{(k)}\}$ 为方向可行点列, $d^{(k)}$ 为方向序列. 而称 d 为 x^* 处的可行方向.

记

$$\mathcal{F}(x^*) = \{d \mid d \text{ 是 } x^* \text{ 处的可行方向}\} \tag{1.95}$$

为全体可行方向的集合. 因此, 由定义得到, 若 $d \in \mathcal{F}(x^*)$ 的充分必要条件是: 存在可行点列 $x^{(k)} = x^* + \delta_k d^{(k)}$, $\|d^{(k)}\| = \|d\|$, $d^{(k)} \to d$ 和 $\delta_k \to 0$.

显然, $\mathcal{F}(x^*) \cup \{0\}$ 为一锥, 称为 x^* 处的切锥.

考虑可行域

$$\Omega = \left\{x = (x_1, x_2)^{\mathrm{T}} \mid x_1^3 - x_2 \geqslant 0, x_2 \geqslant 0\right\}, \tag{1.96}$$

设 $x^* = [0,0]^{\mathrm{T}}$, $\{x^{(k)}\}$ 为曲线 $x_2 = x_1^3$ 上满足 $x_2^{(k)} > 0$ 的一个趋于 x^* 的点列, 则

$$d^{(k)} = \frac{x^{(k)} - x^*}{\|x^{(k)} - x^*\|} \to [1,0]^{\mathrm{T}},$$

故 $d = [1,0]^{\mathrm{T}} \in \mathcal{F}(x^*)$.

设 x^* 是约束问题 (1.21)–(1.23) 的可行点, 定义

$$\mathcal{L}(x^*) = \left\{d \mid d \neq 0, \nabla c_i(x^*)^{\mathrm{T}} d = 0, i \in \mathcal{E}, \nabla c_i(x^*)^{\mathrm{T}} d \geqslant 0, i \in \mathcal{I} \cap \mathcal{A}(x^*)\right\}. \tag{1.97}$$

显然, $\mathcal{L}(x^*) \cup \{0\}$ 为一锥, 称为 x^* 处的线性化锥.

定理 1.14 $\mathcal{F}(x^*) \subset \mathcal{L}(x^*)$.

证明 设 $d \in \mathcal{F}(x^*)$, 则存在 $x^{(k)} = x^* + \delta_k d^{(k)}$ 是可行点, 且 $\delta_k \to 0$, $d^{(k)} \to d$. 由 Taylor 展开式, 得

$$c_i(x^{(k)}) = c_i(x^*) + \delta_k \nabla c_i(x^*)^{\mathrm{T}} d^{(k)} + o(\delta_k), \tag{1.98}$$

当 $i \in \mathcal{E}$ 时, $c_i(x^{(k)}) = 0$, $c_i(x^*) = 0$, 所以式 (1.98) 简化为

$$\delta_k \nabla c_i(x^*)^{\mathrm{T}} d^{(k)} + o(\delta_k) = 0, \tag{1.99}$$

在式 (1.99) 两端同除以 δ_k, 并令 $k \to \infty$, 得到

$$\nabla c_i(x^*)^{\mathrm{T}} d = 0. \tag{1.100}$$

当 $i \in \mathcal{I} \cap \mathcal{A}(x^*)$ 时, $c_i(x^{(k)}) \geqslant 0$, $c_i(x^*) = 0$, 所以式 (1.98) 简化为

$$\delta_k \nabla c_i(x^*)^{\mathrm{T}} d^{(k)} + o(\delta_k) \geqslant 0, \tag{1.101}$$

在式 (1.101) 两端同除以 δ_k, 并令 $k \to \infty$, 得到

$$\nabla c_i(x^*)^{\mathrm{T}} d \geqslant 0, \tag{1.102}$$

因此, $d \in \mathcal{F}(x^*)$.

命题反之并不成立. 如可行域取式 (1.96) 中的区域 Ω, 可行点 $x^* = (0,0)^{\mathrm{T}}$, 则 $\nabla c_1(x^*) = (0,-1)^{\mathrm{T}}$, $\nabla c_2(x^*) = (0,1)^{\mathrm{T}}$, 故

$$\begin{aligned}
\mathcal{L}(x^*) &= \left\{d = (d_1,d_2)^{\mathrm{T}} \mid d \neq 0, \nabla c_1(x^*)^{\mathrm{T}} d \geqslant 0, \nabla c_2(x^*)^{\mathrm{T}} d \geqslant 0\right\} \\
&= \left\{d = (d_1,d_2)^{\mathrm{T}} \mid d_1 \neq 0, d_2 = 0\right\} \\
&= \left\{(d_1,0)^{\mathrm{T}} \mid d_1 \neq 0\right\},
\end{aligned}$$

显然, $d = (-1,0)^{\mathrm{T}} \in \mathcal{L}(x^*)$, 但由式 (1.96) 确定的可行域 Ω 对于所有的可行点 $x^{(k)}$ 有 $x_1^{(k)} \geqslant 0$, 故不存在这样的点列 $x^{(k)} = x^* + \delta_k d^{(k)} = \delta_k d^{(k)}$, 使得 $d^{(k)} \to d = (-1,0)^{\mathrm{T}}$, 因此, $d \notin \mathcal{F}(x^*)$.

因此, 要使 $\mathcal{L}(x^*) = \mathcal{F}(x^*)$, 需要对约束附加条件, 通常称任何一个保证 $\mathcal{L}(x^*) = \mathcal{F}(x^*)$ 成立的条件为约束限制条件. 前面提到的线性独立约束限制条件 ($\{\nabla c_i(x^*)\}_{i\in\mathcal{A}(x^*)}$ 线性无关) 能够保证 $\mathcal{L}(x^*) = \mathcal{F}(x^*)$(证明略).

设 x^* 是可行点, $d \in \mathbb{R}^n$, 若 $\nabla f(x^*)^{\mathrm{T}} d < 0$, 则 d 为 $f(x)$ 在 x^* 处的下降方向. 事实上, 由一阶 Taylor 展式, 得

$$f(x^* + \alpha d) - f(x^*) = \alpha \nabla f(x^*)^{\mathrm{T}} d + o(\alpha), \tag{1.103}$$

则存在 $\delta > 0$, 使当 $\alpha \in (0,\delta]$ 时, $x^* + \alpha d$ 为可行点, 且式 (1.103) 右端小于 0, 即 $f(x^* + \alpha d) < f(x^*)$. 将 x^* 处全体下降方向记为

$$\mathcal{D}(x^*) = \left\{d \mid \nabla f(x^*)^{\mathrm{T}} d < 0\right\}. \tag{1.104}$$

定理 1.15　若 x^* 为约束问题 (1.21)–(1.23) 的局部解, 则

$$\mathcal{F}(x^*) \cap \mathcal{D}(x^*) = \varnothing. \tag{1.105}$$

证明　任取 $d \in \mathcal{F}(x^*)$, 则存在可行点列 $x^{(k)} = x^* + \delta_k d^{(k)}$, 并且 $\delta_k \to 0$ 和 $d^{(k)} \to d$. 由 Taylor 展式

$$f(x^{(k)}) = f(x^*) + \delta_k \nabla f(x^*)^{\mathrm{T}} d^{(k)} + o(\delta_k). \tag{1.106}$$

因为 x^* 是局部解, 存在 K, 当 $k \geqslant K$ 时, 有 $f(x^{(k)}) \geqslant f(x^*)$, 由式 (1.106) 得到

$$\delta_k \nabla f(x^*)^{\mathrm{T}} d^{(k)} + o(\delta_k) \geqslant 0, \tag{1.107}$$

在式 (1.107) 两端同除以 δ_k, 并令 $k \to \infty$, 得到

$$\nabla f(x^*)^{\mathrm{T}} d \geqslant 0, \tag{1.108}$$

故 $d \notin \mathcal{D}(x^*)$.

定理 1.3 的证明　因为 x^* 是约束问题 (1.21)–(1.23) 的局部解, 由定理 1.15, 得到 $\mathcal{F}(x^*) \cap \mathcal{D}(x^*) = \varnothing$, 再由线性独立约束限制条件得到 $\mathcal{L}(x^*) \cap \mathcal{D}(x^*) = \varnothing$, 令 $a_i = \nabla c_i(x^*)$, $i \in \mathcal{A}(x^*)$, $w = \nabla f(x^*)$, 因此系统

$$\begin{aligned} &a_i^{\mathrm{T}} d = 0, \quad i \in \mathcal{E}, \\ &a_i^{\mathrm{T}} d \geqslant 0, \quad i \in \mathcal{I} \cap \mathcal{A}(x^*), \\ &w^{\mathrm{T}} d < 0 \end{aligned}$$

无解, 由推论 1.13, 存在 $\lambda_i^* (i \in \mathcal{A}(x^*))$, 使得

$$w = \sum_{i \in \mathcal{A}(x^*)} \lambda_i^* a_i, \tag{1.109}$$

$$\lambda_i^* \geqslant 0, \quad i \in \mathcal{I} \cap \mathcal{A}(x^*), \tag{1.110}$$

令 $\lambda_i^* = 0$, $i \in \mathcal{I} \setminus \mathcal{A}(x^*)$. 定理 1.3 的结论成立.

1.6.2　二阶充分条件的证明

本小节给出约束问题最优解的二阶充分条件 (定理 1.4) 的证明, 证明过程使用反证法.

若 x^* 不是约束问题的严格局部解, 则存在可行点列 $\{x^{(k)}\}$, $x^{(k)} \to x^*$, 使得

$$f(x^{(k)}) \leqslant f(x^*). \tag{1.111}$$

令 $x^{(k)} = x^* + \delta_k d^{(k)}$, 其中 $\delta_k = \|x^{(k)} - x^*\|$, $d^{(k)} = \dfrac{x^{(k)} - x^*}{\|x^{(k)} - x^*\|}$, 因此, $\|d^{(k)}\| = 1$ 和 $\delta_k \to 0$.

因为 $d^{(k)}$ 有界, 必有收敛子列, 不妨仍记为 $d^{(k)}$, 即 $d^{(k)} \to d$. 由 Taylor 展开式和式 (1.111) 得到

$$0 \geqslant f(x^{(k)}) - f(x^*) = \delta_k \nabla f(x^*)^{\mathrm{T}} d^{(k)} + o(\delta_k), \tag{1.112}$$

在式 (1.112) 两端同除以 δ_k, 并令 $k \to \infty$, 得到

$$\nabla f(x^*)^{\mathrm{T}} d \leqslant 0. \tag{1.113}$$

用类似的方法可以得到

$$\nabla c_i(x^*)^{\mathrm{T}} d = 0, \quad i \in \mathcal{E}, \tag{1.114}$$

$$\nabla c_i(x^*)^{\mathrm{T}} d \geqslant 0, \quad i \in \mathcal{I} \cap \mathcal{A}(x^*). \tag{1.115}$$

式 (1.115) 表明, ① 对一切 $i \in \mathcal{I} \cap \mathcal{A}(x^*)$, $\nabla c_i(x^*)^{\mathrm{T}} d = 0$, 或者, ② 存在 $q \in \mathcal{I} \cap \mathcal{A}(x^*)$, 使得 $\nabla c_q(x^*)^{\mathrm{T}} d > 0$. 下面证明①, ② 两种情况均不会出现.

若①成立. 则 $d \in \mathcal{M} = \left\{d \mid d \neq 0, \nabla c_i(x^*)^{\mathrm{T}} d = 0, i \in \mathcal{A}(x^*)\right\}$. 考虑 Lagrange 函数在 x^* 处的 Taylor 展开式

$$\begin{aligned} L(x^{(k)}, \lambda^*) = & L(x^*, \lambda^*) + \delta_k \nabla_x L(x^*, \lambda^*)^{\mathrm{T}} d^{(k)} \\ & + \frac{1}{2} \delta_k^2 (d^{(k)})^{\mathrm{T}} \nabla_{xx}^2 L(x^*, \lambda^*) d^{(k)} + o(\delta_k^2). \end{aligned} \tag{1.116}$$

注意到

$$\begin{aligned} L(x^{(k)}, \lambda^*) &= f(x^{(k)}) - \sum_{i \in \mathcal{E} \cup \mathcal{I}} \lambda_i^* c_i(x^{(k)}) \\ &= f(x^{(k)}) - \sum_{i \in \mathcal{I} \cap \mathcal{A}(x^*)} \lambda_i^* c_i(x^{(k)}) \\ &\leqslant f(x^{(k)}) \end{aligned} \tag{1.117}$$

和 $L(x^*, \lambda^*) = f(x^*) - \sum\limits_{i \in \mathcal{E} \cup \mathcal{I}} \lambda_i^* c_i(x^*) = f(x^*)$, 因此, 式 (1.116) 可以写成

$$\begin{aligned} 0 \geqslant f(x^{(k)}) - f(x^*) &\geqslant L(x^{(k)}, \lambda^*) - L(x^*, \lambda^*) \\ &= \frac{1}{2} \delta_k^2 (d^{(k)})^{\mathrm{T}} \nabla_{xx}^2 L(x^*, \lambda^*) d^{(k)} + o(\delta_k^2), \end{aligned} \tag{1.118}$$

在式 (1.118) 两端同除以 δ_k^2, 并令 $k \to \infty$, 得到

$$d^{\mathrm{T}} \nabla_{xx}^2 L(x^*, \lambda^*) d \leqslant 0, \tag{1.119}$$

与定理条件 (式 (1.57)) 矛盾.

再假设②成立. 由一阶必要条件和式 (1.114) 得到

$$\begin{aligned}\nabla f(x^*)^{\mathrm{T}}d &= \sum_{i\in\mathcal{E}\cup\mathcal{I}}\lambda_i^*\nabla c_i(x^*)^{\mathrm{T}}d = \sum_{i\in\mathcal{I}\cap\mathcal{A}(x^*)}\lambda_i^*\nabla c_i(x^*)^{\mathrm{T}}d\\ &\geqslant \lambda_q^*\nabla c_q(x^*)^{\mathrm{T}}d > 0,\end{aligned}\tag{1.120}$$

与式 (1.113) 矛盾.

1.7 MATLAB 优化工具箱

本书包含最优化理论、计算和应用三个方面, 每章的第一部分介绍最优化方面的理论, 由概念、定理及算法构成. 后两部分 —— 计算与应用, 由 MATLAB 软件来完成, 这当中包括自编程序部分和 MATLAB 优化工具箱中的优化函数.

为了便于后面的使用, 本节先简单介绍 MATLAB 软件以及 MATLAB 优化工具箱中的函数.

1.7.1 MATLAB 概述

MATLAB 是 matrix & laboratory 两个词的组合, 意为矩阵工厂 (矩阵实验室). 是由美国 Mathworks 公司发布的主要面对科学计算、可视化以及交互式程序设计的高科技计算环境. 它将数值分析、矩阵计算、科学数据可视化以及非线性动态系统的建模和仿真等诸多强大功能集成在一个易于使用的视窗环境中, 为科学研究、工程设计以及必须进行有效数值计算的众多科学领域提供了一种全面的解决方案, 并在很大程度上摆脱了传统非交互式程序设计语言 (如 C, Fortran) 的编辑模式, 代表了当今国际科学计算软件的先进水平①.

1.7.2 MATLAB 优化工具箱概述

MATLAB 优化工具箱提供了大量的求解优化问题的函数, 可以求解线性规划、整数线性规划、二次规划、非线性规划和多目标规划等问题.

MATLAB 优化工具箱可以解决以下问题:

(1) 求解无约束最优化问题;

(2) 求解线性规划 (包括整数线性规划) 和二次规划问题;

(3) 求解一般约束最优化问题, 包括目标逼近问题、极大极小值问题, 以及半无限规划问题;

(4) 非线性最小二乘问题与曲线拟合;

① 此段文字摘自百度百科.

(5) 非线性方程组求解;

(6) 约束条件下的线性最小二乘问题;

(7) 求解复杂结构的大规模优化问题.

1.7.3 MATLAB 优化工具箱中的函数①

下面简要介绍 MATLAB 优化工具箱中的函数, 在以后的各章中, 将根据相关内容, 详细介绍其中某些函数的使用.

1. 求解无约束优化问题的函数

fminsearch	使用直接方法求解多变量无约束极小化问题.
fminunc	求解多变量无约束极小化问题.

2. 求解约束优化问题的函数

fminbnd	在某个区间上求解单变量极小化问题.
fmincon	求解多变量约束极小化问题.
fseminf	求解多变量半无穷约束极小化问题.

3. 求解多目标优化问题的函数

fgoalattain	求解多元目标规划问题.
fminimax	求解多元 minimax 优化问题.

4. 求解线性和整数规划问题的函数

linprog	求解线性规划问题.
intlinprog	求解整数线性规划问题 (包括 0-1 线性规划).

5. 求解二次规划问题的函数

quadprog	求解二次规划问题.

6. 求解线性最小二乘问题的函数

lsqlin	求解带有线性约束的最小二乘问题.
lsqnonneg	求解非负限制变量的最小二乘问题.

7. 求解非线性最小二乘问题的函数

lsqcurvefit	借助最小二乘方法作非线性曲线拟合.
lsqnonlin	求解带有上、下界的非最小二乘问题.

8. 非线性方程 (组) 求解的函数

fzero	非线性方程求根.
fsolve	非线性方程组求解.

①以 MATLAB R2014a 中的优化工具为准.

9. 设置控制参数的函数

optimset	设置或修改 options 中的参数.
optimoptions	为指定的优化求解函数设置 options 中的参数.

习　题　1

1. 设经验模型为 $y=\beta_0+\beta_1 x_1+\beta_2 x_2$, 且已知 m 个数据 (x_{i1}, x_{i2}, y_i), $i=1,2,\cdots,m$. 今欲选择 β_0,β_1 和 β_2, 使按模型计算出的值与实测值偏离的平方和最小, 试导出相应的最优化问题.

2. 求下列函数的梯度和 Hesse 矩阵:

(1) $f(x)=3x_1x_2^2+4e^{x_1x_2}$;

(2) $f(x)=x_1^{x_2}+\ln(x_1x_2)$;

(3) $f(x)=x_1^2+x_2^2+x_3^2$;

(4) $f(x)=\ln\left(x_1^2+x_1x_2+x_2^2\right)$.

3. 根据无约束问题局部解的最优性条件求解下列无约束问题:

(1) $\min\ f(x)=\dfrac{1}{3}x_1^2+\dfrac{1}{2}x_2^2$;

(2) $\min\ f(x)=2x_1^2-2x_1x_2+x_2^2+2x_1-2x_2$;

(3) $\min\ f(x)=x_1^2+2x_1x_2+4x_1x_3+3x_2^2+2x_2x_3+5x_3^2+4x_1-2x_2+3x_3$.

4. 根据无约束问题局部解的必要条件和充分条件求解无约束问题:

$$\min\ f(x)=2x_1^3-3x_1^2-6x_1x_2(x_1-x_2-1).$$

5. 设 G 是半正定矩阵, 证明: 若 $\bar{x}$ 满足 $\bar{x}^{\mathrm{T}}G\bar{x}=0$, 则 $\bar{x}$ 满足 $G\bar{x}=0$.

6. 设 $f(x)$ 具有连续的一阶偏导数, 若 x^* 为无约束问题 (1.6) 的局部解, 则 $\nabla f(x^*)=0$, 且 $\nabla^2 f(x^*)$ 半正定. 该性质称为无约束问题最优解的二阶必要条件.

7. 用 MATLAB 软件画出习题 4 中的目标函数在 $[-2,2]\times[-1.5,2.5]$ 区域上的等值线, 等值线的取值分别是 -70, -40, -20, -10, -5, -2, -1, -0.8, -0.5, -0.3, 0, 0.1, 0.3, 0.5, 0.8, 1, 2, 5, 10, 20, 40 和 70. 通过等值线帮助理解习题 4 中, 哪一个点是极小值点, 哪一个点是极大值点, 哪一个点是鞍点.

8. 对于约束问题

$$\begin{aligned}
\min\quad & f(x)=5-x_1-x_2^2,\\
\text{s.t.}\quad & c_1(x)=x_1\geqslant 0,\\
& c_2(x)=x_2\geqslant 0,\\
& c_3(x)=1-x_1^2-x_2^2\geqslant 0,
\end{aligned}$$

考察 $x^*=(1,0)^{\mathrm{T}}$ 是否为约束问题的 KKT 点, 是否为约束问题的极小点.

9. 考虑约束问题

$$\begin{aligned}
\min \quad & f(x) = \frac{1}{2}\alpha(x_1 - 2)^2 - x_1 - x_2, \\
\text{s.t.} \quad & c_1(x) = x_1 - x_2^2 \geqslant 0, \\
& c_2(x) = 2 - x_1 - x_2 \geqslant 0.
\end{aligned}$$

(1) 求出所有使两个约束均为有效约束的可行点; (2) 求出 α 的取值范围, 使得 α 在该范围取值时, 由 (1) 得到的可行点满足一阶必要条件.

10. 设 $p > 1$, $a > 0$, 利用等式约束问题的一阶必要条件求解约束问题

$$\begin{aligned}
\min \quad & x_1^p + x_2^p + \cdots + x_n^p, \\
\text{s.t.} \quad & x_1 + x_2 + \cdots + x_n = a.
\end{aligned}$$

11. 给定问题

$$\begin{aligned}
\min \quad & f_1(x_1) + f_2(x_2) + \cdots + f_n(x_n), \\
\text{s.t.} \quad & x_1 + x_2 + \cdots + x_n = 1, \\
& x_1, x_2, \cdots, x_n \geqslant 0,
\end{aligned}$$

其中 $f_i(i = 1, 2, \cdots, n)$ 是可微函数. 设 x^* 是该约束问题的局部解, 证明: 存在 μ^*, 使得

$$\begin{aligned}
f_i'(x_i^*) = \mu^*, \quad x_i^* > 0, \\
f_i'(x_i^*) \geqslant \mu^*, \quad x_i^* = 0.
\end{aligned}$$

12. 设 a_i, c_i $(i = 1, 2, \cdots, n)$, $b > 0$ 为常数, 给定问题

$$\begin{aligned}
\min \quad & \frac{c_1}{x_1} + \frac{c_2}{x_2} + \cdots + \frac{c_n}{x_n}, \\
\text{s.t.} \quad & a_1x_1 + a_2x_2 + \cdots + a_nx_n = b, \\
& x_1, x_2, \cdots, x_n \geqslant 0.
\end{aligned}$$

(1) 写出最优解处 x^* 的一阶必要条件; (2) 证明目标函数的最优值为

$$f(x^*) = \frac{1}{b}\left(\sum_{i=1}^{n}\sqrt{a_ic_i}\right)^2.$$

13. 考虑约束问题

$$\begin{aligned}
\min \quad & f(x) = x_1^2 + 2x_1 + x_2^4, \\
\text{s.t.} \quad & c(x) = x_1x_2 - x_1 = 0.
\end{aligned}$$

(1) 验证 $x^* = (0, 0)^{\mathrm{T}}$ 满足局部解的一阶必要条件. (2) 试问 $x^* = (0, 0)^{\mathrm{T}}$ 是否满足局部解的二阶充分条件? (3) 试问 $x^* = (0, 0)^{\mathrm{T}}$ 是否为约束问题的局部解 (或全局解).

14. 用约束问题局部解的一阶必要条件和二阶充分条件求解约束问题

$$\begin{aligned} \min \quad & f(x) = x_1 x_2, \\ \text{s.t.} \quad & c(x) = x_1^2 + x_2^2 - 1 = 0 \end{aligned}$$

的最优解和相应的乘子, 并画出目标函数的等值线和约束曲线来验证你的结论.

15. 设 $\Omega \subset \mathbb{R}^n$ 为凸集，A 为 $m \times n$ 矩阵，试证集合

$$A(\Omega) = \{y \mid y = Ax, x \in \Omega\}$$

是凸集.

16. 证明两个凸集的交集是凸集. 问: 两个凸集的并集是否为凸集? 证明或举出反例.

17. 证明凸函数的和函数是凸函数.

18. 判断下列函数是否为凸函数或凹函数.

(1) $f(x) = x_1^2 + 2x_1x_2 - 10x_1 + 5x_2$;

(2) $f(x) = -x_1^2 + 2x_1x_2 - 5x_2^2 + 10x_1 - 10x_2$;

(3) $f(x) = 2x_1^2 + x_2^2 + 2x_3^2 + x_1x_2 - 6x_1x_3$.

19. 设 f 为可微函数. 证明 f 为线性函数的充分必要条件是: f 既是凸函数又是凹函数.

20. 设 $\Omega \subset \mathbb{R}^n$ 为凸集，$f(x)$ 是定义在 Ω 上的凸函数的充要条件是: $\forall m \geqslant 2$, $\alpha_i \geqslant 0$, $i = 1, 2, \cdots, m$, $\sum\limits_{i=1}^{m} \alpha_i = 1$, $x^{(i)} \in \Omega$, $i = 1, 2, \cdots, m$ 恒有

$$f\left(\sum_{i=1}^{m} \alpha_i x^{(i)}\right) \leqslant \sum_{i=1}^{m} \alpha_i f\left(x^{(i)}\right).$$

21. 证明不等式. 若 $x_i \geqslant 0$, $i = 1, 2, \cdots, n$, 有

$$\sqrt{\frac{1}{n}\sum_{i=1}^{n} x_i} \geqslant \frac{1}{n}\sum_{i=1}^{n} \sqrt{x_i}.$$

22. 若 $f(x)$ 是凸函数, $c_i(x)(i \in \mathcal{I})$ 是凹函数, 则称下列约束问题

$$\begin{aligned} \min \quad & f(x), \\ \text{s.t.} \quad & c_i(x) \geqslant 0, \quad i \in \mathcal{I} \end{aligned}$$

为凸规划问题.

(1) 证明: 凸规划问题的可行域 $\Omega = \{x \mid c_i(x) \geqslant 0, i \in \mathcal{I}\}$ 是凸集.

(2) 设 $f(x), c_i(x)(i \in \mathcal{I})$ 有连续的一阶偏导数, 若 x^* 是 KKT 点, λ^* 为 Lagrange 乘子向量, 则 x^* 是凸规划问题的全局解.

23. 考虑线性规划问题

$$\begin{aligned} \min \quad & c^{\mathrm{T}} x, \\ \text{s.t.} \quad & Ax \leqslant b, \\ & x \geqslant 0, \end{aligned}$$

试写出它的一阶必要条件, 并证明其一阶必要条件也是充分条件.

24. 证明: 约束问题

$$\begin{aligned} \min \quad & \|Ax - b\|^2, \\ \text{s.t.} \quad & x \geqslant 0 \end{aligned}$$

是凸规划问题, 并证明其最优解 x^* 满足不等式方程组 $\left(A^{\mathrm{T}} A\right) x \geqslant A^{\mathrm{T}} b$.

25. 设集合 $\mathcal{S} \subset \mathbb{R}^n$ 是非空凸集, 证明: $\mathcal{S}$ 的生成锥 $C(\mathcal{S})$ 是凸锥.

26. 设 $a_1, a_2, \cdots, a_m \in \mathbb{R}^n$, 证明:

$$\mathcal{C} = \left\{ \sum_{i=1}^{m} \lambda_i a_i \;\middle|\; \lambda_i \geqslant 0, i = 1, 2, \cdots, m \right\}$$

是凸锥.

27. 证明推论 1.13.

28. 设 $a_1, a_2, \cdots, a_m$ 和 $w \in \mathbb{R}^n$.

系统 I　存在 d 满足

$$\begin{aligned} a_i^{\mathrm{T}} d &\geqslant 0, \qquad i = 1, 2, \cdots, m, \\ d_j &\geqslant 0, \qquad j = 1, 2, \cdots, n, \\ w^{\mathrm{T}} d &< 0. \end{aligned}$$

系统 II　存在非负常数 $\lambda_1, \lambda_2, \cdots, \lambda_m$, 使得

$$w \leqslant \sum_{i=1}^{m} \lambda_i a_i,$$

则两系统有且仅有一个有解.

29. 考虑约束

$$\begin{aligned} c_1(x) &= x_1^2 - x_2^2 - x_3 = 0, \\ c_2(x) &= x_1 - x_2^2 + x_3^2 = 0. \end{aligned}$$

问: 约束的可行点是否满足约束限制条件?

30. 考虑约束问题 (1.21)–(1.23), 设 $f(x), c_i(x) (i \in \mathcal{E} \cup \mathcal{I})$ 具有连续的二阶偏导数, 若 x^* 是约束问题的局部解, 且在 x^* 处 $\{\nabla c_i(x^*)\}_{i \in \mathcal{A}(x^*)}$ 线性无关, 则存在向量 λ^*, 其分量为 λ_i^* $(i \in \mathcal{E} \cup \mathcal{I})$, 使得

(1) KKT 条件成立;

(2) 对任意的 $d \in \mathcal{M} = \left\{ d \mid \nabla c_i(x^*)^{\mathrm{T}} d = 0, i \in \mathcal{A}(x^*) \right\}$ 均有

$$d^{\mathrm{T}} \nabla_{xx}^2 L(x^*, \lambda^*) d \geqslant 0,$$

其中 $L(x, \lambda)$ 为约束问题的 Lagrange 函数. 该性质被称为约束问题最优解的二阶必要条件.

第 2 章　一维搜索与信赖域方法

一维搜索和信赖域方法是求解无约束最优化问题

$$\min\ f(x), \quad x \in \mathbb{R}^n \tag{2.1}$$

的两种基本策略, 它们是构造求解无约束最优化问题各类算法的基础.

2.1　求解无约束问题的结构

在介绍这两种算法之前, 先介绍一下求解无约束问题 (2.1) 的基本结构. 本书介绍的算法均属于下降算法, 也就是说, 从初始点 $x^{(0)}$ 开始, 算法产生点列 $\left\{x^{(k)}\right\}_{k=0}^{\infty}$ 满足

$$f(x^{(k+1)}) < f(x^{(k)}), \quad k = 0, 1, \cdots. \tag{2.2}$$

如果设计的算法完成 $x^{(k)}$ 到 $x^{(k+1)}$ 的计算, 则完成了算法的一步迭代. 当计算出的点列 $x^{(k)}$ 满足某种终止准则时, 算法停止计算.

2.1.1　一维搜索策略的下降算法

一维搜索策略是设计无约束优化问题算法的传统方法. 如果在点 $x^{(k)}$ 处, 存在方向 $d^{(k)}$, 满足 $\nabla f(x^{(k)})^{\mathrm{T}} d^{(k)} < 0$, 则 $d^{(k)}$ 是下降方向, 即存在常数 $\overline{\alpha} > 0$, 使得当 $\alpha_k \in (0, \overline{\alpha}]$ 时, 有

$$f(x^{(k)} + \alpha_k d^{(k)}) < f(x^{(k)}). \tag{2.3}$$

称 $d^{(k)}$ 为搜索方向, 选择步长 α_k 的过程为一维搜索.

一维搜索策略的下降算法实际上是由两部分工作完成的, 首先是确定下降的搜索方向 $d^{(k)}$, 它是无约束优化问题求解的重点, 不同的搜索方向对应着不同的算法 (具体算法见第 3 章). 其次是一维搜索, 就是求一维步长 α_k, 使得不等式 (2.3) 成立, 在得到步长 α_k 以后, 下一步的迭代点为

$$x^{(k+1)} = x^{(k)} + \alpha_k d^{(k)}.$$

2.1.2　信赖域方法

信赖域方法是 20 世纪 70 年代后提出的, 它本质上就是用二次函数近似目标

函数 $f(x)$, 算法每步需要求解子问题

$$\begin{aligned} \min \quad & q_k(d) = \frac{1}{2}d^{\mathrm{T}}B^{(k)}d + \nabla f(x^{(k)})^{\mathrm{T}}d + f(x^{(k)}), & (2.4)\\ \text{s.t.} \quad & \|d\| \leqslant \Delta_k, & (2.5)\end{aligned}$$

其中 $B^{(k)}$ 为正定对称矩阵, 或者 $B^{(k)}$ 为 $f(x)$ 在 $x^{(k)}$ 处的 Hesse 矩阵 $\nabla^2 f(x^{(k)})$.

设 $d^{(k)}$ 为信赖域子问题 (2.4)–(2.5) 的解, 如果接受这个步长, 则令

$$x^{(k+1)} = x^{(k)} + d^{(k)}$$

产生新的一轮迭代. 信赖域方法的主要工作是如何调整 Δ_k, 以及如何计算 $B^{(k)}$.

2.2 一维搜索

一维搜索也称为线搜索, 目前有两种策略, 一种策略是精确求出一维问题

$$\min_{\alpha\geqslant 0}\ \phi(\alpha) = f(x^{(k)} + \alpha d^{(k)}) \tag{2.6}$$

的极小点 α_k, 这种方法称为精确一维搜索.

后来发现, 采用精确一维搜索策略, 在计算时, 大量的运算时间都花在一维搜索中, 而且在有些迭代步 (特别是最初几步), 精确一维搜索是不必要的, 这就提出另一种搜索策略 —— 非精确一维搜索. 直观地说, 在一维搜索中, 并不要求每步搜索得到一维问题 (2.6) 的极小点 α_k, 而是使得到的 α_k 满足某些条件, 这些条件能够保证 $f(x^{(k)} + \alpha_k d^{(k)})$ 较 $f(x^{(k)})$ 具有一定的下降量, 从而保证算法的收敛性.

2.2.1 精确一维搜索算法

关于精确一维搜索的方法有很多, 这里只介绍两个有代表性的算法, 一个是 0.618 法, 另一个是两点二次插值法.

1. 0.618 法

0.618 法又称为黄金分割法, 它属于试探法, 适用于在区间上的单谷函数求极小点的一种方法. 所谓区间上的单谷函数是指函数在区间上只有唯一的极小点. 0.618 是一元二次方程 $\tau^2 + \tau - 1 = 0$ 的根 $\tau = \dfrac{\sqrt{5}-1}{2}$ 的近似值.

假设 $\phi(\alpha)$ 是区间 $[a,b]$ 上的单谷函数, 且有唯一的极小点 α^*. 先计算两个试探点和它们的函数值

$$\begin{aligned} \alpha_l &= a + (1-\tau)(b-a), \quad & \phi_l &= \phi(\alpha_l),\\ \alpha_r &= a + \tau(b-a), & \phi_r &= \phi(\alpha_r),\end{aligned}$$

其中 α_l 为左试探点, α_r 为右试探点.

若 $\phi_l < \phi_r$, 则区间 $[\alpha_r, b]$ 内不可能有极小点, 所以去掉区间 $[\alpha_r, b]$, 令 $a' = a$, $b' = \alpha_r$, 得到一个新的搜索区间. 若 $\phi_l > \phi_r$, 则区间 $[a, \alpha_l]$ 内不可能有极小点, 所以去掉区间 $[a, \alpha_l]$, 令 $a' = \alpha_l$, $b' = b$, 得到一个新的搜索区间.

类似上面的步骤, 在区间 $[a', b']$ 内再计算两个新的试探点

$$\alpha_l' = a' + (1-\tau)(b'-a'),$$

$$\alpha_r' = a' + \tau(b'-a'),$$

再比较函数值, 最后确定新的区间, 如此下去.

在上述方法中, 每次迭代中似乎需要计算两个试探点及它们的函数值, 这里取 τ 值和其他值并没有什么不同. 真是这样吗? 下面对新的试探点进行分析.

若 $\phi_l < \phi_r$, 则去掉区间 $[\alpha_r, b]$, 那么新的右试探点为

$$\alpha_r' = a' + \tau(b'-a') = a + \tau(\alpha_r - a) = a + \tau^2(b-a),$$

注意到 τ 是方程 $\tau^2 + \tau - 1 = 0$ 的根, 因此,

$$\alpha_r' = a + \tau^2(b-a) = a + (1-\tau)(b-a) = \alpha_l,$$

即原区间的左试探点.

若 $\phi_l > \phi_r$, 则去掉区间 $[a, \alpha_l]$, 那么新的左试探点为

$$\begin{aligned}\alpha_l' &= a' + (1-\tau)(b'-a') = \alpha_l + (1-\tau)(b-\alpha_l)\\ &= a + (1-\tau)(b-a) + \tau(1-\tau)(b-a)\\ &= a + (1-\tau^2)(b-a) = a + \tau(b-a)\\ &= \alpha_r,\end{aligned}$$

即原区间的右试探点.

因此, 在实际计算中, 只需要计算一个新试探点和一个点的函数值. 事实上, 0.618 法除第一次需要计算两个试探点外, 其余各步每次只需计算一个试探点和它的函数值, 这大大提高了算法的效率.

算法 2.1 (0.618 法)

(0) 置初始搜索区间 $[a, b]$, 置精度要求 ε, 并计算左、右试探点 $\alpha_l = a + (1-\tau)(b-a)$, $\alpha_r = a + \tau(b-a)$ 及相应的函数值 $\phi_l = \phi(\alpha_l)$, $\phi_r = \phi(\alpha_r)$, 其中 $\tau = \dfrac{\sqrt{5}-1}{2}$.

(1) 如果 $\phi_l < \phi_r$, 则置 $b = \alpha_r$, $\alpha_r = \alpha_l$, $\phi_r = \phi_l$, 并计算 $\alpha_l = a + (1-\tau)(b-a)$, $\phi_l = \phi(\alpha_l)$; 否则置 $a = \alpha_l$, $\alpha_l = \alpha_r$, $\phi_l = \phi_r$, 并计算 $\alpha_r = a + \tau(b-a)$, $\phi_r = \phi(\alpha_r)$.

(2) 如果 $|b-a| \leqslant \varepsilon$, 当 $\phi_l < \phi_r$ 时, 输出 α_l, 当 $\phi_l \geqslant \phi_r$ 时, 输出 α_r, 停止计算; 否则转 (1).

在算法经历 n 次计算后, 其小区间的长度为 $\tau^{n-1}(b-a)$, 这里 $b-a$ 为初始区间的长度. 由于每次迭代极小区间的收缩比为 τ, 故 0.618 法的收敛速率是线性的, 收敛比为 $\tau = \dfrac{\sqrt{5}-1}{2}$ (有关收敛速率的概念请见 2.3.2 节).

例 2.1 用 0.618 法求 $\phi(\alpha) = \mathrm{e}^{\alpha} - 3\alpha$ 在区间 $[0,2]$ 内的极小点, 其精度要求为 $\varepsilon = 10^{-3}$.

解 $a = 0$, $b = 2$, $\alpha_l = 0.7639$, $\alpha_r = 1.2361$, $\phi_l = -0.1451$, $\phi_r = -0.2662$, 所以 $\phi_l > \phi_r$, 去掉区间 $[a, \alpha_l]$, 即 $[0, 0.7639]$, 下一个区间为 $[0.7639, 2]$. 详细计算结果如表 2.1 所示. 共迭代 16 次, 最优解 $\alpha^* = 1.0988$.

表 2.1 0.618 法的计算结果

迭代	a	b	α_l	α_r	ϕ_l	ϕ_r	$\|b-a\|$
0	0.0000	2.0000	0.7639	1.2361	−0.1451	−0.2662	2.0000
1	0.7639	2.0000	1.2361	1.5279	−0.2662	0.0247	1.2361
2	0.7639	1.5279	1.0557	1.2361	−0.2931	−0.2662	0.7639
⋮	⋮	⋮	⋮	⋮	⋮	⋮	⋮
16	1.0983	1.0992	1.0986	1.0989	−0.2958	−0.2958	0.0009

2. 两点二次插值法

两点二次插值法是插值方法的一种, 由两点处的函数值和一点处的导数值来构造近似 $\phi(\alpha)$ 的二次函数来求极小点.

设 $\phi_i = \phi(\mu_i)(i=1,2)$, $\phi_1' = \phi'(\mu_1)$ 并且满足 $\phi_1' < 0$, 现构造二次函数 $\hat{\phi}(\alpha)$, 满足插值条件

$$\hat{\phi}(\mu_i) = \phi_i \ (i=1,2), \quad \hat{\phi}'(\mu_1) = \phi_1'. \tag{2.7}$$

为了使 $\hat{\phi}(\alpha)$ 在区间 $[\mu_1, \mu_2]$ 上有极小点, ϕ_1, ϕ_2 和 ϕ_1' 还应满足

$$\phi_2 > \phi_1 + \phi_1'(\mu_2 - \mu_1). \tag{2.8}$$

设 $\hat{\phi}(\alpha)$ 具有如下形式

$$\hat{\phi}(\alpha) = A(\alpha - \mu_1)^2 + B(\alpha - \mu_1) + C, \tag{2.9}$$

其中 A, B, C 为待定常数. 由插值条件 (2.7), 得到

$$A = \frac{\phi_2 - \phi_1 - \phi_1'(\mu_2 - \mu_1)}{(\mu_2 - \mu_1)^2}, \quad B = \phi_1', \quad C = \phi_1. \tag{2.10}$$

将式 (2.10) 代入式 (2.9), 并求解方程 $\hat{\phi}'(\alpha) = 0$ 得到

$$\mu = \mu_1 - \frac{\phi_1'(\mu_2 - \mu_1)^2}{2[\phi_2 - \phi_1 - \phi_1'(\mu_2 - \mu_1)]}. \tag{2.11}$$

将 μ 作为 $\phi(\alpha)$ 的极小点 α^* 的近似值.

算法 2.2 (两点二次插值法)

(0) 取初始点 μ_1, 初始步长 $\alpha = 1$ 和步长缩减因子 $\rho = 0.1$, 置精度要求 ε, 并计算 $\phi_1 = \phi(\mu_1)$, $\phi_1' = \phi'(\mu_1)$.

(1) 若 $\phi_1' < 0$, 则置 $\alpha = |\alpha|$; 否则置 $\alpha = -|\alpha|$.

(2) 计算 $\mu_2 = \mu_1 + \alpha$ 和 $\phi_2 = \phi(\mu_2)$. 如果不等式 (2.8) 成立, 则转 (3); 否则置 $\alpha = 2\alpha$, 重新计算.

(3) 用式 (2.11) 计算 μ, 计算 $\phi = \phi(\mu)$, $\phi' = \phi'(\mu)$.

(4) 若 $|\phi'| \leqslant \varepsilon$, 则停止计算 ($\mu$ 作为极小点); 否则置 $\mu_1 = \mu$, $\phi_1 = \phi$, $\phi_1' = \phi'$, $\alpha = \rho\alpha$, 转 (1).

例 2.2 用两点二次插值法求 $\phi(\alpha) = \mathrm{e}^{\alpha} - 3\alpha$ 的极小点, 取初始点 $\mu_1 = 0$, 精度要求为 $\varepsilon = 10^{-3}$.

解 取 $\mu_1 = 0$, 步长 $\alpha = 1$, $\phi_1 = 1$, $\phi_1' = -2 < 0$, 所以 $\mu_2 = 1$, $\phi_2 = -0.2817$, 满足不等式 (2.8), 即两点二次插值条件成立, 用式 (2.11) 计算出极小点 $\mu = 1.3922$, 计算 $\phi(\mu) = -0.1529$, $\phi'(\mu) = 1.0237$, 进行下一轮计算, 计算结果如表 2.2 所示. 共迭代 3 次, 最优解 $\mu^* = 1.0986$.

表 2.2　两点二次插值法的计算结果

迭代	μ_1	μ_2	μ	ϕ_1	ϕ_2	ϕ	ϕ'
0	0	1.0000	1.3922	1.0000	−0.2817	−0.1529	1.0237
1	1.3922	1.2922	1.1292	−0.1529	−0.2358	−0.2944	0.0933
2	1.1292	1.1192	1.0990	−0.2944	−0.2952	−0.2958	0.0011
3	1.0990	1.0980	1.0986	−0.2958	−0.2958	−0.2958	−0.0000

对比例 2.1 和例 2.2 的计算结果, 你会发现, 插值法要优于试探法, 这个结论对于一般的函数也成立.

2.2.2　非精确一维搜索算法

非精确一维搜索并不是求函数的极小点, 而是求满足使函数值有一定的下降量的点, 通常采用以下三种准则.

1. Goldstein 准则

Goldstein 准则是 Goldstein 在 1967 年提出来的, 预先指定参数 ρ(精度要求), 满足 $0<\rho<\frac{1}{2}$, 用下面两个不等式:

$$\phi(\mu)\leqslant\phi(0)+\mu\rho\phi'(0), \tag{2.12}$$

$$\phi(\mu)\geqslant\phi(0)+\mu(1-\rho)\phi'(0) \tag{2.13}$$

来确定步长 μ, 其几何意义如图 2.1 所示.

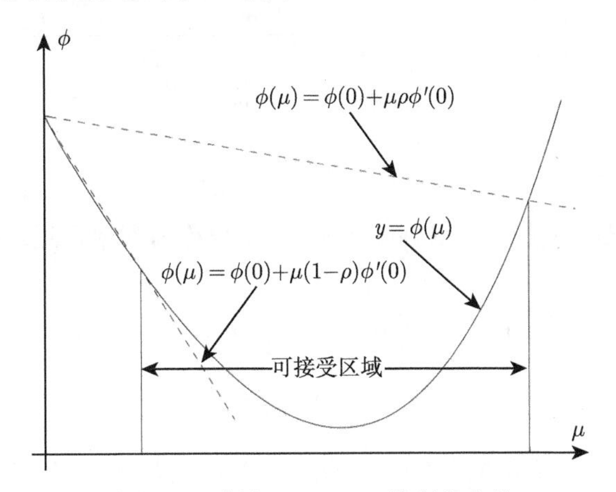

图 2.1 满足 Goldstein 准则的步长

从图 2.1 可以看出, μ 值在 $y=\phi(\mu)$ 图形夹于直线 $y=\phi(0)+\mu\rho\phi'(0)$ 和直线 $y=\phi(0)+\mu(1-\rho)\phi'(0)$ 之间, 直线 $y=\phi(0)+\mu\rho\phi'(0)$ 控制 μ 值不要过大, 而直线 $y=\phi(0)+\mu(1-\rho)\phi'(0)$ 是控制 μ 值不要过小.

2. Wolfe 准则

Wolfe 准则是由 Wolfe 于 1969 年提出来的. 预先指定参数 ρ 和 σ, 且 $0<\rho<\sigma<\frac{1}{2}$, 使得步长 μ 满足

$$\phi(\mu)\leqslant\phi(0)+\mu\rho\phi'(0), \tag{2.14}$$

$$\phi'(\mu)\geqslant\sigma\phi'(0). \tag{2.15}$$

Wolfe 准则的优点是: 在可接受解中包含了最优解 α^*, 而 Goldstein 准则却不能保证这一点. Wolfe 准则的几何意义如图 2.2 所示. 从图 2.2 中可以看出, Wolfe 准则是通过直线 $y=\phi(0)+\mu\rho\phi'(0)$ 控制 μ 值不要过大, 而通过导数值 $\phi'(\mu)=\sigma\phi'(0)$ 控制 μ 值不要过小.

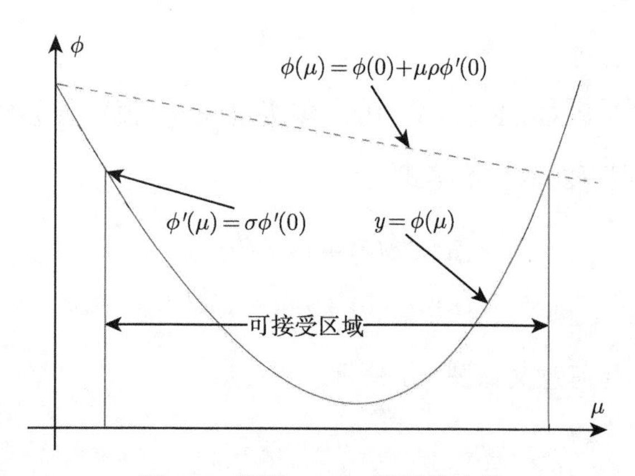

图 2.2　满足 Wolfe 准则的步长

3. Armijo 准则

Armijo 准则是 Goldstein 准则的一种变形, 也称为简单后退准则, 是 Armijo 在 1969 年提出来的.

预先取定一大于 1 的数 M 和 $0<\rho<\dfrac{1}{2}$, μ 的选取使得

$$\phi(\mu) \leqslant \phi(0)+\mu\rho\phi'(0) \tag{2.16}$$

成立, 而 $M\mu$ 不成立, 通常取 $M=2$. Armijo 准则的几何意义如图 2.3 所示. 它是利用式 (2.16) 中 μ 成立而 $M\mu$ 不成立来控制 μ 值不要过小.

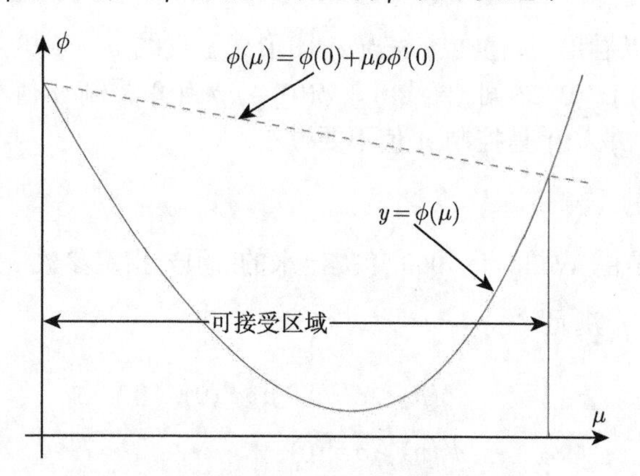

图 2.3　满足 Armijo 准则的步长

2.2.3　正定二次函数的一维搜索方法

不论精确一维搜索方法, 还是非精确一维搜索方法, 在实际计算中均无法得到精确极小点, 但为了理论分析的需要, 通常假设一维搜索是精确的. 这里给出正定

二次函数精确一维搜索的计算公式.

所谓正定二次函数是指如下形式的二次函数

$$f(x) = \frac{1}{2}x^{\mathrm{T}}Gx + r^{\mathrm{T}}x, \tag{2.17}$$

其中 G 为 n 阶正定对称矩阵, r 为 n 维向量.

设 $d^{(k)}$ 是点 $x^{(k)}$ 处的搜索方向, 令 $\phi(\alpha) = f(x^{(k)} + \alpha d^{(k)})$. 对 $\phi(\alpha)$ 求导得到

$$\begin{aligned}\phi'(\alpha) &= \nabla f(x^{(k)} + \alpha d^{(k)})^{\mathrm{T}} d^{(k)} = \left[G(x^{(k)} + \alpha d^{(k)}) + r\right]^{\mathrm{T}} d^{(k)} \\ &= \nabla f(x^{(k)})^{\mathrm{T}} d^{(k)} + \alpha (d^{(k)})^{\mathrm{T}} G d^{(k)},\end{aligned}$$

令 $\phi'(\alpha) = 0$, 得到

$$\alpha_k = -\frac{\nabla f(x^{(k)})^{\mathrm{T}} d^{(k)}}{\left(d^{(k)}\right)^{\mathrm{T}} G d^{(k)}}. \tag{2.18}$$

由于 $\phi''(\alpha) = \left(d^{(k)}\right)^{\mathrm{T}} G d^{(k)} > 0$, 因此, α_k 是一维最优步长.

2.3 下降算法的收敛性

这里用一些篇幅, 简单介绍一下算法的收敛性和收敛速率的概念, 有了这些概念, 可以便于大家理解算法的优劣.

2.3.1 算法的收敛性

从任意的初始点 $x^{(0)}$ 出发, 构造出点列 $\{x^{(k)}\}$, 并满足式 (2.2), 称此类算法为下降算法. 但条件 (2.2) 并不能保证点列 $\{x^{(k)}\}$ 达到或收敛到无约束问题 (2.1) 的最优解.

1. 收敛性

所谓收敛是指序列 $\{x^{(k)}\}$ 或它的一个子列 (不妨仍记为 $\{x^{(k)}\}$) 满足

$$\lim_{k\to\infty} x^{(k)} = x^*, \tag{2.19}$$

这里 x^* 是无约束问题 (2.1) 的局部解或全局解.

但是, 通常要获得式 (2.19) 这样的结果也是困难的, 往往只能证明 $\{x^{(k)}\}$ 的任一聚点是稳定点, 或者证明更弱的条件

$$\liminf_{k\to\infty} \left\|\nabla f(x^{(k)})\right\| = 0. \tag{2.20}$$

满足条件 (2.20) 也称为算法收敛.

若对于某些算法来说, 只有当初始点 $x^{(0)}$ 充分靠近极小点 x^* 时, 才能保证序列 $\{x^{(k)}\}$ 收敛到 x^*, 则称这类算法为局部收敛. 反之, 若对任意的初始点 $x^{(0)}$, 产生的序列 $\{x^{(k)}\}$ 收敛到 x^*, 则称这类算法为全局收敛.

2. 收敛定理

关于算法的收敛性, 下面介绍一个重要的定理. 再介绍定理之前, 引入两个概念.

一个是关于搜索方向的概念. 定义 θ_k 是搜索方向 $d^{(k)}$ 与 $-\nabla f(x^{(k)})$ 之间的夹角, 即

$$\cos\theta_k = \frac{-\nabla f(x^{(k)})^{\mathrm{T}} d^{(k)}}{\|\nabla f(x^{(k)})\| \cdot \|d^{(k)}\|}. \tag{2.21}$$

另一个是一维搜索步长的概念, 要求步长 α_k 满足 Wolfe 准则, 即

$$f(x^{(k)} + \alpha_k d^{(k)}) \leqslant f(x^{(k)}) + \rho\alpha_k \nabla f(x^{(k)})^{\mathrm{T}} d^{(k)}, \tag{2.22}$$

$$\nabla f(x^{(k)} + \alpha_k d^{(k)})^{\mathrm{T}} d^{(k)} \geqslant \sigma \nabla f(x^{(k)})^{\mathrm{T}} d^{(k)}, \tag{2.23}$$

其中 $0 < \rho < \sigma < \dfrac{1}{2}$.

定理 2.1　*假设 $f(x)$ 下有界, 且在水平集 $\Omega = \{x \mid f(x) \leqslant f(x^{(0)})\}$ 上连续可微, 并假定梯度函数 $\nabla f(x)$ 满足 Lipschitz 连续, 即存在常数 $L > 0$, 使得*

$$\|\nabla f(x^+) - \nabla f(x)\| \leqslant L\|x^+ - x\|, \quad \forall x^+,\ x \in \Omega. \tag{2.24}$$

若步长 α_k 满足 Wolfe 准则 (2.22)–(2.23), 且

$$x^{(k+1)} = x^{(k)} + \alpha_k d^{(k)}, \tag{2.25}$$

则

$$\sum_{k=0}^{\infty} \cos^2\theta_k \left\|\nabla f(x^{(k)})\right\|^2 < \infty. \tag{2.26}$$

证明　由 Wolfe 准则 (2.23) 和迭代式 (2.25), 有

$$\left(\nabla f(x^{(k+1)}) - \nabla f(x^{(k)})\right)^{\mathrm{T}} d^{(k)} \geqslant (\sigma - 1)\nabla f(x^{(k)})^{\mathrm{T}} d^{(k)}. \tag{2.27}$$

由 Lipschitz 条件 (2.24), 得到

$$\left(\nabla f(x^{(k+1)}) - \nabla f(x^{(k)})\right)^{\mathrm{T}} d^{(k)} \leqslant \alpha_k L \left\|d^{(k)}\right\|^2. \tag{2.28}$$

结合式 (2.27) 和式 (2.28), 得到

$$\alpha_k \geqslant \frac{\sigma - 1}{L} \cdot \frac{\nabla f(x^{(k)})^{\mathrm{T}} d^{(k)}}{\left\| d^{(k)} \right\|^2}. \tag{2.29}$$

再由 Wolfe 准则 (2.22) 和式 (2.29), 得到

$$\begin{aligned} f(x^{(k+1)}) &\leqslant f(x^{(k)}) + \rho \alpha_k \nabla f(x^{(k)})^{\mathrm{T}} d^{(k)} \\ &\leqslant f(x^{(k)}) - \rho \frac{1-\sigma}{L} \cdot \frac{\left(\nabla f(x^{(k)})^{\mathrm{T}} d^{(k)}\right)^2}{\left\| d^{(k)} \right\|^2}, \end{aligned}$$

以及 θ_k 的定义 (2.21) 得到

$$f(x^{(k+1)}) \leqslant f(x^{(k)}) - c \cdot \cos^2 \theta_k \left\| \nabla f(x^{(k)}) \right\|^2, \tag{2.30}$$

其中 $c = \rho \dfrac{1-\sigma}{L}$. 并反复使用式 (2.30), 得到

$$f(x^{(k+1)}) \leqslant f(x^{(0)}) - c \sum_{j=0}^{k} \cos^2 \theta_j \left\| \nabla f(x^{(j)}) \right\|^2. \tag{2.31}$$

注意定理条件, $f(x)$ 下有界, 因此, 存在 $M > 0$, 对所有 k, 均有

$$f(x^{(0)}) - f(x^{(k+1)}) \leqslant M,$$

由式 (2.31), 得到

$$\sum_{k=0}^{\infty} \cos^2 \theta_k \left\| \nabla f(x^{(k)}) \right\|^2 < \infty. \tag{2.32}$$

级数收敛表明通项趋于 0, 即

$$\cos^2 \theta_k \left\| \nabla f(x^{(k)}) \right\|^2 \ \to \ 0.$$

因此, 当

$$\cos \theta_k \geqslant \delta > 0, \quad \forall\ k, \tag{2.33}$$

时, 有

$$\lim_{k \to \infty} \left\| \nabla f(x^{(k)}) \right\| = 0.$$

条件 (2.33) 和定理 2.1 给出了保证全局收敛的条件, 即一维搜索步长 α_k 满足 Wolfe 准则, 且搜索方向 $d^{(k)}$ 不能与负梯度方向 $-\nabla f(x^{(k)})$ 垂直 (严格地说, 至少与负梯度的垂直方向有一定的夹角), 则这类算法具有全局收敛性质.

2.3.2　算法的收敛速率

如果算法产生的序列 $\{x^{(k)}\}$ 虽然收敛到 x^*, 但收敛得太“慢”, 以至于在计算机允许的时间内仍得不到满意的结果, 那么, 这类算法也称不上收敛. 因此, 算法的收敛速率是一个十分重要的问题.

设点列 $\{x^{(k)}\}$ 收敛到 x^*, 若极限

$$\lim_{k\to\infty}\frac{\left\|x^{(k+1)}-x^*\right\|}{\left\|x^{(k)}-x^*\right\|}=\beta \tag{2.34}$$

存在. 当 $0<\beta<1$ 时, 则称 $\{x^{(k)}\}$ 为线性收敛. 当 $\beta=0$, 则称 $\{x^{(k)}\}$ 为超线性收敛. 当 $\beta=1$ 时, 则称 $\{x^{(k)}\}$ 为次线性收敛. 因为次线性收敛的收敛速度太慢, 一般不考虑它.

若存在某个 $p\geqslant 1$, 有

$$\lim_{k\to\infty}\frac{\left\|x^{(k+1)}-x^*\right\|}{\left\|x^{(k)}-x^*\right\|^p}=\beta<+\infty, \tag{2.35}$$

则称 $\{x^{(k)}\}$ 为 p 阶收敛. 当 $p>1$ 时, p 阶收敛一定是超线性收敛, 但反之不一定成立.

在最优化算法中, 通常考虑线性收敛、超线性收敛和二阶收敛. 如果说一个算法是线性 (超线性或二阶) 收敛的, 是指算法产生的序列 (在最坏情况下) 是线性 (超线性或二阶) 收敛的.

2.3.3　算法的二次终止性

上面谈到的收敛性和收敛速率能够较为准确地刻画出算法的优劣程度, 但使用起来比较困难. 特别是证明一个算法是否收敛或具有什么样的收敛速率, 需要很强的理论知识. 在这里给出一个较为简单地判断算法优劣的评价标准 —— 算法的二次终止性.

定义 2.1　*若某个算法对于任意的正定二次函数 (2.17), 从任意的初始点出发, 都能经有限步迭代达到其极小点, 则称该算法具有二次终止性.*

为什么用算法的二次终止性来作为判断算法优劣的标准呢? 有两个原因.

(1) 正定二次目标函数具有某些好的性质, 因此, 一个好的算法应能够在有限步内达到其极小点.

(2) 对于一个一般的目标函数, 若在其极小点处的 Hesse 矩阵 $\nabla^2 f(x^*)$ 正定, 由 Taylor 展开式得到

$$f(x)=f(x^*)+\nabla f(x^*)^{\mathrm{T}}(x-x^*)+\frac{1}{2}(x-x^*)^{\mathrm{T}}\nabla^2 f(x^*)(x-x^*)+o(\|x-x^*\|^2), \tag{2.36}$$

即目标函数 $f(x)$ 在极小点附近与一个正定二次函数相近似, 因此可以猜想, 对于正定二次函数好的算法, 对于一般目标函数也应具有较好的性质.

2.4 信赖域方法

信赖域方法是求解最优化问题的另一类有效的算法, 它起始于 Powell 在 1970 年的工作, 并在 20 世纪 80 年代后得到广泛的发展.

2.4.1 信赖域方法的基本结构

一维搜索策略本质上是将最优化问题转化成一系列简单的一维寻优问题, 而信赖域方法则是将最优化问题转化成一系列相对简单的局部寻优问题.

设 $x^{(k)}$ 为当前点, 考虑二次规划子问题

$$\min \quad q_k(d) = \frac{1}{2}d^{\mathrm{T}}B^{(k)}d + \nabla f(x^{(k)})^{\mathrm{T}}d + f(x^{(k)}), \tag{2.37}$$

$$\text{s.t.} \quad \|d\| \leqslant \Delta_k, \tag{2.38}$$

其中矩阵 $B^{(k)}$ 是 Hesse 矩阵 $\nabla^2 f(x^{(k)})$ 的某种近似, 或者本身就是 Hesse 矩阵 $\nabla^2 f(x^{(k)})$, Δ_k 是信赖域半径.

如何调整 Δ_k 呢? 这需要根据目标函数 $q_k(d)$ 与实际的目标函数 $f(x^{(k)}+d)$ 的近似情况来确定. 从直观上讲, 如果目标函数 $f(x^{(k)}+d)$ 与二次函数 $q_k(d)$ 近似的程度好, 则信赖域半径就应该大一些; 反之则应该小一些. 如何度量近似程度的好坏呢? 下面给出具体的计算方法.

设 $d^{(k)}$ 是二次规划子问题 (2.37)–(2.38) 的最优解, 考虑函数的实际下降量

$$\mathrm{Ared}_k = f(x^{(k)}) - f(x^{(k)} + d^{(k)})$$

和模型的预测下降量

$$\mathrm{Pred}_k = q_k(0) - q_k(d^{(k)}).$$

定义其比值

$$\rho_k = \frac{\mathrm{Ared}_k}{\mathrm{Pred}_k} = \frac{f(x^{(k)}) - f(x^{(k)} + d^{(k)})}{q_k(0) - q_k(d^{(k)})}, \tag{2.39}$$

用它来衡量 $f(x^{(k)}+d)$ 与 $q_k(d)$ 近似程度的好坏.

如果 ρ_k 接近于 1, 说明 $f(x)$ 与二次函数较为接近, 因此, Δ_k 就应该大一些; 如果 ρ_k 接近于 0, 说明 $f(x)$ 与二次函数相差的较大, 所以 Δ_k 就应该小一些. 如果 ρ_k 既不接近于 1, 又不接近于 0, 这时只能保持 Δ_k 不变. 按照这种思想给出如下的信赖域方法.

算法 2.3 (信赖域方法)

(0) 取初始点 $x^{(0)}$, 置信赖域半径上界 $\bar{\Delta}$, 取 $\Delta_0 \in (0, \bar{\Delta})$, 和 $\eta \in \left(0, \frac{1}{4}\right)$, 置初始矩阵 $B^{(0)}$ 和精度要求 $\varepsilon > 0$, 置 $k = 0$.

(1) 若 $\|\nabla f(x^{(k)})\| < \varepsilon$, 则停止计算; 否则求解二次规划子问题 (2.37)–(2.38), 其解为 $d^{(k)}$.

(2) 用式 (2.39) 计算 ρ_k.

(3) 如果 $\rho_k < \frac{1}{4}$, 则置 $\Delta_{k+1} = \frac{1}{4}\|d^{(k)}\|$; 如果 $\rho_k > \frac{3}{4}$ 且 $\|d^{(k)}\| = \Delta_k$, 则置 $\Delta_{k+1} = \min\{2\Delta_k, \bar{\Delta}\}$; 否则置 $\Delta_{k+1} = \Delta_k$.

(4) 如果 $\rho_k \geqslant \eta$, 则置 $x^{(k+1)} = x^{(k)} + d^{(k)}$; 否则置 $x^{(k+1)} = x^{(k)}$.

(5) 修正 $B^{(k)}$ 得到 $B^{(k+1)}$, 置 $k = k + 1$, 转 (1).

要真正完成算法 2.3, 还需要解决两个问题: ① 如何修正 $B^{(k)}$; ② 如何求解二次规划子问题 (2.37)–(2.38). 问题①将在第 3 章中解决, 下面来解决问题②.

2.4.2　求解信赖域子问题的 dogleg 方法

对于二次规划子问题 (2.37)–(2.38), 可以求它的精确解, 但这样做可能花费的时间较长, 而且也没有这个必要, 因为它只是一步的近似. 通常都采用折线法 (也称为 dogleg 方法) 来求解, 它是 Powell 在 1970 年提出的.

现在用图 2.4 解释折线法的基本思想. 在图 2.4 中, 大小不同的同心圆表示不同的信赖域, 同心圆的中心是当前点 $x^{(k)}$. 图 2.4 中的曲线表示二次规划子问题 (2.37)–(2.38) 精确解 $d(\Delta_k)$ 的轨迹曲线.

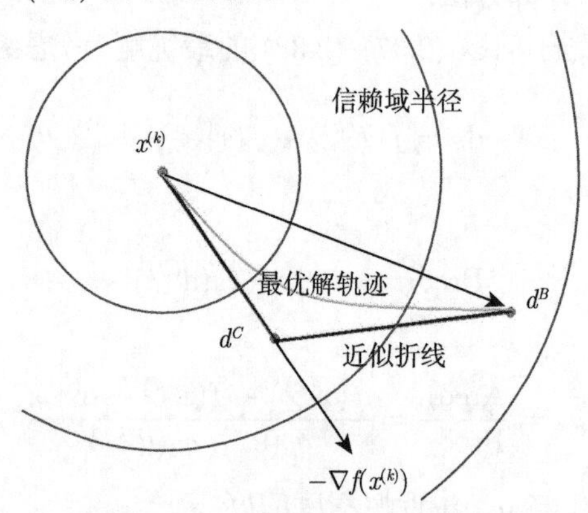

图 2.4　折线法的几何解释

设 d^B 是目标函数 (2.37) 的无约束极小点 (通常称为 Newton 步), 如果 d^B 在信赖域以内 (假设图中的大圆为信赖域), 则 d^B 是二次规划子问题的精确解, 此时, 令 $d^{(k)} = d^B$.

确定 Cauchy 点 d^C. 考虑目标函数 (2.37) 在负梯度方向上的极小点, 若它在信赖域内 (假设图中的中圆为信赖域), 则定义它为 Cauchy 点, 记为 d^C. 如果它在信赖域以外 (假设图中的小圆为信赖域), 则定义负梯度方向与信赖域的边界的交点为 Cauchy 点 d^C. 在第二种情况下, 令 $d^{(k)} = d^C$ 作为子问题的近似解.

如果 d^C 在信赖域以内 (第一种情况), 则作 d^C 与 d^B 之间的连线, 该连线与信赖域半径的交点作为子问题的近似解.

折线法的几何意义是用折线近似二次规划子问题精确解的轨迹曲线, 因此得到如下算法.

算法 2.4 (求解子问题的折线方法)

(1) 计算 Newton 步, 即 $d^B = -\left[B^{(k)}\right]^{-1} \nabla f(x^{(k)})$. 如果 $\left\|d^B\right\| \leqslant \Delta_k$, 则置 $d^{(k)} = d^B$, 停止计算 ($d^{(k)}$ 为子问题的解).

(2) 计算 Cauchy 点 d^C. 如果 $\nabla f(x^{(k)})^{\mathrm{T}} B^{(k)} \nabla f(x^{(k)}) > 0$, 令

$$\tau = \min\left\{\frac{\|\nabla f(x^{(k)})\|^2}{\nabla f(x^{(k)})^{\mathrm{T}} B^{(k)} \nabla f(x^{(k)})}, \frac{\Delta_k}{\left\|\nabla f(x^{(k)})\right\|}\right\}, \quad d^C = -\tau \nabla f(x^{(k)});$$

否则, 令$d^C = -\dfrac{\Delta_k}{\left\|\nabla f(x^{(k)})\right\|} \nabla f(x^{(k)})$. 如果 $\left\|d^C\right\| = \Delta_k$, 则置 $d^{(k)} = d^C$, 停止计算 ($d^{(k)}$ 作为子问题的解).

(3) ($\left\|d^C\right\| < \Delta_k$) 作 d^B 与 d^C 的连线, 取连线上长度为 Δ_k 的点为 $d^{(k)}$, 即选择 α, 使得 $d^{(k)} = d^C + \alpha\left(d^B - d^C\right)$, $\left\|d^{(k)}\right\| = \Delta_k$ 作为子问题的解.

2.4.3 信赖域方法的全局收敛性

本小节证明信赖域方法的全局收敛性.

定理 2.2 设 d^C 是由算法 2.4 得到 Cauchy 点, 则

$$q_k(0) - q_k(d^C) \geqslant \frac{1}{2}\|\nabla f(x^{(k)})\| \min\left\{\Delta_k, \frac{\|\nabla f(x^{(k)})\|}{\|B^{(k)}\|}\right\}. \tag{2.40}$$

证明 分三种情况讨论.

(1) $\nabla f(x^{(k)})^{\mathrm{T}} B^{(k)} \nabla f(x^{(k)}) \leqslant 0$. 此时, $d^C = -\dfrac{\Delta_k}{\left\|\nabla f(x^{(k)})\right\|} \nabla f(x^{(k)})$, 所以有

$$\begin{aligned}
q_k(d^C) - q_k(0) = & -\frac{\Delta_k}{\left\|\nabla f(x^{(k)})\right\|} \nabla f(x^{(k)})^{\mathrm{T}} \nabla f(x^{(k)}) \\
& + \frac{1}{2} \cdot \frac{\Delta_k^2}{\left\|\nabla f(x^{(k)})\right\|^2} \nabla f(x^{(k)})^{\mathrm{T}} B^{(k)} \nabla f(x^{(k)}) \\
\leqslant & -\Delta_k \left\|\nabla f(x^{(k)})\right\| \\
\leqslant & -\|\nabla f(x^{(k)})\| \min\left\{\Delta_k, \frac{\|\nabla f(x^{(k)})\|}{\|B^{(k)}\|}\right\}.
\end{aligned} \tag{2.41}$$

(2) $\nabla f(x^{(k)})^{\mathrm{T}}B^{(k)}\nabla f(x^{(k)})>0$ 且 $\dfrac{\|\nabla f(x^{(k)})\|^3}{\nabla f(x^{(k)})^{\mathrm{T}}B^{(k)}\nabla f(x^{(k)})}<\Delta_k$. 此时, $d^C=-\dfrac{\|\nabla f(x^{(k)})\|^2}{\nabla f(x^{(k)})^{\mathrm{T}}B^{(k)}\nabla f(x^{(k)})}\nabla f(x^{(k)})$, 所以有

$$\begin{aligned}
q_k(d^C)-q_k(0)=&-\frac{\left\|\nabla f(x^{(k)})\right\|^2}{\nabla f(x^{(k)})^{\mathrm{T}}B^{(k)}\nabla f(x^{(k)})}\nabla f(x^{(k)})^{\mathrm{T}}\nabla f(x^{(k)})\\
&+\frac{1}{2}\cdot\frac{\left\|\nabla f(x^{(k)})\right\|^4}{(\nabla f(x^{(k)})^{\mathrm{T}}B^{(k)}\nabla f(x^{(k)}))^2}\nabla f(x^{(k)})^{\mathrm{T}}B^{(k)}\nabla f(x^{(k)})\\
=&-\frac{1}{2}\cdot\frac{\left\|\nabla f(x^{(k)})\right\|^4}{\nabla f(x^{(k)})^{\mathrm{T}}B^{(k)}\nabla f(x^{(k)})}\\
\leqslant&-\frac{1}{2}\cdot\frac{\left\|\nabla f(x^{(k)})\right\|^2}{\|B^{(k)}\|}\\
\leqslant&-\frac{1}{2}\|\nabla f(x^{(k)})\|\min\left\{\Delta_k,\frac{\|\nabla f(x^{(k)})\|}{\|B^{(k)}\|}\right\}.
\end{aligned}\tag{2.42}$$

(3) $\nabla f(x^{(k)})^{\mathrm{T}}B^{(k)}\nabla f(x^{(k)})>0$ 且 $\dfrac{\|\nabla f(x^{(k)})\|^3}{\nabla f(x^{(k)})^{\mathrm{T}}B^{(k)}\nabla f(x^{(k)})}\geqslant\Delta_k$. 此时, $d^C=-\dfrac{\Delta_k}{\left\|\nabla f(x^{(k)})\right\|}\nabla f(x^{(k)})$, 所以有

$$\begin{aligned}
q_k(d^C)-q_k(0)=&-\frac{\Delta_k}{\left\|\nabla f(x^{(k)})\right\|}\nabla f(x^{(k)})^{\mathrm{T}}\nabla f(x^{(k)})\\
&+\frac{1}{2}\cdot\frac{\Delta_k^2}{\left\|\nabla f(x^{(k)})\right\|^2}\nabla f(x^{(k)})^{\mathrm{T}}B^{(k)}\nabla f(x^{(k)})\\
\leqslant&-\frac{1}{2}\Delta_k\left\|\nabla f(x^{(k)})\right\|\\
\leqslant&-\frac{1}{2}\|\nabla f(x^{(k)})\|\min\left\{\Delta_k,\frac{\|\nabla f(x^{(k)})\|}{\|B^{(k)}\|}\right\}.
\end{aligned}\tag{2.43}$$

结合式 (2.41)–式 (2.43), 定理结论成立.

根据算法 2.4 的计算过程得到: 二次规划子问题的近似解 $d^{(k)}$ 满足 $q_k(d^{(k)})\leqslant q_k(d^C)$, 因此, 由式 (2.40) 得到

$$q_k(0)-q_k(d^{(k)})\geqslant\frac{1}{2}\|\nabla f(x^{(k)})\|\min\left\{\Delta_k,\frac{\|\nabla f(x^{(k)})\|}{\|B^{(k)}\|}\right\}.\tag{2.44}$$

由式 (2.44), 并注意到算法 2.3, 当 $\rho_k\geqslant\eta>0$ 时, 有

$$\begin{aligned}
f(x^{(k+1)})-f(x^{(k)})=&\rho_k\left(q_k(0)-q_k(d^{(k)})\right)\\
\geqslant&\frac{\eta}{2}\|\nabla f(x^{(k)})\|\min\left\{\Delta_k,\frac{\|\nabla f(x^{(k)})\|}{\|B^{(k)}\|}\right\}.
\end{aligned}\tag{2.45}$$

利用式 (2.45), 加上一些证明的技巧, 可以得到信赖域算法全局收敛定理.

定理 2.3 设 $x^{(k)}$ 为算法 2.3 得到的点列, 且在算法中 $\eta > 0$, $\|B^{(k)}\| \leqslant \beta$, 二次规划子问题的解 $d^{(k)}$ 由算法 2.4 近似计算. 若 $f(x)$ 在水平集 $\{x \mid f(x) \leqslant f(x^{(0)})\}$ 上 Lipschitz 连续可微, 则

$$\lim_{k\to\infty} \nabla f(x^{(k)}) = 0.$$

证明略.

2.5 自编的 MATLAB 程序

在 2.2 节和 2.4 节分别介绍了一维搜索算法和信赖域方法, 这里介绍相应的 MATLAB 程序.

2.5.1 一维搜索程序

这里选三个有代表性的算法, 首先是 0.618 法, 它属于试探法, 其特点是能够保证算法收敛, 但收敛速度较慢; 其次是两点二次插值方法, 它属于插值方法, 其特点是收敛较快, 但有时可能不收敛; 最后是 Armijo 准则, 它属于非精确一维搜索, 其特点是计算效率较高, 但有时计算结果不太好. 因此, 这三种方法在求无约束优化问题中, 各有利弊.

1. 0.618 法

按照算法 2.1 编写一维问题求极小的 0.618 法的 MATLAB 程序 (程序名: golden.m)

```
function aopt = golden(fun, x, d, fx, g, ep)
%% 求一维问题极小的0.618法, 调用方法为
%%     aopt = golden(fun, x, d, fx, g, ep)
%% 其中
%%   fun 为目标函数, 提供函数值;
%%   x 为当前点; d 为当前点处的搜索方向;
%%   fx 为x点处的目标函数值; g 为x点处的梯度值;
%%   ep 为精度要求, 缺省值为1e-5;
%%   aopt 为最优步长.
if nargin < 5  ep = 1e-5; end
% 置初始值
z = x; fz = fx; alpha = 1; tau = 2/(sqrt(5)+1);
```

```
% 寻找初始区间[a, b]
while 1
    y = x + alpha*d;  fy = fun(y);
    if fy < fx
        x = y; fx = fy; alpha = 2*alpha;
    else
        break;
    end
end
a=0; b=alpha;

% 计算左、右试探点
al = a + (1-tau)*(b-a); x = z + al*d; fx = fun(x);
ar = a + tau*(b-a);     y = z + ar*d; fy = fun(y);

% 0.618法搜索区间
while abs(b-a) > ep
    if fx < fy & fx < fz
        b = ar; ar = al; fy = fx;
        al = a + (1-tau)*(b-a);
        x = z + al*d; fx = fun(x);
    elseif fy < fz
        a = al; al = ar; fx = fy;
        ar = a + tau*(b-a);
        y = z + ar*d; fy = fun(y);
    else
        b = al; al = a + (1-tau)*(b-a);
        x = z + al*d; fx = fun(x);
        ar = a+tau*(b-a);
        y = z + ar*d; fy = fun(y);
    end
end
aopt=(a+b)/2.; % 最优步长
```

2. 两点二次插值法

按照算法 2.2 编写一维问题求极小的两点二次插值法的 MATLAB 程序 (程序名: twopoint.m)

```
function aopt = twopoint(fun, x, d, fx, g, ep)
%% 求一维问题极小的两点二次插值法, 调用方法为
%%     aopt = twopoint(fun, x, d, fx, g, ep)
%% 其中
%%   fun 为目标函数, 提供函数值和梯度值;
%%   x 为当前点; d 为当前点处的搜索方向;
%%   fx 为x点处的目标函数值; g 为x点处的梯度值;
%%   ep 为精度要求, 缺省值为1e-5;
%%   aopt 为最优步长.

if nargin < 5 ep = 1e-5; end
% 置初始值
a1 = 0; f1 = fx; step = 1; g1 = d'*g;

while abs(step)>=ep & abs(g1)>=ep
    if g1 < 0
        step = abs(step);
    else
        step = -abs(step);
    end
    while 1
        a2 = a1 + step; y = x + a2*d; f2 = fun(y);
        if f2 > f1 + g1*(a2-a1)  break; end
        step = 2*step;
    end
    z = f2 - f1 - g1*(a2 - a1);
    if abs(z)<1e-8 break; end
    atmp = a1 - g1*(a2-a1)^2/(2*z);
    y = x + atmp*d; [f1, g] = fun(y);
    if f1 < fx
        a1 = atmp; fx = f1; g1 = g'*d;
```

```
    end
    step = 0.1*step;
end
aopt = a1;
```

3. Armijo 准则

按照 Armijo 准则编写非精确一维搜索的 MATLAB 程序 (程序名: armijo.m)

```
function aopt = armijo(fun, x, d, fx, g, ep)
%% 求一维问题极小的Armijo准则, 调用方法为
%%      aopt = armijo(fun, x, d, fx, g, ep)
%% 其中
%%    fun 为目标函数, 提供函数值.
%%    x 为当前点; d 为当前点处的搜索方向;
%%    fx 为 x 点处的目标函数值; g 为 x 点处的梯度值;
%%    ep 为精度要求, 缺省值为1e-5;
%%    aopt 为最优步长.

if nargin < 5  ep = 1e-5; end
% 置初始值
z = x; fz = fx; alpha = 1; g1 = d'*g;
% Armijo 简单后退准则
while alpha >= ep
    x = z + alpha*d; fx = fun(x);
    if fx < fz + 0.1*g1*alpha
        break;
    end
    alpha = alpha/2;
end
aopt = alpha;
```

例 2.3 考虑 Rosenbrock 函数 $f(x) = 100(x_2 - x_1^2)^2 + (1 - x_1)^2$, 求函数在当前点 $x^{(0)} = (-1.2, 1)^{\mathrm{T}}$ 处沿负梯度方向 $d^{(0)} = -\nabla f(x^{(0)})$ 上的一维极小点.

解 编写 Rosenbrock 函数的 MATLAB 程序 (程序名: Rosenbrock.m)

```
function [f, g] = Rosenbrock(x)
%% Rosenbrock 函数, 调用方法为
%%     [f, g] = Rosenbrock(x)
```

```
%% 其中
%%    x为自变量, f为目标函数值, g为梯度.
%% Rosenbrock 函数是测试函数, 通常取初始点.
%% x0=(-1.2,1), 函数的最优点(1,1), 最优值 f=0.

x1 = x(1); x2 = x(2);
F = [10*(x2-x1^2); 1-x1]; f = F'*F;
if nargout > 1
    J = [-20*x1 10; -1 0];
    g = 2*J'*F;
end
```

计算初始点处的函数值和梯度值, 其目标函数 $f = 24.2$, 梯度 $g = (-215.6, -88)^{\mathrm{T}}$. 分别调用三种一维搜索方法求一维极值, 计算结果如表 2.3 所示.

表 2.3 三种一维搜索求解的情况

方法	最优步长	函数调用次数	梯度调用次数	最优步长处的函数值
0.618 法	7.8846×10^{-4}	27	0	4.1281
两点二次插值法	7.8745×10^{-4}	18	7	4.1281
Armijo 准则	9.7656×10^{-4}	11	0	5.1011

从表 2.3 可以看到, 两种精确一维搜索的方法计算复杂度相差不多, 非精确方法的计算量明显少于精确搜索, 但计算精度也稍差.

2.5.2 求解信赖域子问题折线方法

按照算法 2.4 编写求解二次规划子问题 (2.37)–(2.38) 的 MATLAB 程序 (程序名: dogleg.m)

```
function d = dogleg(H, g, delta)
%% 求二次规划子问题的dogleg方法, 调用方法为
%%     d = dogleg(H, g, delta)
%% 其中
%%   H 为二次规划的矩阵, g 为梯度值;
%%   d 为二次规划子问题的解.

if norm(g) < 1e-10
    sn = zeros(size(g));
else
```

```
        sn = -H\g;
        sc = -(g'*g)/(g'*H*g)*g;
    end
    if norm(sn) < delta
        d = sn;
    elseif norm(sc) > delta | (g'*H*g) <=0
        d = -delta*g/norm(g);
    else
        a = (sn-sc)'*(sn-sc);
        if abs(a) < 1e-6
            d = sc;
        else
            b = (sc-sn)'*sc;
            c = sc'*sc - delta^2;
            if b^2 - a*c >= 0
                alpha = (b + sqrt(b^2-a*c))/a;
            else
                alpha = 0;
            end
            d = sc + alpha*(sn-sc);
        end
    end
```

例 2.4　考虑 Rosenbrock 函数, 取 $x^{(0)}=(-1.2,1)^{\mathrm{T}}$, $g^{(0)}=\nabla f(x^{(0)})$, $B^{(0)}=\nabla^2 f(x^{(0)})$, 分别取 $\Delta_0=0.5,0.3$ 和 0.1, 使用 dogleg 方法得到下一个迭代点 $x^{(1)}$.

解　Rosenbrock 函数在 $x^{(0)}$ 处, $g^{(0)}=(-215.6,-88)^{\mathrm{T}}$, $B^{(0)}=\begin{bmatrix}1330 & 480\\ 480 & 200\end{bmatrix}$. 构造二次规划子问题

$$
\begin{aligned}
\min\quad & 665d_1^2+480d_1d_2+100d_2^2-215.6d_1-88d_2,\\
\text{s.t.}\quad & d_1^2+d_2^2\leqslant \Delta_0.
\end{aligned}
$$

分别取 $\Delta_0=0.5,0.3$ 和 0.1, 使用 dogleg 方法计算, 其结果如表 2.4 所示.

表 2.4 显示的结果表明, 当 $\Delta_0=0.5$ 时, $\|d^B\|<0.5$, 所以 Newton 步为子问题的解, 取 $d^{(0)}=d^B$; 当 $\Delta_0=0.3$ 时, $\|d^B\|>0.3$, $\|d^C\|<0.3$, 所以 $d^{(0)}$ 在 d^B 与 d^C 的连线上; 当 $\Delta_0=0.1$ 时, 负梯度方向上的极小点在信赖域的外部, 所以, Cauchy 点在信赖域的边界上, 取 $d^{(0)}=d^C$.

表 2.4 dogleg 方法求解的情况

Δ_0	$\|d^B\|$	$\|d^C\|$	$\|d^{(0)}\|$	$x^{(1)}$	$f(x^{(1)})$
0.5	0.3815	0.1548	0.3815	$(-1.1753, 1.3807)$	4.7319
0.3	0.3815	0.1548	0.3	$(-1.1436, 1.2947)$	4.6126
0.1	0.3815	0.1	0.1	$(-1.1074, 1.0378)$	7.9974

2.6 MATLAB 优化工具箱中的函数

在 MATLAB 优化工具箱中, `fminbnd()` 函数的功能是求一元函数在某区间上的极小点, 其使用格式为

```
x = fminbnd(fun, x1, x2)
x = fminbnd(fun, x1, x2, options)
[x, fval] = fminbnd(...)
[x, fval, exitflag] = fminbnd(...)
[x, fval, exitflag, output] = fminbnd(...)
```

函数的自变量 `fun` 为求极小的目标函数. `x1` 和 `x2` 为目标函数求极小的初始区间, 并要求 `x1<x2`. `options` 为选择项设置, 由 `optimset()` 函数设置, 具体设置方法详见 `optimset()` 函数的使用 (见 3.6.2 节).

函数的返回值 `x` 为函数 `fun` 的极小点, `fval` 为函数 `fun` 在极小点 `x` 处的函数值. `exitflag` 为输出指标, 它表示解的状态, 具体意义如表 2.5 所示. `output` 为结构, 它表示包含优化过程中的某些信息, 具体意义如表 2.6 所示.

表 2.5 fminbnd( ) 函数中exitflag 值的意义

exitflag 值	意义
1	按指定精度 `options.TolX` 收敛到解
0	迭代次数或函数的调用次数达到设定的最大值
-1	算法由输出函数终止
-2	边界条件不协调 (x1 > x2).

表 2.6 fminbnd( ) 函数中output 值的意义

output 值	意义
algorithm	求解过程中使用的算法
funcCount	函数的调用次数
iterations	算法的迭代次数
message	退出信息

例 2.5 用 `fminbnd()` 函数求函数 $f(x) = x^3 - 2x - 5$ 在区间 $[0, 2]$ 上的极

小点.

解 编写目标函数, 用 fminbnd() 函数求解. 编写 MATLAB 程序 (程序名: exam0205.m)

```
f = @(x) x.^3 - 2*x - 5;
[x, fval, exitflag] = fminbnd(f, 0, 2)
```

计算结果为

```
x =
    0.8165
fval =
   -6.0887
exitflag =
     1
```

计算结果表明: 函数在区间 $[0,2]$ 上的局部极小点为 0.8165, 其函数值为 -6.0887, exitflag = 1 表示其解满足精度要求.

例 2.6 用 fminbnd() 函数求 Rosenbrock 函数 $f(x)=100(x_2-x_1^2)^2+(1-x_1)^2$ 在点 $x^{(0)} = (-1.2,1)^{\mathrm{T}}$ 处沿负梯度方向 $d^{(0)} = -\nabla f(x^{(0)})$ 上的一维极小点.

解 编写目标函数, 用 fminbnd() 函数求解. 编写 MATLAB 程序 (程序名: exam0206.m)

```
x0 = [-1.2 1]';
[f, g] = Rosenbrock(x0);
fun = @(alpha) Rosenbrock(x0 - alpha * g);
[a_opt, fval, exitflag, output] = fminbnd(fun, 0, 1)
```

计算结果: 最优步长为 0.0122, 函数值为 0.1947, exitflag =1 表示收敛. 共迭代 23 次, 调用目标函数 24 次, 算法采用的黄金分割法 (0.618 法) 确定搜索区间, 抛物线插值求极小.

与例 2.3 作比较, fminbnd() 函数得到负梯度方向上的全局极小点, 而自编函数得到的是第一个局部极小点.

2.7 一维优化问题的应用

本节介绍一些一维优化问题的应用.

2.7.1 路灯照明问题

设路面的宽度为 s, 两只路灯的功率分别为 P_1 和 P_2, 高度分别为 h_1 和 h_2. 两只路灯连线上某点 Q 的坐标为 x, 其中 $0 \leqslant x \leqslant s$, 并将路灯看成点光源, 记两个光源到 Q 的距离分别为 r_1 和 r_2, 从光源到点 Q 的光线与水平面的夹角分别为 α_1 和 α_2, 其图形如图 2.5 所示. 两个光源在点 Q 的照度分别为 I_1 和 I_2, 则

$$I_1 = k\frac{P_1 \sin\alpha_1}{r_1^2}, \quad I_2 = k\frac{P_2 \sin\alpha_2}{r_2^2},$$

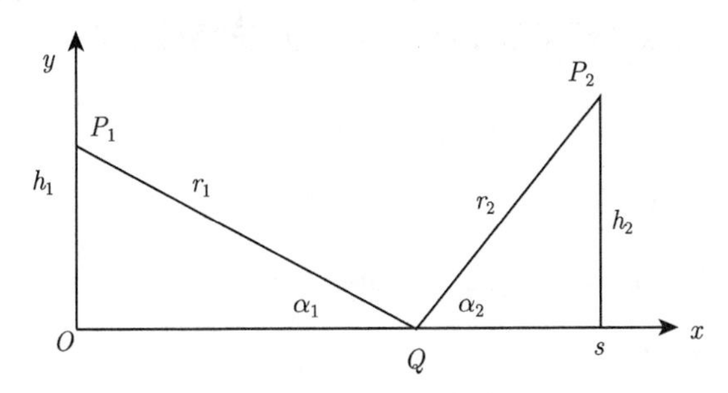

图 2.5 路灯照明示意图

其中 k 是量纲单位决定的比例系数, 不妨记 $k=1$, 且

$$r_1^2 = h_1^2 + x^2, \qquad r_2^2 = h_2^2 + (s-x)^2,$$

$$\sin\alpha_1 = \frac{h_1}{r_1} = \frac{h_1}{\sqrt{h_1^2+x^2}}, \qquad \sin\alpha_2 = \frac{h_2}{r_2} = \frac{h_2}{\sqrt{h_2^2+(s-x)^2}},$$

得到点 Q 的照明度为

$$C(x) = \frac{P_1 h_1}{\sqrt{(h_1^2+x^2)^3}} + \frac{P_2 h_2}{\sqrt{(h_2^2+(s-x)^2)^3}}. \tag{2.46}$$

例 2.7 在一条 20m 宽的道路两侧, 分别安装了一只 2kW 和一只 3kW 的路灯, 它们离地面的高度分别为 5m 和 6m. 在漆黑的夜晚, 当两只路灯开启时, 两只路灯连线的路面上最暗的点在哪里?

解 该问题就是求 $C(x)$ 的最小值点. 将实际数据 $P_1 = 2$, $P_2 = 3$, $h_1 = 5$, $h_2 = 6$, $s = 20$ 代入式 (2.46) 中, 编写目标函数 (程序名: `C.m`)

```
function f = C(x)
%% 路灯照明强度函数, 调用方法为
%%      f = C(x)
%% 其中x为自变量, f为目标函数值.
```

```
P1 = 2; P2 = 3; h1 = 5; h2 = 6; s = 20;
f = P1*h1/sqrt((h1^2+x^2)^3) + P2*h2/sqrt((h2^2+(s-x)^2)^3);
```

用 fminbnd() 函数求解 (程序名: exam_0207.m).

```
[x,fval,exitflag] = fminbnd(@C, 0, 20)
```

得到最小值 (最暗点) 是 $x = 9.3383$ m.

2.7.2 极大似然估计

设总体 X 的概率密度函数 $f(x;\theta)$, $\theta \in \Theta$ 是未知参数, $X_1, X_2, \cdots, X_n$ 来自总体 X 的样本, 样本的联合概率密度函数定义为似然函数, 即

$$L(\theta; x_1, x_2, \cdots, x_n) = \prod_{i=1}^{n} f(x_i;\theta). \tag{2.47}$$

若 $\widehat{\theta}$ 是一个统计量且满足

$$L(\widehat{\theta}; x_1, x_2, \cdots, x_n) = \max_{\theta\in\Theta} L(\theta; x_1, x_2, \cdots, x_n),$$

则称 $\widehat{\theta}$ 为 θ 的极大似然估计.

式 (2.47) 是连乘积的形式, 求极值可能会出现困难, 通常的方法是取对数, 即

$$\ln L(\theta; x_1, x_2, \cdots, x_n) = \sum_{i=1}^{n} \ln f(x_i;\theta), \tag{2.48}$$

称为对数似然函数, 然后求对数似然函数的极值.

极大似然估计本质上就是求函数极值, 因此, 只要给出求极值数值方法就可得到极大似然估计的数值方法.

例 2.8　*表 2.7 中的数据来自 Cauchy 分布总体的样本, 其概率密度函数为*

$$f(x;\theta) = \frac{1}{\pi[1+(x-\theta)^2]}, \quad -\infty < x < \infty,$$

其中 θ 为未知参数. 试求 θ 的极大似然估计.

表 2.7　来自 Cauchy 分布总体的数据

0.16	0.56	1.59	0.84	−1.73	0.65
2.96	1.04	2.41	0.94	192.40	−2.89

解　Cauchy 分布的似然函数为

$$L(\theta; x_1, x_2, \cdots, x_n) = \prod_{i=1}^{n} f(x_i;\theta) = \frac{1}{\pi^n}\prod_{i=1}^{n}\frac{1}{1+(x_i-\theta)^2},$$

相应的对数似然函数为

$$\ln L(\theta; x_1, x_2, \cdots, x_n) = -n\ln(\pi) - \sum_{i=1}^{n}\ln\left(1+(x_i-\theta)^2\right). \tag{2.49}$$

按照对数似然函数 (2.49), 编写负对数似然函数, 并去掉常数项 (程序名: loglike.m),

```
function f = loglike(p, x)
%% Cauchy分布的负对数似然函数(去掉常数项), 调用方法为
%%     f = loglike(p, x)
%% 其中 p为参数, x为数据, f为函数值.

f = sum(log(1 + (x-p).^2));
```

输入数据, 调用 fminbnd() 函数求解, 选择初始区间为 $[0,2]$, 程序 (程序名: exam0208.m) 如下

```
x = [0.16   0.56   1.59   0.84  -1.73    0.65 ...
     2.96   1.04   2.41   0.94  192.40  -2.89];
phat = fminbnd(@(p)loglike(p, x), 0, 2)
```

计算结果为 phat = 0.8661, 即 θ 的极大似然估计值 $\widehat{\theta}=0.8661$.

习 题 2

1. 用 0.618 法求解一维问题 $\min\ \phi(\alpha)=(\alpha^2-1)^2$ 在区间 [0,2] 内的一个解, 取精度要求 $\varepsilon=0.1$.

2. 用两点二次插值法求解一维问题 $\min\ \phi(\alpha)=\mathrm{e}^{\alpha}-5\alpha$, 取 $\mu_1=1$, 步长 $\alpha=1$(计算三步).

3. 设 $\phi(\alpha)$ 是二次函数, 其二次项的系数为正数, 记 $\phi_1=\phi(\bar{\alpha}-h)$, $\phi_2=\phi(\bar{\alpha})$, $\phi_3=\phi(\bar{\alpha}+h)$, 其中 $\bar{\alpha}$ 和 h 是给定的常数, 且 $h\neq 0$, 求证: $\phi(\alpha)$ 的极小值为

$$\phi^*=\phi_2-\frac{(\phi_1-\phi_3)^2}{8(\phi_1-2\phi_2+\phi_3)}.$$

4. 设 $u^{(k)}=k^{-2}$, $v^{(k)}=2^{-k}$, $w^{(k)}=k^{-k}$, $x^{(k)}=\alpha^{2^k}(0<\alpha<1)$, 证明:

(1) 序列 $\left\{u^{(k)}\right\}$ 的收敛阶为 1, 但不是线性收敛;

(2) 序列 $\left\{v^{(k)}\right\}$ 线性收敛, 且收敛阶为 1;

(3) 序列 $\left\{w^{(k)}\right\}$ 超线性收敛, 且收敛阶为 1;

(4) 序列 $\left\{x^{(k)}\right\}$ 二阶收敛.

5. 按照 Wolfe 准则编写非精确一维搜索的 MATLAB 程序.

6. 用 fminbnd() 函数求函数 $f(x)=\mathrm{e}^{-x^2}(x+\sin x)$ 在区间 $[-2,2]$ 上的极小点和极大点.

第 3 章　无约束最优化方法

第 2 章介绍了一维搜索和信赖域方法, 本章介绍求解无约束最优化问题

$$\min\ f(x), \quad x \in \mathbb{R}^n \tag{3.1}$$

的下降算法和信赖域方法, 以及如何使用 MATLAB 软件求解无约束最优化问题.

3.1 算　　法

所谓下降算法就是算法每步迭代的搜索方向 $d^{(k)}$ 是下降方向, 即 $d^{(k)}$ 满足

$$\nabla f(x^{(k)})^{\mathrm{T}} d^{(k)} < 0. \tag{3.2}$$

3.1.1 最速下降法的收敛性质

最速下降法就是选择下降最快的方向作为算法的搜索方向, 所谓下降最快的方向就是使式 (3.2) 的左端在满足一定长度的条件达到最小的方向. 换句话说, 就是搜索方向 $d^{(k)}$ 是约束问题

$$\min_{d} \quad \nabla f(x^{(k)})^{\mathrm{T}} d, \tag{3.3}$$

$$\text{s.t.} \quad \|d\| = 1 \tag{3.4}$$

的最优解.

容易证明: $d^{(k)} = -\nabla f(x^{(k)})/\|\nabla f(x^{(k)})\|$ 是约束问题 (3.3)–(3.4) 的最优解. 因此, 称负梯度方向为最速下降方向, 相应的算法称为最速下降法.

最速下降法的基本思想是: 选任取一点 $x^{(0)}$ 作为初始点, 计算该点的梯度 $\nabla f(x^{(0)})$, 求该点处的最速下降方向, 即令 $d^{(0)} = -\nabla f(x^{(0)})$, 再沿 $d^{(0)}$ 方向前进, 寻找该方向上的极小点, 得到点 $x^{(1)}$, 再计算 $\nabla f(x^{(1)})$, 令 $d^{(1)} = -\nabla f(x^{(1)})$, 沿 $d^{(1)}$ 方向前进, 得到点 $x^{(2)}$, 如此下去, 具体算法如算法 3.1 所示.

算法 3.1 (最速下降法)

(0) 取初始点 $x^{(0)}$, 置精度要求 $\varepsilon > 0$, 置 $k = 0$.

(1) 若 $\|\nabla f(x^{(k)})\| < \varepsilon$, 则停止计算 ($x^{(k)}$ 为无约束问题的最优解); 否则置 $d^{(k)} = -\nabla f(x^{(k)})$.

(2) 使用精确或非精确一维搜索方法求一维步长 α_k, 置 $x^{(k+1)} = x^{(k)} + \alpha_k d^{(k)}$.

(3) 置 $k = k + 1$, 转 (1).

在算法 3.1 中, ε 是精度要求, 即当梯度接近于 0 时, 就认为达到极小点, 终止计算. 这样做的目的是避免算法产生死循环.

例 3.1 用最速下降法求解无约束问题

$$\min\ f(x)=\frac{3}{2}x_1^2+\frac{1}{2}x_2^2-x_1x_2-2x_1,$$

取 $x^{(0)}=(0,0)^{\mathrm{T}}$, $\varepsilon=10^{-2}$.

解 计算目标函数的梯度和 Hesse 阵

$$\nabla f(x)=\begin{bmatrix}3x_1-x_2-2\\ x_2-x_1\end{bmatrix}=\begin{bmatrix}g_1\\ g_2\end{bmatrix},\qquad \nabla^2 f(x)=\begin{bmatrix}3&-1\\ -1&1\end{bmatrix}=G.$$

设 $d^{(k)}=(d_1,d_2)^{\mathrm{T}}$, $\nabla f(x^{(k)})=(g_1,g_2)^{\mathrm{T}}$, 一维搜索步长是二次函数的精确极小点 (具体分析见 2.2.3 节), 即

$$\alpha_k=-\frac{g_1d_1+g_2d_2}{3d_1^2+d_2^2-2d_1d_2}.$$

取 $x^{(0)}=(0,0)^{\mathrm{T}}$, 则 $\nabla f(x^{(0)})=(-2,0)^{\mathrm{T}}$, 所以 $d^{(0)}=-\nabla f(x^{(0)})=(2,0)^{\mathrm{T}}$, 一维搜索步长为 $\alpha_0=\dfrac{2^2}{3\cdot 2^2}=\dfrac{1}{3}$, 因此

$$x^{(1)}=x^{(0)}+\alpha_0 d^{(0)}=\begin{bmatrix}0\\0\end{bmatrix}+\frac{1}{3}\begin{bmatrix}2\\0\end{bmatrix}=\begin{bmatrix}\dfrac{2}{3}\\ 0\end{bmatrix}.$$

再计算第二轮循环, 表 3.1 列出了各次迭代的计算结果. 共进行了 9 次迭代, $\|\nabla f(x^{(9)})\|=0.008<10^{-2}$, 停止计算, 所以 $x^{(9)}=(0.988,0.988)^{\mathrm{T}}$ 作为问题的最优解 (精确解 $x^*=(1,1)^{\mathrm{T}}$).

表 3.1 最速下降法的计算结果

k	$x^{(k)}$	$f(x^{(k)})$	$\nabla f(x^{(k)})$	$d^{(k)}$	α_k
0	(0.000, 0.000)	0.000	(−2.000, 0.000)	(2.000, 0.000)	0.333
1	(0.667, 0.000)	−0.667	(0.000, −0.667)	(0.000, 0.667)	1.000
2	(0.667, 0.667)	−0.889	(−0.667, 0.000)	(0.667, 0.000)	0.333
3	(0.889, 0.667)	−0.963	(0.000, −0.222)	(0.000, 0.222)	1.000
4	(0.889, 0.889)	−0.988	(−0.222, 0.000)	(0.222, 0.000)	0.333
5	(0.963, 0.889)	−0.996	(0.000, −0.074)	(0.000, 0.074)	1.000
6	(0.963, 0.963)	−0.999	(−0.074, 0.000)	(0.074, 0.000)	0.333
7	(0.988, 0.963)	−1.000	(0.000, −0.025)	(0.000, 0.025)	1.000
8	(0.988, 0.988)	−1.000	(−0.025, 0.000)	(0.025, 0.000)	0.333
9	(0.996, 0.988)	−1.000	(0.000, −0.008)		

3.1.2　算法的收敛性质

最速下降法, 按照名称来讲, 应该是下降最快的方法, 它的计算效果究竟如何呢? 下面先来讨论它的收敛性质.

1. 算法的二次终止性

最速下降法虽然每次迭代都选择下降最快的方向作为搜索方向, 但整体来看, 计算的效果并不理想. 例如, 从例 3.1 的计算结果来看, 若取精度 $\varepsilon = 0$, 算法不能在有限步终止, 因此, 算法不具备二次终止性.

为了找出最速下降法的缺陷, 绘出例 3.1 计算的迭代过程 (图 3.1), 从图 3.1 中可以看出, 最速下降法产生的搜索方向是相互垂直的, 呈锯齿形状. 因此, 大大影响了算法的求解效果. 这一现象对于一般函数也成立, 请看下面的定理.

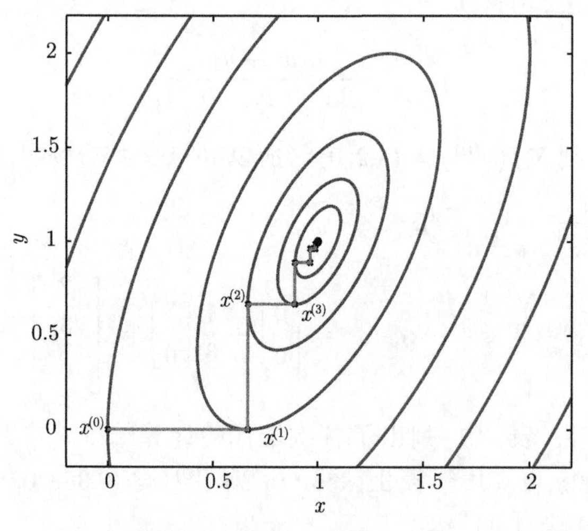

图 3.1　例 3.1 的迭代过程

定理 3.1　设 $d^{(k)}$ 是最速下降法产生的搜索方向, 且一维搜索是精确的, 则有

$$\left(d^{(k+1)}\right)^{\mathrm{T}} d^{(k)} = 0,$$

即相邻两次的搜索方向是正交的.

证明　令 $\phi(\alpha) = f(x^{(k)} + \alpha d^{(k)})$, 一维搜索是精确的, 即 α_k 是函数 $\phi(\alpha)$ 的极小点, 则有

$$\begin{aligned}0 = \phi'(\alpha_k) &= \left(\nabla f(x^{(k)} + \alpha_k d^{(k)})\right)^{\mathrm{T}} d^{(k)} = \left(\nabla f(x^{(k+1)})\right)^{\mathrm{T}} d^{(k)} \\ &= -\left(d^{(k+1)}\right)^{\mathrm{T}} d^{(k)},\end{aligned}$$

即 $d^{(k+1)}$ 与 $d^{(k)}$ 正交.

2. 算法的全局收敛性

最速下降法不具有二次终止性, 那它是否具有全局收敛性呢?

由定理 2.1 (见 2.3 节) 可知, 当一维搜索满足 Wolfe 准则, 且搜索方向满足式 (2.33), 则算法具有全局收敛性. 注意到: 负梯度方向与梯度平行, 满足式 (2.33), 因此, 最速下降法应具有全局收敛性质. 这是一个不错的结果.

但在实际的计算中, 最速下降法并不具有这一性质, 请看下面的例子.

例 3.2 用最速下降法求解 Rosenbrock 函数 $f(x)=100(x_2-x_1^2)^2+(1-x_1)^2$ 的极小点, 取初始点 $x^{(0)}=(-1.2,1)^{\mathrm{T}}$ 在一维搜索中使用精确求解策略.

解 一维搜索方法采用的是两点二次插值方法 (具体程序见 2.5 节). 关于最速下降法的 MATLAB 程序将在 3.5 节介绍.

图 3.2 给出了最速下降算法求解的迭代过程. 从图 3.2 可以看出, 最速下降法在到达某个点后就不动了, 无法到达极小点.

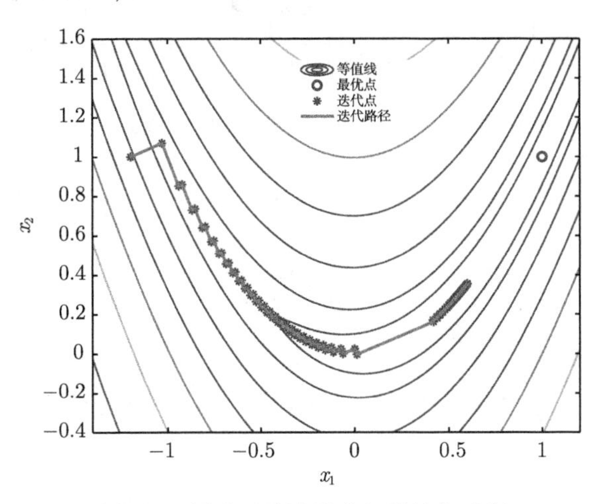

图 3.2　最速下降法的求解的迭代过程

3. 算法的收敛速率

最后来讨论最速下降法的收敛速率, 这里分两种情况讨论: ① 正定二次函数情况; ② 非正定二次函数情况.

考虑用最速下降法求解正定二次目标函数

$$f(x)=\frac{1}{2}x^{\mathrm{T}}Gx+r^{\mathrm{T}}x, \tag{3.5}$$

其中 G 为正定对称矩阵. 设 x^* 是函数 (3.5) 的极小点, 则 x^* 满足 $Gx^*+r=0$. 令

$$E(x)=\frac{1}{2}(x-x^*)^{\mathrm{T}}G(x-x^*), \tag{3.6}$$

则有 $f(x) = E(x) + f(x^*)$, 即 $f(x)$ 与 $E(x)$ 只相差一个常数. 令 $g(x) = Gx + r$, 它是 $E(x)$(或 $f(x)$) 的梯度函数. 因此, 最速下降法的迭代为

$$x^{(k+1)} = x^{(k)} - \alpha_k g^{(k)}, \tag{3.7}$$

其中 $g^{(k)} = g(x^{(k)}) = Gx^{(k)} + r$. 由于 α_k 是 $-g^{(k)}$ 方向上的极小点, 因此,

$$\alpha_k = \frac{(g^{(k)})^{\mathrm{T}} g^{(k)}}{(g^{(k)})^{\mathrm{T}} G g^{(k)}}. \tag{3.8}$$

由式 (3.7) 和式 (3.8) 得到最速下降法的迭代过程

$$x^{(k+1)} = x^{(k)} - \frac{(g^{(k)})^{\mathrm{T}} g^{(k)}}{(g^{(k)})^{\mathrm{T}} G g^{(k)}} g^{(k)}. \tag{3.9}$$

定理 3.2　对于最速下降法的迭代过程 (3.9), 有

$$E(x^{(k+1)}) = \left\{1 - \frac{\left((g^{(k)})^{\mathrm{T}} g^{(k)}\right)^2}{\left((g^{(k)})^{\mathrm{T}} G g^{(k)}\right)\left((g^{(k)})^{\mathrm{T}} G^{-1} g^{(k)}\right)}\right\} E(x^{(k)}). \tag{3.10}$$

证明　由 Taylor 展开式及式 (3.7) 和式 (3.8) 得到

$$\begin{aligned} E(x^{(k+1)}) &= E(x^{(k)}) - \alpha_k \left(g^{(k)}\right)^{\mathrm{T}} g^{(k)} + \frac{1}{2}\alpha_k^2 \left(g^{(k)}\right)^{\mathrm{T}} G g^{(k)} \\ &= E(x^{(k)}) - \frac{1}{2} \frac{\left((g^{(k)})^{\mathrm{T}} g^{(k)}\right)^2}{(g^{(k)})^{\mathrm{T}} G g^{(k)}}. \end{aligned} \tag{3.11}$$

另一方面, 令 $y^{(k)} = x^{(k)} - x^*$, 则

$$g^{(k)} = Gx^{(k)} + c = G(x^{(k)} - x^*) = Gy^{(k)},$$

所以,

$$E(x^{(k)}) = \frac{1}{2}\left(y^{(k)}\right)^{\mathrm{T}} G y^{(k)} = \frac{1}{2}\left(g^{(k)}\right)^{\mathrm{T}} G^{-1} g^{(k)}. \tag{3.12}$$

结合式 (3.11) 和式 (3.12) 得到

$$\frac{E(x^{(k)}) - E(x^{(k+1)})}{E(x^{(k)})} = \frac{\left((g^{(k)})^{\mathrm{T}} g^{(k)}\right)^2}{\left((g^{(k)})^{\mathrm{T}} G g^{(k)}\right)\left((g^{(k)})^{\mathrm{T}} G^{-1} g^{(k)}\right)}.$$

因此, 定理成立.

定理 3.3 (正定二次函数的收敛性质)　对于任意的初始点 $x^{(0)}$, 则最速下降法 (3.9) 收敛到 f 的唯一极小点 x^*. 进一步, 对于式 (3.6) 定义的 $E(x)$, 有

$$E(x^{(k+1)}) \leqslant \left(\frac{\lambda_n - \lambda_1}{\lambda_n + \lambda_1}\right)^2 E(x^{(k)}),$$

其中 λ_1 和 λ_n 分别是正定矩阵 G 的最小和最大特征值.

证明　这里需要用到 Kantorovich 不等式

$$\frac{\left(x^{\mathrm{T}}x\right)^2}{\left(x^{\mathrm{T}}Gx\right)\left(x^{\mathrm{T}}G^{-1}x\right)} \geqslant \frac{4\lambda_1\lambda_n}{(\lambda_n+\lambda_1)^2}, \tag{3.13}$$

其中 λ_1 和 λ_n 分别是正定矩阵 G 的最小和最大特征值 (证明留作习题).

由定理 3.2 和 Kantorovich 不等式 (3.13) , 得到

$$E(x^{(k+1)}) \leqslant \left\{1-\frac{4\lambda_1\lambda_n}{(\lambda_1+\lambda_n)^2}\right\}E(x^{(k)}) = \left(\frac{\lambda_1-\lambda_n}{\lambda_1+\lambda_n}\right)^2 E(x^{(k)}).$$

对于非二次函数, 这里仅讨论一维搜索是精确的, 目标函数 $f(x)$ 严格凸, 并进一步假定目标函数的 Hesse 矩阵 $G(x)=\nabla^2 f(x)$ 满足

$$ay^{\mathrm{T}}y \leqslant y^{\mathrm{T}}G(x)y \leqslant Ay^{\mathrm{T}}y, \quad \forall y\in\mathbb{R}^n. \tag{3.14}$$

在点 $x^{(k)}$ 处, 考虑一维步长 α, 由 Taylor 展开式和式 (3.14) 得到

$$\begin{aligned} f(x^{(k)}-\alpha g^{(k)}) &= f(x^{(k)})-\alpha\left(g^{(k)}\right)^{\mathrm{T}}g^{(k)}+\frac{1}{2}\alpha^2\left(g^{(k)}\right)^{\mathrm{T}}G(\tilde{x})g^{(k)} \\ &\leqslant f(x^{(k)})-\alpha\left(g^{(k)}\right)^{\mathrm{T}}g^{(k)}+\frac{1}{2}\alpha^2 A\left(g^{(k)}\right)^{\mathrm{T}}g^{(k)}. \end{aligned} \tag{3.15}$$

不等式 (3.15) 右端的极小点出现在 $\alpha=1/A$ 处, 且 α_k 是不等式 (3.15) 左端的精确极小点. 因此, 得到

$$f(x^{(k+1)}) \leqslant f(x^{(k)})-\frac{1}{2A}\left\|g^{(k)}\right\|^2. \tag{3.16}$$

令 $f^*=f(x^*)$ 为最优值, 不等式 (3.16) 两端同时减去 f^*, 则有

$$f(x^{(k+1)})-f^* \leqslant f(x^{(k)})-f^*-\frac{1}{2A}\left\|g^{(k)}\right\|^2. \tag{3.17}$$

使用类似的方法可以证明

$$f(x) \geqslant f(x^{(k)})+\left(g^{(k)}\right)^{\mathrm{T}}\left(x-x^{(k)}\right)+\frac{a}{2}\left\|x-x^{(k)}\right\|^2. \tag{3.18}$$

在不等式 (3.18) 左端取极小, 在不等式 (3.18) 的右端取 $x=x^{(k)}-g^{(k)}/a$, 得到

$$f^* \geqslant f(x^{(k)})-\frac{1}{2a}\left\|g^{(k)}\right\|^2. \tag{3.19}$$

由式 (3.19) 得到

$$\left\|g^{(k)}\right\|^2 \geqslant 2a\left(f(x^{(k)})-f^*\right). \tag{3.20}$$

将式 (3.20) 代入式 (3.17) 得到

$$f(x^{(k+1)})-f^* \leqslant \left(1-\frac{a}{A}\right)\left[f(x^{(k)})-f^*\right]. \tag{3.21}$$

式 (3.21) 说明, 最速下降法的收敛是线性的. 可以进一步证明如下定理.

定理 3.4　设 $f(x)$ 具有二次连续可微的偏导数, x^* 是相应的极小点. 进一步假设, Hesse 矩阵 $\nabla^2 f(x^*)$ 有最小特征值 $a>0$ 和最大特征值 $A>0$. 如果 $\{x^{(k)}\}$ 是由最速下降法得到的点列, 且一维搜索是精确的, 则目标函数值序列 $\{f(x^{(k)})\}$ 线性收敛到 $f(x^*)$, 其收敛速率不超过 $[(A-a)/(A+a)]^2$.

3.2　共轭梯度法

本节讨论求解无约束问题的共轭梯度法, 以改进最速下降法的不足. 这里从两个角度讨论共轭梯度法. 第一, 考虑求解正定系数矩阵线性方程组

$$Ax=b, \tag{3.22}$$

其中 A 为 n 阶正定对称矩阵. 称为线性共轭梯度法.

第二, 考虑求解无约束优化问题 (3.1) 的共轭梯度法, 称为非线性共轭梯度法, 它是线性共轭梯度法的推广.

3.2.1　线性共轭梯度法

对于问题 (3.22), 它等价于求解正定二次函数 $\phi(x)=\dfrac{1}{2}x^{\mathrm{T}}Ax-b^{\mathrm{T}}x$ 的极小点. 为方便起见, 定义

$$\nabla\phi(x)=Ax-b=r(x). \tag{3.23}$$

1. 共轭方向

定义 3.1　设 A 为 n 阶正定对称矩阵, 若 $d^{(0)},d^{(1)}$ 满足

$$(d^{(0)})^{\mathrm{T}}Ad^{(1)}=0, \tag{3.24}$$

则称 $d^{(0)},d^{(1)}$ 关于 A 共轭. 若 $d^{(0)}, d^{(1)}, \cdots, d^{(k-1)} (k\leqslant n)$ 两两关于 A 共轭, 则称 $d^{(0)}, d^{(1)}, \cdots, d^{(k-1)}$ 为 A 的 k 个共轭方向. 若 $d^{(i)}\neq 0\ (i=0,1,\cdots,k-1)$, 则称为 A 的 k 个非零共轭方向.

设 $x^{(0)}\in\mathbb{R}^n$, $d^{(0)}$, $d^{(1)}$, $\cdots$, $d^{(n-1)}$ 为 n 个非零的共轭方向, 序列 $\{x^{(k)}\}$ 的构造方法为

$$x^{(k+1)}=x^{(k)}+\alpha_k d^{(k)}, \tag{3.25}$$

其中 α_k 为 $\phi(x)$ 在点 $x^{(k)}$ 处沿方向 $d^{(k)}$ 上的极小点, 即

$$\alpha_k=-\frac{r(x^{(k)})^{\mathrm{T}}d^{(k)}}{(d^{(k)})^{\mathrm{T}}Ad^{(k)}}. \tag{3.26}$$

此类算法称为共轭方向算法.

定理 3.5 对任意的 $x^{(0)}$, 序列 $\{x^{(k)}\}$ 由共轭方向算法 (3.25) 和 (3.26) 得到, 则算法至多 n 步收敛到线性方程组 (3.22) 的解 x^*.

证明 由于 $\{d^{(k)}\}$ 是非零共轭方向, 所以线性无关, 可构成 $\mathbb{R}^n$ 空间的基, 因此, $x^* - x^{(0)}$ 可由它们线性表出, 即存在 $\sigma_0, \sigma_1, \cdots, \sigma_{n-1}$, 使得

$$x^* - x^{(0)} = \sigma_0 d^{(0)} + \sigma_1 d^{(1)} + \cdots + \sigma_{n-1} d^{(n-1)}. \tag{3.27}$$

由共轭性, 在式 (3.27) 两端左乘 $(d^{(k)})^{\mathrm{T}} A$, 得到

$$\sigma_k = \frac{(d^{(k)})^{\mathrm{T}} A (x^* - x^{(0)})}{(d^{(k)})^{\mathrm{T}} A d^{(k)}}. \tag{3.28}$$

另一方面, 序列 $\{x^{(k)}\}$ 由算法 (3.25) 和 (3.26) 得到, 因此有

$$x^{(k)} - x^{(0)} = \alpha_0 d^{(0)} + \alpha_1 d^{(1)} + \cdots + \alpha_{k-1} d^{(k-1)}, \tag{3.29}$$

在式 (3.29) 两端左乘 $(d^{(k)})^{\mathrm{T}} A$, 得到

$$(d^{(k)})^{\mathrm{T}} A (x^{(k)} - x^{(0)}) = 0.$$

所以,

$$\begin{aligned}(d^{(k)})^{\mathrm{T}} A (x^* - x^{(0)}) &= (d^{(k)})^{\mathrm{T}} A (x^* - x^{(k)}) = (d^{(k)})^{\mathrm{T}} (b - A x^{(k)}) \\ &= -(d^{(k)})^{\mathrm{T}} r(x^{(k)}).\end{aligned}$$

比较式 (3.26) 和式 (3.28), 得到 $\sigma_k = \alpha_k$.

对于共轭方向, 有如下重要的定理.

定理 3.6 (扩展子空间定理) 设 $x^{(0)}$ 是任意的初始点, 序列 $\{x^{(k)}\}$ 由共轭方向算法 (3.25) 和 (3.26) 得到, 则

$$r(x^{(k)})^{\mathrm{T}} d^{(i)} = 0, \qquad i = 0, 1, \cdots, k-1, \tag{3.30}$$

且 $x^{(k)}$ 是 $\phi(x) = \dfrac{1}{2} x^{\mathrm{T}} A x - b^{\mathrm{T}} x$ 在线性流形

$$\left\{ x \mid x = x^{(0)} + \mathrm{span}\{d^{(0)}, d^{(1)}, \cdots, d^{(k-1)}\} \right\} \tag{3.31}$$

上的极小点.

证明 先证明: 点 $\tilde{x}$ 是 $\phi(x)$ 在线性流形 (3.31) 上的极小点的充要条件是: $r(\tilde{x})^{\mathrm{T}} d^{(i)} = 0$, $i = 0, 1, \cdots, k-1$.

定义 $h(\sigma)=\phi(x^{(0)}+\sigma_0 d^{(0)}+\sigma_1 d^{(1)}+\cdots+\sigma_{k-1}d^{(k-1)})$, 其中 $\sigma=(\sigma_0,\ \sigma_1,\ \cdots,\ \sigma_{k-1})^{\mathrm{T}}$. 因为 $h(\sigma)$ 是严格凸二次函数, 所以它有唯一的极小点 σ^*, 满足

$$\frac{\partial h(\sigma^*)}{\partial \sigma_i}=0, \quad i=0,1,\cdots,k-1. \tag{3.32}$$

由链导法则, 式 (3.32) 蕴含

$$\nabla\phi(x^{(0)}+\sigma_0^* d^{(0)}+\sigma_1^* d^{(1)}+\cdots+\sigma_{k-1}^* d^{(k-1)})^{\mathrm{T}} d^{(i)}=0, \quad i=0,1,\cdots,k-1.$$

结合定义 (3.23), 则 $\tilde{x}=x^{(0)}+\sigma_0^* d^{(0)}+\sigma_1^* d^{(1)}+\cdots+\sigma_{k-1}^* d^{(k-1)}$ 满足 $r(\tilde{x})^{\mathrm{T}} d^{(i)}=0$, 所以是线性流形 (3.31) 上的极小点.

下面用数学归纳法证明式 (3.30) 成立. 由于 α_k 是一维搜索的极小点, 则有 $r(x^{(1)})^{\mathrm{T}} d^{(0)}=0$. 因此, $k=1$ 时, 命题成立. 假设对于 $k-1$, 命题成立, 即

$$r(x^{(k-1)})^{\mathrm{T}} d^{(i)}=0, \quad i=1,2,\cdots,k-2.$$

下面证明: 对于 k, 命题成立. 由

$$\begin{aligned} r(x^{(k)}) &= Ax^{(k)}-b=Ax^{(k-1)}-b+\alpha_{k-1}Ad^{(k-1)} \\ &= r(x^{(k-1)})+\alpha_{k-1}Ad^{(k-1)}, \end{aligned} \tag{3.33}$$

则

$$r(x^{(k)})^{\mathrm{T}} d^{(k-1)}=r(x^{(k-1)})^{\mathrm{T}} d^{(k-1)}+\alpha_{k-1}(d^{(k-1)})^{\mathrm{T}} Ad^{(k-1)}=0.$$

由归纳法假设和共轭的性质, 有

$$r(x^{(k)})^{\mathrm{T}} d^{(i)}=r(x^{(k-1)})^{\mathrm{T}} d^{(i)}+\alpha_{k-1}(d^{(k-1)})^{\mathrm{T}} Ad^{(i)}=0, \quad i=1,2,\cdots,k-2.$$

因此, 命题成立.

2. 基本形式的共轭梯度法

在点 $x^{(k)}$ 处, 考虑搜索方向 $d^{(k)}$, 令

$$d^{(k)}=-r(x^{(k)})+\beta_{k-1}d^{(k-1)}, \tag{3.34}$$

利用共轭性质 $(d^{(k-1)})^{\mathrm{T}} Ad^{(k)}=0$, 在式 (3.34) 两端左乘 $(d^{(k-1)})^{\mathrm{T}} A$, 得到

$$\beta_{k-1}=\frac{r(x^{(k)})^{\mathrm{T}} Ad^{(k-1)}}{(d^{(k-1)})^{\mathrm{T}} Ad^{(k-1)}}. \tag{3.35}$$

算法 3.2 (基本形式的共轭梯度法)

(0) 取初始点 $x^{(0)}$, 置 $r^{(0)} = Ax^{(0)} - b$, $k = 0$ 和精度要求 ε.

(1) 如果 $\|r^{(k)}\| \leqslant \varepsilon$, 则停止计算; 否则由式 (3.35) 计算 β_{k-1} ($\beta_{-1} = 0$), 置 $d^{(k)} = -r^{(k)} + \beta_{k-1}d^{(k-1)}$.

(2) 由式 (3.26) 计算 α_k, 置 $x^{(k+1)} = x^{(k)} + \alpha_k d^{(k)}$, $r^{(k+1)} = Ax^{(k+1)} - b$.

(3) 置 $k = k + 1$, 转 (1).

定理 3.7 假设第 k 次迭代是由共轭梯度法 (算法 3.2) 产生的, 且 $r^{(k)} \neq 0$, 则

$$(r^{(k)})^{\mathrm{T}} r^{(i)} = 0, \quad i = 0, 1, \cdots, k-1, \tag{3.36}$$

$$(d^{(k)})^{\mathrm{T}} A d^{(i)} = 0, \quad i = 0, 1, \cdots, k-1. \tag{3.37}$$

证明 用数学归纳法. 当 $k = 1$ 时, 由 α_0 的定义, 知 $(r^{(1)})^{\mathrm{T}} d^{(0)} = 0$. 因此,

$$(r^{(1)})^{\mathrm{T}} r^{(0)} = -(r^{(1)})^{\mathrm{T}} d^{(0)} = 0.$$

并由 β_1 的定义, 有 $(d^{(1)})^{\mathrm{T}} A d^{(0)} = 0$, 命题成立.

假设命题对于 k 成立, 即式 (3.36) 和式 (3.37) 成立. 而式 (3.37) 成立则说明 $d^{(0)}, d^{(1)}, \cdots, d^{(k-1)}$ 是 k 个共轭方向, 由扩展子空间定理 (定理 3.6) 得到, $(r^{(k)})^{\mathrm{T}} d^{(i)} = 0$, $i = 0, 1, \cdots, k-1$. 因此,

$$(r^{(k+1)})^{\mathrm{T}} r^{(i)} = (r^{(k+1)})^{\mathrm{T}} (-d^{(i)} + \beta_{i-1} d^{(i-1)}) = 0, \quad i = 0, 1, \cdots, k-1,$$

这里假设 $\beta_{-1} = 0$.

由 α_k 的定义, 知 $\left(r^{(k+1)}\right)^{\mathrm{T}} d^{(k)} = 0$. 因此,

$$(r^{(k+1)})^{\mathrm{T}} r^{(k)} = (r^{(k+1)})^{\mathrm{T}} (-d^{(k)} + \beta_{k-1} d^{(k-1)}) = 0. \tag{3.38}$$

由式 (3.33) 知, $\alpha_i A d^{(i)} = r^{(i+1)} - r^{(i)}$. 并由归纳法假设及式 (3.38), 得到

$$\begin{aligned}
(d^{(k+1)})^{\mathrm{T}} A d^{(i)} &= \left(-r^{(k+1)} + \beta_k d^{(k)}\right)^{\mathrm{T}} A d^{(i)} = -(r^{(k+1)})^{\mathrm{T}} A d^{(i)} \\
&= -\frac{1}{\alpha_i} (r^{(k+1)})^{\mathrm{T}} \left(r^{(i+1)} - r^{(i)}\right) \\
&= 0, \quad i = 0, 1, \cdots, k-1.
\end{aligned}$$

由 β_k 的定义, 知 $(d^{(k+1)})^{\mathrm{T}} A d^{(k)} = 0$, 所以命题对于 $k+1$ 成立.

3. 实用形式的共轭梯度法

由于

$$(r^{(k)})^{\mathrm{T}} d^{(k)} = -(r^{(k)})^{\mathrm{T}} r^{(k)} + \beta_{k-1} (r^{(k)})^{\mathrm{T}} d^{(k-1)} = -(r^{(k)})^{\mathrm{T}} r^{(k)},$$

所以一维搜索步长 α_k 的计算公式改为

$$\alpha_k=\frac{(r^{(k)})^{\mathrm{T}}r^{(k)}}{(d^{(k)})^{\mathrm{T}}Ad^{(k)}}. \tag{3.39}$$

由 $\alpha_{k-1}Ad^{(k-1)}=r^{(k)}-r^{(k-1)}$ 和定理 3.7, 得到

$$\begin{aligned}
(r^{(k)})^{\mathrm{T}}Ad^{(k-1)}&=\frac{1}{\alpha_{k-1}}(r^{(k)})^{\mathrm{T}}(r^{(k)}-r^{(k-1)}) = \frac{1}{\alpha_{k-1}}(r^{(k)})^{\mathrm{T}}r^{(k)},\\
(d^{(k-1)})^{\mathrm{T}}Ad^{(k-1)}&=\frac{1}{\alpha_{k-1}}(d^{(k-1)})^{\mathrm{T}}(r^{(k)}-r^{(k-1)})=-\frac{1}{\alpha_{k-1}}(d^{(k-1)})^{\mathrm{T}}r^{(k-1)}\\
&=\frac{1}{\alpha_{k-1}}(r^{(k-1)}-\beta_{k-2}d^{(k-2)})^{\mathrm{T}}r^{(k-1)}\\
&=\frac{1}{\alpha_{k-1}}(r^{(k-1)})^{\mathrm{T}}r^{(k-1)}.
\end{aligned}$$

因此, β_{k-1} 的计算公式 (3.35) 简化为

$$\beta_{k-1}=\frac{\left\|r^{(k)}\right\|^2}{\left\|r^{(k-1)}\right\|^2}. \tag{3.40}$$

算法 3.3 (线性共轭梯度法)

(0) 取初始点 $x^{(0)}$, 置 $r^{(0)}=Ax^{(0)}-b$, $k=0$ 和精度要求 ε.

(1) 如果 $\|r^{(k)}\|\leqslant\varepsilon$, 则停止计算; 否则由式 (3.40) 计算 β_{k-1} ($\beta_{-1}=0$), 置 $d^{(k)}=-r^{(k)}+\beta_{k-1}d^{(k-1)}$.

(2) 由式 (3.39) 计算 α_k, 置 $x^{(k+1)}=x^{(k)}+\alpha_k d^{(k)}$, $r^{(k+1)}=r^{(k)}+\alpha_k Ad^{(k)}$.

(3) 置 $k=k+1$, 转 (1).

例 3.3　用线性共轭梯度法求解无约束问题

$$\min\ \phi(x)=\frac{3}{2}x_1^2+\frac{1}{2}x_2^2-x_1x_2-2x_1,$$

取 $x^{(0)}=(0,0)^{\mathrm{T}}$.

解　由题目知

$$A=\begin{bmatrix}3&-1\\-1&1\end{bmatrix},\quad b=\begin{bmatrix}2\\0\end{bmatrix},\quad r(x)=\begin{bmatrix}3x_1-x_2-2\\-x_1+x_2\end{bmatrix}=\begin{bmatrix}r_1\\r_2\end{bmatrix}.$$

令搜索方向为 $d^{(k)}=(d_1,d_2)^{\mathrm{T}}$, 则一维搜索步长

$$\alpha_k=\frac{r_1^2+r_2^2}{3d_1^2+d_2^2-2d_1d_2}.$$

取 $x^{(0)} = (0,0)^{\mathrm{T}}$, 则 $r^{(0)} = (-2,0)^{\mathrm{T}} \neq 0$, 作第一轮计算

$$d^{(0)} = -r^{(0)} = \begin{bmatrix} 2 \\ 0 \end{bmatrix}, \qquad \alpha_0 = \frac{2^2}{3 \cdot 2^2} = \frac{1}{3},$$

$$x^{(1)} = \begin{bmatrix} 0 \\ 0 \end{bmatrix} + \frac{1}{3}\begin{bmatrix} 2 \\ 0 \end{bmatrix} = \begin{bmatrix} \frac{2}{3} \\ 0 \end{bmatrix}, \quad r^{(1)} = \begin{bmatrix} 0 \\ -\frac{2}{3} \end{bmatrix},$$

$r^{(1)} \neq 0$, 作第二轮计算

$$\beta_0 = \frac{\left(\frac{2}{3}\right)^2}{2^2} = \frac{1}{9}, \quad d^{(1)} = \begin{bmatrix} 0 \\ \frac{2}{3} \end{bmatrix} + \frac{1}{9}\begin{bmatrix} 2 \\ 0 \end{bmatrix} = \begin{bmatrix} \frac{2}{9} \\ \frac{2}{3} \end{bmatrix}.$$

$$\alpha_1 = \frac{\left(\frac{2}{3}\right)^2}{3\left(\frac{2}{9}\right)^2 + \left(\frac{2}{3}\right)^2 - 2\left(\frac{2}{9}\right)\left(\frac{2}{3}\right)} = \frac{3}{2},$$

$$x^{(2)} = \begin{bmatrix} \frac{2}{3} \\ 0 \end{bmatrix} + \frac{3}{2}\begin{bmatrix} \frac{2}{9} \\ \frac{2}{3} \end{bmatrix} = \begin{bmatrix} 1 \\ 1 \end{bmatrix}, \quad r^{(2)} = \begin{bmatrix} 0 \\ 0 \end{bmatrix}.$$

所以, $x^{(2)} = (1,1)^{\mathrm{T}}$ 是问题的极小点, 也是方程 $Ax = b$ 的解.

3.2.2 非线性共轭梯度法

下面讨论求解一般无约束问题 (3.1) 的共轭梯度法. 该方法是线性共轭梯度法 (算法 3.3) 在非线性函数上的推广. 由于 $r^{(k)}$ 是严格凸二次函数 $\phi(x)$ 在点 $x^{(k)}$ 处的梯度, 因此, 在非线性共轭梯度法中, 用 $\nabla f(x^{(k)})$ 来替代.

1. FR 算法

对于一般非线性函数 $f(x)$, 由于无法直接给出一维搜索的计算公式, 所以需要使用 2.2 节介绍的一维搜索方法求一维问题极小点.

在 β_{k-1} 的计算公式 (3.40) 中, 用 $\nabla f(x^{(k)})$ 替换 $r^{(k)}$, $\nabla f(x^{(k-1)})$ 替换 $r^{(k-1)}$, 得到

$$\beta_{k-1} = \frac{\left\|\nabla f(x^{(k)})\right\|^2}{\left\|\nabla f(x^{(k-1)})\right\|^2}. \tag{3.41}$$

这个公式是由 Fletcher 和 Reeves 在 1964 年提出的, 所以也称为 FR 共轭梯度法, 简称为 FR 算法.

算法 3.4 (FR 算法)

(0) 取初始点 $x^{(0)}$, 置精度要求 $\varepsilon > 0$ 和 $k = 0$.

(1) 如果 $\|\nabla f(x^{(k)})\| \leqslant \varepsilon$, 则停止计算; 否则由式 (3.41) 计算 $\beta_{k-1}(\beta_{-1} = 0)$, 置 $d^{(k)} = -\nabla f(x^{(k)}) + \beta_{k-1} d^{(k-1)}$.

(2) 使用精确或非精确一维搜索方法求一维步长 α_k, 置 $x^{(k+1)} = x^{(k)} + \alpha_k d^{(k)}$.

(3) 置 $k = k+1$, 转 (1).

2. 搜索方向下降性

现在来讨论共轭梯度法产生的搜索方向是否是下降方向. 由算法第 (2) 步得到

$$\nabla f(x^{(k)})^{\mathrm{T}} d^{(k)} = -\left\|\nabla f(x^{(k)})\right\|^2 + \beta_{k-1} \nabla f(x^{(k)})^{\mathrm{T}} d^{(k-1)}. \tag{3.42}$$

如果一维搜索是精确的, 有 $\nabla f(x^{(k)})^{\mathrm{T}} d^{(k-1)} = 0$, 则由式 (3.42) 得到

$$\nabla f(x^{(k)})^{\mathrm{T}} d^{(k)} < 0, \tag{3.43}$$

即 $d^{(k)}$ 是下降方向.

如果一维搜索不是精确的, 可能会出现式 (3.42) 右端的第二项为正, 且占主导地位, 这样可能会出现 $\nabla f(x^{(k)})^{\mathrm{T}} d^{(k)} > 0$, $d^{(k)}$ 是上升方向. 为了避免这种情况出现, 需要对非精确一维搜索加一些限制, 这里采用强 Wolfe 准则, 即一维搜索的步长 α_k 满足

$$f(x^{(k)} + \alpha_k d^{(k)}) \leqslant f(x^{(k)}) + \rho \alpha_k \nabla f(x^{(k)})^{\mathrm{T}} d^{(k)}, \tag{3.44}$$

$$\left|\nabla f(x^{(k)} + \alpha_k d^{(k)})^{\mathrm{T}} d^{(k)}\right| \leqslant -\sigma \nabla f(x^{(k)})^{\mathrm{T}} d^{(k)}, \tag{3.45}$$

其中 $0 < \rho < \sigma < \dfrac{1}{2}$, 则能够保证 FR 算法产生的搜索方向是下降方向.

定理 3.8　如果 $\nabla f(x^{(k)}) \neq 0$, 一维搜索步长 α_k 满足强 Wolfe 准则, 则 FR 算法产生的搜索方向 $d^{(k)}$ 满足式 (3.43).

证明　先用数学归结法证明

$$-\sum_{j=0}^{k} \sigma^j \leqslant \frac{\nabla f(x^{(k)})^{\mathrm{T}} d^{(k)}}{\left\|\nabla f(x^{(k)})\right\|^2} \leqslant -2 + \sum_{j=0}^{k} \sigma^j. \tag{3.46}$$

由于 $d^{(0)} = -\nabla f(x^{(0)})$, 所以 $k = 0$ 时, 不等式 (3.46) 成立 (且等号成立). 假设 k 时, 不等式 (3.46) 成立. 对于 $k+1$, 利用强 Wolfe 准则和归结法假设, 有

$$
\begin{aligned}
\frac{\nabla f(x^{(k+1)})^{\mathrm{T}} d^{(k+1)}}{\left\|\nabla f(x^{(k+1)})\right\|^2} &= -1 + \beta_k \frac{\nabla f(x^{(k+1)})^{\mathrm{T}} d^{(k)}}{\left\|\nabla f(x^{(k+1)})\right\|^2} \\
&\leqslant -1 - \sigma \frac{\left\|\nabla f(x^{(k+1)})\right\|^2}{\left\|\nabla f(x^{(k)})\right\|^2} \cdot \frac{\nabla f(x^{(k)})^{\mathrm{T}} d^{(k)}}{\left\|\nabla f(x^{(k+1)})\right\|^2} \\
&\leqslant -1 + \sigma \sum_{j=0}^{k} \sigma^j = -2 + \sum_{j=0}^{k+1} \sigma^j
\end{aligned}
$$

和

$$
\begin{aligned}
\frac{\nabla f(x^{(k+1)})^{\mathrm{T}} d^{(k+1)}}{\left\|\nabla f(x^{(k+1)})\right\|^2} &= -1 + \beta_k \frac{\nabla f(x^{(k+1)})^{\mathrm{T}} d^{(k)}}{\left\|\nabla f(x^{(k+1)})\right\|^2} \\
&\geqslant -1 + \sigma \frac{\left\|\nabla f(x^{(k+1)})\right\|^2}{\left\|\nabla f(x^{(k)})\right\|^2} \cdot \frac{\nabla f(x^{(k)})^{\mathrm{T}} d^{(k)}}{\left\|\nabla f(x^{(k+1)})\right\|^2} \\
&\geqslant -1 - \sigma \sum_{j=0}^{k} \sigma^j = -\sum_{j=0}^{k+1} \sigma^j,
\end{aligned}
$$

即 $k+1$ 时命题成立.

由于 $0<\sigma<\dfrac{1}{2}$, 有

$$
\sum_{j=0}^{k} \sigma^j < \sum_{j=0}^{\infty} \sigma^j = \frac{1}{1-\sigma} < 2, \tag{3.47}
$$

由不等式 (3.46), 知 $\nabla f(x^{(k)})^{\mathrm{T}} d^{(k)} < 0$.

3. PRP 算法

除 FR 算法外, 还有其他形式的共轭梯度法, 例如, 利用线性共轭梯度法的性质, 有

$$
(r^{(k)})^{\mathrm{T}}(r^{(k)} - r^{(k-1)}) = (r^{(k)})^{\mathrm{T}} r^{(k)},
$$

所以 β_{k-1} 的计算公式可以改为

$$
\beta_{k-1} = \frac{\nabla f(x^{(k)})^{\mathrm{T}} \left(\nabla f(x^{(k)}) - \nabla f(x^{(k-1)})\right)}{\nabla f(x^{(k-1)})^{\mathrm{T}} \nabla f(x^{(k-1)})}. \tag{3.48}
$$

这个公式是 Polak, Ribiere 和 Polyak 提出的, 被称为 PRP 公式, 称相应的算法为 PRP 算法.

对于正定二次函数而言, 非线性共轭梯度法与线性共轭梯度法是相同的, 且 FR 算法与 PRP 算法也是等价的. 但对于非正定二次函数来说, 这两种算法的计算效果会略有不同, 一般来说, PRP 算法要优于 FR 算法.

例 3.4　用共轭梯度法 (PRP 算法) 求解 Rosenbrock 函数 $f(x) = 100(x_2 - x_1^2)^2 + (1 - x_1)^2$ 的极小点, 取初始点 $x^{(0)} = (-1.2, 1)^{\mathrm{T}}$, 并使用精确一维搜索策略.

解　关于共轭梯度法的 MATLAB 程序将在 3.5 节介绍, 这里的一维搜索还采用两点二次插值.

图 3.3 给出的了共轭梯度法 (PRP 算法) 求解的迭代过程. 从图 3.3 可以看出, 共轭梯度法比最速下降法有较大程序的改进, 很快达到极小点.

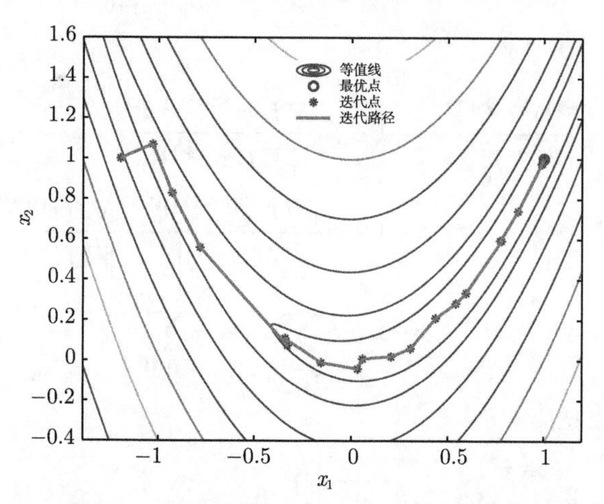

图 3.3　共轭梯度法 (PRP 算法) 的求解过程

3.2.3　共轭梯度法的收敛性质

下面来讨论共轭梯度法的收敛性质.

1. 算法的二次终止性与 n 步重新开始策略

对于正定二次函数而言, 共轭梯度法产生的搜索方向是关于矩阵 G 共轭, 由扩展子空间定理 (定理 3.6), 算法至多 n 步就可达到正定二次函数的全局极小点. 因此, 共轭梯度法具有算法的二次终止性.

当用共轭梯度法求目标函数极小点时, 如果算法 n 步达不到极小点, 那么说明目标函数不是正定二次函数, 或者说, 迭代点 $x^{(k)}$ 没有在一个正定二次函数近似的区域内, 在这种情况下谈论共轭是没有意义的. 因此, 算法需要重新开始, 即当 k 是 n 的整数倍数时, 令 $\beta_{k-1} = 0$, 选择负梯度方向作为搜索方向.

n 步重新开始策略可以得到很强的理论结果, 算法具有 n 步二阶收敛速率, 即

$$\left\|x^{(k+n)} - x^*\right\| = O\left(\left\|x^{(k)} - x^*\right\|^2\right). \tag{3.49}$$

2. 算法的全局收敛性

关于极小化一般非二次函数的共轭梯度法已有很多工作, 这里简单列出一些主要的收敛结果, 并不给出这些结果的证明.

定理 3.9 假设在有界水平集 $\Omega = \left\{x \mid f(x) \leqslant f(x^{(0)})\right\}$ 上 $f(x)$ 一阶连续可微, 且一维搜索是精确的, 则 FR 共轭梯度法产生的点列 $\left\{x^{(k)}\right\}$ 至少有一个驻点, 即

(1) 当 $\left\{x^{(k)}\right\}$ 为有穷点列时, 最后一个点 x^* 是 f 的驻点;

(2) 当 $\left\{x^{(k)}\right\}$ 为无穷点列时, 它必有极限点, 且任意一个极限点均是 f 的驻点.

在较强条件下, 采用精确一维搜索的 PRP 共轭梯度法具有全局收敛性.

定理 3.10 设 $f(x)$ 二阶连续可微, 在水平集 $\Omega = \left\{x \mid f(x) \leqslant f(x^{(0)})\right\}$ 上 $f(x)$ 上有界, 并假设存在常数 $m > 0$, 使得对 $x \in \Omega$,

$$m\|y\|^2 \leqslant y^{\mathrm{T}} \nabla^2 f(x) y, \quad \forall\, y \in \mathbb{R}^n. \tag{3.50}$$

若一维搜索是精确的, 则 PRP 共轭梯度法产生的点列 $\left\{x^{(k)}\right\}$ 收敛到 $f(x)$ 的唯一极小点 x^*.

如果采用非精确一维搜索, FR 共轭梯度法具有全局收敛性.

定理 3.11 设 $f(x)$ 二阶连续可微, 在水平集 $\Omega = \left\{x \mid f(x) \leqslant f(x^{(0)})\right\}$ 上 $f(x)$ 有界, 一维搜索的步长 α_k 满足强 Wolfe 准则 (3.44)–(3.45), 则 FR 共轭梯度法产生的点列 $\left\{x^{(k)}\right\}$ 具有全局收敛性, 即

$$\lim_{k\to\infty} \inf \left\|\nabla f(x^{(k)})\right\| = 0. \tag{3.51}$$

利用一般下降算法收敛性定理 (定理 2.1), 可以立即得到共轭梯度法的全局收敛性.

定理 3.12 设 $f(x)$ 二阶连续可微, $\nabla f(x)$ 满足 Lipschitz 条件

$$\|\nabla f(x^+) - \nabla f(x)\| \leqslant L\|x^+ - x\|, \quad \forall x^+,\ x \in \Omega. \tag{3.52}$$

若在共轭梯度法中步长 α_k 满足 Wolfe 准则 (2.28)–(2.29), 且下降方向 $d^{(k)}$ 与 $-\nabla f(x^{(k)})$ 之间的夹角 θ_k 满足式 (2.33), 则对共轭梯度法产生的点列 $\left\{x^{(k)}\right\}$, 或者存在某个 k, 使得 $\nabla f(x^{(k)}) = 0$, 或者 $f(x^{(k)}) \to -\infty$, 或者 $\nabla f(x^{(k)}) \to 0$.

从上述收敛性定理的条件与结论可以看到, FR 算法要优于 PRP 算法, 但大量的实际计算表明: PRP 算法略优于 FR 算法. 分析其原因, 当 $x^{(k)}$ 接近于 $x^{(k-1)}$ 时, 有 $f(x^{(k)}) \approx f(x^{(k-1)})$. 由 FR 算法计算出的 $\beta_{k-1}^{\mathrm{FR}} \approx 1$, 而 PRP 算法计算出的 $\beta_{k-1}^{\mathrm{PRP}} \approx 0$, 相当于自动采用重新开始策略.

3. 算法的收敛速率

下面分析共轭梯度法的收敛速率, 为方便起见, 这里仅讨论共轭梯度法求解正定二次函数 (3.5) 的收敛速率, 也就是线性共轭梯度法的收敛速率.

设 x^* 是正定二次函数 (3.5) 的极小点, 令 $g^{(k)} = \nabla f(x^{(k)}) = Gx^{(k)} + r$, 因此有

$$\begin{aligned}\frac{f(x^{(k+1)}) - f(x^*)}{f(x^{(k)}) - f(x^*)} &= \frac{(g^{(k+1)})^{\mathrm{T}} G^{-1} g^{(k+1)}}{(g^{(k)})^{\mathrm{T}} G^{-1} g^{(k)}} \\ &= 1 - \frac{\left((g^{(k)})^{\mathrm{T}} d^{(k)}\right)^2}{(d^{(k)})^{\mathrm{T}} G d^{(k)} \cdot (g^{(k)})^{\mathrm{T}} G^{-1} g^{(k)}}.\end{aligned} \tag{3.53}$$

对于线性共轭梯度法, 有

$$(g^{(k)})^{\mathrm{T}} d^{(k)} = -(g^{(k)})^{\mathrm{T}} g^{(k)}, \tag{3.54}$$

以及

$$\begin{aligned}(d^{(k)})^{\mathrm{T}} G d^{(k)} &= \left(-g^{(k)} + \beta_{k-1} d^{(k-1)}\right)^{\mathrm{T}} G \left(-g^{(k)} + \beta_{k-1} d^{(k-1)}\right) \\ &= (g^{(k)})^{\mathrm{T}} G g^{(k)} - 2\beta_{k-1} (g^{(k)})^{\mathrm{T}} G d^{(k-1)} + \beta_{k-1}^2 (d^{(k-1)})^{\mathrm{T}} G d^{(k-1)} \\ &= (g^{(k)})^{\mathrm{T}} G g^{(k)} - \beta_{k-1} (d^{(k-1)})^{\mathrm{T}} G d^{(k-1)} \\ &\leqslant (g^{(k)})^{\mathrm{T}} G g^{(k)}.\end{aligned} \tag{3.55}$$

将式 (3.54) 和式 (3.55) 代入式 (3.53), 得到

$$\begin{aligned}\frac{f(x^{(k+1)}) - f(x^*)}{f(x^{(k)}) - f(x^*)} &\leqslant 1 - \frac{\left((g^{(k)})^{\mathrm{T}} g^{(k)}\right)^2}{(g^{(k)})^{\mathrm{T}} G g^{(k)} \cdot (g^{(k)})^{\mathrm{T}} G^{-1} g^{(k)}} \\ &\leqslant \left(\frac{\lambda_n - \lambda_1}{\lambda_n + \lambda_1}\right)^2,\end{aligned} \tag{3.56}$$

其中 λ_1 和 λ_n 分别是正定矩阵 G 的最小和最大特征值.

式 (3.56) 表明: 共轭梯度法至少是线性收敛的. 而实际上, 共轭梯度法至多也是线性收敛, 即它的收敛速率是线性的, 这一点与最速下降法是相同的.

对于线性共轭梯度法有更进一步的结论.

定理 3.13 设 $\lambda_1 \leqslant \lambda_2 \leqslant \cdots \leqslant \lambda_n$ 是正定对称矩阵 G 的 n 个特征值, $x^{(0)}$ 是初始点, x^* 是正定二次函数的极小点, 则

$$\left\| x^{(k+1)} - x^* \right\|_G^2 \leqslant \left(\frac{\lambda_{n-k} - \lambda_1}{\lambda_{n-k} + \lambda_1}\right)^2 \left\| x^{(0)} - x^* \right\|_G^2, \tag{3.57}$$

其中 $\|x\|_G^2 = x^{\mathrm{T}} G x$.

定理 3.13 表明: 如果用共轭梯度法求方程 $Gx + r = 0$ 的近似解, 并不需要作 n 步计算, 可以小于 n 步, 只要计算到某个特征值接近最小特征值即可. 可以使用这种方法减少求解方程的计算量.

3.3 Newton 法

Newton 法是目前使用较多, 且收敛速率较快的一种算法.

3.3.1 精确 Newton 法

若 x^* 是无约束问题的局部解, 则 x^* 满足

$$\nabla f(x) = 0, \tag{3.58}$$

因此, 可以通过求解方程组 (3.58) 来得到无约束最优化问题解. 注意到方程组 (3.58) 是非线性的, 处理起来较为困难, 因此考虑它的一个线性逼近. 选取初始点 $x^{(0)}$, 在 $x^{(0)}$ 处线性展开 (与一元函数的线性展开类似), 略去高阶部分得到

$$\nabla f(x) \approx \nabla f(x^{(0)}) + \nabla^2 f(x^{(0)})(x - x^{(0)}), \tag{3.59}$$

这里 $\nabla^2 f(x^{(0)})$ 是 $x^{(0)}$ 处的 Hesse 矩阵. 令式 (3.59) 右端为 0, 即

$$\nabla f(x^{(0)}) + \nabla^2 f(x^{(0)})(x - x^{(0)}) = 0. \tag{3.60}$$

求解线性方程组 (3.60) 得到

$$x^{(1)} = x^{(0)} - \left[\nabla^2 f(x^{(0)})\right]^{-1} \nabla f(x^{(0)}),$$

作为 x^* 的第 1 次近似.

如果 $x^{(1)}$ 的精度不够, 可以在 $x^{(1)}$ 处将 $\nabla f(x)$ 展开, 求解相应的线性方程组, 得到 $x^{(2)}$, 如此下去, 可以得到序列 $\{x^{(k)}\}$, 并且满足如下迭代公式

$$x^{(k+1)} = x^{(k)} - \left[\nabla^2 f(x^{(k)})\right]^{-1} \nabla f(x^{(k)}), \quad k = 0, 1, \cdots, \tag{3.61}$$

称式 (3.61) 为 Newton 迭代公式.

为了便于计算将式 (3.61) 改为

$$x^{(k+1)} = x^{(k)} + d^{(k)}, \tag{3.62}$$

其中 $d^{(k)}$ 是线性方程组

$$\nabla^2 f(x^{(k)})d = -\nabla f(x^{(k)}) \tag{3.63}$$

的解. 通常称式 (3.63) 为 Newton 方程, 相应的算法称为 Newton 法.

算法 3.5 (Newton 法)

(0) 取初始点 $x^{(0)}$, 置精度要求 $\varepsilon > 0$ 和 $k = 0$.

(1) 如果 $\|\nabla f(x^{(k)})\| \leqslant \varepsilon$, 则停止计算 ($x^{(k)}$ 作为无约束问题的解); 否则求解线性方程组 (3.63), 令其解为 $d^{(k)}$.

(2) 置 $x^{(k+1)} = x^{(k)} + d^{(k)}$, $k = k+1$, 转 (1).

例 3.5　用 Newton 法求解无约束问题

$$\min\ f(x) = \frac{3}{2}x_1^2 + \frac{1}{2}x_2^2 - x_1x_2 - 2x_1,$$

取 $x^{(0)} = (0,0)^{\mathrm{T}}$.

解　计算目标函数的梯度和 Hesse 阵

$$\nabla f(x) = \begin{bmatrix} 3x_1 - x_2 - 2 \\ x_2 - x_1 \end{bmatrix} = \begin{bmatrix} g_1 \\ g_2 \end{bmatrix}, \qquad \nabla^2 f(x) = \begin{bmatrix} 3 & -1 \\ -1 & 1 \end{bmatrix} = G.$$

取 $x^{(0)} = (0,0)^{\mathrm{T}}$, 则 $\nabla f(x^{(0)}) = (-2,0)^{\mathrm{T}}$, 求解线性方程组

$$\begin{bmatrix} 3 & -1 \\ -1 & 1 \end{bmatrix}\begin{bmatrix} d_1 \\ d_2 \end{bmatrix} = \begin{bmatrix} 2 \\ 0 \end{bmatrix}$$

得到 $d_1 = 1$, $d_2 = 1$, 即 $d^{(0)} = (1,1)^{\mathrm{T}}$, 因此

$$x^{(1)} = x^{(0)} + d^{(0)} = [0,0]^{\mathrm{T}} + [1,1]^{\mathrm{T}} = [1,1]^{\mathrm{T}},$$

且 $\nabla f(x^{(1)}) = (0,0)^{\mathrm{T}}$. 所以, $x^{(1)}$ 为最优解.

例 3.6　用 Newton 法求解无约束问题

$$\min\ f(x) = 4x_1^2 + x_2^2 - x_1^2x_2,$$

取初始点 $x^{(0)} = (1,1)^{\mathrm{T}}$.

解　计算过程略.

为了清楚地了解 Newton 法的收敛性质, 将计算结果和目标函数等值线绘在一张图上, 如图 3.4 所示. 从图 3.4 可以看出, Newton 迭代快速地收敛到极小点.

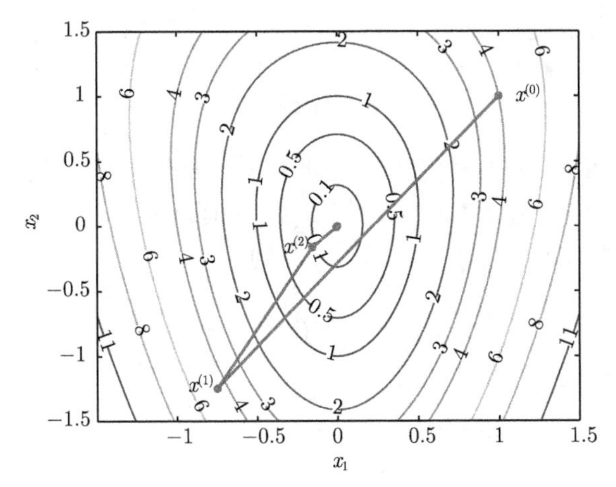

图 3.4 Newton 法求解例 3.6 的迭代过程, 初始点 $x^{(0)}=(1,1)^{\mathrm{T}}$

3.3.2 Newton 法的收敛性质

用 Newton 求解例 3.5, 一步就得到最优解. 求解例 3.6, 很快达到极小点, 这是巧合, 还是有一般规律? 下面就对 Newton 法的收敛性作分析.

1. *算法的二次终止性*

事实上, Newton 法对于一般正定二次函数均能一步达到极小点.

定理 3.14 *对于任意的正定二次函数 (3.5) 和任意的初始点 $x^{(0)}$, Newton 法均能一步达到极小点.*

证明 设 $x^{(0)}$ 为初始点, 由 Newton 迭代得到

$$\begin{aligned} x^{(1)} &= x^{(0)}+d^{(0)} = x^{(0)}-G^{-1}\nabla f(x^{(0)}) \\ &= x^{(0)}-G^{-1}\left[Gx^{(0)}+r\right] = G^{-1}r = x^*. \end{aligned}$$

定理 3.14 表明, Newton 法具有二次终止性, 而且是一步终止, 可见效率是很高的.

2. *局部收敛性与二阶收敛速率*

对于非二次函数, Newton 法不能保证有限次迭代达到最优解, 但由于目标函数在极小点附近近似一个二次函数, 所以当初始点靠近极小点时, Newton 的收敛速度一般是很快的.

定理 3.15 *设 $\nabla f(x)$ 连续可微, $x^{(k)}$ 充分靠近 x^*, $\nabla f(x^*)=0$. 如果 $\nabla^2 f(x^*)$ 正定, 则 Newton 迭代 (3.61) 有意义, 所产生的序列 $\left\{x^{(k)}\right\}$ 收敛到 x^*, 并具有二阶收敛速率.*

证明 由 Taylor 展开式

$$0 = \nabla f(x^*) = \nabla f(x^{(k)}) - \nabla^2 f(x^{(k)})(x^{(k)} - x^*) + O(\|x^{(k)} - x^*\|^2). \tag{3.64}$$

由于 $\nabla f(x)$ 连续可微, $\nabla^2 f(x^*)$ 正定, 因此当 $x^{(k)}$ 充分靠近 x^* 时, $\nabla^2 f(x^{(k)})$ 正定, $\left[\nabla^2 f(x^{(k)})\right]^{-1}$ 上有界, 所以 Newton 迭代 (3.61) 有意义.

在式 (3.64) 两边左乘 $\left[\nabla^2 f(x^{(k)})\right]^{-1}$, 得到

$$0 = \left[\nabla^2 f(x^{(k)})\right]^{-1} \nabla f(x^{(k)}) - (x^{(k)} - x^*) + O(\|x^{(k)} - x^*\|^2),$$

即

$$x^{(k+1)} - x^* = O(\|x^{(k)} - x^*\|^2).$$

由 $O(\cdot)$ 的定义可知, 存在常数 C, 使得

$$\|x^{(k+1)} - x^*\| \leqslant C\|x^{(k)} - x^*\|^2. \tag{3.65}$$

当 $x^{(k)}$ 充分靠近 x^* 时, 使得 $C\left\|x^{(k)} - x^*\right\| \leqslant \gamma$, 则有

$$\|x^{(k+1)} - x^*\| \leqslant \gamma\|x^{(k)} - x^*\|. \tag{3.66}$$

式 (3.66) 表明: Newton 是收敛的, 式 (3.65) 表明: Newton 法具有二阶收敛速率.

由于定理条件要求 $x^{(k)}$ 充分靠近 x^*, 也就是初始点 $x^{(0)}$ 充分靠近 x^*, 因此, 算法是局部收敛.

3.3.3 非精确 Newton 法

定理 3.15 的二阶收敛速率保证的 Newton 法以较快的速度收敛无约束问题的极小点. 这也是例 3.6 能够很快达到极小点的原因.

但达到这一性质的并一定需要精确求解方程组 (3.63), 可采用近似求解, 只要精度达到某种要求即可.

设 $d^{(k)}$ 方程组 (3.63) 的近似解, 令

$$r^{(k)} = \nabla^2 f(x^{(k)})d^{(k)} + \nabla f(x^{(k)}). \tag{3.67}$$

由定理 3.15 的证明过程可知, 当 $\left\|r^{(k)}\right\| = O(\left\|x^{(k)} - x^*\right\|^2)$, 非精确 Newton 法仍然能够达到二阶收敛速率. 请看下面的定理.

定理 3.16 *设 $\nabla f(x)$ 连续可微, $x^{(k)}$ 充分靠近 x^*, $\nabla f(x^*) = 0$, $\nabla^2 f(x^*)$ 正定. 非精确求解方程 (3.63) 得到的 $d^{(k)}$ 满足*

$$\left\|r^{(k)}\right\| \leqslant \eta_k \left\|\nabla f(x^{(k)})\right\|. \tag{3.68}$$

(1) 如果 $\eta_k \leqslant \eta < 1$, 则非精确 Newton 法产生的点列 $\left\{x^{(k)}\right\}$ 线性收敛到 x^*;

(2) 如果 $\eta_k \to 0$, 则非精确 Newton 法产生的点列 $\left\{x^{(k)}\right\}$ 超线性收敛到 x^*;

(3) 如果 $\eta_k = O\left(\left\|\nabla f(x^{(k)})\right\|\right)$, 则非精确 Newton 法产生的点列 $\left\{x^{(k)}\right\}$ 二阶收敛到 x^*.

证明 由于 $\nabla f(x)$ 连续可微, $\nabla^2 f(x^*)$ 正定, 因此当 $x^{(k)}$ 充分靠近 x^* 时, $\nabla^2 f(x^{(k)})$ 正定, $\left[\nabla^2 f(x^{(k)})\right]^{-1}$ 上有界. 并由式 (3.67), 存在常数 $L > 0$, 使得

$$\left\|d^{(k)}\right\| \leqslant L\left\|\nabla f(x^{(k)}) + r^{(k)}\right\| \leqslant 2L\left\|\nabla f(x^{(k)})\right\|.$$

由 Taylor 展开式得到

$$\begin{aligned}\nabla f(x^{(k+1)}) &= \nabla f(x^{(k)}) + \nabla^2 f(x^{(k)}) d^{(k)} + O\left(\left\|d^{(k)}\right\|^2\right)\\ &= r^{(k)} + O\left(L^2\left\|\nabla f(x^{(k)})\right\|^2\right).\end{aligned}$$

所以当 $\eta_k \leqslant \eta < 1$ 时, 有

$$\limsup_{k\to\infty} \frac{\left\|\nabla f(x^{(k+1)})\right\|}{\left\|\nabla f(x^{(k)})\right\|} \leqslant \eta < 1,$$

因此线性收敛.

当 $\eta_k \to 0$ 时, 有

$$\limsup_{k\to\infty} \frac{\left\|\nabla f(x^{(k+1)})\right\|}{\left\|\nabla f(x^{(k)})\right\|} = 0,$$

所以超线性收敛.

当 $\eta_k = O\left(\left\|\nabla f(x^{(k)})\right\|\right)$ 时, 有

$$\limsup_{k\to\infty} \frac{\left\|\nabla f(x^{(k+1)})\right\|}{\left\|\nabla f(x^{(k)})\right\|^2} = c,$$

所以二阶收敛.

在实际计算中, 通常取 $\eta_k = \min\{0.5, \sqrt{\|\nabla f(x^{(k)})\|}\}$, 或取 $\eta_k = \min\{0.5, \|\nabla f(x^{(k)})\|\}$. 在求解方程 (3.63) 时, 选择线性共轭梯度法, 有时仅需几步就能满足式 (3.68).

3.3.4 带有一维搜索的 Newton 法

Newton 法有很多优点, 但也存在着不足, 例如, 某步迭代的函数值不降反升. 例 3.6 的第 1 步就出现这种情况 (图 3.4), 目标函数 $f(x)$ 在初始点 $x^{(0)}$ 处的函数值为 4, 在点 $x^{(1)}$ 处的函数值要大于 4 (实际值是 4.516).

Newton 法具有的是局部收敛性, 因此, 当初始点 $x^{(0)}$ 距极小点较远时, 可能不收敛; 或者收敛到某个鞍点. 例如, 在例 3.6 中, 取初始点 $x^{(0)} = (2,5)^{\mathrm{T}}$, 迭代产生的点收敛到目标函数的鞍点 $(2\sqrt{2},4)^{\mathrm{T}}$. 将计算结果与函数的等值绘在图上 (图 3.5).

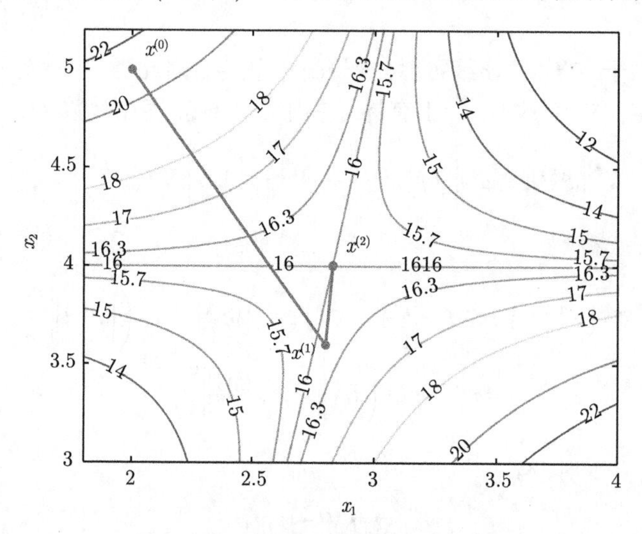

图 3.5　Newton 法收敛到鞍点的情况

为克服 Newton 法的上述缺点, 提出带有一维搜索的 Newton 法. 其方法是将方程 (3.63) 得到的 $d^{(k)}$ 看成搜索方向, 在此方向上增加一维搜索, 这种方法也称为阻尼 Newton 法.

算法 3.6 (带有一维搜索的 Newton 法)

(0) 取初始点 $x^{(0)}$, 置精度要求 $\varepsilon > 0$ 和 $k = 0$.

(1) 如果 $\|\nabla f(x^{(k)})\| \leqslant \varepsilon$, 则停止计算 ($x^{(k)}$ 作为无约束问题的解); 否则求解线性方程组 (3.63), 令其解为 $d^{(k)}$.

(2) 使用精确或非精确一维搜索方法求一维步长 α_k, 置 $x^{(k+1)} = x^{(k)} + \alpha_k d^{(k)}$.

(3) 置 $k = k+1$, 转 (1).

例 3.7　用带有一维搜索的 Newton 法求解无约束问题

$$\min\ f(x) = 4x_1^2 + x_2^2 - x_1^2 x_2,$$

取初始点 $x^{(0)} = (2,5)^{\mathrm{T}}$, 并使用精确一维搜索策略.

解　前面介绍过, 取 $x^{(0)} = (2,5)^{\mathrm{T}}$ 作为初始点, Newton 法收敛到鞍点, 使用一维搜索后 (这里使用两点二次插值), 算法将有重大改进. 现将算法得到的点列画在图 3.6 上. 从图 3.6 中可以看出, 增加一维搜索策略后, 算法收敛到极小点.

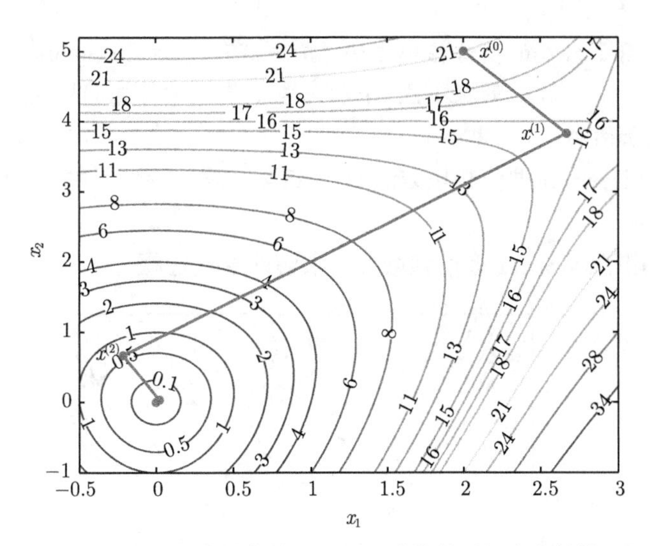

图 3.6 带有一维搜索的 Newton 法收敛到极小点的情况

3.3.5 信赖域 Newton 法

除了一维搜索策略, 还有另外一种方法就是信赖域方法. 所谓 Newton 型的信赖域方法就是令信赖域子问题中的 $B^{(k)} = \nabla^2 f(x^{(k)})$, 即每步求解子问题

$$\min \quad q_k(d) = \frac{1}{2}d^{\mathrm{T}}B^{(k)}d + \nabla f(x^{(k)})^{\mathrm{T}}d + f(x^{(k)}), \tag{3.69}$$

$$\text{s.t.} \quad \|d\| \leqslant \Delta_k, \tag{3.70}$$

其中 $B^{(k)} = \nabla^2 f(x^{(k)})$.

算法 3.7 (Newton 型信赖域方法)

(0) 取初始点 $x^{(0)}$, 置信赖域半径上界 $\bar{\Delta}$, 取 $\Delta_0 \in (0, \bar{\Delta})$, 和 $\eta \in \left(0, \frac{1}{4}\right)$, 置精度要求 $\varepsilon > 0$ 和 $k = 0$.

(1) 若 $\|\nabla f(x^{(k)})\| < \varepsilon$, 则停止计算; 否则令 $B^{(k)} = \nabla^2 f(x^{(k)})$, 求解二次规划子问题 (3.69)–(3.70), 其解为 $d^{(k)}$.

(2) 计算

$$\rho_k = \frac{f(x^{(k)}) - f(x^{(k)} + d^{(k)})}{q_k(0) - q_k(d^{(k)})}.$$

(3) 如果 $\rho_k < \frac{1}{4}$, 则置 $\Delta_{k+1} = \frac{1}{4}\left\|d^{(k)}\right\|$; 否则如果 $\rho_k > \frac{3}{4}$ 且 $\left\|d^{(k)}\right\| = \Delta_k$, 则置 $\Delta_{k+1} = \min\left\{2\Delta_k, \bar{\Delta}\right\}$; 否则置 $\Delta_{k+1} = \Delta_k$.

(4) 如果 $\rho_k \geqslant \eta$, 则置 $x^{(k+1)} = x^{(k)} + d^{(k)}$; 否则置 $x^{(k+1)} = x^{(k)}$.

(5) 置 $k = k + 1$, 转 (1).

例 3.8　用 Newton 型信赖域方法 (算法 3.7) 求解 Rosenbrock 函数 $f(x) = 100(x_2 - x_1^2)^2 + (1 - x_1)^2$ 的极小点, 取初始点 $x^{(0)} = (-1.2, 1)^{\mathrm{T}}$, 并使用 dogleg 方法求解信赖域子问题.

解　关于 Newton 型信赖域方法的 MATLAB 程序将在 3.5 节介绍, dogleg 方法选用算法 2.4.

图 3.7 给出了 Newton 型信赖域方法求解的迭代过程.

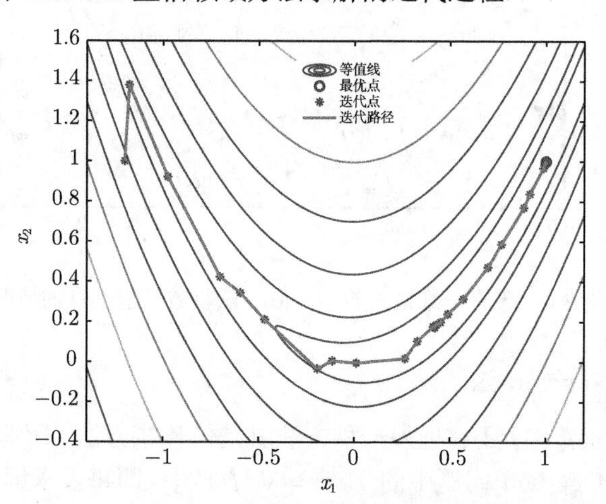

图 3.7　Newton 型信赖域方法

从图 3.7 中可以看到, Newton 型信赖域方法的计算效果还是不错的. 事实上, 它有很好的收敛性质 —— 全局收敛性和二阶收敛速率.

定理 3.17　设 $B \subset \mathbb{R}^n$ 是有界集, $x^{(k)} \in B, \forall k$. 若 f 在 B 上二阶连续可微, 且 Hesse 矩阵有界, 即 $\|\nabla^2 f(x^{(k)})\| \leqslant M \ (M > 0)$, 则信赖域算法 3.7 产生一个满足一阶和二阶必要条件的聚点 x^∞.

定理 3.18　如果定理 3.17 中的聚点 x^∞ 的二阶 Hesse 矩阵 $\nabla^2 f(x^\infty)$ 还满足正定的条件, 则对于主序列, 有 $\rho_k \to 1$, $x^{(k)} \to x^\infty$, 以及对于充分大的 k, 约束 $\|d^{(k)}\| < \Delta_k$. 此外, 收敛速率是二阶的.

在信赖域方法中需要求解子问题 (3.69)–(3.70). 第 2 章介绍了近似求解的 dogleg 方法, 这里介绍另一种近似求解方法 —— 共轭梯度型算法.

求解信赖域子问题的共轭梯度型算法本质上是使用共轭梯度法求解方程

$$\nabla^2 f(x^{(k)}) d = -\nabla f(x^{(k)}), \tag{3.71}$$

所不同的是, 在求解过程中, 要保证得到的 $\|d\| \leqslant \Delta_k$.

下面给出用共轭梯度法求解二次规划子问题, 为方便起见, 将方程 (3.71) 简写

成

$$Bd + g = 0, \tag{3.72}$$

其中 $B = \nabla^2 f(x^{(k)})$, $g = \nabla f(x^{(k)})$. 该方法是由 Steihaug 提出来的, 因此称为 CG-Steihaug 算法.

算法 3.8 (CG-Steihaug 算法)

(0) 置 $r^{(0)} = g$, $p^{(0)} = -r^{(0)}$, $d^{(0)} = 0$, 精度要求 ε 和 $j = 0$. 如果 $\|r^{(0)}\| < \varepsilon$, 则停止计算, 返回值 $d = d^{(0)}$ 作为子问题的解.

(1) 如果 $(p^{(j)})^{\mathrm{T}} Bp^{(j)} \leqslant 0$, 则计算步长 τ, 使得 $d = d^{(j)} + \tau p^{(j)}$ 满足 $\|d\| = \Delta$, 停止计算, 返回值 d 作为子问题的解.

(2) 置 $\alpha_j = \dfrac{(r^{(j)})^{\mathrm{T}} r^{(j)}}{(p^{(j)})^{\mathrm{T}} Bp^{(j)}}$, $d^{(j+1)} = d^{(j)} + \alpha_j p^{(j)}$. 如果 $\|d^{(j+1)}\| > \Delta$, 则计算步长 τ, 使得 $d = d^{(j)} + \tau p^{(j)}$ 满足 $\|d\| = \Delta$, 停止计算, 返回值 d 作为子问题的解.

(3) 置 $r^{(j+1)} = r(j) + \alpha_j Bp^{(j)}$. 如果 $\|r^{(j+1)}\| \leqslant \varepsilon \|r^{(0)}\|$, 则停止计算, 返回值 $d = d^{(j+1)}$ 作为子问题的解.

(4) 置 $\beta_j = \dfrac{(r^{(j+1)})^{\mathrm{T}} r^{(j+1)}}{(r^{(j)})^{\mathrm{T}} r^{(j)}}$, $p^{(j+1)} = -r^{(j+1)} + \beta_j p^{(j)}$. $j = j+1$, 转 (1).

在算法 3.8 中, 如果 (1) 中的“如果”成立, 则 $p^{(j)}$ 是负曲率方向, 一定是下降方向; (2) 的“如果”保证得到的 d 不破坏约束条件; (3) 中的“如果”是终止条件, 相当于非精确 Newton 法. 对于算法 3.8, 有如下定理.

定理 3.19 由算法 3.8 产生序列满足

$$0 = \|d^{(0)}\| < \cdots < \|d^{(j)}\| < \|d^{(j+1)}\| < \cdots < \|d\| \leqslant \Delta.$$

证明 首先证明

$$(r^{(j)})^{\mathrm{T}} d^{(j)} = 0, \quad \forall\, j \geqslant 0, \tag{3.73}$$

$$(d^{(j)})^{\mathrm{T}} p^{(j)} > 0, \quad \forall\, j \geqslant 1. \tag{3.74}$$

由算法 3.8 得到, $d^{(0)} = 0$, 和

$$d^{(j)} = d^{(0)} + \sum_{i=0}^{j-1} \alpha_i p^{(i)} = \sum_{i=0}^{j-1} \alpha_i p^{(i)}.$$

左乘 $(r^{(j)})^{\mathrm{T}}$, 并利用扩展子空间的性质, 得到

$$(r^{(j)})^{\mathrm{T}} d^{(j)} = \sum_{i=0}^{j-1} \alpha_i (r^{(j)})^{\mathrm{T}} p^{(i)} = 0.$$

再证明式 (3.74). 仍然使用扩展子空间的性质, 得到

$$(d^{(1)})^{\mathrm{T}} p^{(1)} = (\alpha_0 p^{(0)})^{\mathrm{T}} (-r^{(1)} + \beta_0 p^{(0)}) = \alpha_0 \beta_0 (p^{(0)})^{\mathrm{T}} p^{(0)} > 0.$$

即 $j=1$ 时, 式 (3.74) 成立. 对于 $j+1$ 有

$$\begin{aligned}(d^{(j+1)})^{\mathrm{T}}p^{(j+1)} &= (d^{(j+1)})^{\mathrm{T}}(-r^{(j+1)}+\beta_j p^{(j)}) \\ &= \beta_j (d^{(j+1)})^{\mathrm{T}}p^{(j)} \\ &= \beta_j (d^{(j)}+\alpha_j p^{(j)})^{\mathrm{T}}p^{(j)} \\ &= \beta_j (d^{(j)})^{\mathrm{T}}p^{(j)}+\alpha_j\beta_j (p^{(j)})^{\mathrm{T}}p^{(j)}.\end{aligned}$$

由归纳法假设, 以及 α_j 和 β_j 的定义, 得到等式右端的第二项大于 0.

最后证明定理结论. 由算法 3.8 知, 当 $(p^{(j)})^{\mathrm{T}}Bp^{(j)} \leqslant 0$ 或 $\|d^{(j+1)}\|>\Delta$, 得到 $\|d\|=\Delta$, 且终止计算. 对于其他的点, 有 $d^{(j+1)}=d^{(j)}+\alpha_j p^{(j)}$, 因此, 有

$$\begin{aligned}\|d^{(j+1)}\|^2 &= (d^{(j)}+\alpha_j p^{(j)})^{\mathrm{T}}(d^{(j)}+\alpha_j p^{(j)}) \\ &= \|d^{(j)}\|^2+2\alpha_j (d^{(j)})^{\mathrm{T}}p^{(j)}+\alpha_j^2\|p^{(j)}\|^2 \\ &> \|d^{(j)}\|^2.\end{aligned}$$

定理结论成立.

从定理 3.19 可以看出, 算法 3.8 从 $p^{(1)}$, $p^{(2)}$, $\cdots$ 中选择最终的结果 $d^{(k)}$, 且每一步的步长随着 k 的增加而增加. 当 $B^{(k)}=\nabla^2 f(x^{(k)})$ 为正定矩阵时, 这个算法可以与 dogleg 方法作比较, 两者都是以负梯度方向开始, 最终以 Newton 步为结束. 可以证明: 当 $B^{(k)}=\nabla^2 f(x^{(k)})$ 为正定矩阵时, 算法 3.8 对于求解子问题 (3.69)–(3.70) 产生的下降量至少是最优下降量的一半.

3.4 拟 Newton 法

拟 Newton 法又称变度量法或变尺度法, 其基本思想是改进 Newton 法得到的.

尽管 Newton 法有许多好的性质, 如收敛速度快等, 但在 Newton 法中, 每步计算需要求解 Newton 方程 (3.63). 这一做法的主要缺点是需要计算 Hesse 矩阵, 计算量大. 要克服上述缺点的最直观想法是: 不计算 Hesse 矩阵 $\nabla^2 f(x^{(k)})$, 而用一个 “近似” 矩阵 $B^{(k)}$ 来代替 Hesse 矩阵 $\nabla^2 f(x^{(k)})$, 其中 $B^{(k)}$ 是根据迭代过程中的某些信息得到的.

用方程组

$$B^{(k)}d=-\nabla f(x^{(k)}) \tag{3.75}$$

的解 $d^{(k)}$ 来作为搜索方向, 即用方程 (3.75) 来代替 Newton 方程 (3.63), 这就得到一个新的算法. 称此类算法为拟 Newton 法.

由于 $B^{(k)}$ “近似” 于 $\nabla^2 f(x^{(k)})$, 可以猜想, 变度量法应有较好性质, 如有较高的收敛速率, 并且克服了计算量大的缺点. 下面的问题是如何在已知 $B^{(k)}$ 的情况下构造 $B^{(k+1)}$?

3.4.1 秩 1 修正公式

由于希望 $B^{(k+1)}$ “近似” 于 $\nabla^2 f(x^{(k+1)})$, 所以需要讨论 Hesse 矩阵所具有的性质. 由 $\nabla f(x)$ 在 $x^{(k+1)}$ 处的 Taylor 展开式

$$\nabla f(x) \approx \nabla f(x^{(k+1)}) + \nabla^2 f(x^{(k+1)})(x - x^{(k+1)}),$$

取 $x = x^{(k)}$, 得到

$$\nabla f(x^{(k+1)}) - \nabla f(x^{(k)}) \approx \nabla^2 f(x^{(k+1)})(x^{(k+1)} - x^{(k)}). \tag{3.76}$$

记

$$s^{(k)} = x^{(k+1)} - x^{(k)}, \qquad y^{(k)} = \nabla f(x^{(k+1)}) - \nabla f(x^{(k)}),$$

所以式 (3.76) 改写为

$$\nabla^2 f(x^{(k+1)}) s^{(k)} \approx y^{(k)}. \tag{3.77}$$

由于要求 $B^{(k+1)}$ “近似于” $\nabla^2 f(x^{(k+1)})$, 也就是说 $B^{(k+1)}$ 就满足式 (3.77), 并将 “$\approx$” 改为 “$=$”, 得到

$$B^{(k+1)} s^{(k)} = y^{(k)}, \tag{3.78}$$

称式 (3.78) 为拟 Newton 方程. 并且假设 $B^{(k+1)}$ 是对称矩阵.

由于式 (3.78) 并不能唯一地确定 $B^{(k+1)}$, 因此还需要附加一些条件. 假设前面已得到的矩阵 $B^{(k)}$, 并且矩阵 $B^{(k)}$ 已与 $\nabla^2 f(x^{(k)})$ “近似”. 一种自然的想法就是 $B^{(k+1)}$ 是由 $B^{(k)}$ 经过修正得到的, 即

$$B^{(k+1)} = B^{(k)} + \Delta B^{(k)}. \tag{3.79}$$

由式 (3.78) 和式 (3.79) 仍无法唯一地确定出 $\Delta B^{(k)}$, 增加条件 $\text{rank}(\Delta B^{(k)}) = 1$, 也就是说, 令 $\Delta B^{(k)} = \sigma v v^{\mathrm{T}}$, 即

$$B^{(k+1)} = B^{(k)} + \sigma v v^{\mathrm{T}}.$$

由拟 Newton 方程 (3.78) 得到

$$y^{(k)} = B^{(k+1)} s^{(k)} = B^{(k)} s^{(k)} + \sigma \left(v^{\mathrm{T}} s^{(k)}\right) v.$$

令 $v = y^{(k)} - B^{(k)}s^{(k)}$, 则 $\sigma\left(v^{\mathrm{T}}s^{(k)}\right) = 1$, 所以

$$\sigma = \frac{1}{v^{\mathrm{T}}s^{(k)}} = \frac{1}{\left(y^{(k)} - B^{(k)}s^{(k)}\right)^{\mathrm{T}} s^{(k)}}.$$

因此, 得到对称秩 1 修正公式

$$B^{(k+1)} = B^{(k)} + \frac{\left(y^{(k)} - B^{(k)}s^{(k)}\right)\left(y^{(k)} - B^{(k)}s^{(k)}\right)^{\mathrm{T}}}{\left(y^{(k)} - B^{(k)}s^{(k)}\right)^{\mathrm{T}} s^{(k)}}. \tag{3.80}$$

只有当 $\left(y^{(k)} - B^{(k)}s^{(k)}\right)^{\mathrm{T}} s^{(k)} \neq 0$, 修正公式 (3.80) 才有意义. 如果 $y^{(k)} = B^{(k)}s^{(k)}$, 则令 $B^{(k+1)} = B^{(k)}$, 拟 Newton 方程 (3.78) 成立. 如果 $y^{(k)} \neq B^{(k)}s^{(k)}$ 且 $\left(y^{(k)} - B^{(k)}s^{(k)}\right)^{\mathrm{T}} s^{(k)} = 0$, 则不存在满足拟 Newton 方程 (3.78) 的秩 1 修正矩阵.

也可以从另一角度去构造拟 Newton 法. 将 Newton 方程 (3.63) 改写为

$$d^{(k)} = -\left[\nabla^2 f(x^{(k)})\right]^{-1} \nabla f(x^{(k)}).$$

一种直观的想法是构造近似于 $\left[\nabla^2 f(x^{(k)})\right]^{-1}$ 的矩阵 $H^{(k)}$. 这样计算 $d^{(k)}$ 不需要求解线性方程组, 而直接计算

$$d^{(k)} = -H^{(k)}\nabla f(x^{(k)}). \tag{3.81}$$

类似于 $B^{(k+1)}$ 的推导过程, 得到相应的拟 Newton 方程为

$$H^{(k+1)}y^{(k)} = s^{(k)} \tag{3.82}$$

和相应的秩 1 修正公式

$$H^{(k+1)} = H^{(k)} + \frac{\left(s^{(k)} - H^{(k)}y^{(k)}\right)\left(s^{(k)} - H^{(k)}y^{(k)}\right)^{\mathrm{T}}}{\left(s^{(k)} - H^{(k)}y^{(k)}\right)^{\mathrm{T}} y^{(k)}}. \tag{3.83}$$

事实上, 对公式 (3.80) 应用 Sherman-Morrison 公式, 就可以得到公式 (3.83), 也就是说, 若 $H^{(k)} = \left[B^{(k)}\right]^{-1}$, 则有 $H^{(k+1)} = \left[B^{(k+1)}\right]^{-1}$. 下面给出 Sherman-Morrison 公式.

定理 3.20 (Sherman-Morrison 公式) *设 A 为 n 阶可逆矩阵, u 和 v 为 n 维向量, 如果 $1 + v^{\mathrm{T}}A^{-1}u \neq 0$, 则 $A + uv^{\mathrm{T}}$ 可逆, 且*

$$\left(A + uv^{\mathrm{T}}\right)^{-1} = A^{-1} - \frac{A^{-1}uv^{\mathrm{T}}A^{-1}}{1 + v^{\mathrm{T}}A^{-1}u}. \tag{3.84}$$

证明 式 (3.84) 两端同乘 $\left(A + uv^{\mathrm{T}}\right)$ 即可.

算法 3.9 (对称秩 1 修正公式算法)

(0) 取初始点 $x^{(0)}$, 置初始矩阵 $H^{(0)}(=I)$, 精度要求 $\varepsilon>0$ 和 $k=0$.

(1) 如果 $\|\nabla f(x^{(k)})\|\leqslant\varepsilon$, 则停止计算 ($x^{(k)}$ 作为无约束问题的解); 否则用式 (3.81) 计算搜索方向 $d^{(k)}$.

(2) 使用精确或非精确一维搜索方法求一维步长 α_k, 置 $x^{(k+1)}=x^{(k)}+\alpha_k d^{(k)}$.

(3) 计算 $s^{(k)}$ 和 $y^{(k)}$, 利用式 (3.83) 修正 $H^{(k)}$.

(4) 置 $k=k+1$, 转 (1).

例 3.9 用拟 Newton 法 (秩 1 修正算法) 求解无约束问题

$$\min\ f(x)=\frac{3}{2}x_1^2+\frac{1}{2}x_2^2-x_1x_2-2x_1,$$

取 $x^{(0)}=(0,0)^{\mathrm{T}}$.

解 记

$$\nabla f(x)=\begin{bmatrix}3x_1-x_2-2\\-x_1+x_2\end{bmatrix}=\begin{bmatrix}g_1\\g_2\end{bmatrix},\qquad \nabla^2 f(x)=\begin{bmatrix}3&-1\\-1&1\end{bmatrix}=G,$$

一维搜索步长为

$$\alpha_k=-\frac{(d^{(k)})^{\mathrm{T}}\nabla f(x^{(k)})}{(d^{(k)})^{\mathrm{T}}Gd^{(k)}}=-\frac{d_1g_1+d_2g_2}{3d_1^2+d_2^2-2d_1d_2}.\tag{3.85}$$

取 $x^{(0)}=(0,0)^{\mathrm{T}}$, 则 $\nabla f(x^{(0)})=(-2,0)^{\mathrm{T}}$, $H^{(0)}=I$, 所以

$$d^{(0)}=-\nabla f(x^{(0)})=\begin{bmatrix}2\\0\end{bmatrix},\quad \alpha_0=\frac{2^2}{3\cdot 2^2}=\frac{1}{3}.$$

因此

$$x^{(1)}=x^{(0)}+\alpha_0d^{(0)}=\begin{bmatrix}0\\0\end{bmatrix}+\frac{1}{3}\begin{bmatrix}2\\0\end{bmatrix}=\begin{bmatrix}\frac{2}{3}\\0\end{bmatrix}.$$

再作第二轮计算. $\nabla f(x^{(1)})=\left(0,-\dfrac{2}{3}\right)^{\mathrm{T}}$, 有

$$s^{(0)}=x^{(1)}-x^{(0)}=\begin{bmatrix}\frac{2}{3}\\0\end{bmatrix}-\begin{bmatrix}0\\0\end{bmatrix}=\begin{bmatrix}\frac{2}{3}\\0\end{bmatrix},$$

$$y^{(0)}=\nabla f(x^{(1)})-\nabla f(x^{(0)})=\begin{bmatrix}0\\-\frac{2}{3}\end{bmatrix}-\begin{bmatrix}-2\\0\end{bmatrix}=\begin{bmatrix}2\\-\frac{2}{3}\end{bmatrix},$$

$$s^{(0)}-H^{(0)}y^{(0)}=\begin{bmatrix}\frac{2}{3}\\0\end{bmatrix}-\begin{bmatrix}2\\-\frac{2}{3}\end{bmatrix}=\begin{bmatrix}-\frac{4}{3}\\\frac{2}{3}\end{bmatrix}$$

所以

$$H^{(1)}=H^{(0)}+\frac{\left(s^{(0)}-H^{(0)}y^{(0)}\right)\left(s^{(0)}-H^{(0)}y^{(0)}\right)^{\mathrm{T}}}{\left(s^{(0)}-H^{(0)}y^{(0)}\right)^{\mathrm{T}}y^{(0)}}$$

$$=\begin{bmatrix}1&0\\0&1\end{bmatrix}-\frac{9}{28}\begin{bmatrix}\frac{16}{9}&-\frac{8}{9}\\-\frac{8}{9}&\frac{4}{9}\end{bmatrix}=\begin{bmatrix}\frac{3}{7}&\frac{2}{7}\\\frac{2}{7}&\frac{6}{7}\end{bmatrix},$$

$$d^{(1)}=-H^{(1)}\nabla f(x^{(1)})=-\begin{bmatrix}\frac{3}{7}&\frac{2}{7}\\\frac{2}{7}&\frac{6}{7}\end{bmatrix}\begin{bmatrix}0\\-\frac{2}{3}\end{bmatrix}=\begin{bmatrix}\frac{4}{21}\\\frac{12}{21}\end{bmatrix}.$$

为了简化计算, 选取 $d^{(1)}=(1,3)^{\mathrm{T}}$, 这样得到

$$\alpha_1=-\frac{1\cdot 0+3\cdot\left(-\frac{2}{3}\right)}{3\cdot 1^2+3^2-2\cdot 1\cdot 3}=\frac{1}{3},$$

$$x^{(2)}=x^{(1)}+\alpha_1 d^{(1)}=\begin{bmatrix}\frac{2}{3}\\0\end{bmatrix}+\frac{1}{3}\begin{bmatrix}1\\3\end{bmatrix}=\begin{bmatrix}1\\1\end{bmatrix}.$$

计算梯度 $\nabla f(x^{(2)})=(0,0)^{\mathrm{T}}$, 所以 $x^{(2)}=(1,1)^{\mathrm{T}}$ 为最优解, 最优目标函数值为 $f(x^{(2)})=-1$.

从例 3.9 可以看到, 算法用 2 步达到二次函数的极小点, 这不是偶然的, 事实上, 对任意的正定二次函数, 秩 1 修正公式的算法均具有二次终止性.

3.4.2 秩 1 修正公式的性质

下面介绍秩 1 修正公式的一些性质.

定理 3.21 设目标函数为正定二次函数 $f(x)=\frac{1}{2}x^{\mathrm{T}}Gx+r^{\mathrm{T}}x$, 对于任意的初始点 $x^{(0)}$ 和任意的初始对称矩阵 $H^{(0)}$, 且秩 1 修正公式的算法 3.9 产生的点列 $x^{(k)}$ 有意义, 则算法至多 n 步终止. 进一步, 若算法产生的搜索方向 $d^{(0)},d^{(1)},\cdots,d^{(n-1)}$ 线性无关, 则有 $H^{(n)}=G^{-1}$.

证明 用归结法证明

$$H^{(k)}y^{(j)}=s^{(j)},\quad j=0,1,\cdots,k-1. \tag{3.86}$$

当 $k=1$ 时, 由拟 Newton 方程 (3.82), 命题成立. 假设对于 k, 式 (3.86) 成立.

当 $k+1$ 时, 有

$$H^{(k+1)}y^{(j)} = H^{(k)}y^{(j)} + \frac{\left(s^{(k)} - H^{(k)}y^{(k)}\right)^{\mathrm{T}} y^{(j)}}{\left(s^{(k)} - H^{(k)}y^{(k)}\right)^{\mathrm{T}} y^{(k)}} \left(s^{(k)} - H^{(k)}y^{(k)}\right). \tag{3.87}$$

考虑式 (3.87) 等号后的第二项的分子, 由归纳法假设得到

$$\begin{aligned}\left(s^{(k)} - H^{(k)}y^{(k)}\right)^{\mathrm{T}} y^{(j)} &= (s^{(k)})^{\mathrm{T}}y^{(j)} - (y^{(k)})^{\mathrm{T}}H^{(k)}y^{(j)} \\ &= (s^{(k)})^{\mathrm{T}}y^{(j)} - (y^{(k)})^{\mathrm{T}}s^{(j)} \\ &= 0, \quad j = 0, 1, \cdots, k-1.\end{aligned}$$

再次利用归纳法假设, 得到

$$H^{(k+1)}y^{(j)} = H^{(k)}y^{(j)} = s^{(j)}, \quad j = 0, 1, \cdots, k-1.$$

由拟 Newton 方程 (3.82), 得到 $H^{(k+1)}y^{(k)} = s^{(k)}$. 因此, 命题成立.

如果算法完成了 n 步, 产生的 $s^{(0)}$, $s^{(1)}$, $\cdots$, $s^{(n-1)}$ 线性无关 (也就 $d^{(0)}$, $d^{(1)}$, $\cdots$, $d^{(n-1)}$ 线性无关), 则有

$$s^{(j)} = H^{(n)}y^{(j)} = H^{(n)}Gs^{(j)}, \quad j = 0, 1, \cdots, n-1,$$

得到: $H^{(n)}G = I$, 即 $H^{(n)} = G^{-1}$. 这样, 下一步就是 Newton 步, 所以 $x^{(n+1)}$ 就一定是极小点, 算法终止.

如果产生的 $s^{(k)}$ 是 $s^{(0)}$, $s^{(1)}$, $\cdots$, $s^{(k-1)}$ 线性组合, 即

$$s^{(k)} = \xi_0 s^{(0)} + \xi_1 s^{(1)} + \cdots + \xi_{k-1}s^{(k-1)}, \tag{3.88}$$

则由式 (3.86) 和式 (3.88) 得到

$$\begin{aligned}H^{(k)}y^{(k)} &= H^{(k)}Gs^{(k)} \\ &= \xi_0 H^{(k)}Gs^{(0)} + \xi_1 H^{(k)}Gs^{(1)} + \cdots + \xi_{k-1}H^{(k)}Gs^{(k-1)} \\ &= \xi_0 H^{(k)}y^{(0)} + \xi_1 H^{(k)}y^{(1)} + \cdots + \xi_{k-1}H^{(k)}y^{(k-1)} \\ &= \xi_0 s^{(0)} + \xi_1 s^{(1)} + \cdots + \xi_{k-1}s^{(k-1)} \\ &= s^{(k)}.\end{aligned} \tag{3.89}$$

进一步, 假设一维搜索的步长 $\alpha_k = 1$, 即 $s^{(k)}=d^{(k)}$. 由式 (3.89) 得到

$$H^{(k)}\left(\nabla f(x^{(k+1)}) - \nabla f(x^{(k)})\right) = H^{(k)}y^{(k)} = s^{(k)} = -H^{(k)}\nabla f(x^{(k)}),$$

当 $H^{(k)}$ 非奇异, 则有 $\nabla f(x^{(k+1)}) = 0$.

对于秩 1 修正公式 (3.80) 得到的拟 Newton 算法, 还有进一步的性质.

定理 3.22　假设 f 二次连续可微, 且 Hesse 矩阵有界并满足 Lipschitz 条件. 令 $\left\{x^{(k)}\right\}$ 是算法产生的点列, 且满足 $x^{(k)} \to x^*$. 算法的每步迭代均满足

$$\left|\left(y^{(k)} - B^{(k)}s^{(k)}\right)^{\mathrm{T}} s^{(k)}\right| \geqslant r\left\|y^{(k)} - B^{(k)}s^{(k)}\right\| \cdot \left\|s^{(k)}\right\|, \quad r \in (0,1),$$

$s^{(k)}$ 一致线性无关, 则由秩 1 修正公式得到的 $B^{(k)}$ 满足

$$\lim_{k\to\infty}\left\|B^{(k)} - \nabla^2 f(x^*)\right\| = 0.$$

定理 3.22 的结论, 相当于算法具有超线性收敛速率.

秩 1 修正公式得到的拟 Newton 法虽然有上述优点, 但它还存在着一些致命的缺点, 例如, 当 $\left(y^{(k)} - B^{(k)}s^{(k)}\right)^{\mathrm{T}} s^{(k)} = 0$ 时, 迭代无法进行.

另外, 它还不能保证产生的搜索方向是下降方向. 因为它不能保证: 当矩阵 $B^{(k)}$ 正定时, 由迭代公式产生的矩阵 $B^{(k+1)}$ 也正定.

为了保证拟 Newton 法产生的搜索方向是下降方向, 人们提出了秩 2 修正公式.

3.4.3　秩 2 修正公式

考虑关于 $B^{(k)}$ 的秩 2 修正公式, 即令

$$B^{(k+1)} = B^{(k)} + \sigma_1 uu^{\mathrm{T}} + \sigma_2 vv^{\mathrm{T}},$$

由拟 Newton 方程 (3.78) 得到

$$y^{(k)} = B^{(k+1)}s^{(k)} = B^{(k)}s^{(k)} + \sigma_1(u^{\mathrm{T}}s^{(k)})u + \sigma_2(v^{\mathrm{T}}s^{(k)})v.$$

为便于推导, 令 $u = B^{(k)}s^{(k)}$, $\sigma_1(u^{\mathrm{T}}s^{(k)}) = -1$, $v = y^{(k)}$, $\sigma_2(v^{\mathrm{T}}s^{(k)}) = 1$. 类似秩 1 修正公式的推导过程得到

$$\sigma_1 = -\frac{1}{(s^{(k)})^{\mathrm{T}}Bs^{(k)}}, \quad \sigma_2 = \frac{1}{(y^{(k)})^{\mathrm{T}}s^{(k)}}.$$

即秩 2 修正公式为

$$B^{(k+1)} = B^{(k)} - \frac{B^{(k)}s^{(k)}(s^{(k)})^{\mathrm{T}}B^{(k)}}{(s^{(k)})^{\mathrm{T}}B^{(k)}s^{(k)}} + \frac{y^{(k)}(y^{(k)})^{\mathrm{T}}}{(y^{(k)})^{\mathrm{T}}s^{(k)}}, \tag{3.90}$$

这个公式是 Broyden, Fletcher, Goldfarb 和 Shanno 在 1970 年提出的, 因此称为 BFGS 公式, 相应的拟 Newton 算法也称为 BFGS 算法.

算法 3.10 (BFGS 算法)

(0) 取初始点 $x^{(0)}$, 置初始矩阵 $B^{(0)}(=I)$, 精度要求 $\varepsilon>0$ 和 $k=0$.

(1) 如果 $\|\nabla f(x^{(k)})\|\leqslant\varepsilon$, 则停止计算 ($x^{(k)}$ 作为无约束问题的解); 否则求解线性方程组 (3.75) 得到 $d^{(k)}$.

(2) 使用精确或非精确一维搜索方法求一维步长 α_k, 置 $x^{(k+1)}=x^{(k)}+\alpha_k d^{(k)}$.

(3) 计算 $s^{(k)}$ 和 $y^{(k)}$, 利用式 (3.90) 修正 $B^{(k)}$.

(4) 置 $k=k+1$, 转 (1).

例 3.10 用拟 Newton 法 (BFGS 算法) 求解无约束问题

$$\min\ f(x)=\frac{3}{2}x_1^2+\frac{1}{2}x_2^2-x_1x_2-2x_1,$$

取 $x^{(0)}=(0,0)^{\mathrm{T}}$.

解 利用式 (3.85) 计算一维搜索步长. 取 $x^{(0)}=(0,0)^{\mathrm{T}}$, 则 $\nabla f(x^{(0)})=(-2,0)^{\mathrm{T}}$, $B^{(0)}=I$, 所以

$$\begin{aligned}d^{(0)}&=-\left[B^{(0)}\right]^{-1}\nabla f(x^{(0)})=-\nabla f(x^{(0)})=[2,0]^{\mathrm{T}},\\ \alpha_0&=\frac{2^2}{3\cdot 2^2}=\frac{1}{3}.\end{aligned}$$

因此

$$x^{(1)}=x^{(0)}+\alpha_0 d^{(0)}=\begin{bmatrix}0\\0\end{bmatrix}+\frac{1}{3}\begin{bmatrix}2\\0\end{bmatrix}=\begin{bmatrix}\dfrac{2}{3}\\0\end{bmatrix}.$$

再计算第二轮循环. 因为 $\nabla f(x^{(2)})=\left[0,-\dfrac{2}{3}\right]^{\mathrm{T}}$, 有

$$\begin{aligned}s^{(0)}&=x^{(1)}-x^{(0)}=\begin{bmatrix}\dfrac{2}{3}\\0\end{bmatrix}-\begin{bmatrix}0\\0\end{bmatrix}=\begin{bmatrix}\dfrac{2}{3}\\0\end{bmatrix},\\ y^{(0)}&=\nabla f(x^{(1)})-\nabla f(x^{(0)})=\begin{bmatrix}0\\-\dfrac{2}{3}\end{bmatrix}-\begin{bmatrix}-2\\0\end{bmatrix}=\begin{bmatrix}2\\-\dfrac{2}{3}\end{bmatrix},\\ (s^{(0)})^{\mathrm{T}}B^{(0)}s^{(1)}&=\left[\frac{2}{3},\ 0\right]\begin{bmatrix}\dfrac{2}{3}\\0\end{bmatrix}=\frac{4}{9},\\ (y^{(0)})^{\mathrm{T}}s^{(0)}&=\left[2,-\frac{2}{3}\right]\begin{bmatrix}\dfrac{2}{3}\\0\end{bmatrix}=\frac{4}{3},\end{aligned}$$

$$B^{(0)}s^{(0)}(s^{(0)})^{\mathrm{T}}B^{(0)}=\begin{bmatrix}\frac{2}{3}\\0\end{bmatrix}\begin{bmatrix}\frac{2}{3}, & 0\end{bmatrix}=\begin{bmatrix}\frac{4}{9} & 0\\0 & 0\end{bmatrix},$$

$$y^{(0)}(y^{(0)})^{\mathrm{T}}=\begin{bmatrix}2\\-\frac{2}{3}\end{bmatrix}\begin{bmatrix}2, & -\frac{2}{3}\end{bmatrix}=\begin{bmatrix}4 & -\frac{4}{3}\\-\frac{4}{3} & \frac{4}{9}\end{bmatrix},$$

所以

$$\begin{aligned}B^{(1)}&=B^{(0)}-\frac{B^{(0)}s^{(0)}(s^{(0)})^{\mathrm{T}}B^{(0)}}{(s^{(0)})^{\mathrm{T}}B^{(0)}s^{(0)}}+\frac{y^{(0)}(y^{(0)})^{\mathrm{T}}}{(y^{(0)})^{\mathrm{T}}s^{(0)}}\\&=\begin{bmatrix}1 & 0\\0 & 1\end{bmatrix}-\frac{9}{4}\begin{bmatrix}\frac{4}{9} & 0\\0 & 0\end{bmatrix}+\frac{3}{4}\begin{bmatrix}4 & -\frac{4}{3}\\-\frac{4}{3} & \frac{4}{9}\end{bmatrix}\\&=\begin{bmatrix}3 & -1\\-1 & \frac{4}{3}\end{bmatrix}.\end{aligned}$$

解方程组 $B^{(1)}d=-\nabla f(x^{(1)})$, 即

$$\begin{bmatrix}3 & -1\\-1 & \frac{4}{3}\end{bmatrix}\begin{bmatrix}d_1\\d_2\end{bmatrix}=\begin{bmatrix}0\\\frac{2}{3}\end{bmatrix},$$

得 $d_1=\frac{2}{9}$, $d_2=\frac{2}{3}$, 即 $d^{(1)}=\left(\frac{2}{9},\frac{2}{3}\right)^{\mathrm{T}}$. 步长为

$$\alpha_1=-\frac{\frac{2}{9}\cdot 0+\frac{2}{3}\cdot\left(-\frac{2}{3}\right)}{3\left(\frac{2}{9}\right)^2+\left(\frac{2}{3}\right)^2-2\cdot\frac{2}{9}\cdot\frac{2}{3}}=\frac{3}{2},$$

由此得到

$$x^{(2)}=x^{(1)}+\alpha_1 d^{(1)}=\begin{bmatrix}\frac{2}{3}\\0\end{bmatrix}+\frac{3}{2}\begin{bmatrix}\frac{2}{9}\\\frac{2}{3}\end{bmatrix}=\begin{bmatrix}1\\1\end{bmatrix},$$

计算梯度 $\nabla f(x^{(2)})=(0,0)^{\mathrm{T}}$, 所以 $x^{(2)}=(1,1)^{\mathrm{T}}$ 为最优解, 最优目标函数值为 $f(x^{(2)})=-1$.

与秩 1 修正公式类似, 可以构造关于 $H^{(k)}$ 的秩 2 修正公式, 这里略去推导过程, 直接给出著名的秩 2 修正公式

$$H^{(k+1)} = H^{(k)} - \frac{H^{(k)}y^{(k)}(y^{(k)})^{\mathrm{T}}H^{(k)}}{(y^{(k)})^{\mathrm{T}}H^{(k)}y^{(k)}} + \frac{s^{(k)}(s^{(k)})^{\mathrm{T}}}{(s^{(k)})^{\mathrm{T}}y^{(k)}}. \tag{3.91}$$

称式 (3.91) 为 DFP 公式 (Daviden-Fletcher-Powell 公式). 该公式是由 Daviden 在 1959 年提出来的, 后由 Fletcher 和 Powell 在 1963 年予以简化, 相应的算法称为 DFP 算法.

算法 3.11 (DFP 算法)

(0) 取初始点 $x^{(0)}$, 置初始矩阵 $H^{(0)}(=I)$, 精度要求 $\varepsilon > 0$ 和 $k = 0$.

(1) 如果 $\|\nabla f(x^{(k)})\| \leqslant \varepsilon$, 则停止计算 ($x^{(k)}$ 作为无约束问题的解); 否则用式 (3.81) 计算搜索方向 $d^{(k)}$.

(2) 使用精确或非精确一维搜索方法求一维步长 α_k, 置 $x^{(k+1)} = x^{(k)} + \alpha_k d^{(k)}$.

(3) 计算 $s^{(k)}$ 和 $y^{(k)}$, 利用式 (3.91) 修正 $H^{(k)}$.

(4) 置 $k = k + 1$, 转 (1).

例 3.11 用拟 Newton 法 (DFP 算法) 求解无约束问题

$$\min\ f(x) = \frac{3}{2}x_1^2 + \frac{1}{2}x_2^2 - x_1x_2 - 2x_1,$$

取 $x^{(0)} = (0,0)^{\mathrm{T}}$.

解 利用式 (3.85) 计算一维搜索步长. 取 $x^{(0)} = (0,0)^{\mathrm{T}}$, 则 $\nabla f(x^{(0)}) = (-2,0)^{\mathrm{T}}$, $H^{(0)} = I$, 所以

$$\begin{aligned} d^{(0)} &= -H^{(0)}\nabla f(x^{(0)}) = -\nabla f(x^{(0)}) = [2,0]^{\mathrm{T}}, \\ \alpha_0 &= \frac{2^2}{3\cdot 2^2} = \frac{1}{3}. \end{aligned}$$

因此

$$x^{(1)} = x^{(0)} + \alpha_0 d^{(0)} = \begin{bmatrix} 0 \\ 0 \end{bmatrix} + \frac{1}{3}\begin{bmatrix} 2 \\ 0 \end{bmatrix} = \begin{bmatrix} \dfrac{2}{3} \\ 0 \end{bmatrix}.$$

再计算第二轮循环. 因为 $\nabla f(x^{(2)}) = \left(0, -\dfrac{2}{3}\right)^{\mathrm{T}}$, 有

$$s^{(0)} = x^{(1)} - x^{(0)} = \begin{bmatrix} \dfrac{2}{3} \\ 0 \end{bmatrix} - \begin{bmatrix} 0 \\ 0 \end{bmatrix} = \begin{bmatrix} \dfrac{2}{3} \\ 0 \end{bmatrix},$$

$$y^{(0)} = \nabla f(x^{(1)}) - \nabla f(x^{(0)}) = \begin{bmatrix} 0 \\ -\dfrac{2}{3} \end{bmatrix} - \begin{bmatrix} -2 \\ 0 \end{bmatrix} = \begin{bmatrix} 2 \\ -\dfrac{2}{3} \end{bmatrix},$$

$$(y^{(0)})^{\mathrm{T}}H^{(0)}y^{(1)}=\left[2,-\frac{2}{3}\right]\begin{bmatrix}2\\ -\frac{2}{3}\end{bmatrix}=\frac{40}{9},$$

$$(s^{(0)})^{\mathrm{T}}y^{(0)}=\left[\frac{2}{3},\ 0\right]\begin{bmatrix}2\\ -\frac{2}{3}\end{bmatrix}=\frac{4}{3},$$

$$H^{(0)}y^{(0)}(y^{(0)})^{\mathrm{T}}H^{(0)}=\begin{bmatrix}2\\ -\frac{2}{3}\end{bmatrix}\left[2,\ -\frac{2}{3}\right]=\begin{bmatrix}4 & -\frac{4}{3}\\ -\frac{4}{3} & \frac{4}{9}\end{bmatrix},$$

$$s^{(0)}(s^{(0)})^{\mathrm{T}}=\begin{bmatrix}\frac{2}{3}\\ 0\end{bmatrix}\left[\frac{2}{3},\ 0\right]=\begin{bmatrix}\frac{4}{9} & 0\\ 0 & 0\end{bmatrix},$$

所以

$$\begin{aligned}H^{(1)}&=H^{(0)}-\frac{H^{(0)}y^{(0)}(y^{(0)})^{\mathrm{T}}H^{(0)}}{(y^{(0)})^{\mathrm{T}}H^{(0)}y^{(0)}}+\frac{y^{(0)}(y^{(0)})^{\mathrm{T}}}{(y^{(0)})^{\mathrm{T}}s^{(0)}}\\&=\begin{bmatrix}1 & 0\\ 0 & 1\end{bmatrix}-\frac{9}{40}\begin{bmatrix}4 & -\frac{4}{3}\\ -\frac{4}{3} & \frac{4}{9}\end{bmatrix}+\frac{3}{4}\begin{bmatrix}\frac{4}{9} & 0\\ 0 & 0\end{bmatrix}\\&=\begin{bmatrix}\frac{13}{30} & \frac{3}{10}\\ \frac{3}{10} & \frac{9}{10}\end{bmatrix},\end{aligned}$$

$$d^{(1)}=-H^{(1)}\nabla f(x^{(1)})=-\begin{bmatrix}\frac{13}{30} & \frac{3}{10}\\ \frac{3}{10} & \frac{9}{10}\end{bmatrix}\begin{bmatrix}0\\ -\frac{2}{3}\end{bmatrix}=\begin{bmatrix}\frac{1}{5}\\ \frac{3}{5}\end{bmatrix}.$$

一维搜索步长为

$$\alpha_1=-\frac{\frac{1}{5}\cdot 0+\frac{3}{5}\cdot\left(-\frac{2}{3}\right)}{3\left(\frac{1}{5}\right)^2+\left(\frac{3}{5}\right)^2-2\cdot\frac{1}{5}\cdot\frac{3}{5}}=\frac{5}{3},$$

由此得到

$$x^{(2)}=x^{(1)}+\alpha_1 d^{(1)}=\begin{bmatrix}\frac{2}{3}\\ 0\end{bmatrix}+\frac{5}{3}\begin{bmatrix}\frac{1}{5}\\ \frac{3}{5}\end{bmatrix}=\begin{bmatrix}1\\ 1\end{bmatrix},$$

计算梯度 $\nabla f(x^{(2)})=(0,0)^{\mathrm{T}}$, 所以 $x^{(2)}=(1,1)^{\mathrm{T}}$ 为最优解, 最优目标函数值为 $f(x^{(2)})=-1$.

例 3.10 和例 3.11 都是用 2 步达到极小点, 这并不是巧合. 事实上, 对于一般的正定二次函数, 无论是 BFGS 算法还是 DFP 算法, 都是至多 n 步终止.

但对于一般函数而言, 两种算法的计算效果是不相同的. 实际上, 两算法使用的是不同的修正公式. 具体来说, 若令 $H^{(k)}=\left[B^{(k)}\right]^{-1}$, 且 $H^{(k+1)}$ 和 $B^{(k+1)}$ 分别由 DFP 公式和 BFGS 公式修正得到, 在一般情况下, $H^{(k+1)}\neq\left[B^{(k+1)}\right]^{-1}$.

那么, 哪个算法计算的效果好呢? 就大多数情况而言, BFGS 算法要优于 DPF 算法. 但 DFP 算法的优点是直接计算搜索方向, 不必求解线性方程组. 能否让 BFGS 算法也具有此优点呢?

能! 令 $H^{(k)}=\left[B^{(k)}\right]^{-1}$, 对于 BFGS 修正公式 (3.90) 使用两次 Sherman-Morrison 公式就得到关于 $H^{(k)}$ 的 BFGS 修正公式

$$H^{(k+1)}=\left(I-\frac{y^{(k)}(s^{(k)})^{\mathrm{T}}}{(s^{(k)})^{\mathrm{T}}y^{(k)}}\right)^{\mathrm{T}}H^{(k)}\left(I-\frac{y^{(k)}(s^{(k)})^{\mathrm{T}}}{(s^{(k)})^{\mathrm{T}}y^{(k)}}\right)+\frac{s^{(k)}(s^{(k)})^{\mathrm{T}}}{(s^{(k)})^{\mathrm{T}}y^{(k)}}. \tag{3.92}$$

因此, 将 DFP 算法 (算法 3.11) 中修正公式 (3.91) 改为式 (3.92), 就得到关于 $H^{(k)}$ 的 BFGS 修正公式的算法.

当然, 也可以同样得到关于 $B^{(k)}$ 的 DFP 修正公式

$$B^{(k+1)}=\left(I-\frac{s^{(k)}(y^{(k)})^{\mathrm{T}}}{(y^{(k)})^{\mathrm{T}}s^{(k)}}\right)^{\mathrm{T}}B^{(k)}\left(I-\frac{s^{(k)}(y^{(k)})^{\mathrm{T}}}{(y^{(k)})^{\mathrm{T}}s^{(k)}}\right)+\frac{y^{(k)}(y^{(k)})^{\mathrm{T}}}{(y^{(k)})^{\mathrm{T}}s^{(k)}}. \tag{3.93}$$

除了上述经典的修正公式外, 还有许多的修正公式, 如 Broyden 类修正公式. 但从计算效果来看, 这些公式差别不大, 很多公式还不如 BFGS 公式. 因此, 目前使用最多的修正公式还是 BFGS 公式.

3.4.4 秩 2 修正公式的性质

下面来讨论秩 2 修正公式的有关性质.

1. 搜索方向的下降性

秩 2 修正公式的最大优点是保证算法得到的搜索方向是下降方向, 即

$$\nabla f(x^{(k)})^{\mathrm{T}}d^{(k)}<0.$$

定理 3.23 若 $H^{(k)}$ 正定, 且 $(s^{(k)})^{\mathrm{T}}y^{(k)}>0$, 则由 BFGS 公式 (3.92) 或由 DFP 公式 (3.91) 得到的 $H^{(k+1)}$ 正定.

证明 仅证明 BFGS 公式 (3.92) 结论成立. 在式两边同乘 z^{T} 和 z, 有

$$z^{\mathrm{T}}H^{(k+1)}z=w^{\mathrm{T}}H^{(k)}w+\frac{\left((s^{(k)})^{\mathrm{T}}z\right)^2}{(s^{(k)})^{\mathrm{T}}y^{(k)}}, \tag{3.94}$$

其中 $w = z - \dfrac{(s^{(k)})^{\mathrm{T}} z}{(s^{(k)})^{\mathrm{T}} y^{(k)}} y^{(k)}$.

若 z 不与 $y^{(k)}$ 共线, 则 $w \neq 0$, 所以式 (3.94) 中等号右端的第一项严格大于 0, 而第二项大于等于 0, 所以有 $z^{\mathrm{T}} H^{(k+1)} z > 0$.

若 z 与 $y^{(k)}$ 共线, 即 $z = \lambda y^{(k)}$, 则 $w = 0$, 而式 (3.94) 中等号右端的第二项为 $\lambda^2 (s^{(k)})^{\mathrm{T}} y^{(k)} > 0$, 即 $z^{\mathrm{T}} H^{(k+1)} z > 0$.

那么, 在什么条件下保证条件 $(s^{(k)})^{\mathrm{T}} y^{(k)} > 0$ 成立呢?

(1) 精确一维搜索. 在精确一维搜索的条件下, 有 $\nabla f(x^{(k+1)})^{\mathrm{T}} d^{(k)} = 0$, 因此得到

$$
\begin{aligned}
(y^{(k)})^{\mathrm{T}} s^{(k)} &= \alpha_k \left(\nabla f(x^{(k+1)}) - \nabla f(x^{(k)}) \right)^{\mathrm{T}} d^{(k)} = -\alpha_k \nabla f(x^{(k)})^{\mathrm{T}} d^{(k)} \\
&= \alpha_k \nabla f(x^{(k)})^{\mathrm{T}} H^{(k)} \nabla f(x^{(k)}) > 0.
\end{aligned}
$$

(2) 一维搜索满足 Wolfe 条件 (2.20)–(2.21), 即

$$
f(x^{(k+1)}) \leqslant f(x^{(k)}) + \rho \alpha_k \nabla f(x^{(k)})^{\mathrm{T}} d^{(k)}, \tag{3.95}
$$

$$
\nabla f(x^{(k+1)})^{\mathrm{T}} d^{(k)} \geqslant \sigma \nabla f(x^{(k)})^{\mathrm{T}} d^{(k)}, \tag{3.96}
$$

其中 $0 < \rho < \sigma < \dfrac{1}{2}$. 因此, 有

$$
\begin{aligned}
(y^{(k)})^{\mathrm{T}} s^{(k)} &= \alpha_k \left(\nabla f(x^{(k+1)}) - \nabla f(x^{(k)}) \right)^{\mathrm{T}} d^{(k)} \\
&\geqslant -\alpha_k (1 - \sigma) \nabla f(x^{(k)})^{\mathrm{T}} d^{(k)} > 0.
\end{aligned}
$$

这样就保证了当算法的初始矩阵是正定对称矩阵时, 由 BFGS 算法 (或 DFP 算法) 得到的矩阵均正定, 因此, 保证了相应的拟 Newton 算法产生的搜索方向均是下降方向.

2. 搜索方向的共轭性与算法二次终止性

在精确一维搜索的条件下, BFGS 算法和 DFP 算法对于正定二次目标函数产生共轭的搜索方向.

定理 3.24 假设使用 BFGS 算法求解正定二次目标函数 $f(x) = \dfrac{1}{2} x^{\mathrm{T}} G x + r^{\mathrm{T}} x$, $x^{(0)}$ 为初始点, $B^{(0)} = I$ 为初始矩阵. 若算法中的一维搜索是精确的, 且已计算了 k 步, 则有

$$
B^{(k)} s^{(j)} = y^{(j)}, \quad j = 0, 1, \cdots, k-1, \tag{3.97}
$$

$$
(s^{(i)})^{\mathrm{T}} G s^{(j)} = 0, \quad 0 \leqslant j < i \leqslant k. \tag{3.98}
$$

进一步, 如果算法完成 n 步迭代, 则 $B^{(n)} = G$.

证明 用数学归结法证明式 (3.97) 和式 (3.98).

当 $k=1$ 时, 由拟 Newton 方程, 有 $B^{(1)}s^{(0)}=y^{(0)}$. 并且有

$$\begin{aligned}(s^{(1)})^{\mathrm{T}}Gs^{(0)}&=(s^{(1)})^{\mathrm{T}}y^{(0)}=\alpha_1(d^{(1)})^{\mathrm{T}}y^{(0)}\\&=-\alpha_1\nabla f(x^{(1)})^{\mathrm{T}}\left[B^{(1)}\right]^{-1}y^{(0)}\\&=-\alpha_1\nabla f(x^{(1)})^{\mathrm{T}}s^{(0)}=0.\end{aligned}$$

最后一个等号是由精确一维搜索得到的.

假设式 (3.97) 和式 (3.98) 对于 k 成立, 对于 $k+1$, 只需证明

$$B^{(k+1)}s^{(j)}=y^{(j)},\quad j=0,1,\cdots,k. \tag{3.99}$$

$$(s^{(k+1)})^{\mathrm{T}}Gs^{(j)}=0,\quad j=0,1,\cdots,k. \tag{3.100}$$

对于式 (3.99), 由拟 Newton 方程, 当 $j=k$ 时显然成立. 考虑 $j<k$, 由 BFGS 公式得到

$$B^{(k+1)}s^{(j)}=B^{(k)}s^{(j)}-\frac{(s^{(k)})^{\mathrm{T}}B^{(k)}s^{(j)}}{(s^{(k)})^{\mathrm{T}}B^{(k)}s^{(k)}}B^{(k)}s^{(k)}+\frac{(y^{(k)})^{\mathrm{T}}s^{(j)}}{(y^{(k)})^{\mathrm{T}}s^{(k)}}y^{(k)}.$$

由归结法假设, 当 $j<k$ 时, 有

$$\begin{aligned}B^{(k)}s^{(j)}&=y^{(j)},\\(s^{(k)})^{\mathrm{T}}B^{(k)}s^{(j)}&=(s^{(k)})^{\mathrm{T}}y^{(j)}=(s^{(k)})^{\mathrm{T}}Gs^{(j)}=0,\\(y^{(k)})^{\mathrm{T}}s^{(j)}&=(s^{(k)})^{\mathrm{T}}Gs^{(j)}=0,\end{aligned}$$

即式 (3.99) 成立.

下面证明式 (3.100).

$$\begin{aligned}(s^{(k+1)})^{\mathrm{T}}Gs^{(j)}&=(s^{(k+1)})^{\mathrm{T}}y^{(j)}=\alpha_{k+1}(d^{(k+1)})^{\mathrm{T}}y^{(j)}\\&=-\alpha_{k+1}\nabla f(x^{(k+1)})^{\mathrm{T}}\left[B^{(k+1)}\right]^{-1}y^{(j)}\\&=-\alpha_{k+1}\nabla f(x^{(k+1)})^{\mathrm{T}}s^{(j)}=0.\end{aligned}$$

最后一个等号是由扩展子空间定理得到的.

如果算法完成 n 步迭代, 有

$$B^{(n)}\left[s^{(0)}s^{(1)}\cdots s^{(n-1)}\right]=G\left[s^{(0)}s^{(1)}\cdots s^{(n-1)}\right].$$

式 (3.98) 表明, $s^{(0)},s^{(1)},\cdots,s^{(n-1)}$ 是非零共轭的, 所以线性无关, 因此, 得到 $B^{(n)}=G$.

定理 3.24 说明, BFGS 算法产生的搜索方向是共轭的, 由扩展子空间定理, 算法至多 n 步就可达到极小点. 因此, BFGS 算法具有二次终止性.

可以类似地证明: DFP 算法产生的搜索方向也是共轭的, 也具有二次终止性. (留作习题).

由上述结论可以看到, 例 3.10 和例 3.11 都是 2 步达到极小点就不足为奇了.

3. 算法的全局收敛性和超线性收敛速率

对于 BFGS 算法, 除具有二次终止性外, 还具有其他一些好的性质, 如全局收敛性、超线性收敛速率等. 关于全局收敛性和超线性收敛速率的证明都较为烦琐, 这里只给出相应的结论, 而略去相关的证明. 有兴趣的读者可参见其他的参考书.

定理 3.25 设 $x^{(0)}$ 为初始点, $B^{(0)}$ 是任意的初始正定对称矩阵, 并假设目标函数 f 二次连续可微, 水平集 $\Omega=\{x \mid f(x)\leqslant f(x^{(0)})\}$ 是凸集, 且存在常数 m 和 M, 使得

$$m\|z\|^2\leqslant z^{\mathrm{T}}\nabla^2 f(x)z\leqslant M\|z\|^2,\quad \forall\, z\in\mathbb{R}^n,\ \ x\in\Omega. \tag{3.101}$$

则由 BFGS 算法 (算法 3.10) 产生的点列 $\{x^{(k)}\}$ 收敛到 f 的极小点 x^*.

条件 (3.101) 保证了 Hesse 矩阵 $\nabla^2 f(x)$ 在水平集 Ω 上是正定的, 所以 f 有唯一的极小点.

下面考虑算法的超线性收敛速率.

定理 3.26 设目标函数 f 二次连续可微, 一维搜索 $x^{(k+1)}=x^{(k)}+\alpha_k d^{(k)}$ 满足 Wolfe 条件 (3.95)–(3.96), 如果点列 $\{x^{(k)}\}$ 收敛到 x^*, 且满足 $\nabla f(x^*)=0$ 和 $\nabla^2 f(x^*)$ 正定, 算法的搜索方向满足

$$\lim_{k\to\infty}\frac{\left\|\nabla f(x^{(k)})+\nabla^2 f(x^{(k)})d^{(k)}\right\|}{\left\|d^{(k)}\right\|}=0. \tag{3.102}$$

如果步长 $\alpha_k=1, \forall\, k\geqslant k_0$, 则 $x^{(k)}$ 超线性收敛到 x^*.

通常将式 (3.102) 看成超线性收敛的等价条件, 对于拟 Newton 法, 式 (3.102) 等价于

$$\lim_{k\to\infty}\frac{\left\|\left(B^{(k)}-\nabla^2 f(x^*)\right)d^{(k)}\right\|}{\left\|d^{(k)}\right\|}=0. \tag{3.103}$$

对于秩 1 修正的算法, 定理 3.22 的结论是 $\left\|B^{(k)}-\nabla^2 f(x^*)\right\|\to 0$, 因此, 秩 1 修正的拟 Newton 具有超线性收敛速率.

关于 BFGS 算法也有相应的结论.

定理 3.27 假设目标函数 f 二次连续可微, 且 BFGS 算法 (算法 3.10) 产生的点列收敛到极小点 x^*, 且在 x^* 处 Hesse 矩阵满足 Lipschitz 条件, 即存在 $L>0$, 使得

$$\left\|\nabla^2 f(x)-\nabla^2 f(x^*)\right\|\leqslant L\|x-x^*\|.$$

则 $x^{(k)}$ 超线性收敛到 x^*.

该定理证明的关键是证明式 (3.103) 成立.

从收敛速率而言, 拟 Newton 法不如 Newton 法 (二阶收敛速率), 但由于在计算中, 拟 Newton 法不需要计算 Hesse 矩阵 $\nabla^2 f(x)$, 减少了 n^2 个函数的计算量, 因此, 两者的效率实际上是差不多的.

例 3.12 用 Newton 法 (带有一维搜索) 和拟 Newton 法 (BFGS 算法) 求解 Rosenbrock 函数 $f(x) = 100(x_2 - x_1^2)^2 + (1 - x_1)^2$ 的极小点, 取初始点 $x^{(0)} = (-1.2, 1)^{\mathrm{T}}$, 并使用精确一维搜索策略.

解 关于 Newton 法和拟 Newton 法的 MATLAB 程序将在 3.5 节介绍, 这里的一维搜索还采用两点二次插值.

图 3.8 和图 3.9 分别给出 Newton 法和拟 Newton 法求解的迭代过程. 从图形

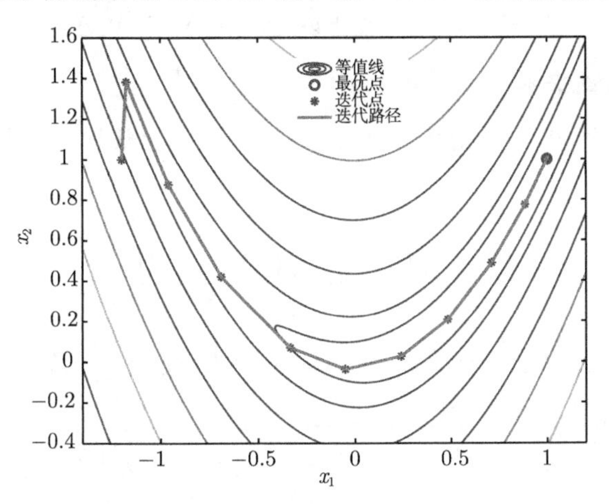

图 3.8 Newton 法的求解程

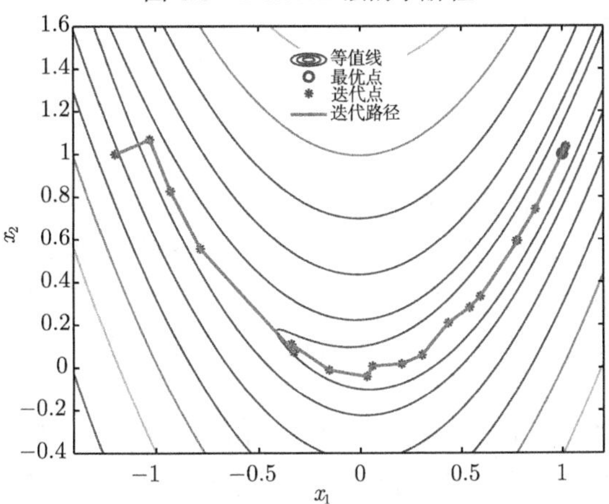

图 3.9 BFGS 算法的求解过程

可以看出, Newton 法使用较少的迭代就达到极小点. 而 BFGS 算法的迭代次数也没有多很多, 加上它不用计算 Hesse 矩阵, 所以两者的效率相差不大.

3.4.5 信赖域算法

与 Newton 型的信赖域方法一样, 也可以给出拟 Newton 型的信赖域算法, 在算法中, 子问题

$$\min \quad q_k(d) = \frac{1}{2}d^{\mathrm{T}}B^{(k)}d + \nabla f(x^{(k)})^{\mathrm{T}}d + f(x^{(k)}), \tag{3.104}$$

$$\text{s.t.} \quad \|d\| \leqslant \Delta_k \tag{3.105}$$

中 $B^{(k)}$ 由秩 1 修正公式或 BFGS 公式得到.

算法 3.12 (拟 Newton 型信赖域方法)

(0) 取初始点 $x^{(0)}$, 置信赖域半径上界 $\bar{\Delta}$, 取 $\Delta_0 \in (0, \bar{\Delta})$, 和 $\eta \in \left(0, \frac{1}{4}\right)$, 置初始矩阵 $B^{(0)}$ 和精度要求 $\varepsilon > 0$, 置 $k = 0$.

(1) 若 $\|\nabla f(x^{(k)})\| < \varepsilon$, 则停止计算; 否则求解二次规划子问题 (3.104)–(3.105), 其解为 $s^{(k)}$.

(2) 计算

$$\rho_k = \frac{f(x^{(k)}) - f(x^{(k)} + s^{(k)})}{q_k(0) - q_k(s^{(k)})}.$$

如果 $\rho_k < \frac{1}{4}$, 则置 $\Delta_{k+1} = \frac{1}{4}\|s^{(k)}\|$; 否则如果 $\rho_k > \frac{3}{4}$ 且 $\|s^{(k)}\| = \Delta_k$, 则置 $\Delta_{k+1} = \min\left\{2\Delta_k, \bar{\Delta}\right\}$; 否则置 $\Delta_{k+1} = \Delta_k$.

(3) 如果 $\rho_k \geqslant \eta$, 则置 $x^{(k+1)} = x^{(k)} + s^{(k)}$, 并使用秩 1 修正公式 (式 (3.80)) 或 BFGS 公式 (式 (3.90)) 修正 $B^{(k)}$ 得到 $B^{(k+1)}$; 否则置 $x^{(k+1)} = x^{(k)}$.

(4) 置 $k = k + 1$, 转 (1).

例 3.13 用信赖域方法 (算法 3.12) 求解 Rosenbrock 函数 $f(x) = 100(x_2 - x_1^2)^2 + (1 - x_1)^2$ 的极小点, 取初始点 $x^{(0)} = (-1.2, 1)^{\mathrm{T}}$, 并使用 dogleg 方法求解信赖域子问题.

解 关于拟 Newton 型信赖域方法的 MATLAB 程序将在 3.5 节介绍, dogleg 方法见算法 2.4. 图 3.10 给出了 BFGS 修正公式信赖域方法求解的迭代过程.

在一维搜索策略下, 秩 2 修正公式 (如 BFGS 公式) 优于秩 1 修正公式. 但有学者研究发现, 在信赖域策略下, 秩 1 修正公式也是不错的选择, 并不比秩 2 修正公式逊色.

分析其原因, 秩 2 公式是针对一维搜索提出的算法, 对一维搜索的要求比较高, 如精确一维搜索, 至少也需要步长满足 Wolfe 条件. 而秩 1 修正公式对一维搜索的要求并不高, 只要算法产生的搜索方向线性无关即可.

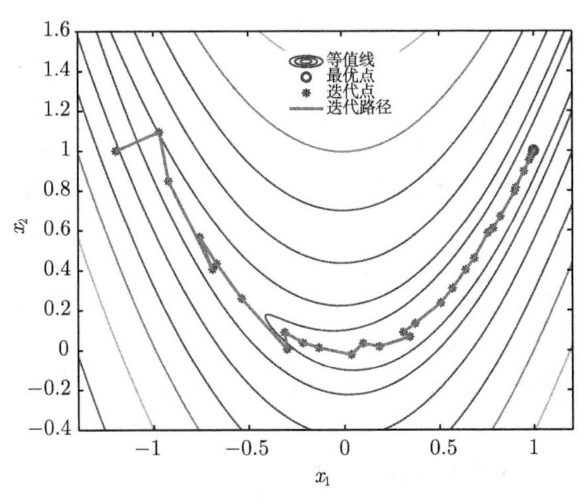

图 3.10 BFGS 修正公式的信赖域法

3.5 自编的 MATLAB 程序

先给出下降算法, 如最速下降法、Newton 法、拟 Newton 法和共轭梯度法的 MATLAB 程序, 在程序中将用到第 2 章编好的一维搜索程序. 然后编写信赖域方法, 这里需要用到第 2 章介绍的求解二次规划子问题的 dogleg 方法.

3.5.1 最速下降法

按照算法 3.1 编写求无约束优化问题最速下降法的 MATLAB 程序 (程序名: steepest.m)

```
function [x_opt, f_opt, g_norm, it_num]=steepest(fun,x,ep,k_max)
%% 求无约束问题的最速下降法, 调用方法为
%%   [x_opt, f_opt, g_norm, it_num] = steepest(fun, x, ep, k_max)
%% 其中
%%   fun 为目标函数, 提供函数值和梯度值;
%%   x 为初始点; ep 为精度要求, 缺省值为1e-5;
%%   k_max 为最大迭代次数, 缺省值为 100;
%%   x_opt 为最优点; f_opt 为最优点处的函数值;
%%   g_norm 为最优点处梯度的模; it_num 为迭代次数.

if nargin < 4  k_max = 100; end
if nargin < 3 | isempty(ep) ep = 1e-5; end
```

```
% 置初始值
ep1 = ep/100; k = 0;

% 最速下降法
while k<=k_max
    [f, g] = fun(x);
    if norm(g) < ep break; end
    alpha = search(fun, x, -g, f, g, ep1); % 一维搜索
    s = -alpha*g;
    if norm(s)< ep1 break; end
    x = x + s; k = k + 1;
end
x_opt = x; f_opt = f; g_norm = norm(g); it_num = k;
```

3.5.2　共轭梯度法

按照算法 3.4 (PRP 算法) 编写求无约束优化问题共轭梯度法的 MATLAB 程序 (程序名: CG_PRP.m)

```
function [x_opt, f_opt, g_norm, it_num] = CG(fun, x, ep, k_max)
%% 求无约束问题的共轭梯度法, 调用方法为
%%   [x_opt, f_opt, g_norm, it_num] = CG(fun, x, ep, k_max)
%% 其中
%%   fun 为目标函数, 提供函数值和梯度值;
%%   x 为初始点; ep 为精度要求, 缺省值为1e-5;
%%   k_max 为最大迭代次数, 缺省值为 100;
%%   x_opt 为最优点; f_opt 为最优点处的函数值;
%%   g_norm 为最优点处梯度的模; it_num 为迭代次数.

if nargin < 4  k_max = 100; end
if nargin < 3 | isempty(ep) ep = 1e-5; end

% 置初始值
ep1 = ep/100; k = 0;

% 共轭梯度法
```

```
[f, g] = fun(x); d = -g;
while norm(g) >= ep & k <= k_max
    alpha = search(fun, x, d, f, g, ep1); % 一维搜索
    s = alpha*d;
    if norm(s)< ep1 break; end
    x = x + s; g1=g; [f, g] = fun(x);
    beta = (g'*(g-g1))/(g1'*g1);
    d = -g + beta*d;                      % 搜索方向
    k = k + 1;
end
x_opt = x; f_opt = f; g_norm = norm(g); it_num = k;
```

3.5.3 Newton 法

按照算法 3.5 编写求无约束优化问题 Newton 法的 MATLAB 程序 (程序名: Newton.m)

```
function [x_opt, f_opt, g_norm, it_num]=Newton(fun,x,ep,k_max)
%% 求无约束问题的 Newton 算法, 调用方法为
%%   [x_opt, f_opt, g_norm, it_num] = Newton(fun, x, ep, k_max)
%% 其中
%%   fun 为目标函数, 提供函数值、梯度值和 Hesse 矩阵;
%%   x 为初始点; ep 为精度要求, 缺省值为1e-5;
%%   k_max 为最大迭代次数, 缺省值为 100;
%%   x_opt 为最优点; f_opt 为最优点处的函数值;
%%   g_norm 为最优点处梯度的模; it_num 为迭代次数.

if nargin < 4  k_max = 100; end
if nargin < 3 | isempty(ep) ep = 1e-5; end

% 置初始值
ep1 = ep/10; k = 0;

% Newton 算法
while  k <= k_max
    [f, g, G] = fun(x);
    if norm(g) < ep  break;  end
```

```
    d = -G\g;                          % 搜索方向
    alpha = search(fun, x, d, f, g, ep1); % 一维搜索
    s = alpha*d;
    if norm(s)< ep1 break; end
    x = x + s;  k = k+1;
end
x_opt = x; f_opt = f; g_norm = norm(g); it_num = k;
```

3.5.4 拟 Newton 法

按照算法 3.10 (BFGS 算法) 编写求无约束优化问题拟 Newton 法的 MATLAB 程序 (程序名: BFGS.m)

```
function [x_opt, f_opt, g_norm, it_num] = BFGS(fun, x, ep, k_max)
%% 求无约束问题的BFGS算法, 调用方法为
%%   [x_opt, f_opt, g_norm, it_num] = BFGS(fun, x, ep, k_max)
%% 其中
%%   fun 为目标函数, 提供函数值和梯度值;
%%   x 为初始点; ep 为精度要求, 缺省值为1e-5;
%%   k_max 为最大迭代次数, 缺省值为 100;
%%   x_opt 为最优点; f_opt 为最优点处的函数值;
%%   g_norm 为最优点处梯度的模; it_num 为迭代次数.

if nargin < 4  k_max = 100; end
if nargin < 3 | isempty(ep) ep = 1e-5; end

% 置初始值
ep1 = ep/10; k = 0; n = length(x); B = eye(n);

% BFGS 算法
[f, g] = fun(x);
while  norm(g) >= ep & k <= k_max
    d = -B\g;                          % 搜索方向
    alpha = search(fun, x, d, f, g, ep1); % 一维搜索
    s = alpha*d; x = x + s;
    g1 = g; [f, g] = fun(x);
    if norm(g)<ep | norm(s)<ep1  break; end
```

```
    y = g - g1; sbs = s'*B*s; ys = y'*s;
    if abs(sbs) > 1e-10 & abs(ys) > 1e-10
        B = B - (B*s*s'*B)/sbs + (y*y')/ys;
    end
    k = k + 1;
end
x_opt = x; f_opt = f; g_norm = norm(g); it_num = k;
```

例 3.14 考虑求解 Rosenbrock 函数 $f(x)=100(x_2-x_1^2)^2+(1-x_1)^2$ 的极小点, 取初始 $x^{(0)}=(-1.2,1)^{\mathrm{T}}$, 精度要求 $\varepsilon=10^{-5}$, 分别用最速下降法、Newton 法 (带有一维搜索)、拟 Newton 法 (BFGS 算法) 和共轭梯度法 (PRP 算法) 求解.

解 编写目标函数 (在 `Rosenbrock.m` 中增加计算 Hesse 矩阵部分), 分别用最速下降法、Newton 法 (带有一维搜索)、拟 Newton 法 (BFGS 算法) 和共轭梯度法 (PRP 算法) 求解.

在求解过程中, 分别调用三种一维搜索方法. 表 3.2 给出了各种算法的迭代次数、函数调用次数、梯度调用次数和 Hesse 矩阵的调用次数. 最速下降法的迭代次数超过 100, 认为不收敛.

表 3.2 各种算法中迭代次数, 函数、梯度和 Hesse 矩阵的调用次数

一维搜索	最速下降法	PRP 算法	Newton 法	BFGS 算法
0.618 法	—	18/685/19/0	13/474/14/14	18/687/20/0
二次插值法	—	21/286/143/0	12/145/62/13	20/237/106/0
简单后退准则	—	24/303/25/0	20/46/21/21	33/88/35/0

从表 3.2 可以看出, 四种下降算法中虽然 Newton 法的迭代次数较少, 但需要计算 Hesse 矩阵. 相比之下, BFGS 算法效率最高. 对于一维搜索算法, Armijo 准则相对效率最高. 上述情况, 对于一般问题也适用.

3.5.5 信赖域方法

1. Newton 型信赖域方法

按照算法 3.7 编写求无约束优化问题 Newton 型信赖域方法的 MATLAB 程序 (程序名: `trust_N.m`), 二次规划子问题 (3.69)–(3.70) 中的矩阵 $B^{(k)}=\nabla^2 f(x^{(k)})$.

```
function [x_opt, f_opt, g_norm, it_num]=Trust_N(fun, x, ep, k_max)
%% 求无约束问题的信赖域方法 (Newton型算法), 调用方法为
%%   [x_opt, f_opt, g_norm, it_num] = Trust_N(fun, x, ep, k_max)
%% 其中
%%    fun 为目标函数, 提供函数、梯度和Hesse矩阵;
```

```
%%    x 为初始点; ep 为精度要求，缺省值为1e-5;
%%    k_max 为最大迭代次数，缺省值为 100;
%%    x_opt 为最优点; f_opt 为最优点处的函数值;
%%    g_norm 为最优点处梯度的模; it_num 为迭代次数.

if nargin < 4  k_max = 100; end
if nargin < 3 | isempty(ep) ep = 1e-5; end

% 置初始值
k = 1; delta=1; [f, g, G] = fun(x);

% 信赖域方法 (Newton型算法)
   while  norm(g) >= ep & k <= k_max
   s = dogleg(G, g, delta);
   pred = -(g'*s + 0.5*s'*G*s); ared = f - fun(x+s);
   rho = ared/pred;
   if rho < 0.25 | ared < 0
       delta = norm(s)/4;
   elseif rho > 0.75
       delta = 2*delta;
   end
   if ared > 0
       x = x + s; [f, g, G] = fun(x);
   end
   k = k + 1;
end
x_opt = x; f_opt = f; g_norm = norm(g); it_num = k;
```

2. 拟 Newton 型信赖域方法

按照算法 3.12 编写求无约束优化问题拟 Newton 型信赖域方法 (BFGS 修正公式) 的 MATLAB 程序 (程序名: `Trust_R2.m`), 二次规划子问题 (3.104)–(3.105) 中的矩阵 $B^{(k)}$ 由 BFGS 公式修正.

```
function [x_opt, f_opt, g_norm, it_num]=Trust_R2(fun,x,ep,k_max)
%% 求无约束问题的信赖域方法(BFGS修正), 调用方法为
%%    [x_opt, f_opt, g_norm, it_num] = Trust_R2(fun, x, ep, k_max)
```

```
%% 其中
%%   fun 为目标函数, 提供函数和梯度
%%   x 为初始点; ep 为精度要求, 缺省值为1e-5;
%%   k_max 为最大迭代次数, 缺省值为 100;
%%   x_opt 为最优点; f_opt 为最优点处的函数值;
%%   g_norm 为最优点处梯度的模; it_num 为迭代次数.

if nargin < 4  k_max = 100; end
if nargin < 3 | isempty(ep) ep = 1e-5; end

% 置初始值
k = 1; delta=1; n = length(x); B = eye(n);
[f, g] = fun(x);

% 信赖域方法 (秩 2 修正公式——BFGS 修正)
while  norm(g) >= ep & k <= k_max
    s = dogleg(B, g, delta);
    pred = -(g'*s + 0.5*s'*B*s); ared = f - fun(x+s);
    rho = ared/pred;
    if rho < 0.25 | ared < 0
        delta = norm(s)/4;
    elseif rho > 0.75
        delta = 2*delta;
    end
    if ared > 0
        g1 = g; x = x + s; [f g] = fun(x); y = g - g1;
        sbs = s'*B*s; ys = y'*s;
        if abs(sbs) > 1e-10 & abs(ys) > 1e-10
            B = B - (B*s*s'*B)/sbs + (y*y')/ys;
        end
    end
    k = k + 1;
end
x_opt = x; f_opt = f; g_norm = norm(g); it_num = k;
```

例 3.15 考虑求解 Rosenbrock 函数 $f(x) = 100(x_2 - x_1^2)^2 + (1 - x_1)^2$ 的极小

点, 取初始 $x^{(0)} = (-1.2, 1)^{\mathrm{T}}$, 精度要求 $\varepsilon = 10^{-5}$, 分别用 Newton 型信赖域算法、秩 1 修正公式的信赖域方法和秩 2 修正公式 (BFGS 公式) 的信赖域方法求解, 信赖域子问题的求解采用 dogleg 方法.

解 按照上面给出的 MATLAB 程序计算 (秩 1 修正稍做修改), 不同修正公式的迭代次数及函数、梯度和 Hesse 矩阵的调用次数如表 3.3 所示. 从计算结果来看, 迭代次数最少的算法是 Newton 型信赖域方法, 但效率最高的算法是 BFGS 修正公式的算法.

表 3.3 不同修正公式的迭代次数及函数、梯度和 Hesse 矩阵的调用次数

公式	迭代	函数	梯度	Hesse 矩阵
Newton 型	33	58	26	26
秩 1 公式	154	267	114	0
秩 2 公式	40	74	35	0

3.6 MATLAB 优化工具箱中的函数

本节介绍 MATLAB 优化工具箱中与求无约束函数极小有关的函数.

3.6.1 多变量极小化函数

1. fminunc 函数

`fminunc()` 函数是求解无约束优化问题

$$\min f(x), \quad x \in \mathbb{R}^n$$

的函数, 其使用格式为

```
x = fminunc(fun, x0)
x = fminunc(fun, x0, options)
[x, fval] = fminunc(...)
[x, fval, exitflag] = fminunc(...)
[x, fval, exitflag, output] = fminunc(...)
[x, fval, exitflag, output, grad] = fminunc(...)
[x, fval, exitflag, output, grad, hessian] = fminunc(...)
```

函数自变量 `fun` 是目标函数, 可以用内部函数 (如 `@(x)`) 定义, 也可以用外部函数 (`.m` 文件) 定义, 其格式为

```
function [f, g] = obj_fun(x)
f = %目标函数
g = %目标函数的梯度函数
```

如果目标函数由外部函数定义, 在调用时需要在函数名前加 @, 如

```
x = fminunc(@obj_fun, x0)
```

x0 是初始点. options 是选择项, 由 optimset() 函数或 optimoptions() 函数设置, 具体设置方法详见 3.6.2 节.

函数返回值 x 是函数 fun 的局部极小点, fval 是函数 fun 在极小点 x 处的函数值. exitflag 是输出指标, 它表示解的状态, 具体意义如表 3.4 所示. output 是结构, 它表示包含优化过程中的某些信息, 具体意义如表 3.5 所示. grad 是最优解 x 处的梯度, hessian 是最优解 x 处的 Hesse 矩阵.

表 3.4 fminunc( ) 函数中 exitflag 值的意义

exitflag 值	意义
1	梯度的模小于 TolFun 设定的精度要求
2	自变量的改变量小于 TolX 设定的精度要求
3	目标函数的改变量小于 TolFun 设定的精度要求
5	目标函数的预测下降量小于 TolFun 设定的精度要求
0	迭代次数超过 MaxIter 设定的迭代次数, 或者函数的调用次数超过 MaxFunEvals 设定的调用次数
-1	算法由输出函数终止
-3	当前点的目标函数值在 ObjectiveLimit 值以下

表 3.5 fminunc( )函数中output 值的意义

output 值	意义
iterations	算法的迭代次数
funcCount	函数的调用次数
firstorderopt	一阶最优性条件的度量
algorithm	使用的优化算法
cgiterations	PCG 迭代的总次数 (仅用信赖域算法)
stepsize	在最优解 x 处的最终步长 (仅用于中等规模问题的算法)
message	表示退出信息

2. fminsearch 函数

fminsearch() 函数是求解无约束优化问题直接方法编写的函数, 所谓直接方法就是在求解过程中只用到目标函数的函数值, 并不用到相应的梯度值. 此类方法属于早期的优化方法, 其优点是不必提供函数的梯度, 适用于那些梯度计算有困难的函数, 但它的缺点是效率较低, 只能计算小规模问题.

fminsearch() 函数的使用格式为

```
x = fminsearch(fun, x0)
```

```
x = fminsearch(fun, x0, options)
[x, fval] = fminsearch(...)
[x, fval, exitflag] = fminsearch(...)
[x, fval, exitflag, output] = fminsearch(...)
```

函数自变量 fun 是目标函数, 定义和使用方法与前面相同. x0 是初始点. options 是选择项, 具体设置方法详见 3.6.2 节.

函数返回值 x 是函数 fun 的局部极小点, fval 是函数 fun 在极小点 x 处的函数值. exitflag 是输出指标, 它表示解的状态, 具体意义如表 3.6 所示. output 是结构, 它表示包含优化过程中的某些信息, 具体意义如表 3.7 所示.

表 3.6 fminsearch( )函数中 exitflag 值的意义

exitflag 值	意义
1	收敛到最优解 x
0	迭代次数超过 MaxIter 设定的迭代次数, 或者函数的调用次数超过 MaxFunEvals 设定的调用次数
-1	算法由输出函数终止

表 3.7 fminsearch( )函数中 output 值的意义

output 值	意义
iterations	算法的迭代次数
funcCount	函数的调用次数
algorithm	Nelder-Mead 直接方法 (单纯形算法)
message	表示退出信息

例 3.16 用 fminunc() 函数求 Rosenbrock 函数 $f(x) = 100(x_2 - x_1^2)^2 + (1 - x_1)^2$ 的极小点, 取初始点 $x^{(0)} = [-1.2, 1]^{\mathrm{T}}$.

解 编写 MATLAB 程序 (程序名: exam0316.m)

```
x0 = [-1.2 1];
[x, fval, exitflag, output] = fminunc(@Rosenbrock, x0)
```

计算结果为

```
x =
    1.0000    1.0000
fval =
  2.8536e-011
exitflag =
     1
output =
```

```
       iterations: 36
        funcCount: 138
         stepsize: 1
    firstorderopt: 1.7760e-05
        algorithm: 'medium-scale: Quasi-Newton line search'
          message: 'Local minimum found.'
```

即最优点 $x^* = (1,1)^{\mathrm{T}}$, 最优点处的函数值 $f(x^*) = 2.8536 \times 10^{-11}$, `exitflag = 1` 表示迭代收敛. `output` 表明: 共进行了 36 次迭代, 调用了 138 次目标函数, 函数采用的是带有一维搜索的拟 Newton 法.

3.6.2 设置优化参数

在前面介绍的求解函数中, 求解需要的满足的参数均使用默认值. 但有时需要根据具体情况设置必要的参数.

1. optimset 函数

`optimset()` 函数的功能是设置或修改参数, 其使用格式为

```
options = optimset('param1', value1, 'param2', value2,...)
optimset
options = optimset
options = optimset(oldopts, 'param1', value1,...)
options = optimset(oldopts, newopts)
```

参数 `'param'` 为选择项参数的名称, `value` 为对应参数的取值. 在无输入的情况下, `options=optimset` 表示使用默认值设置参数. 在无输入和输出值的情况下, `optimset` 显示当前参数的列表, 以下是部分参数和相应的取值.

```
      Display: [ off | iter | {final} | notify ]
  MaxFunEvals: [ positive scalar ]
      MaxIter: [ positive scalar ]
       TolFun: [ positive scalar ]
         TolX: [ positive scalar ]
    Algorithm: [ active-set | interior-point | ...
                 interior-point-convex | ...
                 levenberg-marquardt | simplex | sqp | ...
                 trust-region-dogleg | trust-region-reflective ]
   GradConstr: [ on | {off} ]
      GradObj: [ on | {off} ]
```

```
Jacobian: [ on | {off} ]
```

参数 'Display' 为显示水平, 取值为 'final'(默认值) 时, 表示显示最终的计算结果; 取值为 'iter' 时, 表示显示每步迭代的结果.

例如, 在例 3.16 中, 设置参数

```
options = optimset('Display', 'iter'); x0 = [-1.2 1];
x = fminunc(@Rosenbrock, x0, options);
```

则显示在求解过程中每一步的计算结果

Iteration	Func-count	f(x)	Step-size	First-order optimality
0	3	24.2		216
1	9	4.28049	0.000861873	15.2
2	12	4.12869	1	3
3	15	4.12069	1	1.5
4	18	4.1173	1	1.62
5	21	4.08429	1	5.72
6	24	4.02491	1	10.4
7	27	3.9034	1	17.4
8	30	3.7588	1	20.1
9	33	3.41694	1	19.9
10	36	2.88624	1	11.9
11	39	2.4428	1	9.78
12	42	1.93707	1	3.01
13	51	1.64357	0.141994	5.54
14	54	1.52561	1	7.57
15	57	1.17013	1	4.53
16	60	0.940887	1	3.17
17	63	0.719826	1	5.15
18	66	0.409336	1	5.74
19	75	0.259803	0.0842725	5.01

Iteration	Func-count	f(x)	Step-size	First-order optimality
20	78	0.238978	1	1.07
21	81	0.210231	1	1.22
22	87	0.182633	0.585877	3.33
23	90	0.158755	1	2.91

```
   24      93    0.0894555          1       0.76
   25      99    0.0727227   0.439609       3.18
   26     102    0.0413658          1        2.3
   27     105    0.0221981          1      0.495
   28     111    0.0126166   0.406127       1.98
   29     114   0.00703092          1       1.35
   30     117   0.00203181          1      0.193
   31     123   0.00109053        0.5      0.876
   32     126  9.04243e-005         1      0.142
   33     129  7.22209e-006         1     0.0806
   34     132  4.46002e-007         1     0.0221
   35     135  1.43485e-008         1    0.00267
   36     138  2.85361e-011         1  1.78e-005
```

oldopts 为原有的参数设置, optimset(oldopts, 'param1',value1,...) 表示在原有的参数设置下, 增加新的参数设置. 例如, 如果增加设置参数, 例如

```
optnew = optimset(options, 'TolFun', 1e-8, 'TolX', 1e-4);
```

则 optnew 中保留原显示每个迭代步结果的参数, 又增加了两个参数的设置, 其中 'TolFun' 表示函数改变量的精度要求, 'TolX' 表示自变量改变量的精度要求, 这里重新定义, 分别是 10^{-8} 和 10^{-4}.

newopts 为新的参数设置, optimset(oldopts,newopts) 为在旧的参数设置下, 增加新的参数设置.

2. optimoptions 函数

optimoptions() 函数的功能是设置优化求解函数的参数, 其使用格式为

```
options = optimoptions(SolverName)
options = optimoptions(SolverName, Name, Value)
options = optimoptions(oldoptions, Name, Value)
options = optimoptions(SolverName, oldoptions)
```

参数 SolverName 为求解优化问题函数的名称, 如 fminunc. 使用时, 在名称前加 @, 如 optimoptions(@fminunc). 在无参数设置情况下, 使用默认参数, 以下是 fminunc() 函数的部分参数与取值

```
      Algorithm: 'trust-region'
        Display: 'final'
 FinDiffRelStep: 'sqrt(eps)'
    FinDiffType: 'forward'
```

```
        FunValCheck: 'off'
            GradObj: 'off'
            Hessian: 'off'
```

这些参数说明: fminunc() 函数在默认情况下使用信赖域算法, 完成计算后, 显示最终的计算结果等.

如果需要重新设置参数, 使用 Name 给出相应的参数, 用 Value 给出对应参数的取值. 例如, 要在 fminunc() 函数中使用拟 Newton 法, 其命令为

```
optimoptions(@fminunc, 'Algorithm', 'quasi-newton')
```

在例 3.16 的计算时, 细心的读者会发现, 在显示计算结果前, 有一段警告

```
Gradient must be provided for trust-region algorithm;
using line-search algorithm instead.
```

这段文字说明: 信赖域方法需要使用者提供与目标函数相对应的梯度函数. 如果使用者没有提供, 求解过程将自动切换成一维搜索策略的算法, 如拟 Newton 法.

如果作如下设置

```
options = optimoptions(@fminunc, 'Algorithm', 'quasi-newton');
[x, fval] = fminunc(@Rosenbrock, x0, options)
```

这段警告将消失.

如果在目标函数已提供了梯度函数, 如 Rosenbrock() 函数, 可以设置参数

```
options = optimoptions(@fminunc, 'GradObj', 'on')
```

表示在 @fminunc() 函数求解时提供梯度函数, 或

```
options = optimset('GradObj', 'on')
```

表示在所有优化函数求解中提供梯度函数.

对于例 3.16, 将求最优解的命令改为

```
[x,fval,exitflag,output] = fminunc(@Rosenbrock, x0,options)
```

列出 output 的结果

```
output =
        iterations: 27
         funcCount: 28
      cgiterations: 22
     firstorderopt: 1.6672e-05
         algorithm: 'large-scale: trust-region Newton'
           message: 'Local minimum possible.
```

与例 3.16 作比较, 会发现: 算法的迭代次数、目标函数的调用次数, 均比不使用梯度时要少. 这个结果对于一般函数通常也是正确的.

3.7 无约束最优化问题的应用

本节介绍一些无约束最优化问题的实例.

3.7.1 选址问题

选址问题本质上就是求距离和的最小值, 例如, 如何在若干个小区中选择超市、学校或其他公共设施的位置, 使得小区居民到这些公共设施的距离总和最短.

例 3.17 现计划在某一新建居民区中建设一家大型超市, 已知该居民区有 5 个小区, 每个小区中心位置坐标如表 3.8 所示.

表 3.8 5 个小区中心位置的坐标

小区编号	横坐标	纵坐标
1	10	4
2	−4	12
3	6	−3
4	2	15
5	−5	0

解 (1) 建立数学模型. 设小区的中心位置坐标为 $x^{(i)}=\left(x_1^{(i)},x_2^{(i)}\right)^{\mathrm{T}}$, 超市的位置为 $x=(x_1,x_2)^{\mathrm{T}}$, 则此问题的优化模型为

$$\min f(x)=\sum_{i=1}^{5}\sqrt{\left(x_1-x_1^{(i)}\right)^2+\left(x_2-x_2^{(i)}\right)^2}.$$

(2) 使用外部函数构造目标函数 (函数名: obj_fun.m), 其程序为

```
function y = obj_fun(x)
x1 = x(1); x2 = x(2);
Xdata = [10 4; -4 12; 6 -3; 2 15; -5 0];
n = length(Xdata); y = 0;
for i = 1 : n
    y = y + sqrt((x1-Xdata(i,1))^2 + (x2-Xdata(i,2))^2);
end
```

(3) 取初始点 $x^{(0)}=(0,0)^{\mathrm{T}}$, 调用 fminunc() 函数求解.

```
[x, fval] = fminunc(@obj_fun, [0 0]);
```

计算结果表明: 超市的建设位置在 $(1.7807, 5.6636)$ 处.

3.7.2 曲线拟合问题

非线性拟合问题是无约束问题中一类典型的问题, 以例 1.1 为例, 介绍如何用 MATLAB 软件求解曲线拟合问题.

例 3.18 用 fminunc() 函数求解例 1.1.

解 将数据写成数据文件 (文件名: exem0318.dat), 其格式为

```
    t   y
1   2   54
2   5   50
... ... ...
```

读数据, 编写目标函数, 然后用 fminunc() 函数求解 (文件名: exem0318.m)

```
data = tblread('exam0318.dat');
t = data(:,1); y = data(:,2);
fun = @(x) sum((y - x(1) - x(2)*exp(x(3)*t)).^2);
[x, fval] = fminunc(fun, [1 1 0]);
```

在程序中, tblread() 函数是读取表格数据, 使用 @(x) 构造目标函数, 取初始点 [1 1 0]. 计算结果为 $x^* = (2.4301, 57.3321, -0.0446)^{\mathrm{T}}$, $f^* = 44.7805$ 是最优解处的残差平方和. 注意: 用 @(x) 构造目标函数相当于是内部函数, 因此, 在调用目标函数时, 前面不必加 @. 图 3.11 绘出散点图和拟合曲线.

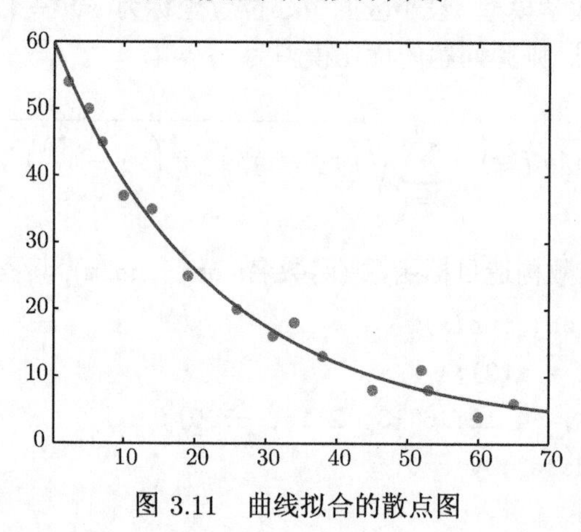

图 3.11 曲线拟合的散点图

3.7.3 药物浓度的测定

分部模型广泛应用于药物动力系统, 用来研究生物系统中物质交换的问题. 一个系统可分成几个部分, 并假定各部分之间的药物流动率服从一阶动力学方程, 因此, 一个部分转移到接收部分 (或吸收部分) 的转换率正比于来源部分的浓度. 假定

转换系数是关于时间的常数, 称为比率常数.

Wagner (1967) 提供了一组四环素代谢作用的数据. 在实验中, 一个受试者口服四环素, 并测量血清中在 16h 内氢氯四环素的浓度, 具体数据如表 3.9 所示.

表 3.9 氢氯四环素浓度关于时间的数据

时间/h	氢氯四环素浓度/(μg/ml)	时间/h	氢氯四环素浓度/(μg/ml)
1	0.7	8	0.8
2	1.2	10	0.6
3	1.4	12	0.5
4	1.4	16	0.3
6	1.1		

这个生物系统可分成如下分部模型, 它包含一个引导药物的肠道部; 一个从肠道吸收的血液部和一个排泄道, 其模型可以描述如图 3.12 所示.

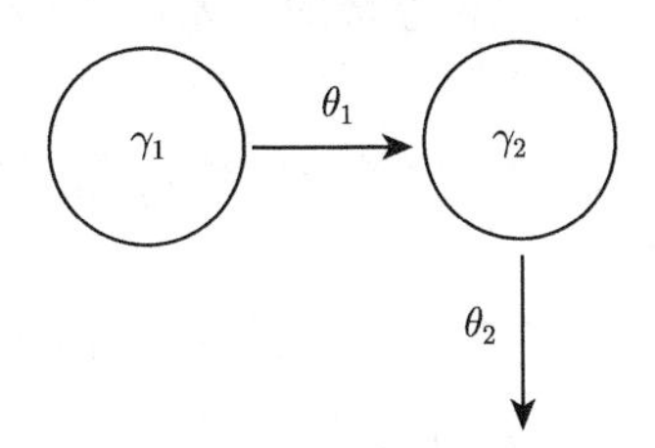

图 3.12 四环素模型系统图

图 3.12 中的 γ_1 和 γ_2 分别表示在 t 时刻氢氯四环素在肠道和血液中的浓度, θ_1 是氢氯四环素从肠道转移到血液的转换系数, θ_2 是氢氯四环素从血液向外界排泄的转换系数. 并且在初始时刻 $(t=0)$, 肠道中的药物浓度为 θ_3, 血液中的药物浓度为 0.

建立微分方程模型

$$\begin{cases} \dfrac{\mathrm{d}\gamma_1(t)}{\mathrm{d}t} = -\theta_1\gamma_1(t), \\ \dfrac{\mathrm{d}\gamma_2(t)}{\mathrm{d}t} = \theta_1\gamma_1(t) - \theta_2\gamma_2(t) \end{cases} \tag{3.106}$$

确定初始条件. 在初始时刻, 肠道中的药物浓度为 θ_3, 血清中的药物浓度为 0, 即

$$\gamma_1(0) = \theta_3, \quad \gamma_2(0) = 0. \tag{3.107}$$

因此, 只要确定出参数 θ_1, θ_2 和 θ_3, 就可由微分方程 (3.106) 和初始条件 (3.107) 确定出药物在肠道和血清中的浓度.

下面用表 3.9 中的数据, 确定参数 θ_1, θ_2 和 θ_3 的估计值, 这里有两种估计方法.

(1) 给出微分方程 (3.106) 的解析解

$$\gamma_1(t) = \theta_3 e^{-\theta_1 t}, \tag{3.108}$$

$$\gamma_2(t) = \frac{\theta_1\theta_3}{\theta_1 - \theta_2}\left(-e^{-\theta_1 t} + e^{-\theta_2 t}\right). \tag{3.109}$$

再使用最小二乘的方法求出三个参数的估计值.

构造目标函数, 用 fminunc() 函数求解 (程序名: Wagner.m).

```
t = [1   2   3   4   6   8   10  12  16];
y = [0.7 1.2 1.4 1.4 1.1 0.8 0.6 0.5 0.3];
V = @(x) x(1)*x(3)/(x(1)-x(2)) *(-exp(-x(1)*t)+exp(-x(2)*t));
fun = @(x) sum((y - V(x)).^2);
[x, fval] = fminunc(fun, [0.1, 0.3, 10])
```

在程序中, [0.1, 0.3, 10] 表示三种参数的初始值, 计算结果 $\theta^* = (0.1830, 0.4345, 5.9953)^{\mathrm{T}}$.

(2) 用微分方程初值问题的数值解的方法作计算, 这种方法对得不到解析表达式的微分方程尤其有效.

在 MATLAB 中, 可用 ode45() 函数求微分方程初值问题

$$\begin{cases} \dfrac{\mathrm{d}y}{\mathrm{d}t} = f(t, y), \\ y(t_0) = y_0 \end{cases} \tag{3.110}$$

的数值解, 其使用格式为

```
[t, y] = ode45(odefun, tspan, y0)
```

函数自变量和返回值的名称、取值及意义如表 3.10 所示.

表 3.10　ode45( ) 函数自变量的名称、取值及意义

名称	取值及意义
odefun	函数, 表示微分方程 (组) 的 $f(t, y)$
tspan	二维向量 [t0, tf], 表示计算数值解的区间, 其中 t0 表示自变量的起点, tf 表示自变量的终点
	向量 [t0, t1, ···, tf], 表示得到指定点的 t0, t1, ···, tf 处的数值解
y0	向量, 表示微分方程 (组) 的初值条件
t	向量, tspan 为二维向量时, 返回计算的时间点. tspan 为向量时, 返回指定的时间点
y	向量或矩阵, 返回时间点 t 的数值解

先编写微分方程 (3.106) 右端的函数 (函数名: odefun.m)

```
function y = odefun(t, y, theta)
y = [-theta(1)*y(1); theta(1)*y(1) - theta(2)*y(2)];
```

给定参数 theta 的一组数值, 可以由 ode45() 函数得到数值解. 因此, 可利用最小二乘原理编写目标函数 (函数名: fun.m)

```
function res = fun(theta)
tspan = [0  1   2   3   4   6   8   10  12  16]';
y0 = [0.7 1.2 1.4 1.4 1.1 0.8 0.6 0.5 0.3]';
[t, y] = ode45(@(t,y)odefun(t, y, theta), tspan, [theta(3), 0]);
res = sum((y(2:10,2) - y0).^2);
```

然后利用 fminunc() 函数求解

```
[theta, fval] = fminunc(@fun, [0.1, 0.3, 10])
```

得到 $\theta^* = (0.1830, 0.4345, 5.9959)^{\mathrm{T}}$. 两种方法的计算结果基本相同.

习 题 3

1. 证明 Kantorovich 不等式 (3.13).

2. 设 G 为正定对称矩阵, 求证: 若 $s^{(0)}, s^{(1)}, \cdots, s^{(k-1)}$ 为 G 的 k 个非零的共轭方向, 则 $s^{(0)}, s^{(1)}, \cdots, s^{(k-1)}$ 线性无关.

3. 设 $f(x)$ 是正定二次函数 $f(x) = \frac{1}{2}x^{\mathrm{T}}Gx + r^{\mathrm{T}}x$, 证明: 若 $\tilde{x}$ 与 $\hat{x}$ 分别是 $f(x)$ 在两条平行方向 d 的直线上的极小点, 则方向 $u = \tilde{x} - \hat{x}$ 与方向 d 关于 G 共轭.

4. 设 $f(x)$ 是正定二次函数 $f(x) = \frac{1}{2}x^{\mathrm{T}}Gx + r^{\mathrm{T}}x$, 若 $s^{(0)}$, $s^{(1)}$, $\cdots$, $s^{(n-1)}$ 是 G 的 n 个非零共轭方向, 证明 $f(x)$ 的极小点 x^* 可以表示成

$$x^* = -\sum_{k=0}^{n-1} \frac{r^{\mathrm{T}} s^{(k)}}{(s^{(k)})^{\mathrm{T}} G s^{(k)}} s^{(k)}.$$

5. 用共轭梯度法 (FR 算法或 PRP 算法) 求解无约束问题

$$\min\ f(x) = 2x_1^2 - 2x_1x_2 + x_2^2 + 2x_1 - 2x_2,$$

取 $x^{(0)} = (0, 0)^{\mathrm{T}}$.

6. 用 Newton 法求解习题 5 的无约束问题.

7. 用 Newton 法求解无约束问题

$$\min\ f(x) = (x_1 - 2)^4 + (x_1 - 2x_2)^2,$$

取初始点 $x^{(0)} = (0, 3)^{\mathrm{T}}$, 精度要求 $\varepsilon = 10^{-3}$.

8. 证明: 带有一维搜索的 Newton 法具有二次终止性.

9. 用 Newton 型信赖域算法求解习题 7 的无约束问题.

10. 设 $B^{(k)}$ 是由对称秩 1 修正公式 (3.80) 得到的, $H^{(k)}$ 是由对称秩 1 修正公式 (3.83) 得到的. 若 $H^{(k)} = {B^{(k)}}^{-1}$, 用 Sherman-Morrison 公式证明: $H^{(k+1)} = \left[B^{(k+1)}\right]^{-1}$.

11. 利用算法 3.9 (对称秩 1 修正公式算法) 求解习题 5 的无约束问题.

12. 设目标函数为的正定二次函数 $f(x) = \dfrac{1}{2}x^{\mathrm{T}}Gx + r^{\mathrm{T}}x$, 对于任意的初始点 $x^{(0)}$ 和任意的初始对称矩阵 $B^{(0)}$. 考虑对 $B^{(k)}$ 的秩 1 对称修正公式 (3.80) 得到的拟 Newton 法, $s^{(j)}$ $(j = 0, 1, \cdots, k-1)$ 是算法产生的点列, 则有

$$B^{(k)}s^{(j)} = y^{(j)}, \quad j = 0, 1, \cdots, k-1.$$

若 $s^{(0)}, s^{(1)}, \cdots, s^{(n-1)}$ 线性无关, 则有 $B^{(n)} = G$.

13. 分别用 BFGS 算法和 DFP 算法求解习题 5 的无约束问题.

14. 考虑用 DFP 算法求解正定二次目标函数 $f(x) = \dfrac{1}{2}x^{\mathrm{T}}Gx + r^{\mathrm{T}}x$, 若一维搜索是精确的. 证明:

$$G^{-1} = \sum_{k=1}^{n} \frac{s^{(k)}(s^{(k)})^{\mathrm{T}}}{(y^{(k)})^{\mathrm{T}}s^{(k)}}.$$

15. 假设使用 DFP 算法求解正定二次目标函数 $f(x) = \dfrac{1}{2}x^{\mathrm{T}}Gx + r^{\mathrm{T}}x$, $x^{(0)}$ 为初始点, $H^{(0)} = I$ 为初始矩阵. 若算法中的一维搜索是精确的, 且已计算了 k 步, 则有

$$H^{(k)}y^{(j)} = s^{(j)}, \quad j = 0, 1, \cdots, k-1,$$
$$(s^{(i)})^{\mathrm{T}}Gs^{(j)} = 0, \quad 0 \leqslant j < i \leqslant k.$$

进一步, 如果算法完成 n 步迭代, 则 $H^{(n)} = G^{-1}$.

16. 按照算法 3.11 (DFP 算法) 编写求解无约束最优化问题拟 Newton 法的 MATLAB 程序, 并求 Rosenbrock 函数的极小点 (取 $x^{(0)} = (-1.2, 1)^{\mathrm{T}}$, $\varepsilon = 10^{-5}$), 在计算中分别调用三种一维搜索程序, 与例 3.14 的计算结果作比较.

17. 按照算法 3.4 (FR 算法) 编写求解无约束最优化问题共轭梯度法的 MATLAB 程序, 并求 Rosenbrock 函数的极小点 (取 $x^{(0)} = (-1.2, 1)^{\mathrm{T}}$, $\varepsilon = 10^{-5}$), 在计算中分别调用三种一维搜索程序, 与例 3.14 的计算结果作比较.

18. 分别用最速下降法、共轭梯度法 (FR 算法和 PRP 算法)、Newton 法和拟 Newton 法 (BFGS 算法) 求解如下无约束问题

$$\min \ f(x) = (x_1 - 2)^4 + (x_1 - 2)^2 x_2^2 + (x_2 + 1)^2,$$

一维搜索使用 Armijo 简单后退准则, 取初始点 $x^{(0)} = (1, 1)^{\mathrm{T}}$, 精度要求 $\varepsilon = 10^{-5}$.

19. 考虑 Wood 函数

$$\begin{aligned} f(x) = & 100(x_2 - x_1^2)^2 + (1 - x_1)^2 + 90(x_4 - x_3^2)^2 \\ & + (1 - x_3)^2 + 10(x_2 + x_4 - 2)^2 + 0.1(x_2 - x_4)^2, \end{aligned}$$

分别用最速下降法、共轭梯度法 (PRP 算法)、Newton 法和拟 Newton 法 (BFGS 算法) 求 Wood 函数的最优解, 一维搜索使用 0.618 法, 取初始点 $x^{(0)} = (-3, -1, -3, -1)^{\mathrm{T}}$, 精度要求 $\varepsilon = 10^{-5}$.

20. 信赖域方法 (Newton 型公式、秩 1 修正公式和秩 2 修正公式) 求 Wood 函数的最优解, 取初始点 $x^{(0)} = (-3, -1, -3, -1)^{\mathrm{T}}$, 精度要求 $\varepsilon = 10^{-5}$.

21. 用 `fminunc()` 函数求解习题 18 的无约束问题, 取初始点 $x^{(0)} = (1, 1)^{\mathrm{T}}$, 并设置参数显示每一步迭代的结果.

22. 用 `fminunc()` 函数求 Wood 函数的最优解, 取初始点 $x^{(0)} = (-3, -1, -3, -1)^{\mathrm{T}}$.

23. 用 `fminsearch()` 函数求 Rosenbrock 函数的最优解, 取初始点 $x^{(0)} = (-1.2, 1)^{\mathrm{T}}$.

24. 用 `fminsearch()` 函数求 Wood 函数的最优解, 取初始点 $x^{(0)} = (-3, -1, -3, -1)^{\mathrm{T}}$, 并与习题 22 的结果作比较, 分析哪种方法效率更高.

25. (选址问题) 假设要选定一个供应中心的位置, 该中心为 m 个具有固定位置 $\left(x_1^{(i)}, x_2^{(i)}\right)$ $(i = 1, 2, \cdots, m)$ 的用户服务, 确定中心的位置, 使得该中心到每个用户距离的总和最小. (1) 建立相应的数学模型; (2) 假设 $m = 3$, 其固定位置为 $(0, 0)$, $(3, 0)$ 和 $(1, 3)$, 求供应中心的位置.

26. (非线性拟合问题) 对于酶运动的 Michaelis-Menten 模型, 联系酶反应的初始速度 (y) 与基底浓度 (x) 的方程为

$$y = \frac{\theta_1 x}{\theta_2 + x}.$$

表 3.11 列出了嘌呤酶关于酶反应初始速度的数据, 并且认为 Michaelis-Menten 模型是合适的. 试列出非线性拟合的最优化问题, 并用 `fminunc()` 函数求解.

表 3.11 嘌呤酶实验数据

序号	基底浓度 /ppm	速度 /(counts/min^2)	序号	基底浓度 /ppm	速度 /(counts/min^2)
1	0.02	76	7	0.22	159
2	0.02	47	8	0.22	152
3	0.06	97	9	0.56	191
4	0.06	107	10	0.56	201
5	0.11	123	11	1.10	207
6	0.11	139	12	1.10	200

27. (化学动力学模型) Ziegel 和 Gorrman (1980) 描述了油页岩高温分解的过程. 油页岩含有由岩层结构所决定的有机物, 要从岩层中提炼出油, 必须加热, 故这一技术称为高温分解.

在高温分解过程中, 一种叫油母质的苯有机物分解成油和沥青, 以及一些不可测量的难溶性有机残渣和轻质气体, 其模型可以描述如图 3.13 所示. 图中 f_1 为油母岩, f_2 为沥青, f_3 为油, $\theta_1, \theta_2, \theta_3$ 和 θ_4 分别为油母岩到沥青、沥青到油、沥青到残渣和油母岩到油的转换系数. θ_5 为分解的滞后时间, 也就是说, 当加热时间 $t < \theta_5$ 时, 油母岩没有分解.

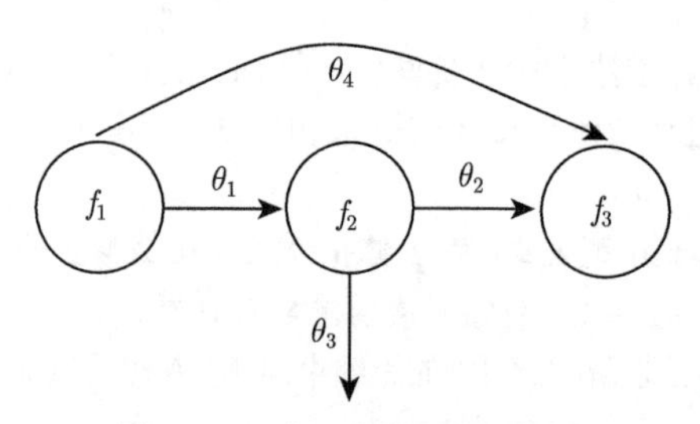

图 3.13 油母岩模型的系统图

Hubbard 和 Robinson (1950) 曾得到油页岩高温分解的数据 (表 3.12),

(1) 试建立相应的微分方程模型.

(2) 利用表 3.12 中的数据, 估计转换系数 $\theta_1, \theta_2, \theta_3, \theta_4$ 和临界温度 θ_5.

提示: 可假设在加热的初始时刻 $(t=0)$, 油母岩的浓度是 100%, 而沥青和油的浓度均为 0.

表 3.12 油页岩高温 ($T=673\mathrm{K}$) 分解中沥青和油的相对浓度

时间/min	沥青/%	油/%	时间/min	沥青/%	油/%
5	0.0	0.0	40	20.1	26.6
7	2.2	0.0	50	20.1	32.4
10	11.5	0.7	60	22.3	38.1
15	13.7	7.2	80	20.9	43.2
20	15.1	11.5	100	11.5	49.6
25	17.3	15.8	120	6.5	51.8
30	17.3	20.9	150	3.6	54.7

第4章　非线性方程与最小二乘问题

本章介绍适定和超定非线性方程组的求解方法, 以及如何使用 MATLAB 软件求解这两类非线性方程组问题.

4.1　求解非线性方程组

考虑非线性方程

$$r_i(x) = 0, \quad i = 1, 2, \cdots, m, \tag{4.1}$$

记 $r = (r_1, r_2, \cdots, r_m)^{\mathrm{T}}$, 这样, 非线性方程 (4.1) 改写为

$$r(x) = 0. \tag{4.2}$$

当 $m = n$ 时, 则称方程组 (4.1) 或 (4.2) 为适定方程组. 当 $m > n$ 时, 称为超定方程组. 当 $m = n = 1$ 时, 方程组 (4.1) 退化成一元方程.

4.1.1　非线性方程求根

本小节讨论最简单的情况, 一元非线性方程 $r(x) = 0$ 求根.

1. Newton 法

在众多的非线性方程求根的算法中, Newton 法是较为简单且计算效率较高的算法. Newton 法直观思想是用线性 (切线) 方程

$$r(x_k) + r'(x_k)(x - x_k) = 0$$

来近似非线性方程

$$r(x) = 0,$$

其中 x_k 为当前点. 因此, Newton 迭代公式为

$$x_{k+1} = x_k - \frac{r(x_k)}{r'(x_k)}, \quad k = 0, 1, \cdots. \tag{4.3}$$

算法 4.1 (Newton 法)

(0) 取初始点 x_0, 置精度要求 ε 和 $k = 0$.

(1) 计算 $x_{k+1} = x_k - \dfrac{r(x_k)}{r'(x_k)}$.

(2) 若 $|x_{k+1} - x_k| < \varepsilon$, 则停止计算; 否则, 置 $k = k + 1$, 转 (1).

例 4.1　用 Newton 法求方程 $x^3 - x - 1 = 0$ 的实根, 取 $x_0 = 1.5$, 精度要求 $\varepsilon = 10^{-3}$.

解　$r(x) = x^3 - x - 1$, $r'(x) = 3x^2 - 1$, 由 Newton 迭代公式得到

$$x_{k+1} = x_k - \frac{x_k^3 - x_k - 1}{3x_k^2 - 1},$$

取 $x_0 = 1.5$, 计算结果如表 4.1 所示.

表 4.1　Newton 法的计算结果

k	x_k	$\lvert r(x_k)\rvert$	$\lvert x_k - x_{k-1}\rvert$
0	1.5000	0.875	—
1	1.3478	0.1007	0.1522
2	1.3252	0.002058	0.02263
3	1.3247	9.244×10^{-7}	0.0004822

从例 4.1 看到, 用 Newton 法求解非线性方程, 收敛速率是很快的, 只迭代了 3 步就求出方程的根. 事实上, 这正是 Newton 法的优点, 它具有二阶收敛速率.

设 x^* 是非线性方程 $r(x) = 0$ 的根, 且 $r'(x^*) \neq 0$, $r(x)$ 二阶连续可微. 考虑 $r(x)$ 在 x_k 处的 Taylor 展开式

$$r(x) = r(x_k) + r'(x_k)(x - x_k) + \frac{1}{2}r''(x_k + \theta(x - x_k))(x - x_k)^2, \tag{4.4}$$

由于 $r'(x^*) \neq 0$, 则当 x_k 充分接近 x^* 时, $r'(x_k) \neq 0$, 令 $x = x^*$, 由式 (4.4) 得到

$$x_k - x^* - \frac{r(x_k)}{r'(x_k)} = \frac{r''(x_k + \theta(x^* - x_k))}{2\,r'(x_k)}(x_k - x^*)^2,$$

即

$$x_{k+1} - x^* = \frac{r''(x_k + \theta(x^* - x_k))}{2\,r'(x_k)}(x_k - x^*)^2. \tag{4.5}$$

由式 (4.5) 得到, $|x_{k+1} - x^*| = O\left(|x_k - x^*|^2\right) \leqslant \rho|x_k - x^*|$, 当 x_k 充分接近 x^* 时, 其中 $0 < \rho < 1$. 也就是说, Newton 法是局部收敛的.

再由式 (4.5) 得到

$$\lim_{k\to\infty} \frac{|x_{k+1} - x^*|}{|x_k - x^*|^2} = \lim_{k\to\infty} \left|\frac{r''(x_k + \theta(x^* - x_k))}{2\,r'(x_k)}\right| = \left|\frac{r''(x^*)}{2\,r'(x^*)}\right|, \tag{4.6}$$

即 Newton 法具有二阶收敛速率.

条件 $r'(x^*) \neq 0$ 表示 x^* 是方程 $r(x) = 0$ 的单根. 若 x^* 是方程的重根, 则收敛速率只能是线性的. 例如, 对于 $r(x) = x^2$, 其 Newton 迭代为

$$x_{k+1} = \frac{1}{2}x_k,$$

它只有线性收敛.

2. 弦截法

用 Newton 法求解方程 $r(x)=0$ 的根, 每步除计算 $r(x_k)$ 外, 还要计算其导数值 $r'(x_k)$, 当函数 $r(x)$ 比较复杂时, $r'(x)$ 的计算往往会有困难, 为此, 可利用已求出的函数值 $r(x_k)$ 和 $r(x_{k-1})$ 来近似计算导数值, 这类方法中最常用的就是弦截法.

弦截法的本质就是用割线来近似曲线, 用割线的斜率 $\dfrac{r(x_1)-r(x_0)}{x_1-x_0}$ 近似导数 $r'(x_1)$, 因此, 弦截法也称为割线法.

若已知 x_{k-1} 和 x_k 与它们的函数值 $r(x_{k-1})$ 和 $r(x_k)$, 弦截法的迭代公式为

$$x_{k+1}=x_k-\frac{r(x_k)}{r(x_k)-r(x_{k-1})}(x_k-x_{k-1}),\quad k=1,2,\cdots. \tag{4.7}$$

弦截法与 Newton 法都是线性化方法, 但两者有着本质的区别. 在 Newton 法中, 计算 x_{k+1} 仅用到前一步 x_k 的值, 而弦截法需要用到前面两步 x_k 和 x_{k-1} 的值, 因此, 在算法开始时, 弦截法必须有两个初始点 x_0 和 x_1.

算法 4.2 (弦截法)

(0) 取初始点 x_0 和 x_1, 置精度要求 ε 和 $k=0$;

(1) 计算 $x_{k+1}=x_k-\dfrac{r(x_k)}{r(x_k)-r(x_{k-1})}(x_k-x_{k-1})$;

(2) 若 $|x_{k+1}-x_k|<\varepsilon$, 则停止计算; 否则置 $k=k+1$, 转 (1).

例 4.2 用弦截法求方程 $x^3-x-1=0$ 的实根, 取 $x_0=1.6, x_1=1.5, \varepsilon=10^{-3}$.

解 按公式 (4.7) 计算, 计算结果如表 4.2 所示. 用弦截法求解, 实际上只作了 4 步迭代, 与例 4.1 中的 Newton 法相比, 多一步迭代, 但弦截法只计算函数值, 不计算迭代点处的导数值, 其实际效率并不比 Newton 法差多少.

表 4.2 弦截法的计算结果

k	x_k	$\lvert r(x_k)\rvert$	$\lvert x_k-x_{k-1}\rvert$
0	1.6000	1.496	
1	1.5000	0.875	0.1
2	1.3591	0.1514	0.1409
3	1.3296	0.02103	0.02947
4	1.3249	0.0006534	0.004756
5	1.3247	2.978×10^{-6}	0.0001525

Newton 法在单根情况下具有二阶收敛速率, 那么对于弦截法, 它的收敛的速率是多少呢?

如果 $r(x)$ 具有连续的二阶导数, 且 $r'(x)\neq0$, 则弦截法是局部收敛的, 并且满足

$$\lim_{k\to\infty}\frac{|e_{k+1}|}{|e_k||e_{k-1}|}=\left|\frac{r''(x^*)}{2\,r'(x^*)}\right|, \tag{4.8}$$

其中 $e_k = x_k - x^*$. 现考虑弦截法收敛的阶, 令

$$s_k = \frac{|e_{k+1}|}{|e_k|^p}, \tag{4.9}$$

且 $\lim\limits_{k\to\infty} s_k = s \neq 0$. 由式 (4.9) 得到

$$|e_{k+1}| = s_k|e_k|^p = s_k(s_{k-1}|e_{k-1}|^p)^p = s_k s_{k-1}^p |e_{k-1}|^{p^2},$$

所以,

$$\frac{|e_{k+1}|}{|e_k||e_{k-1}|} = \frac{s_k s_{k-1}^p |e_{k-1}|^{p^2}}{s_{k-1}|e_{k-1}|^p |e_{k-1}|} = s_k s_{k-1}^{p-1} |e_{k-1}|^{p^2-p-1}. \tag{4.10}$$

由于式 (4.10) 最左端趋于常数 $(k\to\infty)$, 而最右端中的 $s_k \to s$, $e_{k-1} \to 0\ (k\to\infty)$, 因此有

$$p^2 - p - 1 = 0, \tag{4.11}$$

这个二次方程的正根为 $p = \dfrac{1+\sqrt{5}}{2} \approx 1.618$.

弦截法收敛的阶是 1.618, 具有超线性收敛性, 其收敛速度还是相当快的.

除了上述方程求根的方法外, 还有其他的求根方法, 如 Muller (米勒) 方法、反二次插值法和 Brent 方法.

Muller 方法可以看成弦截法的一种改进, 它在求根时也不需要计算函数的导数值, 而是通过已知的三个点构造抛物线, 用抛物线的零点作为方程根的近似值, 因此, 这种方法也称为抛物线法.

反二次插值法是弦截法对抛物线法的推广, 如果 Muller 方法是构造抛物线 $y = p(x)$, 而反二次插值法则是构造抛物线 $x = p(y)$, 它与 x 轴的交点作为方程根的一个近似值.

Brent 方法是一种混合方法, 它利用了前面各种方法的部分求解技巧, 因此, 具有较好的性质. Brent 方法将二分法 (保证算法收敛的算法) 与 Newton 法、弦截法 (收敛速度快的算法) 结合起来, 希望能够较好地处理各类求根问题, 该方法最初是由 Dekker 和 Van Wijngaarden 在 20 世纪 60 年代提出的.

4.1.2 非线性方程组求解

实际上, 非线性方程组

$$r_i(x) = 0, \quad i = 1, 2, \cdots, n \tag{4.12}$$

的求解可以看成一元非线性方程求根方法的推广.

1. Newton 法

令 $r=(r_1,r_2,\cdots,r_n)^{\mathrm{T}}$, $J(x)$ 是函数 $r(x)$ 的 Jacobi 矩阵, 即

$$J(x)=\begin{bmatrix}\nabla r_1^{\mathrm{T}}\\ \nabla r_2^{\mathrm{T}}\\ \vdots\\ \nabla r_n^{\mathrm{T}}\end{bmatrix}=\begin{bmatrix}\dfrac{\partial r_1}{\partial x_1} & \dfrac{\partial r_1}{\partial x_2} & \cdots & \dfrac{\partial r_1}{\partial x_n}\\ \dfrac{\partial r_2}{\partial x_1} & \dfrac{\partial r_2}{\partial x_2} & \cdots & \dfrac{\partial r_2}{\partial x_n}\\ \vdots & \vdots & & \vdots\\ \dfrac{\partial r_n}{\partial x_1} & \dfrac{\partial r_n}{\partial x_2} & \cdots & \dfrac{\partial r_n}{\partial x_n}\end{bmatrix}. \tag{4.13}$$

考虑多元向量函数 $r(x)$ 在点 $x^{(k)}$ 处的展开式

$$r(x)\approx r(x^{(k)})+J(x^{(k)})(x-x^{(k)}), \tag{4.14}$$

令式 (4.14) 中的右端为 0, 得到线性方程组

$$J(x^{(k)})(x-x^{(k)})=-r(x^{(k)}). \tag{4.15}$$

用线性方程组 (4.15) 的解作为非线性方程组 $r(x)=0$ 的近似解, 记为 $x^{(k+1)}$, 即

$$x^{(k+1)}=x^{(k)}-\left[J(x^{(k)})\right]^{-1}r(x^{(k)}),\quad k=0,1,\cdots. \tag{4.16}$$

称式 (4.16) 为 Newton 迭代公式, 相应的方法称为求解非线性方程组的 Newton 法.

为减少计算, 通常并不使用迭代公式 (4.16) 计算, 而是改为求解方程

$$J(x^{(k)})d^{(k)}=-r(x^{(k)}) \tag{4.17}$$

得到 $d^{(k)}$, 再置 $x^{(k+1)}=x^{(k)}+d^{(k)}$, 这是因为求解线性方程组的计算量要比矩阵求逆少得多.

算法 4.3 (求解非线性方程组的 Newton 法)

(0) 取初始点 $x^{(0)}$, 置精度要求 ε 和 $k=0$.

(1) 如果 $\|r^{(k)}\|<\varepsilon$, 则停止计算; 否则求解线性方程组 (4.17), 其解为 $d^{(k)}$.

(2) 置 $x^{(k+1)}=x^{(k)}+d^{(k)}$, $k=k+1$, 转 (1).

例 4.3 用 Newton 法求非线性方程组

$$\begin{cases}x_1^2+x_2^2-5=0,\\ (x_1+1)x_2-(3x_1+1)=0,\end{cases}$$

取初始点 $x^{(0)}=(1,1)^{\mathrm{T}}$, 精度要求 $\varepsilon=10^{-5}$.

解

$$r(x)=\begin{bmatrix} x_1^2+x_2^2-5 \\ (x_1+1)x_2-(3x_1+1)\end{bmatrix},\quad J(x)=\begin{bmatrix} 2x_1 & 2x_2 \\ x_2-3 & x_1+1\end{bmatrix},$$

所以有

$$x^{(0)}=\begin{bmatrix}1\\1\end{bmatrix},\ r(x^{(0)})=\begin{bmatrix}-3\\-2\end{bmatrix},\ J(x^{(0)})=\begin{bmatrix}2 & 2\\-2 & 2\end{bmatrix},$$

解方程

$$\begin{bmatrix}2 & 2\\-2 & 2\end{bmatrix}\begin{bmatrix}d_1\\d_2\end{bmatrix}=-\begin{bmatrix}-3\\-2\end{bmatrix},$$

得到 $d^{(0)}=(0.25,1.25)^{\mathrm{T}}$, $x^{(1)}=x^{(0)}+d^{(0)}=(1,1)^{\mathrm{T}}+(0.25,1.25)^{\mathrm{T}}=(1.25,2.25)^{\mathrm{T}}$. 然后进入下一轮循环, 表 4.3 列出全部的计算结果.

表 4.3 Newton 法求解非线性方程组的计算结果

k	$x_1^{(k)}$	$x_2^{(k)}$	$\|r(x^{(k)})\|_2$
0	1.0000	1.0000	3.606
1	1.2500	2.2500	1.655
2	1.0000	2.0278	0.1249
3	1.0002	2.0001	0.0007664
4	1.0000	2.0000	5.014×10^{-8}

求解非线性方程的 Newton 法有如下定理.

定理 4.1 *设 $r(x)$ Lipschitz 连续可微, $r(x^*)=0$, 且 $J(x^*)$ 非奇异, $x^{(k)}$ 是由算法 4.3 产生的点列, 且充分靠近 x^*, 则 $\{x^{(k)}\}$ 二阶收敛到 x^*.*

证明 考虑 $r(x^*)$ 在点 $x^{(k)}$ 处展开

$$0=r(x^*)=r(x^{(k)})+J(x^{(k)})(x^*-x^{(k)})+O(\|x^*-x^{(k)}\|^2),\tag{4.18}$$

所以

$$x^{(k)}-x^*-\left[J(x^{(k)})\right]^{-1}r(x^{(k)})=\left[J(x^{(k)})\right]^{-1}O(\|x^*-x^{(k)}\|^2).\tag{4.19}$$

由于 $J(x^*)$ 非奇异, $J(x)$ Lipschitz 连续, 则在 x^* 的邻域内, $[J(x)]^{-1}$ 存在且有界. 因此,

$$\|x^{(k+1)}-x^*\|=O(\|x^*-x^{(k)}\|^2),\tag{4.20}$$

即算法具有二阶收敛速率.

2. *非精确 Newton 法*

为了减少计算量, 线性方程 (4.17) 的求解可以采用非精确的求解方法, 即 $d^{(k)}$ 并不是线性方程 (4.17) 的精确解, 而是满足

$$\|J(x^{(k)})d^{(k)}+r(x^{(k)})\|\leqslant\eta_k\|r(x^{(k)})\|,\quad \eta_k\in[0,\eta],\tag{4.21}$$

其中 $\eta \in [0,1)$ 是一个常数.

算法 4.4 (求解非线性方程组的非精确 Newton 法)

(0) 取初始点 $x^{(0)}$, $\eta \in [0,1)$, 置精度要求 $\varepsilon > 0$ 和 $k=0$.

(1) 如果 $\|r(x^{(k)})\| < \varepsilon$, 则停止计算; 否则, 选择 $\eta_k \in [0,\eta]$, 非精确求解线性方程组 (4.17), 使得解 $d^{(k)}$ 满足式 (4.21).

(2) 置 $x^{(k+1)} = x^{(k)} + d^{(k)}$, $k=k+1$, 转 (1).

关于算法 4.4, 有如下定理.

定理 4.2 设 $r(x)$ 连续可微, $r(x^*)=0$, $x^{(k)}$ 是由算法 4.4 产生的点列, 且充分靠近 x^*.

(1) 如果式 (4.21) 中 η 充分小, 则非精确 Newton 法产生的点列 $\{x^{(k)}\}$ 线性收敛到 x^*;

(2) 如果 $\eta_k \to 0$, 则非精确 Newton 法产生的点列 $\{x^{(k)}\}$ 超线性收敛到 x^*;

(3) 进一步假设 $J(x)$ 满足 Lipschitz 条件, 且令 $\eta_k = O(\|r(x^{(k)})\|)$, 则非精确 Newton 法产生的点列 $\{x^{(k)}\}$ 二阶收敛到 x^*.

证明过程类似于定理 3.16, 略.

3. 拟 Newton 法

在求解非线性方程的数值方法中, 有一类不用导数的方法, 如弦截法. 本小节介绍的拟 Newton 法可以看成弦截法在高维空间上的推广.

拟 Newton 法的本质就是用矩阵 $B^{(k)}$ 近似 Jacobi 矩阵 $J(x^{(k)})$, 将求解方程组 (4.17) 改为

$$B^{(k)}d = -r(x^{(k)}), \tag{4.22}$$

得到方程的解 $d^{(k)}$ 后, 进行下一次迭代. 因此, 问题的关键是如何计算矩阵 $B^{(k)}$.

假设已得到矩阵 $B^{(k)}$, 求解方程 (4.22) 得到 $d^{(k)}$, 也就得到 $x^{(k+1)}$, 利用 $r(x)$ 在 $x^{(k+1)}$ 处的展开式得到

$$J(x^{(k+1)})s^{(k)} \approx y^{(k)}, \tag{4.23}$$

其中 $s^{(k)} = x^{(k+1)} - x^{(k)}$, $y^{(k)} = r(x^{(k+1)}) - r(x^{(k)})$.

将 $B^{(k+1)}$ 看成 $J(x^{(k+1)})$ 的近似, 因此, $B^{(k+1)}$ 应满足

$$B^{(k+1)}s^{(k)} = y^{(k)}, \tag{4.24}$$

称式 (4.24) 为拟 Newton 方程.

类似于求解无约束问题的拟 Newton 方法的推导过程, 容易得到 $B^{(k)}$ 的秩 1 修正公式

$$B^{(k+1)} = B^{(k)} + \frac{(y^{(k)} - B^{(k)}s^{(k)})(s^{(k)})^{\mathrm{T}}}{(s^{(k)})^{\mathrm{T}}s^{(k)}}. \tag{4.25}$$

这个修正公式有一个重要的性质: 最小改变量性质.

定理 4.3　设 B 是所有满足拟 Newton 方程 $Bs^{(k)} = y^{(k)}$ 的矩阵, $B^{(k+1)}$ 是由秩 1 修正公式 (4.25) 得到的, 则

$$\|B^{(k+1)} - B^{(k)}\|_2 \leqslant \|B - B^{(k)}\|_2.$$

证明　对于 2-范数, 有 $\left\|\dfrac{ss^{\mathrm{T}}}{s^{\mathrm{T}}s}\right\|_2 = 1$, 因此

$$\begin{aligned}\|B^{(k+1)} - B^{(k)}\|_2 &= \left\|\frac{(y^{(k)} - B^{(k)}s^{(k)})(s^{(k)})^{\mathrm{T}}}{(s^{(k)})^{\mathrm{T}}s^{(k)}}\right\|_2 \\ &= \left\|\frac{(B - B^{(k)})s^{(k)}(s^{(k)})^{\mathrm{T}}}{(s^{(k)})^{\mathrm{T}}s^{(k)}}\right\|_2 \\ &\leqslant \|B - B^{(k)}\|_2 \cdot \left\|\frac{s^{(k)}(s^{(k)})^{\mathrm{T}}}{(s^{(k)})^{\mathrm{T}}s^{(k)}}\right\|_2 \leqslant \|B - B^{(k)}\|_2.\end{aligned}$$

算法 4.5 (求解非线性方程组的拟 Newton 法)

(0) 取初始点 $x^{(0)}$, 初始非奇异矩阵 $B^{(0)}$ 和精度要求 ε, 置 $k = 0$.

(1) 如果 $\|r^{(k)}\| < \varepsilon$, 则停止计算; 否则求解线性方程组 (4.22), 其解为 $d^{(k)}$;

(2) 利用简单后退准则作一维搜索. 取 $\beta = \dfrac{1}{2}$, 若 j_k 为不等式

$$\left\|r(x^{(k)} + \beta^j d^{(k)})\right\| < \|r(x^{(k)})\|, \quad j = 0, 1, 2, \cdots$$

成立时最小的 j, 则令 $\alpha_k = \beta^{j_k}$.

(3) 置 $x^{(k+1)} = x^{(k)} + \alpha_k d^{(k)}$.

(4) 令 $s^{(k)} = x^{(k+1)} - x^{(k)}$, $y^{(k)} = r(x^{(k+1)}) - r(x^{(k)})$, 用式 (4.25) 修正 $B^{(k)}$, 得到 $B^{(k+1)}$.

(5) 置 $k = k + 1$, 转 (1).

例 4.4　用拟 Newton 法求非线性方程组

$$\begin{cases} x_1^2 + x_2^2 - 5 = 0, \\ (x_1 + 1)x_2 - (3x_1 + 1) = 0, \end{cases}$$

取初始点 $x^{(0)} = (1, 1)^{\mathrm{T}}$, 精度要求 $\varepsilon = 10^{-5}$.

解　取 $x^{(0)} = (1, 1)^{\mathrm{T}}$, $B^{(0)} = J(x^{(0)}) = \begin{bmatrix} 2 & 2 \\ -2 & 2 \end{bmatrix}$, 表 4.4 列出全部的计算结果.

表 4.4 拟 Newton 法求解非线性方程组的计算结果

k	$x_1^{(k)}$	$x_2^{(k)}$	$\|r(x^{(k)})\|_2$
0	1.0000	1.0000	3.6056
1	1.2500	2.2500	1.6548
2	1.0194	1.9096	0.3734
3	1.0229	1.9881	0.0470
4	1.0080	1.9987	0.0153
5	1.0009	1.9998	0.0016
6	1.0000	2.0000	1.148×10^{-5}
7	1.0000	2.0000	5.278×10^{-7}

定理 4.4 设 $r(x)$ Lipschitz 连续可微, $r(x^*)=0$, 且 $J(x^*)$ 非奇异, $x^{(k)}$ 是由算法 4.5 产生的点列. 如果初始点 $x^{(0)}$ 充分接近 x^*, 初始矩阵 $B^{(0)}$ 充分接近 $J(x^*)$, 则 $\left\{x^{(k)}\right\}$ 超线性收敛到 x^*.

虽然拟 Newton 法的收敛速率不如 Newton 法, 但它不需要计算 Jacobi 矩阵 $J(x)$(n^2 个函数的计算量), 所以它的实际效率并不低.

4. *带有一维搜索的方法*

实际上, 求解方程 $r(x)=0$ 等价于求解无约束问题

$$\min\ f(x)=\frac{1}{2}\|r(x)\|^2, \tag{4.26}$$

这是因为当 Jacobi 矩阵 $J(x^*)$ 非奇异时, 有

$$\nabla f(x^*)=J(x^*)^{\mathrm{T}}r(x^*)=0 \quad \Leftrightarrow \quad r(x^*)=0.$$

因此, 将求解非线性方程组的问题转换成求解无约束问题.

考虑求解方程 $r(x)=0$ 的 Newton 步, 即

$$J(x^{(k)})d^{(k)}=-r(x^{(k)}),$$

当 $r(x^{(k)})\neq 0$ 时, $d^{(k)}$ 是无约束问题 (4.26) 目标函数的下降方向. 因为

$$\nabla f(x^{(k)})^{\mathrm{T}}d^{(k)}=r(x^{(k)})^{\mathrm{T}}J(x^{(k)})d^{(k)}=-\|r(x^{(k)})\|^2<0.$$

这样, 将 Newton 步 $d^{(k)}$ 作为搜索方向, 将 $f(x)$ 作为度量函数, 使用精确或非精确一维搜索方法求出步长 α_k, 令

$$x^{(k+1)}=x^{(k)}+\alpha_k d^{(k)}. \tag{4.27}$$

定理 4.5 假设 $J(x)$ 和 $r(x)$ 在水平集 $\Omega=\{x \mid f(x)\leqslant f(x^{(0)})\}$ 上 Lipschitz 连续, 且 $\|J(x)\|$ 和 $\|r(x)\|$ 有界. 若一维搜索满足 Wolfe 准则, 则

$$\sum_{k=0}^{\infty}\cos^2\theta_k\|J(x^{(k)})^{\mathrm{T}}r(x^{(k)})\|^2<\infty,$$

其中

$$\cos\theta_k=\frac{-\nabla f(x^{(k)})^{\mathrm{T}}d^{(k)}}{\|\nabla f(x^{(k)})\|\cdot\|d^{(k)}\|}. \tag{4.28}$$

定理证明类似于定理 2.1.

如果对于充分在的 k, 存在 $\delta\in(0,1)$, 且 $\cos\theta_k\geqslant\delta$, 则由定理 4.5 的结论, 得到 $J(x^{(k)})^{\mathrm{T}}r(x^{(k)})\to 0$. 进一步, 若 $\|J(x^{(k)})^{-1}\|$ 有界, 则有 $r(x^{(k)})\to 0$, 即算法具有全局收敛性.

下面考察 Newton 步, 有

$$\begin{aligned}\cos\theta_k&=\frac{-\nabla f(x^{(k)})^{\mathrm{T}}d^{(k)}}{\|\nabla f(x^{(k)})\|\cdot\|d^{(k)}\|}\geqslant\frac{\|r(x^{(k)})\|^2}{\|J(x^{(k)})^{\mathrm{T}}r(x^{(k)})\|\cdot\|J(x^{(k)})^{-1}r(x^{(k)})\|}\\&\geqslant\frac{1}{\|J(x^{(k)})\|\cdot\|J(x^{(k)})^{-1}\|}=\frac{1}{\mathrm{cond}(J(x^{(k)}))}.\end{aligned} \tag{4.29}$$

若条件数有界, 即 $\mathrm{cond}(J(x^{(k)}))\leqslant M$, 则由式 (4.29) 得到

$$\cos\theta_k\geqslant\frac{1}{M}.$$

5. 信赖域方法

由于求解方程 $r(x)=0$ 与求解无约束问题 (4.26) 等价, 所以也可以使用信赖域方法去求解.

就度量函数 $f(x)=\frac{1}{2}\|r(x)\|^2$ 而言, 二次近似函数为 $q_k(d)=\frac{1}{2}\|r(x^{(k)})+J(x^{(k)})d\|^2$, 也就是 $B^{(k)}=J(x^{(k)})^{\mathrm{T}}J(x^{(k)})$. 因此得到二次规划子问题

$$\min \quad q_k(d)=\frac{1}{2}d^{\mathrm{T}}J(x^{(k)})^{\mathrm{T}}J(x^{(k)})d+r(x^{(k)})^{\mathrm{T}}J(x^{(k)})d+f(x^{(k)}), \tag{4.30}$$

$$\text{s.t.} \quad \|d\|\leqslant\Delta_k. \tag{4.31}$$

按照 2.4 节介绍的信赖域方法的基本结构给出求解非线性方程的信赖域方法.

算法 4.6 (求解非线性方程的信赖域方法)

(0) 取初始点 $x^{(0)}$, 置信赖域半径上界 $\bar{\Delta}$, 取 $\Delta_0\in(0,\bar{\Delta})$ 和 $\eta\in\left(0,\frac{1}{4}\right)$, 置精度要求 $\varepsilon>0$ 和 $k=0$.

(1) 若 $\|\nabla f(x^{(k)})\|<\varepsilon$, 则停止计算; 否则求解二次规划子问题 (4.30)–(4.31), 其解为 $d^{(k)}$.

(2) 计算

$$\rho_k = \frac{\|r(x^{(k)})\|^2 - \|r(x^{(k)} + d^{(k)})\|^2}{\|r(x^{(k)})\|^2 - \|r(x^{(k)}) + J(x^{(k)})d^{(k)}\|^2}.$$

(3) 如果 $\rho_k < \frac{1}{4}$, 则置 $\Delta_{k+1} = \frac{1}{4}\left\|d^{(k)}\right\|$; 否则如果 $\rho_k > \frac{3}{4}$ 且 $\left\|d^{(k)}\right\| = \Delta_k$, 则置 $\Delta_{k+1} = \min\left\{2\Delta_k, \bar{\Delta}\right\}$; 否则置 $\Delta_{k+1} = \Delta_k$.

(4) 如果 $\rho_k \geqslant \eta$, 则置 $x^{(k+1)} = x^{(k)} + d^{(k)}$; 否则置 $x^{(k+1)} = x^{(k)}$.

(5) 置 $k = k + 1$, 转 (1).

二次规划子问题 (4.30)–(4.31) 的求解仍然使用 dogleg 方法. 这样可以得到关于信赖域方法的全局收敛性定理.

定理 4.6 假设 $J(x)r(x)$ 在水平集 $\Omega = \{x \mid f(x) \leqslant f(x^{(0)})\}$ 上 Lipschitz 连续, 且 $\|J(x)\|$ 有界. 预测下降量满足

$$q_k(0) - q_k(d^{(k)}) \geqslant c_1 \|J(x^{(k)})^{\mathrm{T}} r(x^{(k)})\| \min\left\{\Delta_k, \frac{J(x^{(k)})^{\mathrm{T}} r(x^{(k)})}{J(x^{(k)})^{\mathrm{T}} J(x^{(k)})}\right\},$$

其中 c_1 是常数. 如果 $\eta \in \left(0, \frac{1}{4}\right)$, 则

$$\lim_{k\to\infty} \|J(x^{(k)})^{\mathrm{T}} r(x^{(k)})\| = 0.$$

定理 4.6 说明, 求解非线性方程的信赖域方法也具有全局收敛性. 可以进一步证明, 在满足一定的条件下, 它还具有超线性收敛速率.

4.2 超定方程组求解与最小二乘问题

当 $m > n$ 时, 超定方程组

$$r_i(x) = 0, \quad i = 1, 2, \cdots, m \tag{4.32}$$

通常会无解, 需要求它的最小二乘解, 即求解

$$\min \quad f(x) = \frac{1}{2}\sum_{i=1}^{m} r_i^2(x), \tag{4.33}$$

其中 $r_i(x)$ $(i = 1, 2, \cdots, m)$ 为光滑函数, 也称为残差函数. 如果 $r_i(x)$ 是线性函数, 则称问题 (4.33) 为线性最小二乘问题; 如果 $r_i(x)$ 是非线性函数, 则称问题 (4.33) 为非线性最小二乘问题. 例 1.1 中介绍的曲线拟合问题就是典型的非线性最小二乘问题.

虽然, 最小二乘问题属于无约束最优化问题, 可以使用第 3 章介绍的方法求解, 但由于问题 (4.33) 具有它的特殊结构, 因此, 可以根据这种特殊结构, 设计出更加行之有效的算法.

4.2.1 线性最小二乘问题

当 $r_i(x)$ 为线性函数时, 问题 (4.33) 为线性最小二乘问题, 将 $r_i(x)$ 表示为

$$r_i(x) = a_i^{\mathrm{T}} x - b_i, \quad i = 1, 2, \cdots, m,$$

其中 a_i 为 n 维向量, b_i 为纯量, 即线性最小二乘问题表示为

$$\min \quad f(x) = \frac{1}{2}\sum_{i=1}^{m}\left(a_i^{\mathrm{T}} x - b_i\right)^2, \quad x \in \mathbb{R}^n, \quad m \geqslant n. \tag{4.34}$$

也可以将问题 (4.34) 写成对超定方程组

$$Ax = b \quad (A \in \mathbb{R}^{m\times n},\ m > n) \tag{4.35}$$

的最小二乘问题, 即

$$\min \quad f(x) = \frac{1}{2}\|Ax - b\|^2, \tag{4.36}$$

其中 $A = (a_1, a_2, \cdots, a_m)^{\mathrm{T}}$, $b = (b_1, b_2, \cdots, b_m)^{\mathrm{T}}$.

由于

$$f(x) = \frac{1}{2}\|Ax - b\|^2 = \frac{1}{2}(Ax - b)^{\mathrm{T}}(Ax - b),$$

对目标函数求梯度和 Hesse 矩阵, 得到

$$\nabla f(x) = A^{\mathrm{T}}(Ax - b),$$
$$\nabla^2 f(x) = A^{\mathrm{T}} A.$$

注意到 Hesse 矩阵为半正定矩阵, 所以正规方程

$$A^{\mathrm{T}}Ax = A^{\mathrm{T}}b \tag{4.37}$$

的解为超定方程 (4.35) 的最小二乘解. 正规方程的解是存在的, 当 $\mathrm{rank}(A) = n$ (列满秩) 时, 其解是唯一的, 即

$$x^* = (A^{\mathrm{T}}A)^{-1}A^{\mathrm{T}}b.$$

当矩阵 A 的各列接近线性相关时, 正规方程 (4.37) 会成为病态方程, 可能会给问题的求解带来困难.

一种有效克服病态方程求解的方法是对矩阵 A 作 QR 分解 (也称为正交三角分解). 设 $A \in \mathbb{R}^{m\times n}$ $(m > n)$, 其分解形式可写成

$$A = QR = [Q_1\ Q_2]\begin{bmatrix} R_1 \\ 0 \end{bmatrix} = Q_1R_1,$$

其中 Q 为 m 阶正交矩阵, $Q=[Q_1\ Q_2]$, $Q_1\in\mathbb{R}^{m\times n}$, $Q_2\in\mathbb{R}^{m\times(m-n)}$, $R\in\mathbb{R}^{m\times n}$, $R_1\in\mathbb{R}^{n\times n}$ 为上三角阵.

如果 $\operatorname{rank}(A)=n$, 则 R_1 中对角元素均非零, R_1^{-1} 存在. 由正规方程组 (4.37) 得到

$$(Q_1R_1)^{\mathrm{T}}(Q_1R_1)x=(Q_1R_1)^{\mathrm{T}}b,$$

即

$$R_1^{\mathrm{T}}(R_1x)=R_1^{\mathrm{T}}(Q_1^{\mathrm{T}}b).$$

整理得到

$$R_1x=Q_1^{\mathrm{T}}b. \tag{4.38}$$

求解三角方程组 (4.38) 就得到超定方程组 (4.35) 的最小二乘解.

例 4.5 求超定方程组

$$\begin{cases}x_1+x_2=2,\\x_1-x_2=1,\\x_1+x_2=3\end{cases}$$

的最小二乘解.

解 (1) 采用一般方法求解. 记

$$A=\begin{bmatrix}1&1\\1&-1\\1&1\end{bmatrix},\quad b=\begin{bmatrix}2\\1\\3\end{bmatrix},$$

所以

$$A^{\mathrm{T}}A=\begin{bmatrix}3&1\\1&3\end{bmatrix},\quad A^{\mathrm{T}}b=\begin{bmatrix}4\\6\end{bmatrix}.$$

解正规方程 $(A^{\mathrm{T}}A)x=A^{\mathrm{T}}b$, 得到: $x^*=\left(\frac{7}{4},\frac{3}{4}\right)^{\mathrm{T}}$.

(2) 采用 QR 分解方法求解. 对矩阵 A 作 QR 分解

$$A=\begin{bmatrix}\frac{1}{\sqrt{3}}&\frac{1}{\sqrt{6}}&\frac{1}{\sqrt{2}}\\\frac{1}{\sqrt{3}}&-\frac{2}{\sqrt{6}}&0\\\frac{1}{\sqrt{3}}&\frac{1}{\sqrt{6}}&-\frac{1}{\sqrt{2}}\end{bmatrix}\begin{bmatrix}\sqrt{3}&\frac{\sqrt{3}}{3}\\0&\frac{2\sqrt{6}}{3}\\0&0\end{bmatrix}=\begin{bmatrix}\frac{1}{\sqrt{3}}&\frac{1}{\sqrt{6}}\\\frac{1}{\sqrt{3}}&-\frac{2}{\sqrt{6}}\\\frac{1}{\sqrt{3}}&\frac{1}{\sqrt{6}}\end{bmatrix}\begin{bmatrix}\sqrt{3}&\frac{\sqrt{3}}{3}\\0&\frac{2\sqrt{6}}{3}\end{bmatrix}$$

$$=Q_1R_1,$$

所以

$$Q_1^{\mathrm{T}}b=\begin{bmatrix}\dfrac{1}{\sqrt{3}} & \dfrac{1}{\sqrt{3}} & \dfrac{1}{\sqrt{3}}\\ \dfrac{1}{\sqrt{6}} & -\dfrac{2}{\sqrt{6}} & \dfrac{1}{\sqrt{6}}\end{bmatrix}\begin{bmatrix}2\\1\\3\end{bmatrix}=\begin{bmatrix}2\sqrt{3}\\ \dfrac{3}{\sqrt{6}}\end{bmatrix},$$

解方程组

$$\begin{bmatrix}\sqrt{3} & \dfrac{\sqrt{3}}{3}\\ 0 & \dfrac{2\sqrt{6}}{3}\end{bmatrix}\begin{bmatrix}x_1\\x_2\end{bmatrix}=\begin{bmatrix}2\sqrt{3}\\ \dfrac{3}{\sqrt{6}}\end{bmatrix},$$

得到 $x^*=\left(\dfrac{7}{4},\dfrac{3}{4}\right)^{\mathrm{T}}$.

两种方法的计算结果是一样的, 但当变量的维数较大或矩阵 A 的各列接近线性相关时, 两者的计算结果差别较大.

4.2.2 Gauss-Newton 法

当 $r_i(x)$ 为非线性函数时, 问题 (4.33) 为非线性最小二乘问题. 令 $r(x)=(r_1(x), r_2(x),\cdots,r_m(x))^{\mathrm{T}}$, 则问题 (4.33) 改写为

$$f(x)=\frac{1}{2}r(x)^{\mathrm{T}}r(x)=\frac{1}{2}\sum_{i=1}^{m}[r_i(x)]^2. \tag{4.39}$$

对函数 $f(x)$ 求梯度

$$\nabla f(x)=\sum_{i=1}^{m}\nabla r_i(x)r_i(x)=J(x)^{\mathrm{T}}r(x), \tag{4.40}$$

其中 $J(x)=(\nabla r_1(x)\nabla r_2(x)\cdots\nabla r_m(x))^{\mathrm{T}}$ 为 Jacobi 矩阵. 再求 Hesse 矩阵

$$\begin{aligned}\nabla^2 f(x)&=\sum_{i=1}^{m}\nabla r_i(x)[\nabla r_i(x)]^{\mathrm{T}}+\sum_{i=1}^{m}r_i(x)\nabla^2 r_i(x)\\&=J(x)^{\mathrm{T}}J(x)+S(x),\end{aligned} \tag{4.41}$$

其中 $S(x)=\sum\limits_{i=1}^{m}r_i(x)\nabla^2 r_i(x)$.

对于非线性最小二乘问题 (4.39), 若 $r(x^*)=0$, 则称为零残差问题. 若 $\|r(x^*)\|$ 取较小的值, 则称为小残差问题; 否则称为大残差问题.

1. 算法导出

设 $x^{(k)}$ 为当前点, 考虑用 Newton 法求解非线性最小二乘问题 (4.39), 并去掉 Hesse 矩阵中含有二阶项的 $S(x^{(k)})$, 即 Newton 方程改为

$$J(x^{(k)})^{\mathrm{T}}J(x^{(k)})d = -J(x^{(k)})^{\mathrm{T}}r(x^{(k)}), \tag{4.42}$$

其解为 $d^{(k)}$, 则下一个点为 $x^{(k+1)} = x^{(k)} + d^{(k)}$. 称该方法为 Gauss-Newton 法.

在设计算法时, 可将方程 (4.42) 得到的 $d^{(k)}$ 作为搜索方向, 在该方向上增加一维搜索策略.

算法 4.7 (Gauss-Newton 法)

(0) 取初始点 $x^{(0)}$, 置精度要求 ε, 置 $k=0$.

(1) 如果 $\|J(x^{(k)})^{\mathrm{T}}r(x^{(k)})\| < \varepsilon$, 则停止计算; 否则求解线性方程组 (4.42), 其解为 $d^{(k)}$;

(2) 使用精确或非精确一维搜索方法求一维步长 α_k, 置 $x^{(k+1)} = x^{(k)} + \alpha_k d^{(k)}$.

(3) 置 $k = k+1$, 转 (1).

例 4.6 用 Gauss-Newton 法求解非线性最小二乘问题 (4.39), 其中

$$r_i(x) = y_i - x_1(1 - x_2^i), \quad i = 1, 2, 3,$$

且 $y_1 = 1.5$, $y_2 = 2.25$, $y_3 = 2.625$, 取初始点 $x^{(0)} = (1, -1)^{\mathrm{T}}$, 精度要求 $\varepsilon = 10^{-3}$.

解 在计算中, 一维搜索采用 Armijo 准则, 即简单后退准则. 取 $x^{(0)} = (1, -1)^{\mathrm{T}}$, 则有

$$r(x^{(0)}) = \begin{bmatrix} -0.5 \\ 2.25 \\ 0.625 \end{bmatrix}, \quad J(x^{(0)}) = \begin{bmatrix} -2 & 1 \\ 0 & -2 \\ -2 & 3 \end{bmatrix},$$

$$J(x^{(0)})^{\mathrm{T}}J(x^{(0)}) = \begin{bmatrix} 8 & -8 \\ -8 & 14 \end{bmatrix}, \quad J(x^{(0)})^{\mathrm{T}}r(x^{(0)}) = \begin{bmatrix} -0.25 \\ -3.125 \end{bmatrix},$$

求解线性方程组 (4.42), 得到 $d^{(0)} = (0.5937, 0.5625)^{\mathrm{T}}$, 一维搜索步长 $\alpha_0 = 1$. 全部的计算结果如表 4.5 所示. 它的计算效率还是很高的.

表 4.5 Gauss-Newton 法的计算结果

k	$x_1^{(k)}$	$x_2^{(k)}$	$\|r(x^{(k)})\|$	$\|J(x^{(k)})^{\mathrm{T}}r(x^{(k)})\|_2$
0	1.0000	−1.0000	2.3881	3.1350
1	1.5937	−0.4375	1.5349	1.8823
2	2.0351	0.0756	0.7387	0.8274
3	2.5257	0.4947	0.5755	2.2896
4	2.9997	0.5010	0.0049	0.0242
5	3.0000	0.5000	4.657×10^{-6}	1.657×10^{-5}

2. Gauss-Newton 法的性质

当 $J(x^{(k)})$ 列满秩, 且 $\nabla f(x^{(k)}) \neq 0$, 则 Gauss-Newton 法产生的搜索方向是下降方向. 事实上,

$$
\begin{aligned}
\nabla f(x^{(k)})^{\mathrm{T}} d^{(k)} &= -r(x^{(k)})^{\mathrm{T}} J(x^{(k)}) d^{(k)} \\
&= -(d^{(k)})^{\mathrm{T}} J(x^{(k)})^{\mathrm{T}} J(x^{(k)}) d^{(k)} \\
&= -\|J(x^{(k)}) d^{(k)}\|^2 < 0.
\end{aligned}
$$

下面讨论 Gauss-Newton 法的收敛性质. 首先讨论全局收敛性质.

定理 4.7 假设残差函数 $r_i(x)$ $(i = 1, 2, \cdots, m)$ 在水平集 $\Omega = \{x \mid f(x) \leqslant f(x^{(0)})\}$ 上 Lipschitz 连续可微, 且 Jacobi 矩阵 $J(x)$ 满足

$$
\|J(x)z\| \geqslant \gamma \|z\|. \tag{4.43}
$$

如果 $x^{(k)}$ 是由算法 4.7 产生的点列, 一维搜索步长 α 满足 Wolfe 准则, 则

$$
\lim_{k \to \infty} J(x^{(k)})^{\mathrm{T}} r(x^{(k)}) = 0.
$$

证明 由于 $r_i(x)$ 在水平集 Ω 上 Lipschitz 连续可微, 则存在常数 L 和 β, 使得

$$
|r_i(x)| \leqslant \beta, \qquad \|\nabla r_i(x)\| \leqslant \beta, \tag{4.44}
$$

$$
|r_i(x) - r_i(\tilde{x})| \leqslant L\|x - \tilde{x}\|, \qquad \|\nabla r_i(x) - \nabla r_i(\tilde{x})\| \leqslant L\|x - \tilde{x}\|, \tag{4.45}
$$

对于 $x, \tilde{x} \in \Omega$ 和 $i = 1, 2, \cdots, m$ 成立. 因此, 存在 $\overline{\beta} > 0$, 使得 $\|J(x)^{\mathrm{T}}\| = \|J(x)\| \leqslant \overline{\beta}, \forall x \in \Omega$.

对于 $\nabla f(x) = \sum\limits_{i=1}^{m} r_i(x) \nabla r_i(x)$ 应用式 (4.45), 可以得到, $\nabla f(x)$ 是 Lipschitz 连续的, 满足定理 2.1 的条件.

再考虑 Gauss-Newton 方向与负梯度方向的夹角余弦, 并由条件 (4.43), 有

$$
\begin{aligned}
\cos\theta_k &= -\frac{\nabla f(x^{(k)})^{\mathrm{T}} d^{(k)}}{\|\nabla f(x^{(k)})\| \cdot \|d^{(k)}\|} = \frac{\|J(x^{(k)}) d^{(k)}\|^2}{\|J(x^{(k)})^{\mathrm{T}} J(x^{(k)}) d^{(k)}\| \cdot \|d^{(k)}\|} \\
&\geqslant \frac{\gamma^2 \|d^{(k)}\|^2}{\overline{\beta}^{\,2} \|d^{(k)}\|^2} = \frac{\gamma^2}{\overline{\beta}^{\,2}} > 0.
\end{aligned}
$$

由定理 2.1 得到, $\nabla f(x^{(k)}) \to 0$.

下面讨论 Gauss-Newton 法的收敛速率.

由 $\nabla f(x)$ 的 Taylor 展式和式 (4.41) 得到

$$\begin{aligned}\nabla f(x^{(k)}) &= \nabla f(x^*) + \nabla^2 f(x^*)(x^{(k)} - x^*) + O(\|x^{(k)} - x^*\|^2) \\ &= \left[J(x^*)^{\mathrm{T}} J(x^*) + S(x^*)\right](x^{(k)} - x^*) + O(\|x^{(k)} - x^*\|^2),\end{aligned}$$

当 $J(x^*)$ 列满秩, $J(x^*)^{\mathrm{T}}J(x^*)$ 可逆. 再假设 $J(x)$ 连续, 且 $x^{(k)}$ 收敛到 x^*, 则 $\left[J(x^{(k)})^{\mathrm{T}}J(x^{(k)})\right]^{-1}$ 存在且有界, 所以有

$$\begin{aligned}&x^{(k)} + d^{(k)} - x^* \\ =& x^{(k)} - x^* - \left[J(x^{(k)})^{\mathrm{T}} J(x^{(k)})\right]^{-1} \nabla f(x^{(k)}) \\ =& \left[J(x^{(k)})^{\mathrm{T}} J(x^{(k)})\right]^{-1} \left[J(x^{(k)})^{\mathrm{T}} J(x^{(k)}) - J(x^*)^{\mathrm{T}} J(x^*)\right](x^{(k)} - x^*) \\ &- \left[J(x^{(k)})^{\mathrm{T}} J(x^{(k)})\right]^{-1} S(x^*)(x^{(k)} - x^*) + O(\|x - x^*\|^2) \\ =& -\left[J(x^{(k)})^{\mathrm{T}} J(x^{(k)})\right]^{-1} S(x^*)(x^{(k)} - x^*) + O(\|x - x^*\|^2).\end{aligned} \tag{4.46}$$

对于零残差问题 $r(x^*) = 0$, 即 $S(x^*) = 0$. 由式 (4.46) 得到

$$\|x^{(k+1)} - x^*\| = O(\|x - x^*\|^2), \tag{4.47}$$

即有二阶收敛速率.

对于非零残差问题且非线性问题, $S(x^*) \neq 0$. 由式 (4.46) 得到

$$\|x^{(k+1)} - x^*\| \approx \|\left[J(x^*)^{\mathrm{T}} J(x^*)\right]^{-1} S(x^*)\| \cdot \|x - x^*\|. \tag{4.48}$$

只有当 $\left\|\left[J(x^*)^{\mathrm{T}}J(x^*)\right]^{-1}S(x^*)\right\| \ll 1$ 时, Gauss-Newton 是收敛的, 且只有线性收敛. 而当 $\|S(x^*)\|$ 很大时 (大残差问题), Gauss-Newton 不会有好的收敛性质.

回顾例 4.6, 从表 4.5 得到, 它是一个零残差问题, 由定理 4.7 知, 具有二阶收敛速率, 所以计算效果好就不足为奇了.

4.2.3 Levenberg-Marquardt 方法

在 Gauss-Newton 法中, 当 Jacobi 矩阵 $J(x^{(k)})$ 的各列线性相关, 或接近线性相关, 换句话说, 矩阵 $J(x^{(k)})^{\mathrm{T}}J(x^{(k)})$ 奇异或者病态, 求解线性方程组 (4.42) 会遇到困难, 克服困难的方法之一是将线性方程组 (4.42) 改为

$$\left[J(x^{(k)})^{\mathrm{T}} J(x^{(k)}) + \nu I\right] d = -J(x^{(k)})^{\mathrm{T}} r(x^{(k)}), \tag{4.49}$$

其中 $\nu > 0$ 是迭代过程中需要调整的参数.

设方程 (4.49) 的解为 $d(\nu)$, 由方程 (4.49) 可以看出, 当 $\nu = 0$ 时, $d(\nu)$ 就是 Gauss-Newton 步. 当 $\nu \to \infty$ 时, $d(\nu)$ 的方向趋于负梯度方向, 其模 $\|d(\nu)\|$ 随着 ν

的增加而减少, 并最终趋于 0. 从这种意义上讲, Levenberg-Marquardt 方法属于阻尼算法.

下面给出参数 ν 的调整方法. 定义一个二次函数

$$q(d) = f(x^{(k)}) + \left[J(x^{(k)})^{\mathrm{T}} r(x^{(k)})\right]^{\mathrm{T}} d + \frac{1}{2} d^{\mathrm{T}} \left[J(x^{(k)})^{\mathrm{T}} J(x^{(k)})\right] d, \tag{4.50}$$

其中 $x^{(k)}$ 为当前点. 假设当前参数为 ν_k, 方程 (4.49) 的解为 $d^{(k)}$, 所以二次函数 (4.50) 的理论下降量为

$$\begin{aligned}\Delta q^{(k)} &= q(d^{(k)}) - q(0) \\ &= \left[J(x^{(k)})^{\mathrm{T}} r(x^{(k)})\right]^{\mathrm{T}} d^{(k)} + \frac{1}{2}(d^{(k)})^{\mathrm{T}} \left[J(x^{(k)})^{\mathrm{T}} J(x^{(k)})\right] d^{(k)}.\end{aligned} \tag{4.51}$$

再考虑目标函数的实际下降量

$$\Delta f^{(k)} = f(x^{(k)} + d^{(k)}) - f(x^{(k)}). \tag{4.52}$$

定义 ρ_k 为实际下降量与理论下降之比, 即

$$\rho_k = \frac{\Delta f^{(k)}}{\Delta q^{(k)}} = \frac{f(x^{(k)} + d^{(k)}) - f(x^{(k)})}{\left[J(x^{(k)})^{\mathrm{T}} r(x^{(k)})\right]^{\mathrm{T}} d^{(k)} + \frac{1}{2}(d^{(k)})^{\mathrm{T}} \left[J(x^{(k)})^{\mathrm{T}} J(x^{(k)})\right] d^{(k)}}. \tag{4.53}$$

当 ρ_k 接近于 1 时, 表示 $\Delta f^{(k)}$ 接近 $\Delta q^{(k)}$, 即实际下降量接近于理论下降量, 也就是说, 采用二次函数 (4.50) 的计算效果会好一些. 换句话说, 用 Levenberg-Marquardt 方法求解时, 参数 ν 的取值应该小一些.

反过来, 当 ρ_k 接近于 0 时, 表明实际下降量 $\Delta f^{(k)}$ 远远小于理论下降量 $\Delta q^{(k)}$, 也就是说, 采用二次函数 (4.50) 的计算效果不好. 此时应当减少相应的步长. 由前面的分析得到, 使用增大参数 ν 的方法来限制 $d^{(k)}$ 的模.

如果 ρ_k 既不接近于 0, 也不接近于 1, 可以认为当前的参数取值是合适的, 所以不对参数 ν 作任何调整.

通常 ρ_k 的临界值为 $\frac{1}{4}$ 和 $\frac{3}{4}$, 由此得到如下算法.

算法 4.8 (Levenberg-Marquardt 方法)

(0) 取初始点 $x^{(0)}$ 和 $\nu_0 > 0$, 置精度要求 ε 和 $k = 0$.

(1) 如果 $\|J(x^{(k)})^{\mathrm{T}} r(x^{(k)})\| \leqslant \varepsilon$, 则停止计算; 否则令 $\nu = \nu_k$, 求解线性方程组 (4.49), 其解为 $d^{(k)}$.

(2) 用式 (4.53) 计算 ρ_k, 若 $\rho_k < \frac{1}{4}$, 则置 $\nu_{k+1} = 4\nu_k$; 否则如果 $\rho_k > \frac{3}{4}$, 则置 $\nu_{k+1} = \frac{1}{2}\nu_k$; 否则置 $\nu_{k+1} = \nu_k$.

(3) 如果 $\rho_k > 0$, 则置 $x^{(k+1)} = x^{(k)} + d^{(k)}$; 否则置 $x^{(k+1)} = x^{(k)}$.

(4) 置 $k = k + 1$, 转 (1).

例 4.7 用 Levenberg-Marquardt 方法求解例 4.6, 取初始点 $x^{(0)}=(1,1)^{\mathrm{T}}$, $\nu_0=0.1$, 精度要求 $\varepsilon=10^{-3}$.

解 取 $x^{(0)}=(1,1)^{\mathrm{T}}$, $J(x^{(0)})=\begin{bmatrix}0 & 1\\ 0 & 2\\ 0 & 3\end{bmatrix}$, 两列线性相关, Gauss-Newton 法求解失败. 求解线性方程组 (4.49), 即

$$\begin{bmatrix}0.1 & 0\\ 0 & 14.1\end{bmatrix}\begin{bmatrix}d_1\\ d_2\end{bmatrix}=\begin{bmatrix}0\\ 13.875\end{bmatrix}$$

得到 $d_1=0$, $d_2=-0.9840$.

用式 (4.53) 计算 $\rho_0>0.75$, 接受步长 d, 且减少 ν_0 的值. 具体计算结果如表 4.6 所示.

表 4.6 Levenberg-Marquardt 方法的计算结果

k	ν	$x_1^{(k)}$	$x_2^{(k)}$	$\\|r(x^{(k)})\\|$	$\\|J(x^{(k)})^{\mathrm{T}}r(x^{(k)})\\|_2$
0	0.1000	1.0000	1.0000	3.7687	13.875
1	0.0500	1.0000	0.0160	2.1142	3.4282
2	0.2000	1.0000	0.0160	2.1142	3.4282
3	0.1000	2.2618	0.6202	1.4010	6.3838
4	0.0500	2.4660	0.3549	0.2994	0.3406
5	0.0250	2.8420	0.4856	0.1391	0.5704
6	0.0125	2.9790	0.4953	0.0089	0.0135
7	0.0063	2.9983	0.4996	0.0007	0.0011
8	0.0031	2.9999	0.5000	2.771×10^{-5}	1.332×10^{-5}

从前面的分析和计算来看, Levenberg-Marquardt 方法有点像信赖域方法. 事实上, Levenberg-Marquardt 方法与信赖域方法是等价的, 请看下面的定理.

定理 4.8 若 d 是信赖域子问题

$$\min\quad q(d)=f(x^{(k)})+\left[J(x^{(k)})^{\mathrm{T}}r(x^{(k)})\right]^{\mathrm{T}}d+\frac{1}{2}d^{\mathrm{T}}\left[J(x^{(k)})^{\mathrm{T}}J(x^{(k)})\right]d, \tag{4.54}$$

$$\text{s.t.}\quad \|d\|\leqslant\Delta \tag{4.55}$$

解的充分必要条件是, 存在 $\nu>0$, 使得

$$\left[J(x^{(k)})^{\mathrm{T}}J(x^{(k)})+\nu I\right]d=-J(x^{(k)})^{\mathrm{T}}r(x^{(k)}), \tag{4.56}$$

$$\nu(\Delta-\|d\|)=0. \tag{4.57}$$

从这种观点来看, 最早的信赖域方法就是 Levenberg-Marquardt 方法.

注意, 方程 (4.49) 等价于线性最小二乘问题

$$\min_{d}\frac{1}{2}\left\|\begin{bmatrix}J(x^{(k)})\\ \sqrt{\nu}I\end{bmatrix}d+\begin{bmatrix}r(x^{(k)})\\ 0\end{bmatrix}\right\|. \tag{4.58}$$

因此, 可以使用克服病态性的算法求解它, 也就是说, 会使方程 (4.49) 的解更准确.

由于矩阵 $J(x^{(k)})^{\mathrm{T}}J(x^{(k)})+\nu I$ 正定, 所以 Levenberg-Marquardt 方法产生的搜索方向 $d^{(k)}$ 是下降方向. 进一步, 由于 Levenberg-Marquardt 方法与信赖域方法等价, 所以算法 (4.8) 具有全局收敛性.

4.2.4 拟 Newton 法

Gauss-Newton 法是直接略去了 Hesse 矩阵 $\nabla^2 f(x^{(k)})$ 中的 $S(x^{(k)})$ 项; 而 Levenberg-Marquardt 方法可以看成用 νI 来近似 $S(x^{(k)})$. 因此, 对于大残差问题, 不可能期望这两种算法会得到好的结果.

因此, 可以考虑使用拟 Newton 算法求解. 这里还是使用方程

$$B^{(k)}d=-J(x^{(k)})^{\mathrm{T}}r(x^{(k)}) \tag{4.59}$$

的解 $d^{(k)}$ 作为搜索方向, 这里的 $B^{(k)}$ 是 Hesse 矩阵 $\nabla^2 f(x^{(k)})$ 的某种"近似". 但考虑到最小二乘问题特殊性, 令

$$B^{(k)}=J(x^{(k)})^{\mathrm{T}}J(x^{(k)})+S^{(k)}.$$

它第一部分是已知的, 而第二部分是未知的. 未知项 $S^{(k)}$ 是通过对 $S(x^{(k)})$ 的"近似"得到, 这就是关于非线性最小二乘问题的拟 Newton 法.

与一般无约束问题的拟 Newton 法类似, 先要考虑 $S(x^{(k+1)})$ 的性质. 考虑残差函数 $r_i(x)$ 在 $x^{(k+1)}$ 处的 Taylor 展开式

$$\nabla r_i(x)-\nabla r_i(x^{(k+1)})\approx\nabla^2 r_i(x^{(k+1)})(x-x^{(k+1)}),$$

取 $x=x^{(k)}$ 得到

$$\nabla r_i(x^{(k+1)})-\nabla r_i(x^{(k)})\approx\nabla^2 r_i(x^{(k+1)})(x^{(k+1)}-x^{(k)}),$$

所以

$$\sum_{i=1}^{m}r_i(x^{(k+1)})\left(\nabla r_i(x^{(k+1)})-\nabla r_i(x^{(k)})\right)\approx\sum_{i=1}^{m}r_i(x^{(k+1)})\nabla^2 r_i(x^{(k+1)})(x^{(k+1)}-x^{(k)}). \tag{4.60}$$

令

$$\begin{aligned}s^{(k)}&=x^{(k+1)}-x^{(k)},\\ y^{\#}&=\sum_{i=1}^{m}r_i(x^{(k+1)})\left(\nabla r_i(x^{(k+1)})-\nabla r_i(x^{(k)})\right)\\ &=\left(J(x^{(k+1)})-J(x^{(k)})\right)^{\mathrm{T}}r(x^{(k+1)}),\end{aligned}$$

在式 (4.60) 中用 $S^{(k+1)}$ 替换 $\sum\limits_{i=1}^{m} r_i(x^{(k+1)})\nabla^2 r_i(x^{(k+1)})$, 并令等式成立, 得到关于 $S^{(k+1)}$ 的拟 Newton 方程

$$S^{(k+1)}s^{(k)} = y^{\#}. \tag{4.61}$$

一种 $S^{(k+1)}$ 的修正公式为

$$\begin{aligned} S^{(k+1)} = S^{(k)} &+ \frac{(y^{\#} - S^{(k)}s^{(k)})(y^{(k)})^{\mathrm{T}} + y^{(k)}(y^{\#} - S^{(k)}s^{(k)})^{\mathrm{T}}}{(y^{(k)})^{\mathrm{T}}s^{(k)}} \\ &- \frac{(y^{\#} - S^{(k)}s^{(k)})^{\mathrm{T}}s^{(k)}}{\left((y^{(k)})^{\mathrm{T}}s^{(k)}\right)^2} y^{(k)}(y^{(k)})^{\mathrm{T}}, \end{aligned} \tag{4.62}$$

其中 $y^{(k)} = J(x^{(k+1)})^{\mathrm{T}}r(x^{(k+1)}) - J(x^{(k)})^{\mathrm{T}}r(x^{(k)})$. 该公式的意义是: 在某种意义下, 当前点处的修正矩阵 $S^{(k)}$ 的差 $S^{(k+1)} - S^{(k)}$ 达到最小.

由于这里并不需要保证 $S^{(k)}$ 正定, 所以秩 1 修正公式

$$S^{(k+1)} = S^{(k)} + \frac{(y^{\#} - S^{(k)}s^{(k)})(y^{\#} - S^{(k)}s^{(k)})^{\mathrm{T}}}{(y^{\#} - S^{(k)}s^{(k)})^{\mathrm{T}}s^{(k)}} \tag{4.63}$$

也是一种不错的选择.

算法 4.9 (求解非线性最小二乘问题的拟 Newton 法)

(0) 取初始点 $x^{(0)}$, 置初始矩阵 $S^{(0)}(= 0.01 \times I)$, 精度要求 ε 和 $k = 0$.

(1) 如果 $\|J(x^{(k)})^{\mathrm{T}}r(x^{(k)})\| \leqslant \varepsilon$, 则停止计算; 否则置 $B^{(k)} = J(x^{(k)})^{\mathrm{T}}J(x^{(k)}) + S^{(k)}$, 求解线性方程组 (4.59), 得到 $d^{(k)}$.

(2) 使用精确或非精确一维搜索方法求一维步长 α_k, 置 $x^{(k+1)} = x^{(k)} + \alpha_k d^{(k)}$.

(3) 记 $s^{(k)} = x^{(k+1)} - x^{(k)}$, $y^{\#} = \left(J(x^{(k+1)}) - J(x^{(k)})\right)^{\mathrm{T}} r(x^{(k+1)})$, 用式 (4.63) 修正 $S^{(k)}$, 得到 $S^{(k+1)}$.

(4) 置 $k = k + 1$, 转 (1).

对于求解非线性最小二乘问题的拟 Newton 法, 可以证明: 在满足一定的条件下, 算法具有超线性收敛速度. 只是这个结论证明的过程较为烦琐, 有兴趣的读者可参考其他书籍.

4.3 自编 MATLAB 程序

本节介绍求解非线性方程 (组) 和最小二乘问题的 MATLAB 程序, 使用的一维搜索程序或求解二次规划子问题的 dogleg 方法见第 2 章.

4.3.1 求解非线性方程的方法

本小节介绍求解非线性方程 $r(x) = 0$ 的程序.

1. Newton 法

Newton 法本质上是用切线近似曲线, 对于单根方程具有二阶收敛速率, 是方程求根中经常采用的方法. 按照 Newton 法 (算法 4.1) 编写方程求根的 MATLAB 程序 (函数名: newton.m) 如下:

```
function [x_star, it_num] = Newton(fun, x, ep, it_max)
%% 求方程根的Newton法, 调用方法为
%%   [x_star, it_num] = Newton(fun, x, ep, it_max)
%% 其中
%%   fun(x) 为求根的函数, 提供函数值和导数值;
%%   x 为初始点; ep 为精度要求, 缺省值为1e-5;
%%   it_max 为最大迭代次数, 缺省值为100;
%%   x_star 为得到的解; it 为求解所需的迭代次数.

if nargin < 4  it_max = 100; end
if nargin < 3  | isempty(ep)  ep = 1e-5; end
k = 0;
while k <= it_max
    [r, dotr] = fun(x);
    if abs(dotr) < 1e-10
        error('% 求根失败, 求根函数的导数为0. ');
    end
    x1 = x - r/dotr;
    if abs(x1-x) < ep  break;  end
    x = x1; k = k + 1;
end
x_star = x1; it_num = k;
```

例 4.8 调用程序 newton.m 求解方程 $x^3-x-1=0$ 在 $x_0=1.5$ 附近的根, 取 $\varepsilon=10^{-5}$.

解 令 $r(x)=x^3-x-1$, 则 $r'(x)=3x^2-1$, 编写外部函数 (程序名: fun.m)

```
function [r, dotr] = fun(x)
r = x^3 - x - 1;
dotr = 3 * x^2 - 1;
```

调用程序 newton.m 求解

```
>> [x_star, it_num] = Newton(@fun, 1.5)
```

得到

```
x_star =
    1.3247
it_num =
     3
```

2. 弦截法

弦截法也称为割线法, 算法的本质是用割线的零点来不断地近似曲线的零点. 弦截法的优点是不用计算函数的导数. 按照弦截法 (算法 4.2) 编写求方程根的 MATLAB 程序 (函数名: secant.m)

```
function [x_star, it_num] = secant(fun, x0, x1, ep, it_max)
%% 求方程根的弦截法, 调用方法为
%%   [x_star, it_num] = secant(fun, x0, x1, ep, it_max)
%% 其中
%%   fun(x) 为求根的函数; x0 和 x1 为初始点;
%%   ep 为精度要求, 缺省值为1e-5;
%%   it_max 为最大迭代次数, 缺省值为100;
%%   x_star 为得到的解; it 为求解所需的迭代次数.

if nargin < 5  it_max = 100; end
if nargin < 4 | isempty(ep)  ep = 1e-5; end
if nargin < 3 | isempty(x1)  x1 = x0 + 0.1; end
k = 0; f0 = fun(x0);
while k <= it_max
    f1 = fun(x1);
    if abs(f1-f0) < 1e-10
        error('% 求根失败, 两点函数值相同. ');
    end
    x2 = x1 - (x1-x0)/(f1-f0)*f1;
    if abs(x2-x1) < ep  break;  end
    x0 = x1; f0 = f1;
    x1 = x2; k = k+1;
end
x_star = x2; it_num = k;
```

例 4.9 调用程序 secant.m 求解方程 $x^3 - x - 1 = 0$ 在 1.5 附近的根, 取

$x_0 = 1.5, x_1 = 1.6, \varepsilon = 10^{-5}$.

解　编写内部函数 r, 并调用程序 secant.m 求解 (程序名: exam0409.m)

```
r = @(x) (x^3 - x - 1);
[x_star, it_num] = secant(r, 1.5, 1.6, 1e-5)
```

得到

```
x_star =
    1.3247
it_num =
    4
```

4.3.2 求解非线性方程组的方法

本小节介绍求解非线性方程组

$$\begin{cases} r_1(x) = 0, \\ r_2(x) = 0, \\ \quad \cdots \\ r_n(x) = 0 \end{cases}$$

的程序, 简记为求解 $r(x) = 0$.

1. Newton 法

按照算法 4.3 编写求解非线性方程组 Newton 法的 MATLAB 程序 (函数名: Newtons.m)

```
function [x_star, it_num, r_norm] = Newtons(fun, x, ep, it_max)
%% 求解非线性方程组的Newton法, 调用方法为
%%    [x_star, it_num, r_norm] = Newtons(fun, x, ep, it_max)
%% 其中
%%   fun 为函数, 提供 r(x) 的值和 Jacobi 矩阵;
%%   x 为初始点; ep 为精度要求, 缺省值为1e-5;
%%   it_max 为最大迭代次数, 缺省值为100;
%%   x_star 为方程的解; it_num 为求解所需的迭代次数.
%%   r_norm 为方程的解范数||r(x)||.

if nargin < 4  it_max = 100; end
if nargin < 3 | isempty(ep) ep=1e-5; end
k = 0;
```

```
while k <= it_max
    [r, J] = fun(x);
    if norm(r) < ep  break;  end
    x = x - J\r; k = k + 1;
end
x_star = x; it_num = k; r_norm = norm(r);
```

例 4.10 用 Newton 法 (Newtons.m) 求解非线性方程组

$$\begin{cases} x_1^2 + x_2^2 - 5 = 0, \\ (x_1 + 1)x_2 - (3x_1 + 1) = 0, \end{cases}$$

取初始点 $x^{(0)} = (1, 1)^{\mathrm{T}}$, 精度要求 $\varepsilon = 10^{-5}$.

解

$$r(x) = \begin{bmatrix} x_1^2 + x_2^2 - 5 \\ (x_1 + 1)x_2 - (3x_1 + 1) \end{bmatrix},$$

$$J(x) = \begin{bmatrix} 2x_1 & 2x_2 \\ x_2 - 3 & x_1 + 1 \end{bmatrix},$$

按照给出的 $r(x)$ 和 $J(x)$ 编写外部函数（函数名: funs.m）

```
function [r, J] = funs(x)
%% 非线性函数, x 为自变量;
%% r为函数值, J为Jacobi矩阵.

global nf  ng;
x1 = x(1); x2 = x(2);
r = [x1^2+x2^2-5; (x1+1)*x2-(3*x1+1)]; nf = nf + 1;
if nargout > 1
    J=[2*x1  2*x2;  x2-3  x1+1]; ng = ng + 1;
end
```

在程序中, nf 和 ng 分别计算 $r(x)$ 函数和 Jacobi 矩阵的调用次数.

调用 Newton 迭代法的程序

```
>> [x_star, it_num, r_norm] = Newtons(@funs, [1, 1]', 1e-5)
```

得到

```
x_star =
    1.0000
    2.0000
it_num =
```

```
     4
r_norm =
   5.0142e-008
```

注意　函数 Newtons() 是一个通用程序, 也可以求非线性方程的根.

2. 拟 Newton 法

按照算法 4.5 编写求解非线性方程组拟 Newton 法的 MATLAB 程序 (函数名: Quasi_Newton.m)

```
function [x_star, it_num, r_norm]=Quasi_Newton(fun, x, ep, it_max)
%% 求解非线性方程组的拟 Newton 法(带有一维搜索), 调用方法为
%%   [x_star, it_num, r_norm] = Quasi_Newton(fun, x, ep, it_max)
%% 其中
%%   fun 为函数, 提供r(x)的值和Jacobi矩阵(提供初始矩阵);
%%   x 为初始点; ep 为精度要求, 省缺值为1e-5;
%%   it_max 为最大迭代次数, 省缺为100;
%%   x_star 为得到的解; it_num 为求解所需的迭代次数.
%%   r_norm 为方程的解范数||r(x)||.

if nargin < 4  it_max = 100; end
if nargin < 3 | isempty(ep) ep = 1e-5; end
k = 0; n = length(x); [r B] = fun(x);
while k <= it_max
    if norm(r) < ep  break;  end
    d = -B\r; r1 = r; j = 0;
    while 0.5^j >= ep/10
        r = fun(x + 0.5^j*d);
        if norm(r) < norm(r1) break;  end
        j = j + 1;
    end
    alpha = 0.5^j; x = x + alpha*d;
    s = alpha*d; y = r - r1;
    B = B + ((y - B*s)*s')/(s'*s);
    k = k + 1;
end
x_star = x; it_num = k; r_norm = norm(r);
```

在算法中, 初始矩阵 $B^{(0)}$ 选择初始点处的 Jacobi 矩阵 $J(x^{(0)})$.

3. 带有一维搜索的算法

编写求解非线性方程组带有一维搜索的算法的 MATLAB 程序, 在程序中, 一维搜索使用简单后退准则 (函数名: Newton_Search.m)

```
function [x_star, it_num, r_norm]=Newton_Search(fun, x, ep, it_max)
%% 求解非线性方程组的 Newton 法(带有一维搜索), 调用方法为
%%   [x_star, it_num, r_norm] = Newton_Search(fun, x, ep, it_max)
%% 其中
%%   fun 为函数, 提供  r(x) 的值和Jacobi矩阵;
%%   x 为初始点; ep 为精度要求, 缺省值为1e-5;
%%   it_max 为最大迭代次数, 缺省值为100;
%%   x_star 为方程的解; it_num 为求解所需的迭代次数.
%%   r_norm 为方程的解范数||r(x)||.

if nargin < 4  it_max = 100; end
if nargin < 3 | isempty(ep) ep = 1e-5; end
k = 0;
while k <= it_max
    [r, J] = fun(x);
    if norm(r) < ep  break;  end
    d = - J\r; j = 0;
    alpha = 1;
    while alpha >= ep/10
        r1 = fun(x + alpha*d);
        if r1'*r1 < r'*r  break;  end
        alpha = alpha/2;
    end
    x = x + alpha*d; k = k + 1;
end
x_star = x; it_num = k; r_norm = norm(r);
```

4. 信赖域方法

按照算法 4.6 编写求解非线性方程组的信赖域方法的 MATLAB 程序 (程序名: trust_E.m). 在二次规划子问题中, $B^{(k)} = J(x^{(k)})^{\mathrm{T}} J(x^{(k)})$, $g^{(k)} = J(x^{(k)})^{\mathrm{T}} r(x^{(k)})$.

```
function [x_star, it_num, r_norm] = Trust_E(fun, x, ep, k_max)
%% 求解非线性方程的信赖域方法，调用方法为
%%   [x_star, it_num, r_norm] = Trust_E(fun, x, ep, k_max)
%% 其中
%%   fun 为函数，提供r(x)的值和Jacobi矩阵;
%%   x 为初始点; ep 为精度要求，缺省值为1e-5;
%%   it_max 为最大迭代次数，缺省值为100;
%%   x_star 为得到的解; it_num 为求解所需的迭代次数.
%%   r_norm 为方程的解范数||r(x)||.

if nargin < 4  k_max = 100; end
if nargin < 3 | isempty(ep) ep = 1e-5; end
% 置初始值
k = 0; delta = 1; [r J] = fun(x);

% 信赖域方法 (Gauss-Newton型算法)
while  norm(r) >= ep & k <= k_max
    B = J'*J; g = J'*r;
    d = dogleg(B, g, delta);
    pred = r'*r - (r+J*d)'*(r+J*d);
    r1 = fun(x+d); ared = r'*r - r1'*r1;
    rho = ared/pred;
    if rho < 0.25 | ared < 0
        delta = norm(d)/4;
    elseif rho > 0.75
        delta = 2*delta;
    end
    if ared > 0
        x = x + d; [r J] = fun(x);
    end
    k = k + 1;
end
x_star = x; it_num = k; r_norm=norm(r);
```

5. 数值例子

例 4.11 分别用 Newton 法、拟 Newton 法、带有一维搜索的算法和信赖域方法求解非线性方程组 $r(x)=0$, 其中

$$r_i(x) = n - \sum_{j=1}^{n} \cos x_j + i(1-\cos x_i) - \sin x_i, \quad i = 1, 2, \cdots, n.$$

此函数称为 Trigonometric 函数. 在计算中, 取 $n=10$, 初始点 $x^{(0)} = \left(\frac{1}{n}, \frac{1}{n}, \cdots, \frac{1}{n}\right)^{\mathrm{T}}$, 精度要求 $\varepsilon = 10^{-5}$.

解 表 4.7 给出了各种方法的迭代次数、函数调用次数和 Jacobi 矩阵调用次数. 在拟 Newton 法中, 调用一次 Jacobi 矩阵作为初始矩阵.

从表 4.7 可以看出, Newton 法效率最高. 这与理论分析是相符的, 因为 Newton 法具有二次收敛速率.

表 4.7 各种算法求解 Trigonometric 函数的结果

算法	$\|r(x)\|$	迭代次数	函数调用次数	Jacobi 矩阵调用次数
Newton 法	1.1692×10^{-6}	6	7	7
拟 Newton 法	4.7963×10^{-7}	15	36	1
一维搜索方法	9.9475×10^{-8}	7	23	8
信赖域方法	5.7538×10^{-9}	10	19	9

4.3.3 求解非线性最小二乘问题的算法

1. Gauss-Newton 法

根据算法 4.7 编写相应的 MATLAB 程序 (程序名: GN.m), 求解方程 (4.42) 等价于求解线性最小二乘问题

$$\min \quad \frac{1}{2}\|J(x^{(k)})d + r(x^{(k)})\|^2.$$

```
function [x_opt, f_opt, g_norm, it_num] = GN(fun, x, ep, k_max)
%% 求解非线性最小二乘问题的Gauss-Newton法, 调用方法为
%%   [x_opt, f_opt, g_norm, it_num] = gn(fun, x, ep, k_max)
%% 其中
%%   fun 为目标函数, 提供函数值、梯度、残差和Jacobi矩阵;
%%   x 为初始点; ep 为精度要求, 缺省值为1e-5;
%%   k_max 为最大迭代次数, 缺省值为 100;
```

```
%%    x_opt 为最优点; f_opt 为最优点处的函数值;
%%    g_norm 为最优点处梯度的模; it_num 为迭代次数.

if nargin < 4  k_max = 100; end
if nargin < 3 | isempty(ep) ep = 1e-5; end

% 置初始值
ep1 = ep/10; k = 0;

% Gauss-Newton 算法
while  k <= k_max
    [f, g, r, J] = fun(x);
    if norm(g) < ep  break;  end
    d = -J\r;                                % 搜索方向
    alpha = search(fun, x, d, f, g, ep1); % 一维搜索
    s = alpha*d;
    if norm(s) < ep1 break; end
    x = x + s;  k = k+1;
end
x_opt = x; f_opt = f; g_norm = norm(g); it_num = k;
```

在程序中, 用左除运算 (d=-J\r) 要比直接求解方程 (4.42) 有更好的计算结果.

2. Levenberg-Marquardt 方法

根据算法 4.8 编写相应的 MATLAB 程序 (程序名: LM.m), 求解方程 (4.49) 等价于求解线性最小二乘问题

$$\min \quad \frac{1}{2}\left\|\begin{bmatrix} J(x^{(k)}) \\ \sqrt{\nu_k}I \end{bmatrix} d + \begin{bmatrix} r(x^{(k)}) \\ 0 \end{bmatrix}\right\|^2 .$$

```
function [x_opt, f_opt, g_norm, it_num] = LM(fun, x, ep, k_max)
%% 求解非线性最小二乘问题的Levenberg-Marquardt方法, 调用方法为
%%    [x_opt, f_opt, g_norm, it_num] = LM(fun, x, ep, k_max)
%% 其中
%%    fun 为目标函数, 提供函数值、梯度、残差和Jacobi矩阵;
%%    x 为初始点; ep 为精度要求, 缺省值为1e-5;
%%    k_max 为最大迭代次数, 缺省值为 100;
%%    x_opt 为最优点; f_opt 为最优点处的函数值;
```

```
%%   g_norm 为最优点处梯度的模; it_num 为迭代次数.

if nargin < 4  k_max = 100; end
if nargin < 3 | isempty(ep) ep = 1e-5; end

% 置初始值
ep1 = ep/10; k = 0;

% Levenberg-Marquardt 算法
v = 0.1; n = length(x); I = eye(n);
while  k <= k_max
    [f, g, r, J] = fun(x);
    if norm(g) < ep  break;  end
    d = -[J; sqrt(v)*I]\[r; zeros(n,1)];  % 搜索方向
    if norm(d)< ep1 break; end
    rho = (fun(x+d) - f)/(g'*d+d'*J'*J*d);
    if rho < 0.25
        v = 4*v;
    elseif rho > 0.75
        v = v/2;
    end
    if rho > 0
        x = x + d;
    end
    k = k + 1;
end
x_opt = x; f_opt = f; g_norm = norm(g); it_num = k;
```

3. 拟 Newton 法

根据算法 4.9 编写相应的 MATLAB 程序 (程序名: qnewton.m).

```
function [x_opt, f_opt, g_norm, it_num]=qnewton(fun, x, ep, k_max)
%% 求解非线性最小二乘问题的拟 Newton 法, 调用方法为
%%   [x_opt, f_opt, g_norm, it_num] = qnewton(fun, x, ep, k_max)
%% 其中
%%   fun 为目标函数, 提供函数值、梯度、残差和 Jacobi 矩阵;
```

```
%%   x 为初始点; ep 为精度要求, 缺省值为1e-5;
%%   k_max 为最大迭代次数, 缺省值为 100;
%%   x_opt 为最优点; f_opt 为最优点处的函数值;
%%   g_norm 为最优点处梯度的模; it_num 为迭代次数.

if nargin < 4  k_max = 100; end
if nargin < 3 | isempty(ep) ep = 1e-5; end

% 置初始值
ep1 = ep/10; k = 0; n = length(x); S = 0.01*eye(n);

% 拟 Newton 法
[f, g, r, J] = fun(x);
while  norm(g) >= ep & k <= k_max
    B = J'*J + S;
    if rcond(B)<1e-10                       % 搜索方向
        d = -J\r; S = 0.01*eye(n);
    else
        d = -B\(J'*r);
    end
    alpha = search(fun, x, d, f, g, ep1); % 一维搜索
    s = alpha*d; x = x + s;
    if norm(s)<ep1  break; end
    J1 = J; [f, g, r, J] = fun(x);
    y = (J-J1)'*r; ys=(y-S*s)'*s;
    S = S+((y-S*s)*(y-S*s)')/ys;
    k = k + 1;
end
x_opt = x; f_opt = f; g_norm = norm(g); it_num = k;
```

在算法中, 如果矩阵 B 是病态矩阵 (rcond(B)<1e-10), 则重新修正矩阵 S.

4. 数值例子

例 4.12 用 Gauss-Newton 法、Levenberg-Marquardt 方法和拟 Newton 法求 Box 三维函数的最小二乘解, 其中

$$r_i(x)=\mathrm{e}^{-t_ix_1}-\mathrm{e}^{-t_ix_2}-x_3\left(\mathrm{e}^{-t_i}-\mathrm{e}^{-10t_i}\right),\quad i=1,2,\cdots,10,$$

$$t_i = \frac{i}{10}, \quad i = 1, 2, \cdots, 10,$$

取初始点 $x^{(0)} = (0, 10, 20)^{\mathrm{T}}$, 精度要求 $\varepsilon = 10^{-5}$.

解 该问题的最优值为 0, 其最优解或者是 $(1, 10, 1)^{\mathrm{T}}$, 或者是 $(10, 1, -1)^{\mathrm{T}}$, 或者是 $(x_1, x_2, 0)^{\mathrm{T}}$ $(x_1 = x_2)$, 属于零残差问题.

编写 Box 三维函数的 MATLAB 程序 (程序名: Box.m)

```
function [f, g, r, J] = Box(x)
%% Box three-dimension 函数, 调用方法为
%%     [f, g, r, J] = Box(x)
%% 其中
%%     x 为自变量, f 为目标函数值, g 为梯度.
%%     r 为残差, J 为Jacobi 矩阵.
%% Box three-dimension 函数是测试函数, 取初始点 x0=(0, 10, 20),
%% 函数的最优点(1, 10, 1)或者(10, 1, -1),
%% 或者(x1=x2, x3=0), 最优值 f=0 是零残差问题.

global nf  ng;
x1 = x(1); x2 = x(2); x3 = x(3);
m = 10; r = zeros(m, 1); J = zeros(m, 3);
for i=1:m
    t=0.1*i;
    r(i) = exp(-t*x1)-exp(-t*x2)-x3*(exp(-t)-exp(-10*t));
    if nargout > 1
        J(i,1) = -t*exp(-t*x1);
        J(i,2) = t*exp(-t*x2);
        J(i,3) = -(exp(-t)-exp(-10*t));
    end
end
f = r'*r; nf = nf + 1;
if nargout > 1
    g = 2*J'*r; ng = ng + 1;
end
```

分别用 Gauss-Newton 法、Levenberg-Marquardt 方法和拟 Newton 法计算, 算法中的一维搜索采用 Armijo 简单后退准则, 计算结果列在表 4.8 中.

表 4.8　三种方法求解 Box 三维函数的结果

方法	$\|r(x)\|^2$	迭代次数	函数调用次数	梯度调用次数
Gauss-Newton	1.1359×10^{-19}	5	11	6
Levenberg-Marquardt	2.3314×10^{-10}	12	25	13
拟 Newton	2.7914×10^{-15}	8	17	9

从表 4.8 可以看出, 三种算法中 Gauss-Newton 法效果最好, 拟 Newton 法次之. 这是因为在非线性最小二乘算法中, 拟 Newton 法具有超线性收敛性, Levenberg-Marquardt 方法仅是线性收敛, 而对于零残差问题, Gauss-Newton 法 (当一维搜索的步长取 1 时) 具有二阶收敛速度.

例 4.13　*用 Gauss-Newton 法、Levenberg-Marquardt 方法和拟 Newton 法求 Meyer 函数的最小二乘解, 其中*

$$r_i(x) = x_1 \exp\left(\frac{x_2}{t_i + x_3}\right) - y_i, \quad i = 1, 2, \cdots, 16,$$
$$t_i = 45 + 5i, \quad i = 1, 2, \cdots, 16,$$

并且

i	y_i	i	y_i	i	y_i	i	y_i
1	34780	5	16370	9	8261	13	4427
2	28610	6	13720	10	7030	14	3820
3	23650	7	11540	11	6005	15	3307
4	19630	8	9744	12	5147	16	2872

取初始点 $x^{(0)} = (0.02, 4000, 250)^{\mathrm{T}}$, *精度要求* $\varepsilon = 10^{-5}$.

解　编写 MATLAB 程序 (类似于 Box 函数, 程序名: `Meyer_f.m`). 分别用三种方法计算, 其中的一维搜索仍然采用 Armijo 简单后退准则, 计算结果列在表

从计算结果可以看出, 该问题是一个小残差问题, 尽管理论上已无法证明 Gauss-Newton 具有较高的收敛速率, 但实际计算结果还是不错的. 对于拟 Newton 法, 由于具有超线性收敛速度, 所以计算效果仍然不错.

表 4.9　三种方法求解 Meyer 函数的结果

方法	$\|r(x)\|^2$	迭代次数	函数调用次数	梯度调用次数
Gauss-Newton	87.945855	9	26	10
Levenberg-Marquardt	87.945855	266	533	267
拟 Newton	87.945855	9	26	10

例 4.14　*用 Gauss-Newton 法、Levenberg-Marquardt 方法和拟 Newton 法求*

Brown-Dennis 函数的最小二乘解, 其中

$$r_i(x) = \left(x_1 + x_2 t_i - \mathrm{e}^{t_i}\right)^2 + (x_3 + x_4 \sin t_i - \cos t_i)^2, \quad i = 1, 2, \cdots, 20,$$
$$t_i = \frac{i}{5}, \qquad i = 1, 2, \cdots, 20,$$

取初始点 $x^{(1)} = (25, 5, -5, -1)^{\mathrm{T}}$, 精度要求 $\varepsilon = 10^{-5}$.

解 函数的编写 (程序名: `Brown_f.m`) 与计算方法同例 4.13 和例 4.14, 计算结果如表 4.10 所示.

表 4.10 三种方法求解 Brown-Dennis 函数的结果

方法	$\|r(x)\|^2$	迭代次数	函数调用次数	梯度调用次数
Gauss-Newton	85822.202	487	4157	488
Levenberg-Marquardt	85822.202	35	71	36
拟 Newton	85822.202	14	54	15

从计算结果可以看出, 该问题是一个大残差问题, 所以 Gauss-Newton 法效果很差. 而拟 Newton 法, 计算效果还是很好的.

上述三个例子所反映的情况具有一般性. 对于小残差问题, Gauss-Newton 去掉是不重要的 $S(x)$, 所以计算效果较好. 而对于大残差问题, $S(x)$ 是不可忽略的项, 去掉后计算效果并不好. 而拟 Newton 法, 无论是大残差问题还是小残差问题, 均是用 $S^{(k)}$ 去近似 $S(x^{(k)})$, 算法具有超线性收敛性, 所以计算效果都差不多.

4.4 MATLAB 优化工具箱中的函数

本节介绍 MATLAB 优化工具箱中求解非线性方程组、最小二乘问题的函数.

4.4.1 求解非线性方程 (组)

本小节介绍求解非线性方程组和非线性方程的方法.

1. fsolve 函数

`fsolve()` 函数为求解非线性方程组或非线性方程 $r(x) = 0$, 其使用格式为

```
x = fsolve(fun, x0)
x = fsolve(fun, x0, options)
[x, fval] = fsolve(...)
[x, fval, exitflag] = fsolve(...)
[x, fval, exitflag, output] = fsolve(...)
[x, fval, exitflag, output, jacobian] = fsolve(...)
```

自变量 fun 表示非线性函数 $r(x)$, x0 表示初始点. options 是选择项, 由 optimset() 函数或 optimoptions() 函数设置. 例如, 在求解非线性方程组中需要使用 Jacobi 矩阵, 则设置参数

```
options = optimoptions(@fsolve, 'Jacobian', 'on')
```

函数的返回值 x 为方程 fun=0 根的近似值, fval 为 fun 在 x 处的函数值. exitflag 为输出指标, 它表示解的状态, 具体意义如表 4.11 所示. output 为结构, 它表示包含优化过程中的某些信息, 具体意义如表 4.12 所示.

表 4.11　fsolve( ) 函数中 exitflag 值的意义

exitflag 值	意义
1	收敛到解 x
2	当前点的变化小于指定精度
3	当前点的残差小于指定精度
4	搜索方向的模小于指定精度
0	迭代次数超过 options.MaxIter (最大迭代次数), 或者函数的调用次数超过 options.FunEvals (最大调用次数)
-1	算法由输出函数终止
-2	算法逼近一个非根的点
-3	信赖域半径过小 (使用 dogleg 方法的信赖域算法)
-4	一维搜索沿当前方向无法充分下降

表 4.12　fsolve( ) 函数中 output 值的意义

output 值	意义
iterations	算法的迭代次数
funcCount	函数的调用次数
algorithm	使用的优化算法
cgiterations	PCG 迭代的总次数 (仅用于信赖域算法)
stepsize	在 x 处的最终步长 (L-M 算法)
firstorderopt	表示一阶最优性条件的度量 (仅用于信赖域算法, 或大规模问题的算法)

例 4.15　用 fsolve() 函数求解例 4.10.

解　调用 fsolve() 函数

```
[x, fval, exitflag] = fsolve(@funs, [1, 1]')
```

得到

```
x =

    1.0000
    2.0000
```

```
fval =
  1.0e-009 *
    0.8088
    0.3489
exitflag =
     1
```

exitflag = 1 表示收敛到方程组的解 $(1,2)^{\mathrm{T}}$.

2. fzero 函数

在 MATLAB 软件中, fzero() 函数是求方程 $r(x)=0$ 根, 它是以 Brent 方法为基础编写的, 它包含了一个预处理步, 如果用户没有提供包含根的初始区间, fzero 会找到一个比较好的初始区间. 在得到初始区间后, fzero 用反二次插值方法求分根. fzero 函数的使用格式为

```
x = fzero(fun, x0)
[x, fval] = fzero(...)
[x, fval, exitflag, output] = fzero(...)
```

自变量 fun 表示函数 $r(x)$, x0 表示初始点或包含方程根的初始区间.

函数返回值 exitflag 输出指标, 表明解的状态, 具体意义如表 4.13 所示, 其他返回值的名称和意义与 fsolve() 函数基本相同.

表 4.13 fzero( ) 函数返回值 exitflag 的意义

exitflag 值	意义
1	收敛到解 x
-1	算法由输出函数终止
-3	在计算中函数出现 NaN 或 Inf
-4	包含有复数值.
-5	可能收敛到奇异点
-6	fzero 没有发现符号改变

例 4.16 调用 fzero() 函数求方程 $x^3-x-1=0$ 的根, 取初始点 $x_0=1.5$.

解 输入

```
f = @(x) (x^3 - x - 1);
x = fzero(f, 1.5)
x =
     1.3247
```

如果事先给出方程的有根区间, 如 $[1,2]$, 其命令为

```
x = fzero(@(x) x^3-x-1, [1 2])
```

4.4.2 求解线性最小二乘问题

本小节介绍求解线性最小二乘问题的方法.

1. lsqlin 函数

在 MATLAB 中, 可以用 `lsqlin()` 函数求解带有线性约束的线性最小二乘问题

$$
\begin{aligned}
\min \quad & \frac{1}{2}\|Cx-d\|^2, \\
\text{s.t.} \quad & Ax \leqslant b, \\
& A_e x = b_e, \\
& l \leqslant x \leqslant u.
\end{aligned} \tag{4.64}
$$

其使用格式为

```
x = lsqlin(C, d, A, b)
x = lsqlin(C, d, A, b, Aeq, beq)
x = lsqlin(C, d, A, b, Aeq, beq, lb, ub)
x = lsqlin(C, d, A, b, Aeq, beq, lb, ub, x0)
x = lsqlin(C, d, A, b, Aeq, beq, lb, ub, x0, options)
[x, resnorm] = lsqlin(...)
[x, resnorm, residual] = lsqlin(...)
[x, resnorm, residual, exitflag] = lsqlin(...)
[x, resnorm, residual, exitflag, output] = lsqlin(...)
[x, resnorm, residual, exitflag, output, lambda] = lsqlin(...)
```

自变量 `C`, `d`, `A`, `b`, `Aeq`, `beq`, `lb`, `ub` 分别表示最小二乘问题中的 C, d, A, b, A_e, b_e, l 和 u. `x0` 表示求解问题的初始点. `options` 是选择项, 由 `optimset()` 函数或 `optimoptions()` 函数设置.

函数的返回值 `x` 为最小二乘解的近似值, `resnorm` 为残差的平方和, `residual` 为残差. `exitflag` 为输出指标, 它表示解的状态, 具体意义如表 4.14 所示.

表 4.14 lsqlin( ) 函数中 exitflag 值的意义

exitflag 值	意义
1	收敛到解 x
3	残差的改变量小于指定精度
0	迭代超过 options.MaxIter 设定的值
-2	问题不可行
-4	病态条件数阻止问题进一步优化
-7	搜索方向上步长过小, 无法进一步下降

output 为结构, 它表示包含优化过程中的某些信息, 具体意义如表 4.15 所示. lambda 为结构, 它表示在最优解处的 Lagrange 乘子, 具体意义如表 4.16 所示.

表 4.15 lsqlin( ) 函数中 output 值的意义

output 值	意义
iterations	算法的迭代次数
algorithm	使用的优化算法
cgiterations	PCG 算法迭代的总次数 (信赖域算法、有效集法)
firstorderopt	一阶最优性条件的度量 (信赖域算法、有效集法)
message	表示退出信息

表 4.16 lsqlin( ) 函数中 lambda 值的意义

lambda 值	意义
lower	下界 lb 的 Lagrange 乘子
upper	上界 ub 的 Lagrange 乘子
ineqlin	线性不等式约束的 Lagrange 乘子
eqlin	线性等式约束的 Lagrange 乘子

例 4.17 求解线性最小二乘问题 (4.64), 其中

$$C=\begin{bmatrix}0.9501 & 0.7620 & 0.6153 & 0.4057\\ 0.2311 & 0.4564 & 0.7919 & 0.9354\\ 0.6068 & 0.0185 & 0.9218 & 0.9169\\ 0.4859 & 0.8214 & 0.7382 & 0.4102\\ 0.8912 & 0.4447 & 0.1762 & 0.8936\end{bmatrix},\quad d=\begin{bmatrix}0.0578\\ 0.3528\\ 0.8131\\ 0.0098\\ 0.1388\end{bmatrix},$$

$$A=\begin{bmatrix}0.2027 & 0.2721 & 0.7467 & 0.4659\\ 0.1987 & 0.1988 & 0.4450 & 0.4186\\ 0.6037 & 0.0152 & 0.9318 & 0.8462\end{bmatrix},\quad b=\begin{bmatrix}0.5251\\ 0.2026\\ 0.6721\end{bmatrix},$$

$$l=(-0.1,-0.1,-0.1,-0.1)^{\mathrm{T}},\qquad u=(2,2,2,2)^{\mathrm{T}}$$

没有等式约束.

解 输入数据, 调用 lsqlin() 函数求解 (程序名: exam0417.m).

```
C = [0.9501    0.7620    0.6153    0.4057;
     0.2311    0.4564    0.7919    0.9354;
     0.6068    0.0185    0.9218    0.9169;
     0.4859    0.8214    0.7382    0.4102;
     0.8912    0.4447    0.1762    0.8936];
d = [0.0578    0.3528    0.8131    0.0098    0.1388]';
A = [0.2027    0.2721    0.7467    0.4659;
```

```
     0.1987    0.1988    0.4450    0.4186;
     0.6037    0.0152    0.9318    0.8462];
b = [0.5251    0.2026    0.6721]';
lb = -0.1*ones(4,1); ub = 2*ones(4,1);
[x, resnorm, residual, exitflag, output, lambda] ...
             = lsqlin(C, d, A, b, [ ], [ ], lb, ub);
```

输出计算结果

```
x =
   -0.1000
   -0.1000
    0.2152
    0.3502
resnorm =
    0.1672
exitflag =
     1
output =
          iterations: 4
     constrviolation: 1.3878e-017
           algorithm: 'medium-scale: active-set'
       firstorderopt: []
        cgiterations: []
             message: 'Optimization terminated.'
```

在计算结果中, x 是最优解, resnorm 是残差的平方和, exitflag = 1 表明算法收敛到最优解. 在 output 所列信息表明: 共作了 4 次迭代, 不满足约束的程度为 1.3878×10^{-17}, 也就是说, 得到的解 x 是可行的. 求解问题的算法是适用于中等规模的有效集法.

2. lsqnonneg 函数

在 MATLAB 中, 可以用 lsqnonneg() 函数求解带有线性约束的线性最小二乘问题

$$\begin{aligned} \min \quad & \frac{1}{2}\|Cx-d\|^2, \\ \text{s.t.} \quad & x \geqslant 0. \end{aligned} \tag{4.65}$$

其使用格式为

```
x = lsqnonneg(C, d)
```

```
x = lsqnonneg(C, d, options)
[x, resnorm] = lsqnonneg(...)
[x, resnorm, residual] = lsqnonneg(...)
[x, resnorm, residual, exitflag] = lsqnonneg(...)
[x, resnorm, residual, exitflag, output] = lsqnonneg(...)
[x, resnorm, residual, exitflag, output, lambda] = lsqnonneg(...)
```

自变量 C, d 分别表示最小二乘问题中的 C, d. options 是选择项, 由 optimset() 函数或 optimoptions() 函数设置.

函数的返回值 x 为最小二乘解的近似值, resnorm 为残差的平方和, residual 为残差, exitflag 为输出指标, 它表示解的状态, 具体意义如表 4.17 所示. lambda 表示最优解处非负限制 $x \geqslant 0$ 的 Lagrange 乘子向量 λ. 当 $x_i = 0$ 时, $\lambda_i \leqslant 0$; 当 $x_i > 0$ 时, $\lambda_i = 0$.

表 4.17 lsqnonneg( ) 函数中 exitflag 值的意义

exitflag 值	意义
1	收敛到解 x
0	迭代超过 options.MaxIter 设定的值

例 4.18 求解线性最小二乘问题 (4.65), 其中 C 和 d 与例 4.17 中的 C 和 d 相同.

解 直接求解

```
[x, resnorm, residual, exitflag, output, lambda] = lsqnonneg(C, d);
```

列出解与相应的 Lagrange 乘子.

```
x =
        0
        0
   0.1839
   0.2827
lambda =
  -0.1894
  -0.4123
  -0.0000
  -0.0000
```

可以发现, 在解与 Lagrange 乘子的分量中, 至少一个为 0, 乘积等于 0, 这是约束优化的一个重要性质.

4.4.3　求解非线性最小二乘问题

1. lsqcurvefit 函数

在 MATLAB 中, 可以用 `lsqcurvefit()` 函数求解非线性最小二乘问题

$$\min \quad \|r(x;X)-Y\|^2=\sum_{i=1}^{m}\left[r_i(x;X_i)-Y_i\right]^2, \tag{4.66}$$

其中 $r=(r_1,r_2,\cdots,r_m)^{\mathrm{T}}$, X,Y 为数据向量. 其使用格式为

```
x = lsqcurvefit(fun, x0, xdata, ydata)
x = lsqcurvefit(fun, x0, xdata, ydata, lb, ub)
x = lsqcurvefit(fun, x0, xdata, ydata, lb, ub, options)
[x,resnorm] = lsqcurvefit(...)
[x,resnorm,residual] = lsqcurvefit(...)
[x,resnorm,residual,exitflag] = lsqcurvefit(...)
[x,resnorm,residual,exitflag,output] = lsqcurvefit(...)
[x,resnorm,residual,exitflag,output,lambda] = lsqcurvefit(...)
[x,resnorm,residual,exitflag,output,lambda,jacobian] = lsqcurvefit
(...)
```

自变量 `fun` 为残差函函数 $r(x)$, `x0` 为求解问题的初始点. `xdata`, `ydata` 分别是数据 X 和 Y, `lb`, `ub` 是表示变量的下界和上界. `options` 是选择项, 由 `optimset()` 函数或 `optimoptions()` 函数设置.

函数的返回值 `x` 为最小二乘解的近似值, `resnorm` 为残差的平方和, `residual` 为残差. `exitflag` 为输出指标, 它表示解的状态, 具体意义如表 4.18 所示. `output` 为结构, 它表示包含优化过程中的某些信息, 具体意义如表 4.15 所示. `lambda` 为结构, 它表示在最优解处的 Lagrange 乘子, 具体意义如表 4.16 所示 (下界 `lb` 和上界 `ub` 部分). `jacobian` 为最优解处的 Jacobi 矩阵.

表 4.18　lsqcurvefit( ) 函数中 `exitflag` 值的意义

exitflag 值	意义
1	收敛到解 x
2	x 的改变量小于指定精度
3	残差的改变量小于指定精度
4	搜索方向上的步长小于指定精度
0	迭代次数超过 options.MaxIter 设定的值, 或者是函数的调用次数超过 options.FunEvals 设定的值
-1	算法的输出函数终止计算
-2	问题不可行: 变量的下界 lb 与上界 ub 不相容
-4	优化无进展

例 4.19 用 lsqcurvefit() 函数求解 Meyer 函数 (见例 4.13).

解 编写目标函数 (程序名: Meyer_r.m)

```
function [r, J] = Meyer(x, xdata)
x1 = x(1); x2 = x(2); x3 = x(3);
r = x1*exp(x2./(xdata + x3));
J = [exp(x2./(xdata + x3)) ...
     (x1*exp(x2./(xdata + x3)))./(xdata + x3) ...
     -(x1*x2*exp(x2./(xdata + x3)))./(xdata + x3).^2];
```

编写调用 lsqcurvefit() 函数的主程序 (程序名: exam0419.m)

```
%% 输入数据
xdata = [50    55    60    65    70    75    80    85 ...
         90    95    100   105   110   115   120   125]';
ydata = [34780 28610 23650 19630 16370 13720 11540 9744 ...
          8261  7030  6005  5147  4427  3820  3307 2872]';
%% 设置选择项, 在计算中使用Jacobi矩阵
options = optimset('Jacobian', 'on');
%% 初始点
x0 =[0.02 4000 250]';
%% 调用函数计算
[x, resnorm, residual, exitflag, output] ...
    = lsqcurvefit(@Meyer_r, x0, xdata, ydata, [], [], options);
```

在程序中, 使用 optimset('Jacobian', 'on'), 它表示在计算中使用 Jacobi 矩阵.

列出计算结果

```
x =
  1.0e+003 *
    0.0000    6.1813    0.3452
resnorm =
   87.9459
exitflag =
     3
output =
    firstorderopt: 0.0252
       iterations: 51
        funcCount: 52
     cgiterations: 0
```

```
          algorithm: 'trust-region-reflective'
            message: 'Local minimum possible.'
```

残差模的平方为 87.9459, 与自编函数的计算结果 (见例 4.13) 是相同的, 事实上, 得到的最优点也是相同的, 只是在例 4.13 中没有列出. `exitflag = 3` 表示残差的改变量小于指定精度 (默认值为 10^{-6}). 最后的优化信息表明: 共迭代 51 次, 目标函数调用 52 次, 采用的算法是信赖域方法.

2. lsqnonlin 函数

在 MATLAB 中, 可以用 `lsqnonlin()` 函数求解非线性最小二乘问题

$$\min \quad \|r(x)\|^2 = \sum_{i=1}^{m} r_i^2(x), \tag{4.67}$$

其中 $r = (r_1, r_2, \cdots, r_m)^{\mathrm{T}}$. 其使用格式为

```
x = lsqnonlin(fun, x0)
x = lsqnonlin(fun, x0, lb, ub)
x = lsqnonlin(fun, x0, lb, ub, options)
[x,resnorm] = lsqnonlin(...)
[x,resnorm,residual] = lsqnonlin(...)
[x,resnorm,residual,exitflag] = lsqnonlin(...)
[x,resnorm,residual,exitflag,output] = lsqnonlin(...)
[x,resnorm,residual,exitflag,output,lambda] = lsqnonlin(...)
[x,resnorm,residual,exitflag,output,lambda,jacobian] = lsqnonlin(...)
```

函数自变量与返回值的名称、取值及意义基本上与 `lsqcurvefit()` 函数相同, 这里就不作详细地介绍了.

例 4.20 用 `lsqnonlin()` 函数求解 Brown - Dennis 函数 (见例 4.14).

解 编写目标函数 (程序名: `Brown_r.m`)

```
function [r, J] = brown(x)
x1 = x(1); x2 = x(2); x3 = x(3); x4 = x(4);
t = [1:20]'/5;
r = (x1+t*x2-exp(t)).^2+(x3+x4*sin(t)-cos(t)).^2;
J = [2*(x1+t*x2-exp(t)) 2*(x1+t*x2-exp(t)).*t ...
     2*(x3+x4*sin(t)-cos(t)) 2*(x3+x4*sin(t)-cos(t)).*sin(t)];
```

编写调用 `lsqnonlin()` 函数的主程序 (程序名: `exam0420.m`)

```
%% 设置选择项, 在计算中使用Jacobi矩阵
options = optimset('Jacobian', 'on');
%% 初始点
x0 = [25 5 -5 -1];
```

```
%% 调用函数计算
[x, resnorm] = lsqnonlin(@Brown_r, x0, [], [], options)
```

计算结果为

```
x =
  -11.5912   13.2026   -0.4031    0.2366
resnorm =
  8.5822e+004
```

如果在计算过程中, 如果不使用选择项 options, 即不为 lsqnonlin() 函数提供 Jacobi 矩阵, 则函数的调用次数超过 options.FunEvals 设定的值 (默认值为 400), 终止计算, 从而没有达到最优解. 关于这一现象, 读者可自己完成相关的计算.

lsqcurvefit() 函数和 lsqnonlin() 函数都是求解非线性最小二乘问题的函数, 求解问题的本质是相同的, 但使用格式略用不同, 请使用者注意.

4.5 非线性方程 (组) 的应用

本节介绍一些非线性方程 (组) 的应用实例.

4.5.1 求极值问题

由无约束问题的一阶必要条件 (定理 2.1) 在局部解 x^* 处, 有

$$\nabla f(x^*) = 0,$$

所以, 从某种意义上讲, 求方程组的解与求极值问题是等价的.

对于一维函数 $f(x)$, 如果 $f'(x)$ 连续, 且 $f'(a) < 0$, $f'(b) > 0$, 则 $f'(x) = 0$ 的根, 就是极小值点. 反之, 若 $f'(a) > 0$, $f'(b) < 0$, 则 $f'(x) = 0$ 的根是极大值点. 由于在端点异号, 所以可以用二分法求一维极小问题.

例 4.21 (续例 2.7) *使用解方程根的方法求解例 2.7, 并进一步分析: 如果 3kW 的路灯的高度可以在 3m 到 9m 之间变化, 如何使路面上最暗的亮度最大?*

解 照明度函数的分析过程见 2.7.1 小节 (路灯照明问题), 其公式为

$$C(x) = \frac{P_1 h_1}{\sqrt{(h_1^2 + x^2)^3}} + \frac{P_2 h_2}{\sqrt{(h_2^2 + (s-x)^2)^3}}. \tag{4.68}$$

于是, 求路面上最暗点和最亮点的问题转化为求 $C(x)$ 的最小点和最大点.

计算 $C(x)$ 的驻点, $C(x)$ 的一阶导数为

$$C'(x) = -3\frac{P_1 h_1 x}{\sqrt{(h_1^2 + x^2)^5}} + 3\frac{P_2 h_2 (s-x)}{\sqrt{(h_2^2 + (s-x)^2)^5}}.$$

令 $C'(x)=0$, 即

$$-\frac{P_1h_1x}{\sqrt{(h_1^2+x^2)^5}}+\frac{P_2h_2(s-x)}{\sqrt{(h_2^2+(s-x)^2)^5}}=0. \tag{4.69}$$

该方程的根为 $C(x)$ 的驻点, 然后根据极值点的充分条件判断哪个驻点是 $C(x)$ 的极大值点或极小值点.

方程求解. 将实际数据 $P_1=2$, $P_2=3$, $h_1=5$, $h_2=6$, $s=20$ 代入式 (4.69) 中, 令左端为 $f(x)$, 写成外部函数 (函数名: light1_dot.m)

```
function Cdot = light1_dot(x)
P1 = 2; P2 = 3; h1 = 5; h2 = 6; s = 20;
Cdot = - (P1*h1*x) ./ (h1^2+x.^2).^2.5 ...
       + (P2*h2*(s-x)) ./ (h2^2+(s-x).^2).^2.5;
```

先找出驻点存在的区间 (可用命令 light_dot(0:20)), 驻点存在的区间分别为 $[0,1]$, $[9,10]$ 和 $[19,20]$. 并注意到, $C'(0)>0$, $C'(1)<0$, $C'(9)<0$, $C'(10)>0$, $C'(19)>0$, $C'(20)<0$, 所以, 在区间 $[0,1]$ 和 $[19,20]$ 上的驻点是极大值点, 在区间 $[9,10]$ 上的驻点是极小值点.

再用 fzero() 函数求出驻点.

```
x1 = fzero(@light1_dot, [0 1]);
x2 = fzero(@light1_dot, [9 10]);
x3 = fzero(@light1_dot, [19 20]);
[x1 x2 x3]
ans =
    0.0285    9.3383   19.9767
```

然后按式 (4.68) 编写照明度函数 (函数名: light1.m)

```
function C = light1(x)
P1 = 2; P2 = 3; h1 = 5; h2 = 6; s = 20;
C = (P1*h1) ./ (h1^2+x.^2).^1.5 ...
  + (P2*h2) ./ (h2^2+(s-x).^2).^1.5;
```

将驻点和端点处的函数值作比较, 可以得到最小值点为 9.3383, 最大值点为 19.9767.

如果 3kW 的路灯的高度可以在 3m 到 9m 之间变化, 则将 h_2 由常量变成变量, 即式 (4.68) 等号左端为 $C(x,h_2)$, 求偏导数

$$\frac{\partial C}{\partial x}=-3\frac{P_1h_1x}{\sqrt{(h_1^2+x^2)^5}}+3\frac{P_2h_2(s-x)}{\sqrt{(h_2^2+(s-x)^2)^5}}, \tag{4.70}$$

$$\frac{\partial C}{\partial h_2}=\frac{P_2}{\sqrt{(h_2^2+(s-x)^2)^3}}-3\frac{P_2h_2^2}{\sqrt{(h_2^2+(s-x)^2)^5}}. \tag{4.71}$$

令 $\frac{\partial C}{\partial x}=0, \frac{\partial C}{\partial h_2}=0$, 并将方程简化为

$$-\frac{P_1 h_1 x}{\sqrt{(h_1^2+x^2)^5}}+\frac{P_2 h_2(s-x)}{\sqrt{(h_2^2+(s-x)^2)^5}}=0, \tag{4.72}$$

$$(s-x)^2-2h_2^2=0. \tag{4.73}$$

编写 MATLAB 函数 (函数名: light2_dot.m)

```
function Cdot = light2_dot(y)
x = y(1); h2 = y(2);
P1 = 2; P2 = 3; h1 = 5; s = 20;
Cdot = zeros(2,1);
Cdot(1) = - (P1*h1*x) / (h1^2+x^2)^2.5 ...
          + (P2*h2*(s-x)) / (h2^2+(s-x)^2)^2.5;
Cdot(2) = (s-x)^2-2*h2^2;
```

用 fsolve() 函数求解, 取初始点为 (9.3, 6),

```
x_opt = fsolve(@light2_dot, [9.3, 6])
x_opt =
    9.5032    7.4224
```

即 $x=9.5032$, $h_2=7.4224$. 按式 (4.68) 编写照明度函数 (函数名: light2.m)

```
function C = light2(y)
x = y(1); h2 = y(2);
P1 = 2; P2 = 3; h1 = 5; s = 20;
C = (P1*h1)/(h1^2+x^2)^1.5 + (P2*h2)/(h2^2+(s-x)^2)^1.5;
```

得到在最优解处的照明度为 0.0186.

4.5.2 GPS 定位问题

GPS (Global Positioning System), 即全球定位系统. GPS 的空间部分是由 24 颗卫星组成的 (21 颗工作卫星, 3 颗备用卫星), 它位于距地表 20200km 的上空均匀分布在 6 个轨道面上（每个轨道面 4 颗）, 轨道倾角为 55°. 卫星的分布使得在全球任何地方、任何时间都可观测到 4 颗以上的卫星.

GPS 的用户设备部分是 GPS 信号接收机, 它的作用是接收 GPS 卫星所发出的信号, 利用这些信号进行导航定位等工作.

GPS 信号接收机能收到 GPS 卫星发来的信息, 信息由 GPS 卫星所在的空间位置和 GPS 信号到达地面接收机的时间组成. 卫星所在的空间位置由卫星的轨道参数确定, 为简化问题, 这里假定它是准确值. GPS 信号到达接收机的时间是由

卫星上的时钟（铯原子钟）和地面接收机上的时钟（低成本钟）决定的, 所以有误差. 由 GPS 卫星上的原子钟与地面 GPS 标准时间之间的误差称为钟差, 钟差是未知的.

设 (A_i, B_i, C_i) 为第 i 颗卫星在地心空间直角坐标系上的坐标, t_i 为 GPS 信号到达接收机的时间. 所谓地心空间直角坐标系就是将坐标系的原点 O 与地球质心重合, Z 轴指向地球北极, X 轴指向经度原点 E, Y 轴垂直于 XOZ 平面构成右手坐标系, 如图 4.1 所示.

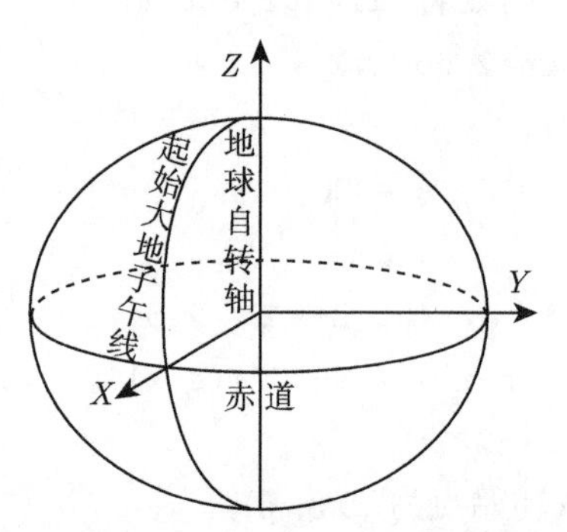

图 4.1　地心空间直角坐标系

例 4.22 (GPS 定位问题)　表 4.19 给出了 4 颗卫星在空间中的位置, 这 4 颗卫星的 GPS 信号到达某地的 GPS 接收机的时间分别为 0.0549906, 0.0490084, 0.0491953 和 0.0490126, 试求地面 GPS 接收机的位置.

表 4.19　卫星在地心直角坐标系中的位置　(单位: km)

卫星	X 坐标	Y 坐标	Z 坐标
卫星 1	8747	15150	10100
卫星 2	−9756	16898	5228
卫星 3	0	10100	17494
卫星 4	−12370	7142	14284

解　建立数学模型. 如果没有误差, 三颗卫星就能确定地球上的一点 (另一点远离地球), 但由于卫星上的时钟与地面时钟有误差 (钟差), 所以至少 4 颗卫星才能确定出地面的位置.

设地面 GPS 的位置为 (x, y, z), 钟差为 d, 则 GPS 满足以下方程

$$\begin{cases} (A_1 - x)^2 + (B_1 - y)^2 + (C_1 - z)^2 = (c(t_1 - d))^2, \\ (A_2 - x)^2 + (B_2 - y)^2 + (C_2 - z)^2 = (c(t_2 - d))^2, \\ (A_3 - x)^2 + (B_3 - y)^2 + (C_3 - z)^2 = (c(t_3 - d))^2, \\ (A_4 - x)^2 + (B_4 - y)^2 + (C_4 - z)^2 = (c(t_4 - d))^2, \end{cases} \tag{4.74}$$

其中 (A_i, B_i, C_i) 为第 i 颗卫星的空间坐标, t_i 为卫星到达 GPS 的时间, c 为光速.

方程有 4 个未知量, 4 个方程, 所以一定能得到解 (有两个解, 一个在地球上, 另一个远离地球).

问题求解. 按方程 (4.74) 编写 $r(x)$ 的 MATLAB 函数 (函数名: GPS.m)

```
function [r, J] = GPS(x, A, B, C, t)
x1 = x(1); x2 = x(2); x3 = x(3); x4 = x(4);
c = 299792.458;
r = (x1-A).^2+(x2-B).^2+(x3-C).^2-(c*(t-x4)).^2;
J = [2*(x1-A) 2*(x2-B) 2*(x3-C) 2*c^2*(t-x4)];
```

编写将空间直角坐标系转换成经纬度坐标的函数 (函数名: X2L.m)

```
function [Latitude, Longitude] = X2L(x)
%% 将空间坐标转化成经度和纬度
x1 = x(1); x2 = x(2); x3 = x(3);
r = sqrt(x1^2+x2^2+x3^2);
Latitude = asin(x3/r);
Longitude = acos(x1/(r*cos(Latitude)));
Latitude = 180*Latitude/pi;
Longitude = 180*Longitude/pi;
```

输入参数, 调用 fsolve() 函数求解, 并将地心直角坐标转化成经度与纬度 (函数名: exam0422.m).

```
%% 输入数据
A = [ 8747 -9756     0 -12370]';
B = [15150 16898 10100   7142]';
C = [10100  5228 17494  14284]';
t = [0.0549906 0.0490084 0.0491953 0.0490126]';

%% 调用函数求解
x_opt = fsolve(@(x) GPS(x, A, B, C, t), [0 6370 0, 0.0001], ...
    optimset('Jacobi', 'on'));

%% 转化成经度与纬度并输出计算结果
[Latitude, Longitude] = X2L(x_opt);
fprintf('%15.6f %15.6f\n', Latitude, Longitude)
```

计算结果为北纬 39.904501°, 东经 116.397366°, 这个位置是首都北京的天安门广场.

4.6 最小二乘问题的应用

本节介绍一些最小二乘问题的应用.

4.6.1 曲线拟合问题

2.6.2 节中, 将曲线拟合问题作为无约束最优化问题的一个应用, 这里直接将曲线拟合问题作为最小二乘问题的应用.

例 4.23 用 lsqcurvefit() 函数求解例 1.1.

解 编写非线性函数 (程序名: data_fun.m)

```
function [r, J] = data_fun(x, xdata)
r = x(1)+x(2)*exp(x(3)*xdata);
m = length(xdata);
J = [ones(m,1) exp(x(3)*xdata) x(2)*xdata.*exp(x(3)*xdata)];
```

编写调用 lsqcurvefit() 函数的主程序 (程序名: exam0423.m)

```
%% 读取数据
data = tblread('../chap03/exam0318.dat');
xdata = data(:,1); ydata = data(:,2);
%% 设置选择项, 在计算中使用Jacobi矩阵
options = optimset('Jacobian', 'on');
%% 初始点
x0 = [2 30 -0.1];
%% 调用函数计算
[x,resnorm] = lsqcurvefit(@data_fun,x0,xdata,ydata,[],[],options)
```

计算结果为

```
x =
    2.4302   57.3321   -0.0446
resnorm =
    44.7805
```

计算结果与例 3.18 是相同的.

4.6.2 GPS 定位问题 (续)

在 4.5.2 节中介绍了 GPS 定位问题, 当卫星的个数多于 4 个时, 方程的个数就多于未知量的个数, 此时, 方程可能无解, 需要求最小二乘解.

例 4.24 (GPS 定位问题) 表 4.20 给出了 5 颗卫星在空间中的位置, 这 5 颗卫星的 GPS 信号到达某地的 GPS 接收机的时间分别为 0.0547118, 0.0489472,

0.0489068, 0.0488635 和 0.0633407, 试求地面 GPS 接收机的位置.

解 建立数学模型. 设地面 GPS 的位置为 (x, y, z), 钟差为 d, 则 GPS 满足以下方程

$$(A_i - x)^2 + (B_i - y)^2 + (C_i - z)^2 = (c(t_i - d))^2, \quad i = 1, 2, \cdots, m, \tag{4.75}$$

其中 m 为卫星的个数, (A_i, B_i, C_i) 为第 i 颗卫星的空间坐标, t_i 为卫星到达 GPS 的时间, c 为光速.

表 4.20 卫星在地心直角坐标系中的位置 (单位: km)

卫星	X 坐标	Y 坐标	Z 坐标
卫星 1	8747	15150	10100
卫星 2	−9756	16898	5228
卫星 3	0	10100	17494
卫星 4	−12370	7142	14284
卫星 5	−7669	15723	−10100

问题求解. 当 $m > 4$ 时, 方程 (4.75) 可能无解, 只能求最小二乘解. 求解方程的函数不变, 仍是 GPS.m, 输入参数, 调用 lsqnonlin() 函数求解, 并将地心直角坐标转化成经度与纬度 (函数名: exam0424.m).

```
%% 输入数据
A = [ 8747 -9756     0 -12370  -7669]';
B = [15150 16898 10100   7142  15723]';
C = [10100  5228 17494  14284 -10100]';
t = [0.0547118 0.0489472 0.0489068 0.0488635 0.0633407]';

%% 调用函数求解
x0 = [0 6370 0 0.0001]';
x_opt = lsqnonlin(@(x)GPS(x, A, B, C, t), x0, [], [], ...
    optimset('Jacobi', 'on'));

%% 转化成经度与纬度并输出计算结果
[Latitude, Longitude] = X2L(x_opt);
fprintf('%15.6f %15.6f\n', Latitude, Longitude)
```

计算结果为北纬 40.361663°, 东经 116.020027°, 这个位置是北京八达岭长城.

习　题　4

1. 用 Newton 法 (newton.m) 求方程 $54x^6+45x^5-102x^4-69x^3+35x^2+16x-4=0$, 区间 $[-2,2]$ 内的 5 个根.

2. 用弦截法 (secant.m) 求方程 $54x^6+45x^5-102x^4-69x^3+35x^2+16x-4=0$ 在区间 $[-2,2]$ 内的 5 个根.

3. 用 fzero() 函数求方程 $54x^6+45x^5-102x^4-69x^3+35x^2+16x-4=0$ 在区间 $[-2,2]$ 内的 5 个根, 并调整参数使函数显示出迭代的过程. fzero() 函数能求出全部的根吗?

4. 用求解非线性方程组的 Newton 法 (Newtons.m) 求解下列方程组

$$\begin{cases}-13+x_1+((5-x_2)x_2-2)x_2=0,\\-29+x_1+((x_2+1)x_2-14)x_2=0\end{cases}$$

取 $x^{(0)}=(0.5,-2)^{\mathrm{T}}$, 精度要求 $\varepsilon=10^{-5}$.

5. 用求解非线性方程组的拟 Newton 法 (Quasi_Newton.m) 求解习题 4 的非线性方程组.

6. 用 fsolve() 函数求解习题 4 的非线性方程组, 利用外部函数提供非线性函数 $r(x)$ 和 Jacobi 矩阵 $J(x)$.

7. 利用求驻点的方法求函数 $f(x)=\mathrm{e}^{-x^2}(x+\sin x)$ 在区间 $[-2,2]$ 上的极小值点和极大值点.

8. (继例 4.22) 假设 4 颗卫星的位置不变, 它们到达某地的 GPS 接收机的时间分别为 0.0551766, 0.0493397, 0.0493486 和 0.0492496, 试求地面 GPS 接收机的位置 (纬度和经度).

9. 求超定方程组

$$\begin{bmatrix}1&0\\2&1\\0&1\end{bmatrix}\begin{bmatrix}x_1\\x_2\end{bmatrix}=\begin{bmatrix}1\\2\\3\end{bmatrix}$$

的最小二乘解.

10. 给定数据 (表 4.21), 求拟合这些数据的最优平面.

表 4.21　数据表

x_1	x_2	y	x_1	x_2	y
0	0	3	1	1	5
0	1	2	1	2	6
1	0	3	2	1	4

11. 假定某天的气温变化记录如表 4.22 所示, 试用最小二乘方法确定这一天的气温变化规律. 考虑用下列类型的函数, 计算误差平方和, 并作图比较效果.

(1) 二次函数; (2) 三次函数; (3) 四次函数.

表 4.22　一天中的气温数据

时间/h	温度/°C	时间/h	温度/°C	时间/h	温度/°C	时间/h	温度/°C	时间	温度
0	15	5	15	10	23	15	31	20	22
1	14	6	16	11	25	16	29	21	20
2	14	7	18	12	28	17	27	22	18
3	14	8	20	13	31	18	25	23	17
4	14	9	22	14	32	19	24	24	16

12. 用 Gauss-Newton 法、Levenberg-Marquardt 方法和拟 Newton 法求 Bard 函数的最小二乘解, 其中

$$r_i(x) = y_i - \left(x_1 + \frac{u_i}{v_i x_2 + w_i x_3}\right), \quad i = 1, 2, \cdots, 15,$$

其中 $u_i = i$, $v_i = 16 - i$, $w_i = \min(u_i, v_i)$, 并且 y_i 的数据如表 4.23 所示. 取初始点 $x^{(1)} = (1, 1, 1)^{\mathrm{T}}$, 精度要求 $\varepsilon = 10^{-5}$. 分析三种方法的最优目标函数值、迭代次数、函数的调用次数和梯度的调用次数等, 一维搜索采用 Armijo 简单后退准则.

表 4.23　数据表

i	y_i	i	y_i	i	y_i
1	0.14	6	0.32	11	0.73
2	0.18	7	0.35	12	0.96
3	0.22	8	0.39	13	1.34
4	0.25	9	0.37	14	2.10
5	0.29	10	0.58	15	4.39

13. 用 Gauss-Newton 法、Levenberg-Marquardt 方法和拟 Newton 法求 Jennrich-Sampson 函数的最小二乘解, 其中

$$r_i(x) = 2 + 2i - (\exp(ix_1) + \exp(ix_2)), \quad i = 1, 2, \cdots, 10.$$

取初始点 $x^{(0)} = (0.3, 0.4)^{\mathrm{T}}$, 精度要求 $\varepsilon = 10^{-5}$. 分析三种方法的最优目标函数值、迭代次数、函数的调用次数和梯度的调用次数等, 一维搜索采用 Armijo 简单后退准则.

14. 用 Gauss-Newton 法、Levenberg-Marquardt 方法和拟 Newton 法求 Kowalik-Osborne 函数的最小二乘解, 其中

$$r_i(x) = y_i - x_1 \frac{u_i^2 + x_2 u_i}{u_i^2 + x_3 u_i + x_4}, \quad i = 1, 2, \cdots, 11,$$

其中 u_i 和 y_i 的数据如表 4.24 所示. 取初始点 $x^{(0)} = (0.25, 0.39, 0.415, 0.39)^{\mathrm{T}}$, 精度要求 $\varepsilon = 10^{-5}$. 分析三种方法的最优目标函数值、迭代次数、函数的调用次数和梯度的调用次数等, 一维搜索采用 Armijo 简单后退准则.

表 4.24　数据表

i	u_i	y_i	i	u_i	y_i
1	4	0.1957	7	0.125	0.0456
2	2	0.1947	8	0.1	0.0342
3	1	0.1735	9	0.0833	0.0323
4	0.5	0.1600	10	0.0714	0.0235
5	0.25	0.0844	11	0.0625	0.0246
6	0.167	0.0627			

15. 将例 4.17 线性约束中的“⩽”改为“⩾”, 其余条件不变, 使用 `lsqlin()` 函数重新计算.

16. 利用 `lsqcurvefit()` 函数计算习题 14, 给出最优解、残差模的平方, 以及迭代次数和函数的调用次数, 并在计算中使用 Jacobi 矩阵.

17. 利用 `lsqnonlin()` 函数计算习题 12, 给出最优解和残差模的平方, 并在计算中使用 Jacobi 矩阵.

18. 分别利用 `lsqcurvefit()` 和函数 `lsqnonlin()` 函数计算习题 13, 比较两函数在计算过程中的不同之处, 并比较相应的计算结果.

19. 对于表 4.22, 试用最小二乘方法确定这一天的气温变化规律. 考虑函数 $x(t)=ae^{-b(t-c)^2}$, 其中 a,b,c 为常数. 计算误差平方和, 并作图.

20. 表 4.25 是美国 1790–1980 年人口统计表, 利用 Logistic 人口模型

$$x(t)=\frac{N}{1+\left(\frac{N}{x_0}-1\right)\mathrm{e}^{-rt}}$$

确定固有增长率 r 和最大容量 N, 分析计算结果的误差, 再利用该模型预测 1990 年美国人口总数.

表 4.25　美国 1790–1980 年人口统计　　(单位: 百万)

年份	人口	年份	人口	年份	人口	年份	人口
1790	3.9	1840	17.1	1890	62.9	1940	131.7
1800	5.3	1850	23.2	1900	76.0	1950	150.7
1810	7.2	1860	31.4	1910	92.0	1960	179.3
1820	9.6	1870	38.6	1920	106.5	1970	204.0
1830	12.9	1880	50.2	1930	123.2	1980	226.5

21. 人口学中有一种描述人口增长的数学模型 (Compertz 模型)

$$x(t)=a\mathrm{e}^{-b\mathrm{e}^{-kt}},$$

其中 a,b,k 为常数, $x(t)$ 为 t 时刻（年）的人口数.

(1) 利用美国 1790–1980 年人口统计数据 (表 4.25) 和 Compertz 模型预测美国 1990 年的总人口数;

(2) 画出 1790–1980 年 Compertz 模型 $t-x(t)$ 的曲线图.

第 5 章　线性规划

线性规划的数学模型是由苏联数学家 Kantorovich (坎托罗维奇) 和美国的经济学家 Koopmans (柯普曼斯) 分别于 1939 年和 1941 年独立提出来的. 美国数学家 G. B. Dantzig (丹齐格) 于 1947 年提出了求解线性规划的单纯形算法, 并建立了线性规划的相关理论. 在这之后, 线性规划得到了广泛的应用, 有资料称, 在对 500 家有相当效益的公司所作的评述中, 有 85% 的公司都曾应用了线性规划.

5.1　线性规划的数学模型

所谓线性规划问题就是指在最优化问题中目标和约束函数均是线性函数, 即

$$
\begin{aligned}
\min \quad & z = c^{\mathrm{T}}x, \\
\text{s.t.} \quad & a_i^{\mathrm{T}}x = b_i, \quad i \in \mathcal{E}, \\
& a_i^{\mathrm{T}}x \geqslant b_i, \quad i \in \mathcal{I},
\end{aligned} \tag{5.1}
$$

其中 c 和 a_i 为 n 维向量, b_i 为纯量.

5.1.1　线性规划的实例

为了便于理解, 先看一下线性规划的实例.

例 5.1 (生产安排问题)　*某工厂生产两种产品 —— 产品 I 和产品 II, 生产中用到三种原料 —— A, B 和 C. 每生产一个单位的产品用到的原料使用数量、每种原料的使用上限以及每单位产品的盈利如表 5.1 所示. 试建立生产安排问题的线性规划模型.*

表 5.1　单位产品的原料数、原料使用上限及产品单位盈利

原料	产品 I	产品 II	日最大可用量
A	1	2	8
B	1	0	4
C	0	1	3
每单位产品的盈利	2	5	

解　一个线性规划模型通常由三个基本部分组成 —— 决策变量、目标函数和约束条件.

决策变量的恰当定义是模型建立过程中重要的第一步. 一旦决策变量确定之后, 构造目标函数和约束函数的工作就变得非常简单了.

对于生产安排问题, 需要确定两种产品的日生产量. 因此, 模型的变量作如下定义: 令 x_1 为产品 I 的日生产数量 (单位数), x_2 为产品 II 的日生产数量 (单位数). 因此, 令 z 表示工厂的日总利润, 则公司的目标为

$$\max \quad z = 2x_1 + 5x_2.$$

下一步, 构造限制原料用量和产品的需求量的约束条件. 原料限制的语言表达为

生产两种产品的原料用量 ⩽ 最大原料可用量

写成数学表达式为

$$\begin{aligned} x_1 + 2x_2 &\leqslant 8, \quad \text{原料 A},\\ x_1 \qquad &\leqslant 4, \quad \text{原料 B},\\ x_2 &\leqslant 3, \quad \text{原料 C}. \end{aligned}$$

最后得到完整的线性规划模型

$$\begin{aligned} \max \quad & z = 2x_1 + 5x_2,\\ \text{s.t.} \quad & x_1 + 2x_2 \leqslant 8,\\ & x_1 \qquad \leqslant 4,\\ & \qquad x_2 \leqslant 3,\\ & x_1 \geqslant 0,\ x_2 \geqslant 0. \end{aligned} \tag{5.2}$$

例 5.2 (饲料配方问题)　某农场每天至少使用 800kg 混合饲料. 这种混合饲料是由玉米和大豆粉混合而成的, 并含有蛋白质和纤维两种成分. 表 5.2 给出了每种饲料所含成分的数量以及每种饲料的成本. 混合饲料的营养要求是至少 30% 的蛋白质和至多 5% 的纤维. 该农场希望确定每天最少成本的饲料混合, 试建立相应的数学模型.

表 5.2　饲料的成分数量 (g/kg) 和饲料费用 (元/kg)

饲料	蛋白质	纤维	费用
玉米	90	20	3.0
大豆粉	600	60	9.0

解　因为混合饲料是由玉米和大豆粉组成的, 所以模型的决策变量作如下定义: 令 x_1 为混合饲料中每天玉米的千克数, x_2 为混合饲料中每天大豆粉的千克数.

目标函数是使得这种饲料混合的每天的总成本达到最小, 因此, 数学表达式为

$$\min \quad z = 3x_1 + 9x_2.$$

模型的约束反映饲料的日需要量和对营养成分的需求量. 农场一天至少需要混合饲料 800 千克, 相应的约束条件可以表示为

$$x_1 + x_2 \geqslant 800.$$

对于蛋白质的营养需求约束, 含在 x_1 千克玉米和 x_2 千克大豆粉的蛋白质总量是 $(0.09x_1 + 0.6x_2)$ 千克. 这个量应至少等于混合饲料总量 $(x_1 + x_2)$ 的 30%, 即

$$0.09x_1 + 0.6x_2 \geqslant 0.3(x_1 + x_2).$$

用类似的方法, 纤维的需求至多为 5%, 构造的约束为

$$0.02x_1 + 0.06x_2 \leqslant 0.05(x_1 + x_2).$$

化简约束, 将变量 x_1 和 x_2 移到不等式的左端, 常数保留在不等式的右端. 因此, 得到完整的模型

$$\begin{aligned}
\min \quad & z = 3x_1 + 9x_2, \\
\text{s.t.} \quad & x_1 + x_2 \geqslant 800, \\
& 0.21x_1 - 0.30x_2 \leqslant 0, \\
& 0.03x_1 - 0.01x_2 \geqslant 0, \\
& x_1 \geqslant 0, \quad x_2 \geqslant 0.
\end{aligned}$$

在上述两个例子中, 目标函数和约束函数均是线性的, 所以称为线性规划. 线性性说明, 线性规划必须满足以下三个基本性质.

(1) 比例性. 这个性质要求每个决策变量无论是在目标函数还是在约束函数中, 其贡献与决策变量的值直接成比例. 例如, 在例 5.1 中, 目标函数中的 $2x_1$ 和 $5x_2$ 是确定的比例常数, 即两种产品的单位利润分别为 2 和 5. 如果给出两种产品的生产数量, 就直接得到工厂的总利润. 另一方面, 当生产安排问题中允许产品的销售量超过某个量时, 可以给出某种程度销售量折扣, 利润则不再与生产量 x_1 和 x_2 成比例, 此时利润函数变成非线性的.

(2) 可加性. 这个性质要求所有变量在目标函数和约束函数中的总贡献等于每个变量各自贡献的直接和. 在例 5.1 中, 总利润等于两个各自利润分量的和. 然而, 如果两种产品在市场占有份额是竞争的, 即一种产品销售量的增加会影响另一种产品销售, 则可加性不再满足, 此时模型不再是线性的.

(3) 确定性. 线性规划模型中所有目标函数和约束函数的系数都是确定的. 这意味着它们是已知的常数 —— 这在实际中很少出现, 这里的数据更可能被表示成

概率分布. 本质上, 线性规划的系数是概率分布平均值的近似. 如果这些分布的标准差充分小, 则这种近似是可接受的. 大标准差问题可直接地用随机线性规划方法来求解, 而随机方法已超出本书的讲授范畴.

5.1.2　线性规划的标准形式

为了便于设计算法, 考虑如下形式的线性规划问题

$$\begin{aligned} \min\quad & z = c_1x_1 + c_2x_2 + \cdots + c_nx_n, \\ \text{s.t.}\quad & a_{11}x_1 + a_{12}x_2 + \cdots + a_{1n}x_n = b_1, \\ & a_{21}x_1 + a_{22}x_2 + \cdots + a_{2n}x_n = b_2, \\ & \cdots\cdots \\ & a_{m1}x_1 + a_{m2}x_2 + \cdots + a_{mn}x_n = b_m, \\ & x_1 \geqslant 0, x_2 \geqslant 0, \cdots, x_n \geqslant 0. \end{aligned}$$

写成矩阵形式

$$\begin{aligned} \min\quad & c^{\mathrm{T}}x, \\ \text{s.t.}\quad & Ax = b, \\ & x \geqslant 0, \end{aligned} \tag{5.3}$$

其中 $A \in \mathbb{R}^{m\times n}$ $(m < n)$, $b \in \mathbb{R}^m$. 称线性规划 (5.3) 为线性规划的标准形式.

其他形式的线性规划问题可以转化为标准形式.

(1) 若目标函数求极大可转化为求极小.

$$\max\ c^{\mathrm{T}}x \Longleftrightarrow \min\ -c^{\mathrm{T}}x.$$

(2) 不等式约束转化为等式约束. 约束条件

$$\sum_{j=1}^{n} a_{ij}x_j \leqslant b_i \Longleftrightarrow \begin{cases} \displaystyle\sum_{j=1}^{n} a_{ij}x_j + x_{n+i} = b_i, \\ x_{n+i} \geqslant 0, \end{cases}$$

并称 x_{n+i} 为松弛变量. 约束条件

$$\sum_{j=1}^{n} a_{ij}x_j \geqslant b_i \Longleftrightarrow \begin{cases} \displaystyle\sum_{j=1}^{n} a_{ij}x_j - x_{n+i} = b_i, \\ x_{n+i} \geqslant 0, \end{cases}$$

并称 x_{n+i} 为剩余变量.

(3) 若某个 x_j 无限制, 则引进两个非负变量 $x_j' \geqslant 0$, $x_j'' \geqslant 0$, 令 $x_j = x_j' - x_j''$, 代入目标函数和约束方程中, 化为非负限制.

5.1.3 线性规划的图解法

在介绍求解线性规划问题的数学方法之前, 首先介绍线性规划问题的几何解释, 即求解线性规划问题的图解法.

图解法的过程包括以下两步:

(1) 确定可行解集;

(2) 从可行解集中找到最优解.

例 5.3 用图解法求解例 5.1 的生产安排问题.

解 模型 (5.2) 给出了例 5.1 的线性规划模型.

(1) 画出可行解集. 首先, 可行解集一定在第一象限上, 因为有非负限制 $x_1 \geqslant 0$ 和 $x_2 \geqslant 0$. 其次, 画直线 $x_1 + 2x_2 = 8$, $x_1 = 4$ 和 $x_2 = 3$. 最后, 确定可行解的范围. 选择一个参考点 (为了便于计算, 通常选择 $(0, 0)$ 作为参考点), 如果参考点满足不等式约束, 则它所在的一侧的区域是可行的; 否则, 另一侧的区域是可行的. 这样就得到了问题的可行解集, 如图 5.1 所示.

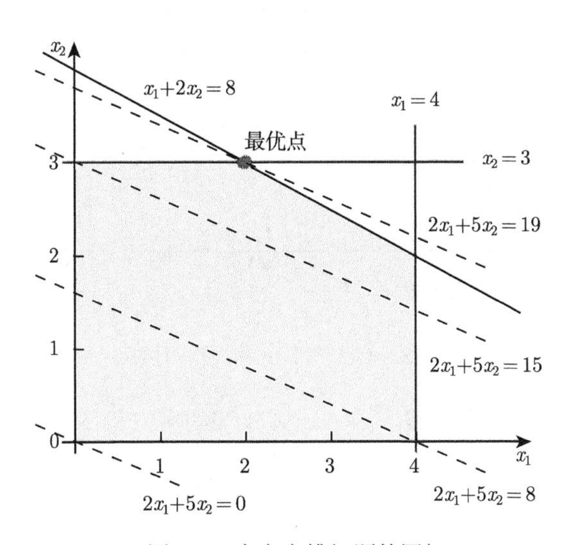

图 5.1 生产安排问题的图解

(2) 确定最优点. 画出等值线 $2x_1 + 5x_2 = z$. 当 z 取不同值时, 得到一族平行的直线. 图 5.1 给出了 $z = 0$, $z = 8$, $z = 15$ 和 $z = 19$ 时的等值线. 注意到, 当 $z > 19$ 时, 相应的 x 就不是可行解了. 因此, 最优点位于方程 $x_1 + 2x_2 = 8$ 和 $x_2 = 3$ 的交点处. 联立方程得到解 $x_1 = 2, x_2 = 3$, 此时目标函数值为 $z^* = 19$.

本题的特点是可行解集有界, 有最优解且最优解唯一.

例 5.4 如果例 5.1 中的利润由 2, 5 改为 1, 2. 再用图解法求解该问题.

解　在新的条件下, 线性规划模型为

$$
\begin{aligned}
\max \quad & z = x_1 + 2x_2, \\
\text{s.t.} \quad & x_1 + 2x_2 \leqslant 8, \\
& x_1 \leqslant 4, \\
& x_2 \leqslant 3, \\
& x_1, x_2 \geqslant 0.
\end{aligned}
$$

按照例 5.3 的方法, 画出线性规划问题的可行解集和相应的等值线, 然后确定最优点 (图 5.2).

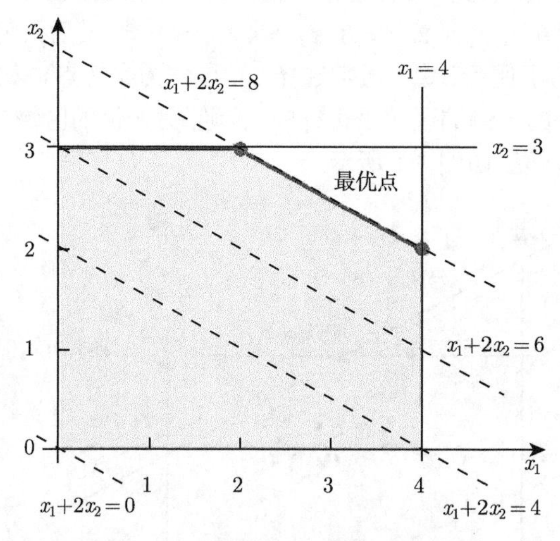

图 5.2　有无穷多个最优点的情况

注意到: 目标函数的等值线 $x_1 + 2x_2 = 8$ 与约束方程 $x_1 + 2x_2 = 8$ 重叠, 因此点 $(2, 3)$ 与点 $(4, 2)$ 之间的线段上的点均是最优点, 当然, 点 $(2, 3)$ 和点 $(4, 2)$ 也是最优点.

本题的特点是可行解集有界, 有无穷个最优解.

例 5.5　*用图解法求解例 5.2 的饲料配方问题.*

解　先画出可行解集, 再画出等值线, 得到最优点, 如图 5.2 所示. 联立方程

$$
\begin{cases}
0.21x_1 - 0.30x_2 = 0, \\
x_1 + x_2 = 800
\end{cases}
$$

得到最优点 $x^* = (470.59, 329.41)^{\mathrm{T}}$, 其最优值为 $z^* = 4376.5$.

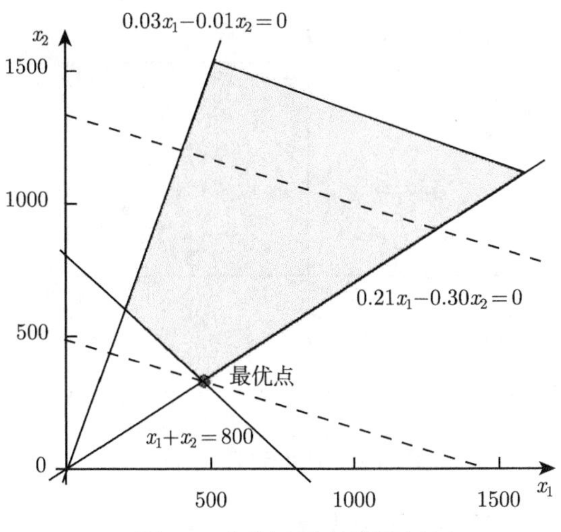

图 5.3 饲料配方问题的图解

本题的特点是可行解集无界, 但有最优解.

例 5.6 用图解法求解线性规划问题

$$\begin{aligned}
\max \quad & z = 3x_1 + 9x_2, \\
\text{s.t.} \quad & x_1 + x_2 \geqslant 800, \\
& 0.21x_1 - 0.30x_2 \leqslant 0, \\
& 0.03x_1 - 0.01x_2 \geqslant 0, \\
& x_1 \geqslant 0, \quad x_2 \geqslant 0.
\end{aligned}$$

解 与例 5.5 对比, 本例只在目标函数上作了改变, 将求极小改为求极大. 注意到可行解集无界, 当 x_1, x_2 增大时, 目标函数值 z 增大, 此时问题无有限最优解, 也称为无最优解.

本题的特点是可行解集无界, 无最优解.

例 5.7 用图解法求解线性规划问题

$$\begin{aligned}
\max \quad & z = 2x_1 + 2x_2, \\
\text{s.t.} \quad & x_1 - x_2 \leqslant -1, \\
& x_1 + x_2 \leqslant -1, \\
& x_1 \geqslant 0, \quad x_2 \geqslant 0.
\end{aligned}$$

解 考虑区域 $D_1 = \{x |\ x_1 - x_2 \leqslant -1, x_1 + x_2 \leqslant -1\}$ 和区域 $D_2 = \{x |\ x_1 \geqslant 0, x_2 \geqslant 0\}$, 如图 5.4 所示. 由于 $D_1 \bigcap D_2 = \varnothing$, 此时问题无可行解, 当然也没有最优解.

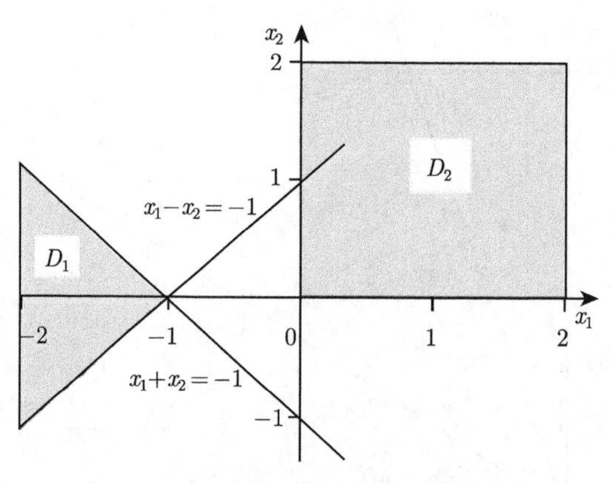

图 5.4 无可行解的情况

本题的特点是无可行解, 即无最优解.

从图解法的 5 个例子 (例 5.3 至例 5.7) 可以看出, 线性规划问题有以下几种情况.

(1) 有的线性规划问题有一个最优解, 有的有无穷个最优解, 有的没有最优解;

(2) 若线性规划问题的最优解存在, 则最优解必在可行解集 D 的某个"顶点"处达到;

(3) 若某两个顶点是最优解, 则这两个顶点的连线上任取一点都是最优解.

上述结论对于一般线性规划问题也是正确的.

5.2 求解线性规划问题的单纯形法

本节介绍求解线性规划的基本方法 —— 单纯形法. 单纯形法所要求解的问题是线性规划的标准形式 (5.3).

5.2.1 基本单纯形法

定义 5.1 若 x 满足线性规划问题 (5.3) 的约束条件, 即 $Ax=b, x\geqslant 0$, 则称 x 为线性规划问题 (5.3) 的可行解或可行点. 称

$$\Omega=\{x \mid Ax=b, x\geqslant 0\}$$

为可行解集或可行域. 如果不存在任何 x 满足问题 (5.3) 的约束条件, 则称线性规划问题无可行解, 也称为无解.

定义 5.2 设 x^* 是线性规划问题 (5.3) 的可行解, 即 $x^*\in\Omega$. 如果对线性规划问题的一切可行点 x, 即 $\forall\, x\in\Omega$ 均有

$$c^{\mathrm{T}}x\geqslant c^{\mathrm{T}}x^*,$$

则称 x^* 为线性规划问题 (5.3) 的最优解或最优点.

将问题 (5.3) 的约束方程的系数矩阵 A 并按列进行分块, 记为

$$A=[p_1,\ p_2,\ \cdots,\ p_n],$$

其中 $p_j=(a_{1j},a_{2j},\cdots,a_{mj})^{\mathrm{T}}$ 为矩阵 A 的第 $j(j=1,2,\cdots,n)$ 列. 由于 $\mathrm{rank}(A)=m$, 则矩阵 A 存在线性无关的 m 列向量, 不失一般性, 设 A 的前 m 列向量 p_1, p_2, $\cdots$, p_m 线性无关，使用 Gauss-Jordan 消元法对约束方程的前 m 列进行消元，同时将目标函数写成方程形式

$$z-c_1x_1-c_2x_2-\cdots-c_nx_n=0. \tag{5.4}$$

对该方程进行 Gauss-Jordan 消元, 得到如下典范式

$$\begin{aligned}
\min\ z= & \qquad\qquad\qquad -\sigma_{m+1}x_{m+1}-\cdots-\sigma_nx_n+z_0,\\
\text{s.t.}\quad & x_1 \qquad\qquad\quad +\alpha_{1m+1}x_{m+1}+\cdots+\alpha_{1n}x_n=\beta_1,\\
& \quad x_2 \qquad\quad\ \ +\alpha_{2m+1}x_{m+1}+\cdots+\alpha_{2n}x_n=\beta_2,\\
& \qquad\ddots \qquad\quad \cdots\cdots\\
& \qquad\quad x_m+\alpha_{mm+1}x_{m+1}+\cdots+\alpha_{mn}x_n=\beta_m,\\
& x_1\geqslant 0,x_2\geqslant 0,\cdots,x_n\geqslant 0.
\end{aligned} \tag{5.5}$$

在问题 (5.5) 中令 $x_{m+1}=x_{m+2}=\cdots=x_n=0$, 得到 $x_1=\beta_1$, $x_2=\beta_2$, $\cdots$, $x_m=\beta_m$. 称此解为线性规划问题 (5.3) 的基本解, 称 $x_B=(x_1,x_2,\cdots,x_m)^{\mathrm{T}}$ 为该基本解的基变量, $x_N=(x_{m+1},x_{m+2},\cdots,x_n)^{\mathrm{T}}$ 为非基变量.

如果问题 (5.5) 又满足 $\beta_1\geqslant 0$, $\beta_2\geqslant 0$, $\cdots$, $\beta_m\geqslant 0$, 则称该基本解为基本可行解. 称 σ_{m+1}, σ_{m+2}, $\cdots$, σ_n 为当前解的检验数.

本质上, 上述 Gauss-Jordan 消元是将约束方程按基本解 x_B 划分为

$$Ax=b\Leftrightarrow Bx_B+Nx_N=b,$$

进而可得 $x_B=B^{-1}b-B^{-1}Nx_N$, 将目标系数 c 按 x_B,x_N 划分为 c_B, c_N, 即 $c^{\mathrm{T}}=(c_B^{\mathrm{T}},c_N^{\mathrm{T}})$, 得到

$$z=c^{\mathrm{T}}x=c_B^{\mathrm{T}}x_B+c_N^{\mathrm{T}}x_N=c_B^{\mathrm{T}}B^{-1}b-(c_B^{\mathrm{T}}B^{-1}N-c_N^{\mathrm{T}})x_N,$$

因此, 检验数的计算公式为

$$\sigma_j=c_B^{\mathrm{T}}B^{-1}p_j-c_j,\qquad j\in\mathcal{R},$$

其中 p_j 为矩阵 A 的第 j 列, $\mathcal{R}$ 为非基变量指标集.

显然, 任取 A 的 m 个线性无关的列进行 Gauss-Jordan 消元法所得的基本解不一定是基本可行解, 关于第一个基本可行解的求法将在后面的内容中陈述, 这里先讨论从基本可行解开始的单纯形法.

单纯形法的基本思想是, 从某一基本可行解出发找到另一个使目标函数值更小的基本可行解, 最终到达最优解. 可以给出严格的理论证明, 线性规划问题的最优解必然在某个基本可行解上取到.

为求出线性规划问题 (5.3) 的最优解, 要解决以下两个问题:

(1) 最优性条件. 也就是说, 满足什么条件, 问题的可行解是最优解. 在典范式问题 (5.5) 中, 如果当前可行解的检验数满足 $\sigma_j \leqslant 0\ (j \in \mathcal{R})$, 则改变任何非基变量 x_j 的值, 使其变为正数必然使目标函数值增大. 因此, 线性规划问题 (5.3) 的基本可行解是最优解的条件为所有检验数都小于等于 0.

(2) 基本可行解的改进. 如果当前的基本可行解不是最优解, 自然希望下一个基本可行解与当前的基本可行解相比, 目标函数值有所下降.

假设检验数 $\sigma_k > 0$, $\exists k \in \mathcal{R}$, 在其他变量保持不变的情况下, 适当增大 x_k, 则目标函数将会下降, 但新解应使约束方程仍然得到满足, 即满足如下方程

$$\begin{array}{llll} x_1 & & + \alpha_{1k}x_k = \beta_1, \\ & x_2 & + \alpha_{2k}x_k = \beta_2, \\ & \ddots & \quad \vdots \qquad \vdots \\ & & x_m + \alpha_{mk}x_k = \beta_m. \end{array} \tag{5.6}$$

令 $x_k = \theta$, 从 0 开始增加, $x_j = 0$, $j \neq k$, $j \in \mathcal{R}$, 则由式 (5.6) 得到

$$x_i = \beta_i - \alpha_{ik}\theta, \quad i = 1, 2, \cdots, m, \tag{5.7}$$

为使 $x_i \geqslant 0$, $i = 1, 2, \cdots, m$, 应取

$$\theta = \min\left\{ \frac{\beta_i}{\alpha_{ik}} \,\middle|\, \alpha_{ik} > 0 \right\} = \frac{\beta_r}{\alpha_{rq}}, \tag{5.8}$$

则新解仍是基本可行解且满足 $x_k = \theta > 0, x_r = 0$, 此时 x_k 进基 (称为进基变量), x_r 离基 (称为离基变量).

如果 $\sigma_k > 0$ 且 $\alpha_{ik} \leqslant 0\ (i = 1, 2, \cdots, m)$, 则对任何的 $\theta > 0$, 由式 (5.7) 确定的 x_i 均可行. 令 $\theta \to +\infty$, 则得到 $z = z_0 - \sigma_k\theta \to -\infty$, 此时问题 (5.3) 无有限最优解, 称为无最优解.

为进行新一轮迭代, 需要求出对应于新基本可行解下的典范式. 事实上, 从式 (5.8) 可知 $\alpha_{rk} > 0$, 在当前基本可行解的典范式中取 α_{rk} 为主元进行一步 Gauss-Jordan 消元, 同时对目标函数进行相应的消元, 也就得到了新解的典范式. 称这一运算为转轴运算.

5.2.2 单纯形表

对于较小规模的线性规划问题, 通常将线性规划问题 (5.5) 列成表格形式, 称此表格为单纯形表, 可在表上进行计算. 为便于表上运算, 现将目标函数写成如下方程

$$z+\sigma_{m+1}x_{m+1}+\cdots+\sigma_n x_n=z_0,$$

而目标函数变为 min z, 则问题 (5.5) 化成如下等价的问题

$$\begin{aligned}
\min\quad & z,\\
\text{s.t.}\quad & z \qquad\qquad\qquad\quad +\cdots+\sigma_j x_j+\cdots=z_0,\\
& \quad x_1 \qquad\qquad\quad +\cdots+\alpha_{1j}x_j+\cdots=\beta_1,\\
& \qquad x_2 \qquad\quad\; +\cdots+\alpha_{2j}x_j+\cdots=\beta_2,\\
& \qquad\quad \ddots \qquad\qquad \cdots\cdots\\
& \qquad\qquad\quad x_m+\cdots+\alpha_{mj}x_j+\cdots=\beta_m,\\
& x_1\geqslant 0,x_2\geqslant 0,\cdots,x_n\geqslant 0.
\end{aligned} \tag{5.9}$$

将该问题列成单纯形表 (表 5.3).

表 5.3 单纯形表

基	x_1	$\cdots$	x_r	$\cdots$	x_m	$\cdots$	x_j	$\cdots$	x_k	$\cdots$	解
z	0	$\cdots$	0	$\cdots$	0	$\cdots$	σ_j	$\cdots$	σ_k	$\cdots$	z_0
x_1	1	$\cdots$	0	$\cdots$	0	$\cdots$	α_{1j}	$\cdots$	α_{1k}	$\cdots$	β_1
$\vdots$	$\vdots$		$\vdots$		$\vdots$		$\vdots$		$\vdots$		$\vdots$
x_r	0	$\cdots$	1	$\cdots$	0	$\cdots$	α_{rj}	$\cdots$	$\boxed{\alpha_{rk}}$	$\cdots$	β_r
$\vdots$	$\vdots$		$\vdots$		$\vdots$		$\vdots$		$\vdots$		$\vdots$
x_m	0	$\cdots$	0	$\cdots$	1	$\cdots$	α_{mj}	$\cdots$	α_{mk}	$\cdots$	β_m

当 $x_N=(x_{m+1},\ x_{m+2},\ \cdots,\ x_n)^{\mathrm{T}}=(0,\ 0,\ \cdots,\ 0)^{\mathrm{T}}$ 时, 有 $x_B=(x_1,\ x_2,\ \cdots,\ x_m)^{\mathrm{T}}=(\beta_1,\ \beta_2,\ \cdots,\ \beta_m)^{\mathrm{T}}$, $z_0=c_B^{\mathrm{T}}B^{-1}b$ 是当前的基本可行解和相应的目标函数值.

在实际求解问题 (5.9) 时, 首先判定最优性条件, 如果当前的基本可行解不是最优基本可行解, 则选取最大的检验数 σ_k, 将 x_k 作为入基变量, 再利用式 (5.8) 选取最小步长 $\theta=\dfrac{\beta_r}{\alpha_{rk}}$, 将 x_r 作为出基变量.

注意到单纯形法中基本可行解、典范式方程和检验数的更新恰是对问题 (5.8) 中典范式方程施行以 α_{rk}(表 5.3 中方框的元素) 作为主元的 Gauss-Jordan 消元, 则线性规划问题的求解转变为一系列的转轴运算.

下面用一些例子说明单纯形法的计算过程.

例 5.8 用单纯形法求解线性规划问题

$$\begin{aligned} \max \quad & z = 2x_1 + 5x_2, \\ \text{s.t.} \quad & x_1 + \ 2x_2 \leqslant 8, \\ & x_1 \qquad\quad \leqslant 4, \\ & \qquad\quad x_2 \leqslant 3, \\ & x_1 \geqslant 0, \quad x_2 \geqslant 0. \end{aligned}$$

解 引进松弛变量 x_3, x_4 和 x_5, 将问题改写成标准形式, 列出初始单纯形表, 如表 5.4 所示. 最大的检验数在第 2 列, 计算右端项与第 2 列的比值 $\theta = \min\left\{\frac{8}{2}, \frac{3}{1}\right\} = 3$. 因此, 以第 3 行第 2 列的元素 (这里是 1) 为主元作转轴运算, x_2 进基, x_5 离基, 得到第二张单纯形表 (表 5.5 的上半部分), 类似地, 得到第三张单纯形表 (表 5.5 的下半部分).

表 5.4 初始单纯形表

基	x_1	x_2	x_3	x_4	x_5	解
z	2	5^*	0	0	0	0
x_3	1	2	1	0	0	8
x_4	1	0	0	1	0	4
x_5	0	$\boxed{1}$	0	0	1	3

表 5.5 单纯形表及求解过程

基	x_1	x_2	x_3	x_4	x_5	解
z	2^*	0	0	0	-5	-15
x_3	$\boxed{1}$	0	1	0	-2	2
x_4	1	0	0	1	0	4
x_2	0	1	0	0	1	3
基	x_1	x_2	x_3	x_4	x_5	解
z	0	0	-2	0	-1	-19
x_1	1	0	1	0	-2	2
x_4	0	0	-1	1	2	2
x_2	0	1	0	0	1	3

此时, 检验数均小于等于 0, 从而得到最优解 $x^* = (2,3,0,2,0)^{\mathrm{T}}$, $z^* = -19$.

例 5.9 用单纯形法求解线性规划问题

$$\begin{aligned} \min \quad & z = -x_1 - 3x_2, \\ \text{s.t.} \quad & x_1 - 2x_2 \leqslant 4, \\ & -x_1 + x_2 \leqslant 3, \\ & x_1, x_2 \geqslant 0. \end{aligned}$$

解 引进松弛变量 x_3, x_4, 将问题化为标准形式. 初始单纯形表和求解过程如表 5.6 所示.

表 5.6 单纯形表及求解过程

基	x_1	x_2	x_3	x_4	解
z	1	3^*	0	0	0
x_3	1	-2	1	0	4
x_4	-1	$\boxed{1}$	0	1	3
z	4^*	0	0	-3	-9
x_3	-1	0	1	2	10
x_2	-1	1	0	1	3

在最终表 (见表 5.6 的下半部分) 中, x_1 对应的检验数为 $4>0$, 而对应的两个元素均为 -1. 因此, 该线性规划问题无有限最优解, 即无最优解.

5.2.3 两阶段方法

基本单纯形法是在已知某个初始基本可行解下进行计算的, 下面要讨论的问题是如何求出基本可行解.

对于线性规划问题 (5.3), 考虑如下辅助线性规划问题

$$\begin{aligned}\min\ & x_0 = e^{\mathrm{T}} x_a, \\ \text{s.t.}\ & Ax + x_a = b, \\ & x \geqslant 0, x_a \geqslant 0,\end{aligned} \tag{5.10}$$

其中 $e=(1,1,\cdots,1)^{\mathrm{T}} \in \mathbb{R}^m$, $x_a=(x_{n+1}, x_{n+2}, \cdots, x_{n+m})^{\mathrm{T}}$, $b \geqslant 0$. 称 x_a 为人工变量.

对于辅助线性规划问题 (5.10), 有如下结论:

(1) $x=0, x_a=b$ 是辅助线性规划问题 (5.10) 的一个基本可行解;

(2) 线性规划问题 (5.3) 有可行解的充分必要条件是: 辅助线性规划问题 (5.10) 的最优解中人工变量 $x_a=0$;

(3) 如果辅助线性规划问题 (5.10) 的最优解中 $x_a \neq 0$, 则线性规划问题 (5.3) 无可行解.

注意到问题 (5.10) 的约束方程本身就是一个典范式方程, 取 $x=0, x_a=b$ 为初始基本可行解, 则目标函数为

$$x_0 = e^{\mathrm{T}} x_a = e^{\mathrm{T}}(b - Ax) = e^{\mathrm{T}} b - e^{\mathrm{T}} Ax,$$

初始检验数为 $e^{\mathrm{T}} A$, 相应的目标值为 $e^{\mathrm{T}} b$, 对应的单纯形表如表 5.7 所示.

表 5.7 辅助问题的初始单纯形表

基	x	x_a	解
x_0	$e^{\mathrm{T}}A$	0^{T}	$e^{\mathrm{T}}b$
x_a	A	I	b

在求出辅助问题的最优解后, 需要将辅助问题的单纯形表转换为原问题的单纯形表. 显然, 如果原问题有可行解, 则辅助问题的最终单纯形表可以写成表 5.8 所示的形式.

表 5.8 辅助问题的最优单纯形表

基	x_B	x_N	x_a	解
x_0	0^{T}	0^{T}	$-e^{\mathrm{T}}$	0
x_B	I	$B^{-1}N$	B^{-1}	$B^{-1}b$

在得到辅助问题的最优单纯形表后, 计算原问题的检验数及目标函数的当前值分别为 $c_B^{\mathrm{T}}B^{-1}N - c_N^{\mathrm{T}}$ 和 $c_B^{\mathrm{T}}B^{-1}b$, 得到原问题单纯形表, 如表 5.9 所示.

表 5.9 原问题的初始单纯形表

基	x_B	x_N	解
z	0^{T}	$c_B^{\mathrm{T}}B^{-1}N - c_N^{\mathrm{T}}$	$c_B^{\mathrm{T}}B^{-1}b$
x_B	I	$B^{-1}N$	$B^{-1}b$

例 5.10 考虑线性规划问题

$$
\begin{aligned}
\min\quad & z = -3x_1 + 4x_2\,, \\
\text{s.t.}\quad & x_1 + x_2 \leqslant 4, \\
& 2x_1 + 3x_2 \geqslant 18, \\
& x_1,\ x_2 \geqslant 0.
\end{aligned}
$$

解 引进松弛变量与剩余变量 x_3 和 x_4, 将问题化为如下标准形式:

$$
\begin{aligned}
\min\quad & z = -3x_1 + 4x_2, \\
\text{s.t.}\quad & x_1 + x_2 + x_3 = 4, \\
& 2x_1 + 3x_2 - x_4 = 18, \\
& x_1,\ x_2,\ x_3,\ x_4 \geqslant 0.
\end{aligned}
$$

引进人工变量 x_5 (因 x_3 对应的列已是单位向量, 所以不需要引进人工变量 x_6), 得

到的辅助线性规划

$$
\begin{aligned}
\min \quad & x_0 = x_5 \\
\text{s.t.} \quad & x_1 + \ \ x_2 + x_3 \qquad\qquad = 4, \\
& 2x_1 + 3x_2 - \qquad x_4 + x_5 = 18, \\
& x_1, x_2, x_3, x_4, x_5 \geqslant 0.
\end{aligned}
$$

这里 x_3 和 x_5 是辅助线性规划的初始基, 目标系数为 $(0,1)^{\mathrm{T}}$, 计算初始检验数 $(0,1)A$ 和相应的目标值 $(0,1)b$, 得到初始单纯形表如表 5.10 所示.

表 5.10 单纯形表及求解过程

基	x_1	x_2	x_3	x_4	x_5	解
x_0	2	3^*	0	−1	0	18
x_3	1	$\boxed{1}$	1	0	0	4
x_5	2	3	0	−1	1	18
基	x_1	x_2	x_3	x_4	x_5	解
x_0	−1	0	−3	−1	0	6
x_2	1	1	1	0	0	4
x_5	−1	0	−3	−1	1	6

注: 在初始表中, 基变量对应的检验数为 0.

在最终表 5.10 的下半部分中, 检验数均小于等于 0, 从而得到辅助线性规划问题的最优解 $x^* = (0,\ 4,\ 0,\ 0,\ 6)^{\mathrm{T}}$, 最优目标函数值为 $6 > 0$. 因此, 原线性规划问题无可行解.

事实上, 很容易看出, 不等式 $x_1 + x_2 \leqslant 4$ 与不等式 $2x_1 + 3x_2 \geqslant 8$ 在 $x_1 \geqslant 0$ 和 $x_2 \geqslant 0$ 的区域内是相互矛盾的.

例 5.11 求解线性规划问题

$$
\begin{aligned}
\min \quad & z = x_1 - 2x_2, \\
\text{s.t.} \quad & x_1 + x_2 \geqslant 2, \\
& -x_1 + x_2 \geqslant 1, \\
& x_2 \leqslant 3, \\
& x_1,\ x_2 \geqslant 0.
\end{aligned}
$$

解 引进松弛变量与剩余变量 x_3, x_4 和 x_5, 将问题化为如下标准形式:

$$
\begin{aligned}
\min \quad & z = x_1 - 2x_2, \\
\text{s.t.} \quad & x_1 + x_2 - x_3 = 2, \\
& -x_1 + x_2 - x_4 = 1, \\
& x_2 + x_5 = 3, \\
& x_1,\ x_2,\ x_3,\ x_4,\ x_5 \geqslant 0.
\end{aligned}
$$

第一阶段, 构造辅助问题并求解. 注意到 x_5 对应的列已是单位向量, 因此, 只需要引进人工变量 x_6 和 x_7, 即可得到一辅助线性规划问题

$$\begin{aligned} \min\ & x_0 = x_6 + x_7, \\ \text{s.t.}\ & x_1 + x_2 - x_3 + x_6 = 2, \\ & -x_1 + x_2 - x_4 + x_7 = 1, \\ & x_2 + x_5 = 3, \\ & x_1, x_2, \cdots, x_7 \geqslant 0. \end{aligned} \tag{5.11}$$

显然 x_6, x_7, x_5 为辅助问题 (5.11) 的一个初始基变量, 目标系数为 $(1,1,0)^{\mathrm{T}}$, 计算初始检验数 $(1,1,0)A$ 和相应的目标值 $(1,1,0)b$. 初始单纯形表及求解过程如表 5.11 所示. 于是得到辅助线性规划的最优解, 并且最优目标函数值为 0.

表 5.11 辅助问题的单纯形表及求解过程

基	x_1	x_2	x_3	x_4	x_5	x_6	x_7	解
x_0	0	2^*	-1	-1	0	0	0	3
x_6	1	1	-1	0	0	1	0	2
x_7	-1	$\boxed{1}$	0	-1	0	0	1	1
x_5	0	1	0	0	1	0	0	3
基	x_1	x_2	x_3	x_4	x_5	x_6	x_7	解
x_0	2^*	0	-1	1	0	0	-2	1
x_6	$\boxed{2}$	0	-1	1	0	1	-1	1
x_2	-1	1	0	-1	0	0	1	1
x_5	1	0	0	1	1	0	-1	2
基	x_1	x_2	x_3	x_4	x_5	x_6	x_7	解
x_0	0	0	0	0	0	-1	-1	0
x_1	1	0	$-\frac{1}{2}$	$\frac{1}{2}$	0	$\frac{1}{2}$	$-\frac{1}{2}$	$\frac{1}{2}$
x_2	0	1	$-\frac{1}{2}$	$-\frac{1}{2}$	0	$\frac{1}{2}$	$\frac{1}{2}$	$\frac{3}{2}$
x_5	0	0	$\frac{1}{2}$	$\frac{1}{2}$	1	$-\frac{1}{2}$	$-\frac{1}{2}$	$\frac{3}{2}$

第二阶段, 求解原线性规划问题. 由于 x_6 和 x_7 是人工变量且不在基变量中, 因此, 在原问题的单纯形表中去掉 x_6 和 x_7 相对应的列. 在 5.11 表中, 对应的 $c_B = (c_1, c_2, c_5) = (1, 2, 0)^{\mathrm{T}}$, $c_N = (c_3, c_4) = (0, 0)^{\mathrm{T}}$, 计算检验数

$$\sigma_3 = c_B^{\mathrm{T}} B^{-1} p_3 - c_3 = (1, -2, 0) \begin{bmatrix} -\frac{1}{2} \\ -\frac{1}{2} \\ \frac{1}{2} \end{bmatrix} - 0 = \frac{1}{2},$$

$$\sigma_4 = c_B^{\mathrm{T}} B^{-1} p_4 - c_4 = (1, -2, 0) \begin{bmatrix} \frac{1}{2} \\ -\frac{1}{2} \\ \frac{1}{2} \end{bmatrix} - 0 = \frac{3}{2}$$

及目标函数值

$$z_0 = c_B^{\mathrm{T}} B^{-1} b = (1, -2, 0) \begin{bmatrix} \frac{1}{2} \\ \frac{3}{2} \\ \frac{3}{2} \end{bmatrix} = -\frac{5}{2},$$

原问题的单纯形表及求解过程如表 5.12 所示 (表中方框元素为主元).

表 5.12 原问题的单纯形表及求解过程

基	x_1	x_2	x_3	x_4	x_5	解
z	0	0	$\frac{1}{2}$	$\frac{3}{2}^*$	0	$-\frac{5}{2}$
x_1	1	0	$-\frac{1}{2}$	$\boxed{\frac{1}{2}}$	0	$\frac{1}{2}$
x_2	0	1	$-\frac{1}{2}$	$-\frac{1}{2}$	0	$\frac{3}{2}$
x_5	0	0	$\frac{1}{2}$	$\frac{1}{2}$	1	$\frac{3}{2}$
基	x_1	x_2	x_3	x_4	x_5	解
z	-3	0	2^*	0	0	-4
x_4	2	0	-1	1	0	1
x_2	1	1	-1	0	0	2
x_5	-1	0	$\boxed{1}$	0	1	1
基	x_1	x_2	x_3	x_4	x_5	解
z	-1	0	0	0	-2	-6
x_4	1	0	0	1	1	2
x_2	0	1	0	0	1	3
x_3	-1	0	1	0	1	1

最后得到原线性规划问题的最优解 $x^* = (0, 3, 1, 2, 0)^{\mathrm{T}}$, 最优目标函数值为 $z^* = -6$.

5.2.4 改进单纯形法

改进单纯形法的主要目的是减少单纯形法的计算量. 回顾一下单纯形法的计

算过程, 检验数 σ_j、对应列的系数 $\bar{p}_j$、右端项 $\bar{b}$ 和目标函数值 z 的计算公式为

$$\begin{aligned} \sigma_j &= c_B^{\mathrm{T}} B^{-1} p_j - c_j, \quad & z &= c_B^{\mathrm{T}} B^{-1} b, \\ \bar{p}_j &= B^{-1} p_j, & \bar{b} &= B^{-1} b. \end{aligned}$$

因此, 只要知道 B^{-1} 就可以得到单纯形表的全部信息.

下面讨论 B^{-1} 的修正. 设 $B = (p_1, \cdots, p_r, \cdots, p_m)$ 为线性规划的基, 新的基为 $\bar{B} = (p_1, \cdots, p_{r-1}, p_k, p_{r+1}, \cdots, p_m)$. 由于 $B^{-1}B = I$, 得到

$$B^{-1}\bar{B} = \begin{bmatrix} 1 & \cdots & \alpha_{1k} & \cdots & 0 \\ \vdots & & \vdots & & \vdots \\ 0 & \cdots & \alpha_{rk} & \cdots & 0 \\ \vdots & & \vdots & & \vdots \\ 0 & \cdots & \alpha_{mk} & \cdots & 1 \end{bmatrix}, \tag{5.12}$$

其中 α_{ik} 是 $\bar{p}_k = B^{-1}p_k$ 的第 i 个分量. 令

$$E = \begin{bmatrix} 1 & \cdots & -\alpha_{1k}/\alpha_{rk} & \cdots & 0 \\ \vdots & & \vdots & & \vdots \\ 0 & \cdots & -\alpha_{r-1k}/\alpha_{rk} & \cdots & 0 \\ 0 & \cdots & 1/\alpha_{rk} & \cdots & 0 \\ 0 & \cdots & -\alpha_{r+1k}/\alpha_{rk} & \cdots & 0 \\ \vdots & & \vdots & & \vdots \\ 0 & \cdots & -\alpha_{mk}/\alpha_{rk} & \cdots & 1 \end{bmatrix}, \tag{5.13}$$

则有 $EB^{-1}\bar{B} = I$, 即 $\bar{B}^{-1} = EB^{-1}$.

算法 5.1 (改进单纯形算法)

(0) 取初始可行基 B, 计算 B^{-1} 和 $\bar{b} = B^{-1}b$, 其分量记为 β_i.

(1) 计算 $z = c_B^{\mathrm{T}}\bar{b}$ 和 $\sigma_j = c_B^{\mathrm{T}}B^{-1}p_j - c_j$, $j \in \mathcal{R}$, 令 $\sigma_k = \max\{\sigma_j \mid j \in \mathcal{R}\}$, 其中 $\mathcal{R}$ 表示非基变量指标集.

(2) 若 $\sigma_k \leqslant 0$, 则停止计算 ($x_B = \bar{b}$, $x_N = 0$ 最优解); 否则计算 $\bar{p}_k = B^{-1}p_k$ (其分量记为 α_{ik}).

(3) 若 $\bar{p}_k \leqslant 0$, 则停止计算 (无有限最优解); 否则计算

$$\theta = \min\left\{ \frac{\beta_i}{\alpha_{ik}} \,\middle|\, \alpha_{ik} > 0 \right\} = \frac{\beta_r}{\alpha_{rk}}.$$

(4) 按式 (5.13) 计算矩阵 E, 置 $B^{-1} = EB^{-1}$, $\bar{b} = E\bar{b}$. 然后转 (1).

5.3 线性规划的对偶问题

线性规划问题有一个很有意思的特性, 这就是对于一个线性规划问题往往伴随着与之匹配的、两者有密切联系的另一个线性规划问题. 通常称一个问题为原问题, 另一个问题为对偶问题. 自线性规划的对偶理论提出以来, 已有了相当深入的研究. 对偶理论深刻揭示了原问题与对偶的内在联系. 由对偶问题引申出来的对偶解有着重要的经济意义, 是经济学中重要的概念与工具之一. 对偶理论充分显示了线性规划理论逻辑上严谨与结构上的对称性, 它是线性规划理论的重要成果.

5.3.1 对偶线性规划

通过例子给出对偶线性规划的定义.

例 5.12 某工厂打算生产 m 种产品, 每种产品的产量至少为 b_i $(i=1,2,\cdots,m)$ 个单位. 生产这 m 种产品需要 n 种原料, 每种原料的单位成本为 c_j $(j=1,2,\cdots,n)$, 并且每一个单位的第 j 种原料可以生产第 i 种产品 a_{ij} 个单位, 问如何安排生产使成本最低?

解 设第 j 种原料的需要量为 x_j 个单位, 则总成本为 $\sum\limits_{j=1}^{n} c_j x_j$. 第 i 种产品的产量为 $\sum\limits_{j=1}^{n} a_{ij} x_j$. 所以得到如下线性规划问题

$$
\begin{aligned}
\min\ & \sum_{j=1}^{n} c_j x_j, \\
\text{s.t. } & \sum_{j=1}^{n} a_{ij} x_j \geqslant b_i, \quad i=1,2,\cdots,m, \\
& x_j \geqslant 0, \quad j=1,2,\cdots,n.
\end{aligned}
$$

其矩阵形式为

$$
\begin{aligned}
\min\ \ & c^{\mathrm{T}} x, \\
\text{s.t.}\ \ & Ax \geqslant b, \\
& x \geqslant 0,
\end{aligned} \tag{5.14}
$$

称问题 (5.14) 为线性规划的原问题.

现从另一角度讨论这个问题. 设第 i 种产品的单价为 y_i. 问如何定价使产品的总产值最大?

设第 i 种产品的产量仍为 b_i, 那么总产值为 $\sum\limits_{i=1}^{m} b_i y_i$. 若 a_{ij} 的意义不变, 那么 $\sum\limits_{i=1}^{m} a_{ij} y_i$ 表示使用第 j 种原料的隐含价格. 自然第 j 种原料的隐含价格不能超过它

的实际价格 c_j, 即 $\sum\limits_{i=1}^{m} a_{ij}y_i \leqslant c_j\ (j=1,2,\cdots,n)$. 因此, 得到另一个线性规划问题

$$\begin{aligned}\max\ & \sum_{i=1}^{m} b_i y_i,\\ \text{s.t.}\ & \sum_{i=1}^{m} a_{ij}y_i \leqslant c_j,\quad j=1,2,\cdots,n,\\ & y_i \geqslant 0,\quad i=1,2,\cdots,m.\end{aligned}$$

其矩阵形式为

$$\begin{aligned}\max\quad & b^{\mathrm{T}}y\,,\\ \text{s.t.}\quad & A^{\mathrm{T}}y \leqslant c,\\ & y \geqslant 0,\end{aligned}\tag{5.15}$$

称问题 (5.15) 是问题 (5.14) 的对偶, 简称为对偶问题.

对偶问题实际上是从另一个角度对原问题进行描述, 对偶理论与对偶问题的求解也同样是线性规划理论与求解方法的重要组成部分. 由于原问题 (5.14) 与对偶问题 (5.15) 具有很好的对称形式, 因此, 称这种对偶为对称形式的对偶. 为了表述方便, 将此类原问题 (5.14) 称为对偶的标准形式.

对于其他形式的线性规划问题, 可以按照以下步骤写出它的对偶.

(1) 将线性规划问题改写成对偶的标准形式;

(2) 按照对称格式写出对偶问题;

(3) 简化对偶线性规划问题.

首先讨论线性规划的标准形式 $\min\ \{c^{\mathrm{T}}x \mid Ax=b,\ x\geqslant 0\}$ 的对偶.

(1) 将线性规划问题转换成对偶的标准形式

$$\begin{aligned}\min\quad & c^{\mathrm{T}}x,\\ \text{s.t.}\quad & Ax \geqslant b,\\ & x \geqslant 0.\end{aligned}$$

(2) 按照对称格式写出它的对偶

$$\begin{aligned}\max\ & b^{\mathrm{T}}y' + (-b)^{\mathrm{T}}y'',\\ \text{s.t.}\ & A^{\mathrm{T}}y' - A^{\mathrm{T}}y'' \leqslant c,\\ & y' \geqslant 0,\quad y'' \geqslant 0.\end{aligned}$$

(3) 简化对偶线性规划问题. 令 $y = y' - y''$, 得到

$$\begin{aligned} \max \quad & b^{\mathrm{T}} y, \\ \text{s.t.} \quad & A^{\mathrm{T}} y \leqslant c, \\ & y \text{ 无限制}. \end{aligned} \tag{5.16}$$

注意: 当原问题的约束加强为等式时, 对偶问题的变量减弱为无非负限制.

再讨论更一般形式线性规划问题

$$\begin{aligned} \min \quad & c^{\mathrm{T}} x, \\ \text{s.t.} \quad & A^{(1)} x \geqslant b^{(1)}, \\ & A^{(2)} x = b^{(2)}, \\ & A^{(3)} x \leqslant b^{(3)}, \\ & x \geqslant 0 \end{aligned}$$

的对偶. (1) 将线性规划问题转换成对偶的标准形式

$$\begin{aligned} \min \quad & c^{\mathrm{T}} x, \\ \text{s.t.} \quad & A^{(1)} x \geqslant b^{(1)}, \\ & A^{(2)} x \geqslant b^{(2)}, \\ & -A^{(2)} x \geqslant -b^{(2)}, \\ & -A^{(3)} x \geqslant -b^{(3)}, \\ & x \geqslant 0. \end{aligned}$$

(2) 按照对称格式写出它的对偶

$$\begin{aligned} \max \quad & (b^{(1)})^{\mathrm{T}} y^{(1)} + (b^{(2)})^{\mathrm{T}} y^{(21)} - (b^{(2)})^{\mathrm{T}} y^{(22)} - (b^{(3)})^{\mathrm{T}} y^{(3')}, \\ \text{s.t.} \quad & (A^{(1)})^{\mathrm{T}} y^{(1)} + (A^{(2)})^{\mathrm{T}} y^{(21)} - (A^{(2)})^{\mathrm{T}} y^{(22)} - (A^{(3)})^{\mathrm{T}} y^{(3')} \leqslant c, \\ & y^{(1)},\ y^{(21)},\ y^{(22)},\ y^{(3')} \geqslant 0. \end{aligned}$$

(3) 简化. 令 $y^{(2)} = y^{(21)} - y^{(22)}$, $y^{(3)} = -y^{(3')}$, 得到

$$\begin{aligned} \max \quad & (b^{(1)})^{\mathrm{T}} y^{(1)} + (b^{(2)})^{\mathrm{T}} y^{(2)} + (b^{(3)})^{\mathrm{T}} y^{(3)}, \\ \text{s.t.} \quad & (A^{(1)})^{\mathrm{T}} y^{(1)} + (A^{(2)})^{\mathrm{T}} y^{(2)} + (A^{(3)})^{\mathrm{T}} y^{(3)} \leqslant c, \\ & y^{(1)} \geqslant 0, \quad y^{(2)} \text{无限制}, \quad y^{(3)} \leqslant 0. \end{aligned}$$

实际上, 对于非对称形式的线性规则问题, 可以按如下规则写出它的对偶问题.

(1) 原问题求极小, 对偶问题求极大.

(2) 原问题的右端项作为对偶问题的目标函数系数, 原问题的目标函数系数作为对偶问题的右端项, 原问题的系数矩阵转置后作为对偶问题的系数矩阵.

(3) 用原问题约束的符号确定对偶问题变量的符号, "$\geqslant$" 约束对应于 "$\geqslant$" 变量, "$\leqslant$" 约束对应于 "$\leqslant$" 变量, "$=$" 约束对应于无限制变量.

(4) 用原问题变量的符号确定对偶问题约束的符号, "$\geqslant$" 变量对应于 "$\leqslant$" 约束, "$\leqslant$" 变量对应于 "$\geqslant$" 约束, 无限制变量对应于 "$=$" 约束.

例 5.13 运用非对称形式的对偶的规则写出下面线性规划问题的对偶

$$
\begin{aligned}
\max \quad & x_1 + 2x_2 + x_3, \\
\text{s.t.} \quad & x_1 + x_2 + x_3 \leqslant 2, \\
& x_1 - x_2 + x_3 = 1, \\
& 2x_1 + x_2 + x_3 \geqslant 2, \\
& x_1 \geqslant 0,\ x_2 \leqslant 0,\ x_3 \text{ 无限制}.
\end{aligned}
$$

解 (1) 将求极大问题改写为求极小问题;

(2) 写出对偶问题的目标和约束的系数与右端项;

(3) 根据原问题变量的符号确定对偶问题约束的符号, 分别是 "$\leqslant$", "$\geqslant$" 和 "$=$";

(4) 根据原问题约束的符号确定对偶问题变量的符号, 分别是 "$\leqslant$" 变量、无限制变量和 "$\geqslant$" 变量.

根据上述规则写出对偶问题

$$
\begin{aligned}
\max \quad & 2y_1 + y_2 + 2y_3, \\
\text{s.t.} \quad & y_1 + y_2 + 2y_3 \leqslant -1, \\
& y_1 - y_2 + y_3 \geqslant -2, \\
& y_1 + y_2 + y_3 = -1, \\
& y_1 \leqslant 0, \quad y_2 \text{ 无限制}, \quad y_3 \geqslant 0.
\end{aligned}
$$

5.3.2 线性规划的对偶理论

定理 5.1 对偶问题的对偶是原问题.

证明 利用对称形式的对偶证明.

$$
\begin{aligned}
\min \quad & c^{\mathrm{T}}x, \\
\text{s.t.} \quad & Ax \geqslant b, \\
& x \geqslant 0.
\end{aligned}
\quad \xrightarrow{\text{对偶}} \quad
\begin{aligned}
\max \quad & b^{\mathrm{T}}y, \\
\text{s.t.} \quad & A^{\mathrm{T}}y \leqslant c, \\
& y \geqslant 0.
\end{aligned}
$$

$$\xrightarrow{\text{对偶}} \quad \begin{array}{ll} \max & c^{\mathrm{T}}z, \\ \text{s.t.} & Az \leqslant -b, \\ & z \leqslant 0. \end{array} \quad \xrightarrow{\text{令}x=-z} \quad \begin{array}{ll} \min & c^{\mathrm{T}}x, \\ \text{s.t.} & Ax \geqslant b, \\ & x \geqslant 0. \end{array}$$

定理 5.2 (弱对偶定理) *若 x 和 y 分别是原问题和对偶问题的可行解, 则它们对应的目标函数满足*

$$c^{\mathrm{T}}x \geqslant b^{\mathrm{T}}y. \tag{5.17}$$

证明 使用对称形式的对偶进行证明. 由约束条件 $y \geqslant 0$, $Ax \geqslant b$, 有 $y^{\mathrm{T}}(Ax-b) \geqslant 0$, 以及 $x \geqslant 0$, $A^{\mathrm{T}}y \leqslant c$, 得到 $(c^{\mathrm{T}} - y^{\mathrm{T}}A)x \geqslant 0$. 因此

$$c^{\mathrm{T}}x \geqslant y^{\mathrm{T}}Ax \geqslant b^{\mathrm{T}}y.$$

推论 5.1 *若存在 x^0 和 y^0 分别是原问题和对偶问题的可行解, 并且满足 $c^{\mathrm{T}}x^0 = b^{\mathrm{T}}y^0$, 则 x^0 和 y^0 分别是原问题和对偶问题的最优解.*

证明 考虑对称形式的对偶, 只需证明 x^0 是原问题的最优解. 设 x 是原问题的可行解, 由定理 5.2, 有

$$c^{\mathrm{T}}x \geqslant b^{\mathrm{T}}y^0 = c^{\mathrm{T}}x^0.$$

推论 5.2 *若原问题和对偶问题之一的目标函数值无界, 则另一个问题不可行.*

证明 若对偶问题的目标函数值无上界, 则原问题不可行; 否则, 设 x^0 是原问题的可行解, y 是对偶问题的可行解, 由定理 5.2, 有 $c^{\mathrm{T}}x^0 \geqslant b^{\mathrm{T}}y$, 与对偶问题无上界矛盾.

定理 5.3 (强对偶定理) *若原问题与对偶问题之一有最优解, 则两问题均有最优解, 并且它们的最优目标函数值相等.*

证明 使用标准线性规划进行证明. 设原问题 $\min\{c^{\mathrm{T}}x \mid Ax = b,\ x \geqslant 0\}$ 有最优解 x^*, 则检验数小于 0, 即 $c_B^{\mathrm{T}}B^{-1}A - c^{\mathrm{T}} \leqslant 0$. 令 $y^* = B^{-T}c_B$, 即 $y^{*\mathrm{T}} = c_B^{\mathrm{T}}B^{-1}$. 因此, $A^{\mathrm{T}}y^* \leqslant c$ 是对偶问题的可行解. 并且有

$$b^{\mathrm{T}}y^* = y^{*\mathrm{T}}b = c_B^{\mathrm{T}}B^{-1}b = c^{\mathrm{T}}x^*.$$

由推论 5.1, y^* 是对偶问题的最优解.

定理 5.4 (松弛互补定理) *设 x^* 和 y^* 分别是原问题 (5.14) 和对偶问题 (5.15) 的可行解, 则 x^* 和 y^* 分别为原问题和对偶问题最优解的充分必要条件是*

$$y^{*\mathrm{T}}(Ax^* - b) = 0, \tag{5.18}$$

$$(c^{\mathrm{T}} - y^{*\mathrm{T}}A)x^* = 0. \tag{5.19}$$

证明　若 x^* 和 y^* 分别是原问题和对偶问题的可行解, 则有

$$b^{\mathrm{T}}y^* = {y^*}^{\mathrm{T}}b \leqslant {y^*}^{\mathrm{T}}Ax^* \leqslant c^{\mathrm{T}}x^*. \tag{5.20}$$

充分性. 若 x^* 和 y^* 分别是原问题和对偶问题的最优解, 由定理 5.3, 目标函数值相等, 即 $b^{\mathrm{T}}y^* = c^{\mathrm{T}}x^*$, 由式 (5.20) 导出式 (5.18) 和式 (5.19) 同时成立.

必要性. 若式 (5.18) 和式 (5.19) 成立, 显然 $c^{\mathrm{T}}x^* = b^{\mathrm{T}}y^*$, 因此, x^*, y^* 是最优解.

对于标准形式的线性规划问题和它的对偶, 定理 5.4 可作如下简化.

推论 5.3　*设 x^*, y^* 分别是标准线性规划问题和它对偶问题的可行解, 则 x^*, y^* 为标准线性规划问题和它的对偶问题的最优解的充分必要条件是式 (5.19) 成立.*

有了松弛互补定理, 可以利用对偶问题求出原问题的最优解.

例 5.14　*写出下列线性规划问题的对偶问题, 并用图解法求解, 利用对偶理论求出原问题的最优解.*

$$\begin{aligned}
\min\quad & 2x_1 + 3x_2 + 5x_3 + 2x_4 + 3x_5, \\
\text{s.t.}\quad & x_1 + x_2 + 2x_3 + x_4 + 3x_5 \geqslant 4, \\
& 2x_1 - 2x_2 + 3x_3 + x_4 + x_5 \geqslant 3, \\
& x_1,\ x_2,\ x_3,\ x_4,\ x_5 \geqslant 0.
\end{aligned}$$

解　写出对偶问题

$$\begin{aligned}
\max\quad & 4y_1 + 3y_2\,, \\
\text{s.t.}\quad & y_1 + 2y_2 \leqslant 2, \quad (1) \\
& y_1 - 2y_2 \leqslant 3, \quad (2) \\
& 2y_1 + 3y_2 \leqslant 5, \quad (3) \\
& y_1 + y_2 \leqslant 2, \quad (4) \\
& 3y_1 + y_2 \leqslant 3, \quad (5) \\
& y_1,\ y_2 \geqslant 0.
\end{aligned}$$

用图解法求解对偶问题 (图 5.5), 得到 $y^* = \left(\dfrac{4}{5}, \dfrac{3}{5}\right)^{\mathrm{T}}$. 在对偶问题的约束中 (2)–(4) 不等号严格成立, 由松弛互补定理得到, $x_2^* = x_3^* = x_4^* = 0$. 再由 $y_1^* > 0$, $y_2^* > 0$, 所以原问题中两个约束均等号成立, 即得到

$$\begin{aligned}
x_1 + 3x_5 &= 4, \\
2x_1 + x_5 &= 3,
\end{aligned}$$

求解方程组得到 $x_1^* = 1$, $x_5^* = 1$, 最优目标值为 5.

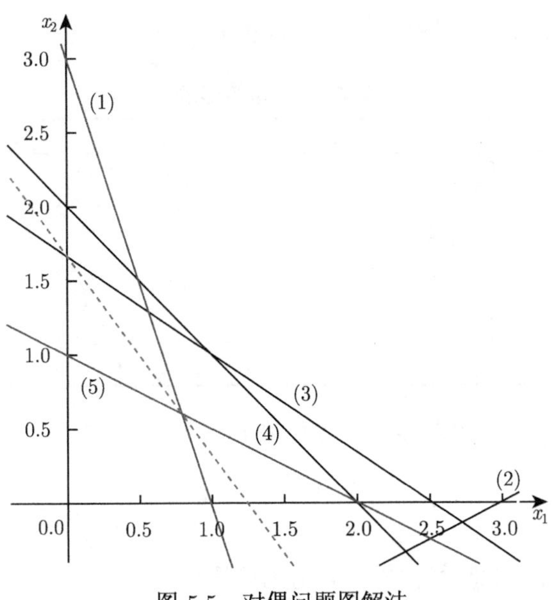

图 5.5 对偶问题图解法

5.3.3 对偶单纯形法

对偶单纯形法是 Lemke(兰姆凯) 在 1954 年提出的. 单纯形法的基本思想是在可行解集的顶点上进行迭代, 而对偶单纯形法的基本思想是在对偶问题的可行解集上进行迭代. 对于某些线性规划问题利用对偶单纯形法求解要比单纯形法求解简单.

对于线性规划标准形式的对偶问题 (5.16), 若 y 满足 $A^{\mathrm{T}}y \leqslant c$, 则称 y 是对偶可行解. 称集合 $\{y \mid A^{\mathrm{T}}y \leqslant c\}$ 为对偶可行解集.

设 B 是一个基 (不一定是可行基), 其检验数为 $\sigma_j = c_B^{\mathrm{T}}B^{-1}p_j - c_j$, 若 $\sigma_j \leqslant 0\ (j = 1, 2, \cdots, n)$, 则有

$$c_B^{\mathrm{T}}B^{-1}A - c^{\mathrm{T}} \leqslant 0. \tag{5.21}$$

令 $y^{\mathrm{T}} = c_B^{\mathrm{T}}B^{-1}$, 则 y 是对偶问题的可行解, 此时称 B 为对偶可行基.

定义 5.3 若基本解 $\begin{bmatrix} x_B \\ x_N \end{bmatrix} = \begin{bmatrix} B^{-1}b \\ 0 \end{bmatrix}$ 对应的检验数 $\sigma_j \leqslant 0, \forall j \in \mathcal{R}$, 则称该基本解 $\begin{bmatrix} x_B \\ x_N \end{bmatrix} = \begin{bmatrix} B^{-1}b \\ 0 \end{bmatrix}$ 为原问题的正则解.

考虑单纯形表 5.13, 并假设 x 是正则解, 即检验数 $\sigma_j \leqslant 0\ (j \in \mathcal{R})$.

若 $\beta_i \geqslant 0, i = 1, 2, \cdots, m$, 则 x 是基本可行解. 由最优性条件, x 是最优解.

若存在 $\beta_r < 0$, 则在第 r 行选择元素 α_{rk}, 并以它为中心作转轴运算, 使得到

的新的 β'_r, 并满足 $\beta'_r > 0$. 因此, 要求 $\alpha_{rk} < 0$.

表 5.13　单纯形表

基	x_1	$\cdots$	x_r	$\cdots$	x_m	$\cdots$	x_j	$\cdots$	x_k	$\cdots$	解
z	0	$\cdots$	0	$\cdots$	0	$\cdots$	σ_j	$\cdots$	σ_k	$\cdots$	z_0
x_1	1	$\cdots$	0	$\cdots$	0	$\cdots$	α_{1j}	$\cdots$	α_{1k}	$\cdots$	β_1
$\vdots$	$\vdots$		$\vdots$		$\vdots$		$\vdots$		$\vdots$		$\vdots$
x_r	0	$\cdots$	1	$\cdots$	0	$\cdots$	α_{rj}	$\cdots$	α_{rk}	$\cdots$	β_r
$\vdots$	$\vdots$		$\vdots$		$\vdots$		$\vdots$		$\vdots$		$\vdots$
x_m	0	$\cdots$	0	$\cdots$	1	$\cdots$	α_{mj}	$\cdots$	α_{mk}	$\cdots$	β_m

若 $\forall j \in \mathcal{R}, \alpha_{rj} \geqslant 0$, 由单纯形表 5.13 得到

$$x_r = \beta_r - \sum_{j\in\mathcal{R}} \alpha_{rj} x_j \leqslant \beta_r < 0, \tag{5.22}$$

与 x_r 的非负性矛盾. 此时线性规划问题无可行解.

除要求 $\alpha_{rk} < 0$ 之外, α_{rk} 还应满足

$$\frac{\sigma_k}{\alpha_{rk}} = \min\left\{ \frac{\sigma_j}{\alpha_{rj}} \,\middle|\, \alpha_{rj} < 0, j \in \mathcal{R} \right\}, \tag{5.23}$$

这是因为需要保证在转轴之后, 新的检验数 σ'_j 满足

$$\sigma'_j = \sigma_j - \frac{\sigma_k}{\alpha_{rk}} \alpha_{rj} \leqslant 0, \tag{5.24}$$

事实上, 当 $\alpha_{rj} \geqslant 0$ 时, 式 (5.24) 显然成立. 当 $\alpha_{rj} < 0$ 时, 式 (5.24) 等价于

$$\frac{\sigma_j}{\alpha_{rj}} \geqslant \frac{\sigma_k}{\alpha_{rk}}. \tag{5.25}$$

因此, 式 (5.23) 保证了式 (5.24) 成立.

算法 5.2 (从正则解开始的对偶单纯形法)

(0) 选取初始对偶可行基 B (即 x 是正则解), 列出初始单纯形表.

基	x_B	x_N	解
z	0^{T}	$c_B^{\mathrm{T}} B^{-1} N - c_N^{\mathrm{T}}$	$c_B^{\mathrm{T}} B^{-1} b$
x_B	I	$B^{-1} N$	$B^{-1} b$

(1) 计算 $\beta_r = \min\{\beta_i \mid i = 1, 2, \cdots, m\}$, 若 $\beta_r \geqslant 0$, 则停止计算 $\left(x = \begin{bmatrix} B^{-1}b \\ 0 \end{bmatrix}\right.$ 为最优解$\left.\right)$.

(2) 若 $\alpha_{rj} \geqslant 0, j \in \mathcal{R}$, 则停止计算（此时线性规划问题无可行解）；否则确定 k, 使得

$$\frac{\sigma_k}{\alpha_{rk}} = \min\left\{\frac{\sigma_j}{\alpha_{rj}} \;\middle|\; \alpha_{rj} < 0, j \in \mathcal{R}\right\},$$

然后以 α_{rk} 为中心进行转轴运算, 即置

$$\begin{aligned}
\alpha_{rj} &= \alpha_{rj}/\alpha_{rk}, \quad j = 1,2,\cdots,n \quad (j \neq k),\\
\beta_r &= \beta_r/\alpha_{rk}, \quad \alpha_{rk} = 1,\\
\sigma_j &= \sigma_j - \sigma_k\alpha_{rj}, \quad j = 1,2,\cdots,n \quad (j \neq k),\\
z &= z - \sigma_k\beta_r, \quad \sigma_k = 0,\\
\alpha_{ij} &= \alpha_{ij} - \alpha_{ik}\alpha_{rj}, \quad i = 1,2,\cdots,m \quad (i \neq r),\ j = 1,2,\cdots,n \quad (j \neq k),\\
\beta_i &= \beta_i - \alpha_{ik}\beta_r, \quad \alpha_{ik} = 0, \quad i = 1,2,\cdots,m \quad (i \neq r),
\end{aligned}$$

然后转 (1).

例 5.15 用对偶单纯形法求解线性规划问题

$$\begin{aligned}
\min \quad & 2x_1 + 3x_2 + 4x_3,\\
\text{s.t.} \quad & x_1 + 2x_2 + x_3 \geqslant 3,\\
& 2x_1 - x_2 + 3x_3 \geqslant 4,\\
& x_1,\ x_2,\ x_3 \geqslant 0.
\end{aligned}$$

解 引进松弛变量 x_4, x_5, 化为标准形式

$$\begin{aligned}
\min \quad & 2x_1 + 3x_2 + 4x_3,\\
\text{s.t.} \quad & -x_1 - 2x_2 - x_3 + x_4 = -3,\\
& -2x_1 + x_2 - 3x_3 + x_5 = -4,\\
& x_1,\ x_2,\ \cdots,\ x_5 \geqslant 0.
\end{aligned}$$

取 $B = (p_4, p_5) = I$, 列出初始单纯形表, 如表 5.14 所示. 在表中, $\beta_2 = \min\{-3, -4\} = -4$. 选择 $\alpha_{21} = -2$ 为中心作转轴运算 (见表 5.15 的第一张表). 然后再选择 $\beta_1 = \min\{-1, 2\} = -1$, 以 α_{12} 为中心, 作转轴运算, 具体计算过程如表 5.15 所示. 得到最优解 $x^* = \left(\frac{11}{5}, \frac{1}{5}, 0, 0, 0\right)^{\mathrm{T}}$, $z^* = \frac{28}{5}$.

表 5.14 初始单纯形表

基	x_1	x_2	x_3	x_4	x_5	解
z	−2	−3	−4	0	0	0
x_4	−1	−2	−1	1	0	−3
x_5	[−2]	1	−3	0	1	−4*

表 5.15　单纯形表及求解过程

基	x_1	x_2	x_3	x_4	x_5	解
z	0	-4	-1	0	-1	4
x_4	0	$\boxed{-\frac{5}{2}}$	$\frac{1}{2}$	1	$\frac{1}{2}$	-1^*
x_1	1	$-\frac{1}{2}$	$\frac{3}{2}$	0	$-\frac{1}{2}$	2
基	x_1	x_2	x_3	x_4	x_5	解
z	0	0	$-\frac{9}{5}$	$-\frac{8}{5}$	$-\frac{1}{5}$	$\frac{28}{5}$
x_2	0	1	$-\frac{1}{5}$	$-\frac{2}{5}$	$\frac{1}{5}$	$\frac{2}{5}$
x_1	1	0	$\frac{7}{5}$	$-\frac{1}{5}$	$\frac{2}{5}$	$\frac{11}{5}$

例 5.16　用对偶单纯形法求解线性规划问题

$$\begin{aligned}\min\quad & x_1+2x_2,\\ \text{s.t.}\quad & x_1+x_2\leqslant 4,\\ & 2x_1+3x_2\geqslant 18,\\ & x_1,\ x_2\geqslant 0.\end{aligned}$$

解　引进松弛变量 x_3, x_4, 化为标准形式

$$\begin{aligned}\min\quad & x_1+2x_2,\\ \text{s.t.}\quad & x_1+x_2+x_3=4,\\ & -2x_1-3x_2+x_4=-18,\\ & x_1,\ x_2,\ x_3,\ x_4\geqslant 0.\end{aligned}$$

具体计算过程如表 5.16 所示. 此时, $\alpha_{2j}\geqslant 0,\ j\in\mathcal{R}=\{3,4\}$, 所以线性规划问题无可行解.

表 5.16　单纯形表及求解过程

基	x_1	x_2	x_3	x_4	解
z	-1	-2	0	0	0
x_3	1	1	1	0	4
x_4	$\boxed{-2}$	-3	0	1	-18^*
x_3	0	$\boxed{-\frac{1}{2}}$	1	$\frac{1}{2}$	-5^*
x_1	1	$\frac{3}{2}$	0	$-\frac{1}{2}$	9
基	x_1	x_2	x_3	x_4	解
z	0	0	-1	-1	14
x_2	0	1	-2	-1	10
x_1	1	0	3	1	-6^*

5.4 内点算法概述

本节简单介绍算法复杂性及求解线性规划问题的内点算法.

5.4.1 算法复杂性的基本概念

算法对时间的需要称为算法的时间复杂性. 算法的时间复杂性是指求解某问题的所有算法中时间复杂性最小的算法的时间复杂性.

算法的复杂性一般表示为问题规模 n (如问题的维数) 的函数, 时间复杂性记为 $T(n)$. 在算法分析中, 将求解问题的基本操作 (如加、减、乘、除和比较) 的次数定义为算法的时间复杂性. 在分析复杂性时, 可以用算法的复杂性函数 $p(n)$ 或者用复杂性函数的主要项的阶 $O(p(n))$ 来表示.

若算法 A 的时间性为 $T_{\mathrm{A}}(n) = O(p(n))$, 其中 $p(n)$ 是 n 的多项式函数, 则称算法 A 为多项式算法; 否则为非多项式算法. 将非多项式算法通称为指数时间算法.

5.4.2 单纯形法的复杂性

单纯形算法的本质是从可行域的某个顶点出发, 沿可行域的边界, 从一个顶点移动到另一个顶点, 最终达到最优的顶点 (最优解). 例如, 使用单纯形法求解例 5.1 (见例 5.8), 第一个点是 $(0,0)$, 第二个点是 $(0,3)$, 第三个点是 $(2,3)$ (最优解). 参看图 5.1, 这三个点恰好在可行域的边界上移动.

如果一个线性规划问题有 n 个变量, m 个不等式约束 (假设没有等式约束), 则基本可行解的个数 (顶点的个数) 最多可达到 $\dfrac{(m+n)!}{m!n!}$. 如果单纯形法经过全部的顶点, 则单纯形法就不是多项式算法.

在 1971 年, Klee 和 Minty 给出了第一个这样的例子, 证明了单纯形法从一个顶点开始, 要经过 2^n-1 个顶点, 才能达到最优的顶点. 从而揭示了单纯形法不是多项式算法的事实.

看一下 Klee 和 Minty 给出的另一个例子

$$
\begin{aligned}
\max \quad & \sum_{j=1}^{n} 10^{n-j} x_j, & \\
\text{s.t.} \quad & 2\sum_{j=1}^{i-1} 10^{i-j} x_j + x_i \leqslant 100^{i-1}, \quad & i = 1,2,\cdots,n, \\
& x_j \geqslant 0, & j = 1,2,\cdots,n.
\end{aligned} \tag{5.26}
$$

特别取 $n = 3$, 得到

$$\begin{array}{ll} \max & 100x_1 + 10x_2 + x_3, \\ \text{s.t.} & x_1 \leqslant 1, \\ & 20x_1 + x_2 \leqslant 100, \\ & 200x_1 + 20x_2 + x_3 \leqslant 10000, \\ & x_1, \quad x_2, \quad x_3 \geqslant 0. \end{array}$$

化成标准形式, 用单纯形法求解. 从基本可行解 $(0, 0, 0)$ 开始, 分别经过的基本可行解为 $(1, 0, 0), (1, 80, 0), (0, 100, 0), (0, 100, 8000), (1, 80, 8200), (1, 0, 9800), (0, 0, 10000)$ (最优解), 共经过 $2^3 - 1 = 7$ 点.

从这里可以看出, 对于线性规划问题 (5.26), 单纯形法要经过 $2^n - 1$ 个点达到最优解.

5.4.3 内点算法简介

前面提到: 考虑最坏情况, 单纯形法不是多项式算法, 它需要指数次转轴运算才能达到最优解. 因此, 使用单纯形法求解大规模问题似乎是不可能的. 所以人们一直致力于寻找线性规划多项式算法.

1979 年, Khachiyan (哈奇扬) 提出了第一个求解线性规划的多项式算法, 即椭球算法, 从理论上讲, 椭球算法比单纯形法的时间上界更好, 但在实际计算中, 椭球算法往往还不如单纯形法. 但无论如何, 它从理论上开创了求解线性规划多项式算法的时代.

1984 年, Karmarkar 提出了新的线性规划多项式算法, 即投影内点法, 这个算法不仅在最坏情况分析下要优于单纯形法, 而且在大型的实际应用方面也显示出优于单纯形法的潜力, 这一发展成为这个领域中吸引所有人注意的罕见事件.

随着对内点法的不断研究, 人们也逐渐认清了内点法的本质, 提出越来越多的内点算法, 从线性规划的内点法, 发展到二次规划的内点法和求解一般约束问题的内点算法. 它的优势是可以大大减少求解问题的复杂性, 特别是针对大规模的约束优化问题.

这里不对内点算法作过多的介绍, 只是让读者了解内点法的基本概念就可以了, 能够理解为什么 MATLAB 优化工具箱中求解约束优化问题 (包括线性规划和二次规划) 的函数使用内点法作为默认算法就可以了.

同样的道理, 在第 6 章中, 也不对求解二次规划和一般约束问题的内点算法作介绍.

5.5 自编 MATLAB 程序

为了方便起见, 本节只介绍求解标准线性规划问题的单纯形法和从正则点开始的对偶单纯形法.

5.5.1 从基本可行解开始的单纯形法

按照算法 5.1 编写从基本可行点开始的单纯形法 (程序名: simplex.m).

```
function [x, z, sigma, basic] = simplex(A, b, c, basic)
%% 从基本可行解开始的单纯形法, 调用方法为
%%    [x,z,sigma,basic] = simplex(A,b,c,basic)
%% 其中
%%    A 约束的系数矩阵, b为右端项, c为目标系数;
%%    basic为基变量指标.
%%    x 为最优点; z 为最优点处的函数值;
%%    sigma 为检验数; basic为最优基变量指标.

[m,n] = size(A); B = A(:, basic);
B = inv(B); b = B*b;
while 1
    z = c(basic)*b; sigma = c(basic)*B*A - c;
    [sigma_max, k] = max(sigma);
    if sigma_max<=1e-10 break; end
    pk = B*A(:,k);
    if max(pk) <= 1e-10
        fprintf('Unbound solution!\n');
        break;
    end
    theta = inf;
    for i = 1:m
        if pk(i) > 1e-10 & theta >= b(i)/pk(i)
            theta = b(i)/pk(i); r = i;
        end
    end
    E = eye(m); pkr = pk(r);
```

```
        pk = -pk/pkr; pk(r) = 1/pkr; E(:,r) = pk;
        B = E*B; b = E*b;
        basic(r) = k;
    end
    x = zeros(1,n); x(basic) = b';
```

例 5.17　用自编程序 simplex.m 求解例 5.8.

解　增加松弛变量后, 基变量为 x_3, x_4 和 x_5. 输入数据, 求解 (程序名: exam0517.m).

```
c = [-2 -5 0 0 0];
A = [ 1  2 1 0 0; 1  0 0 1 0;  0  1 0 0 1];
b = [8 4 3]';
[x, z, sigma] = simplex(A, b, c, [3 4 5])
x =
     2     3     0     2     0
z =
   -19
sigma =
     0     0    -2     0    -1
```

例 5.18　用自编程序 simplex.m 求解例 5.9.

解　增加松弛变量后, 基变量为 x_3 和 x_4. 输入数据, 求解 (程序名: exam0518.m).

```
c = [-1 -3 0 0];
A = [ 1 -2 1 0; -1  1 0 1];
b = [4 3]';
[x, z, sigma] = simplex(A, b, c, [3 4]);
Unbound solution!
```

即无有限最优解.

5.5.2　两阶段方法

按照 5.2.3 小节介绍的方法编写求解线性规划两阶段方法的 MATLAB 程序 (程序名: two_phase.m)

```
function [x, z, sigma] = two_phase(A, b, c)
%% 求标准线性规划问题的两阶段方法, 调用方法为
%%     [x, z, sigma] = two_phase(A, b, c)
%% 其中
%%     A 为约束的系数矩阵, b 为右端项构成的列向量;
```

```
%%     c 为目标系数构成的行向量.
%%     x 为最优点; z 为最优点处的函数值;
%%     sigma 为检验数.

[m, n] = size(A);
% 求解辅助线性规划问题
[x, z, sigma, basic] ...
    = simplex([A eye(m)], b, [zeros(1, n) ones(1,m)], n+(1:m));
if z > 1e-10
    % 辅助线性规划目标值不为0
    fprintf('No feasible solution found!\n');
else
    % 求解线性规划问题
    [x, z, sigma]=simplex(A, b, c, basic);
end
```

例 5.19 用自编程序 two_phase.m 求解例 5.10.

解 增加松弛变量和剩余变量, 将问题化为标准形式. 输入数据, 求解 (程序名: exam0519.m).

```
c = [ -3 4 0 0];
A = [1 1 1 0; 2 3 0 -1];
b = [4 18]';
[x, z, sigma] = two_phase(A, b, c)
No feasible solution found!
```

即没有可行解.

例 5.20 用自编程序 two_phase.m 求解例 5.11.

解 增加松弛变量和剩余变量, 将问题化为标准形式. 输入数据, 求解 (程序名: exam0520.m).

```
c = [1 -2 0 0 0];
A = [1 1 -1 0 0; -1 1 0 -1 0; 0 1 0 0 1];
b = [2 1 3]';
[x, z, sigma] = two_phase(A, b, c)
x =
     0     3     1     2     0
z =
    -6
```

```
sigma =
    -1     0     0     0    -2
```

5.5.3　从正则解开始的对偶单纯形法

按照算法 5.2 编写从正则解开始的对偶单纯形法 (程序名: dual_sim.m).

```
function [x, z, sigma, basic] = dual_sim(A, b, c, basic, Nb)
%% 从正则解开始的对偶单纯形法, 调用方法为
%%     [x,z,sigma,basic] = dual_sim(A, b, c, basic, Nb)
%% 其中
%%     A 约束的系数矩阵, b为右端项, c为目标系数;
%%     basic为初始基变量指标集. Nb 为初始非基变量指标集.
%%     x 为最优点; z 为最优点处的函数值;
%%     sigma 为检验数; basic为最优基变量指标集.

[m,n] = size(A); B = A(:, basic);
B = inv(B); A = B*A; b = B*b;
z = c(basic)*b; sigma = c(basic)*A - c;

while 1
    [b_min, r] = min(b);
    if b_min >= -1e-10 break; end
    if min(A(r,Nb)) >= -1e-10
        fprintf('No feasible solution found!\n');
        break;
    end
    theta = inf;
    for j = 1:n
        if A(r,j) < -1e-10 & sigma(j) < -1e-10 ...
            & theta >= sigma(j)/A(r,j)
                theta = sigma(j)/A(r,j); k = j;
        end
    end
    for j = 1:n
        if j ~= k
            A(r,j) = A(r,j)/A(r,k);
```

```
            end
        end
        b(r) = b(r)/A(r,k); A(r,k) = 1;
        for j = 1:n
            if j ~= k
                sigma(j) = sigma(j) - sigma(k)*A(r,j);
            end
        end
        z = z - sigma(k)*b(r); sigma(k) = 0;
        for i = 1:m
            if i ~= r
                for j = 1:n
                    if j ~= k
                        A(i,j) = A(i,j) - A(i,k)*A(r,j);
                    end
                end
                b(i) = b(i) - A(i,k)*b(r); A(i,k) = 0;
            end
        end
        for j=1:(n-m)
            if Nb(j) == k  Nb(j) = basic(r); end
        end
        basic(r) = k;
    end
    x = zeros(1,n); x(basic) = b'.
```

例 5.21 用自编程序 dual_sim.m 求解例 5.15.

解 增加松弛变量, 将问题化为标准形式. 输入数据, 求解 (程序名: exam0521.m).

```
c = [ 2  3   4   0  0];
A = [-1 -2  -1   1  0;  -2  1  -3   0  1];
b = [-3 -4]';
[x, z, sigma] = dual_sim(A, b, c, [4 5], [1 2 3])


x =
    2.2000    0.4000         0         0         0
z =
```

```
    5.6000
sigma =
         0         0   -1.8000   -1.6000   -0.2000
```

5.6 MATLAB 优化工具箱中的函数

本节介绍 MATLAB 优化工具箱中求解线性规划 (包括 0-1 整数规划) 的函数, 以及相关的内容.

5.6.1 linprog 函数

实际上, 没有必要自己编写求解线性规划的程序 (除非有某种特殊的需要), 在 MATLAB 中, 可用 `linprog()` 函数求解线性规划问题. 该函数求解如下线性规划问题

$$\begin{aligned} \min \quad & f^{\mathrm{T}}x, \\ \text{s.t.} \quad & Ax \leqslant b, \\ & A_e x = b_e, \\ & l \leqslant x \leqslant u, \end{aligned} \tag{5.27}$$

其中 f, x, b, b_e, l 和 u 为向量, A 和 A_e 为矩阵. 函数的使用格式为

```
x = linprog(f, A, b)
x = linprog(f, A, b, Aeq, beq)
x = linprog(f, A, b, Aeq, beq, lb, ub)
x = linprog(f, A, b, Aeq, beq, lb, ub, x0)
x = linprog(f, A, b, Aeq, beq, lb, ub, x0, options)
[x, fval] = linprog(...)
[x, fval, exitflag] = linprog(...)
[x, fval, exitflag, output] = linprog(...)
[x, fval, exitflag, output, lambda] = linprog(...)
```

函数的自变量 `f, A, b, Aeq, beq, lb, ub` 分别表示线性规划问题 (5.27) 中的 f, A, b, A_e, b_e, l 和 u. `x0` 表示求解问题的初始点.

`options` 设置优化参数, 可用 `optimoptions()` 函数设置. 例如, `linprog()` 函数的默认算法是 `'interior-point'`(内点法), 也可以设置成 `'simplex'` (单纯形法) 或 `'active-set'`(有效集法).

函数的返回值 `x` 为线性规划问题的最优解, `fval` 为最优解 `x` 处的函数值, `exitflag` 为输出指标, 它表示解的状态, 具体意义见表 5.17.

表 5.17 linprog( ) 函数中 exitflag 值的意义

exitflag 值	意义
1	收敛到问题的解 x
0	迭代次数超过 options.MaxIter 设定的值
-2	问题没有可行解
-3	问题无有限最优解
-4	表示求解中遇到不确定值 (NaN)
-5	表示原问题与对偶问题均不可行
-7	在搜索方向上步长过小, 无法进一步下降

output 为结构, 它表示包含优化过程中的某些信息, 具体意义见表 5.18.

表 5.18 linprog( ) 函数中 output 值的意义

output 值	意义
iterations	算法的迭代次数
algorithm	使用的优化算法 (内点法、有效集法和单纯形法)
cgiterations	PCG 迭代的总次数 (仅用于内点算法)
message	退出信息
constrviolation	破坏约束的度量
firstorderopt	一阶最优性条件的度量

lambda 为结构, 它表示在最优解处的 Lagrange 乘子, 具体意义见表 5.19, 关于 Lagrange 乘子的意义将在下面介绍.

表 5.19 linprog( ) 函数中 lambda 值的意义

lambda 值	意义
lower	下界的 Lagrange 乘子
upper	上界的 Lagrange 乘子
ineqlin	不等式约束的 Lagrange 乘子
eqlin	等式约束的 Lagrange 乘子

例 5.22 (职员安排问题) 某公司由于工作的需要, 每天需要的职员数不同, 见表 5.20. 公司每天安排一定数量的职员工作, 并希望在满足需要的前提下, 使用职员的数量尽可能少. 但出于职员的利益考虑, 在安排时, 每个职员在一周连续工作 5 天, 休息两天. 公司将如何安排一周内每天开始的工作人数, 才可使公司使用的总职员数最小.

表 5.20 每星期每天需要的职员数

日期	星期一	星期二	星期三	星期四	星期五	星期六	星期日
职员数	18	16	15	16	19	14	12

解 设 x_i 为周 i 开始上班的人数. 按照题目要求, 周一开始上班的人, 从周一到周五工作; 周二开始上班的人, 从周二到周六工作; 以此类推. 所以在周一工作的人有周一、周四、周五、周六和周日开始上班的人. 因此, 关于周一工作人数的约束为

$$x_1 \quad + x_4 + x_5 + x_6 + x_7 \geqslant 18.$$

按照同样的方法可以得到周二至周日工作人数的约束

$$\begin{aligned}
&x_1 + x_2 \quad + x_5 + x_6 + x_7 \geqslant 16,\\
&x_1 + x_2 + x_3 \quad + x_6 + x_7 \geqslant 15,\\
&x_1 + x_2 + x_3 + x_4 \quad + x_7 \geqslant 16,\\
&x_1 + x_2 + x_3 + x_4 + x_5 \quad \geqslant 19,\\
&x_2 + x_3 + x_4 + x_5 + x_6 \quad \geqslant 14,\\
&x_3 + x_4 + x_5 + x_6 + x_7 \geqslant 12.
\end{aligned}$$

当然, 还有自然约束, 人员不能是负数, 即 $x_i \geqslant 0$.

目标为所有上班的人数总和最小, 即

$$\min \quad x_1 + x_2 + x_3 + x_4 + x_5 + x_6 + x_7.$$

写出相应的 MATLAB 程序 (程序名: exam0522.m)

```
f = ones(7,1);
A = [1 0 0 1 1 1 1; 1 1 0 0 1 1 1; 1 1 1 0 0 1 1;
     1 1 1 1 0 0 1; 1 1 1 1 1 0 0; 0 1 1 1 1 1 0;
     0 0 1 1 1 1 1];
b = [18 16 15 16 19 14 12]';
[x, fval] = linprog(f, -A, -b, [], [], zeros(7,1))
```

由于不等式约束是对小于等于设计的, 而职员排班问题的约束是大于等于的, 因此, A 与 b 的前面均加一个负号. 计算结果表明: 周一至周日开始工作的人数分别为 8, 2, 2, 4, 3, 3 和 0, 共 22 人.

5.6.2 Lagrange 乘子的意义

这里简单介绍 Lagrange 乘子的意义, 有关概念在约束优化中还将作介绍. 简单地说, Lagrange 乘子的意义是: 当约束右端项作变化时, 目标函数在最优解处的变化率. 对于线性规划问题, 也称它为影子价格.

下面用一个例子说明这一点.

例 5.23 (奶制品加工问题) 一奶制品加工厂用牛奶生产 A_1 和 A_2 两种奶制品, 一桶牛奶可以在甲车间用 12h 加工成 3kgA_1 产品, 或者在乙车间用 8h 加工成 4kg A_2 产品. 根据市场需求, 生产的 A_1, A_2 产品全部能够售出, 并且每千克 A_1 产品和 A_2 产品分别获利 24 元和 16 元. 现在加工厂每天能得到 50 桶牛奶的供应, 每天正式工人总的劳动时间为 480h, 并且甲车间的设备每天至多能加工 100kg A_1 产品, 乙车间设备的加工能力可以认为没有上限限制. 试为该厂制定一个生产计划, 使每天的获利最大, 并进一步讨论以下三个问题:

(1) 若用 35 元可以买到 1 桶牛奶, 是否应作这项投资?

(2) 若可以聘用临时工人以增加劳动时间, 付给临时工人的工资每小时最多多少元?

(3) 是否应增加 A_1 产品的加工能力?

解 建立线性规划模型. 设 x_1 桶牛奶生产 A_1 产品, x_2 桶牛奶生产 A_2 产品, 这样每天获利为 $24 \times 3x_1 + 16 \times 4x_2$, 因此目标函数

$$\max \quad z = 72x_1 + 64x_2.$$

约束条件

$$\begin{aligned} x_1 + \quad x_2 &\leqslant 50 && \text{(原料供应)}, \\ 12x_1 + 8x_2 &\leqslant 480 && \text{(劳动时间)}, \\ 3x_1 \qquad\quad &\leqslant 100 && \text{(加工能力)}, \end{aligned}$$

当然还有非负限制 $x_1, x_2 \geqslant 0$.

编写相应的 MATLAB 程序 (程序名: exam0523.m)

```
c = [72 64]';
A = [1 1; 12 8; 3 0];
b = [50 480 100]';
[x, fval, exitflag, output, lambda] ...
    = linprog(-c, A, b, [], [], zeros(2,1));
```

由计算结果得到: x = 20.0000 30.0000, 即每天生产 20 桶 A_1 产品和 30 桶 A_2 产品. fval=-3.3600e+003, 即可获利 3360 元. 计算得到

```
lambda.ineqlin =
   48.0000
    2.0000
    0.0000
```

此结果表明: ① 原料供应约束的影子价格为 48, 也就是说, 如果增加 1 桶牛奶, 其利润将增加 48 元, 而 1 桶牛奶的成本为 35 元, 所以应作这项投资. ② 劳动时间约束的影子价格为 2, 也就是说, 增加一小时工件时间产生的利润为 2 元. 因此, 聘用

临时工人每小时最多付给 2 元的工资. ③ 不需要增加 A_1 产品的加工能力, 因为它的影子价格为 0.

由例 5.23 的结果知, 在 35 元可购买 1 桶牛奶的条件下, 可增加牛奶的购买量, 但每天购买多少呢? 这一点并不知道.

这个问题涉及线性规划的灵敏度分析, 但很遗憾, MATLAB 的优化工具箱中并没有提供灵敏度分析的计算函数. 如果需要计算的话, 需要自编程序.

在前面单纯形法的讨论中, 最优解一定是可行解, 即满足 $B^{-1}b \geqslant 0$. 当约束方程的右端项由 b 变化到 $b + \Delta b$ 时, 仍要求满足

$$B^{-1}(b + \Delta b) \geqslant 0. \tag{5.28}$$

这样从式 (5.28) 中得到 Δb 的变化范围.

编写相应的 MATLAB 程序 (程序名: range.m), 为方便起见, 这里程序仅适用标准形式的线性规划问题.

```
function [l, u] = range(A, b, basic)
%% 仅对标准单纯形问题作右端项的灵敏度分析, 调用方法为
%%     [l, u] = range(A, b, basic)
%% 其中
%%     A 约束的系数矩阵, b 为右端项, basic 为最优基变量指标.
%%     l 为可减少的值, u 为可增加的值.

[m,n] = size(A); B = A(:, basic); B = inv(B); b = B*b;
l = inf*ones(m,1); u = inf*ones(m,1);
for k=1:m
    for i=1:m
        if B(i,k)>0 & l(k)>=b(i)/B(i,k)
            l(k)=b(i)/B(i,k);
        end
        if B(i,k)<0 & u(k)>=-b(i)/B(i,k)
            u(k)=-b(i)/B(i,k);
        end
    end
end
```

用该程序对例 5.23 作计算, 由于最优解 x_1 和 x_2 均大于 0, 所以指标 1 和 2 是最优基变量的指标. 还有一个最优基变量需要在松弛变量中确定, 计算 `b - A*x`, 发现第三个约束的松弛变量为正, 所以第三个基变量的指标为 5. 调用函数并计算

```
[l, u] = range([A eye(3)], b, [1 2 5])
l =
     6.6667
    80.0000
    40.0000
u =
    10.0000
    53.3333
        Inf
```

从计算结果得到: 最多可购买 10 桶牛奶. 同样的道理, 最多增加劳动时间 53h. 增加 A_1 产品的加工能力对利润并没有影响, 但加工能力不能减少 40kg 以上.

5.6.3 intlinprog 函数

在例 5.22 中, 得到的结果恰好为整数, 但对于此类大多数问题, 就没有这么好的运气. 这需要对于变量有整数限制, 这就是通常所说的整数规划问题.

在 MABLAB 的优化工具箱中, 使用 `intlinprog()` 函数[①] 求解整数线性规划问题. 该函数求解如下混合整数线性规划问题

$$\begin{array}{ll} \min & f^{\mathrm{T}}x, \\ \text{s.t.} & Ax \leqslant b, \\ & A_e x = b_e, \\ & l \leqslant x \leqslant u, \\ & x \text{ 的部分或全部分量取整数}, \end{array} \tag{5.29}$$

其中 f, x, b, b_e, l 和 u 为向量, A 和 A_e 为矩阵. 函数的使用格式为

```
x = intlinprog(f, intcon, A, b)
x = intlinprog(f, intcon, A, b, Aeq, beq)
x = intlinprog(f, intcon, A, b, Aeq, beq, lb, ub)
x = intlinprog(f, intcon, A, b, Aeq, beq, lb, ub, options)
[x, fval, exitflag, output] = intlinprog(...)
```

函数的自变量 `f`, `A`, `b`, `Aeq`, `beq`, `lb`, `ub` 分别表示线性规划问题 (5.29) 中的 f, A, b, A_e, b_e, l 和 u. `intcon` 是向量, 表示 `x` 中哪些分量取整数.

函数的返回值 `x` 为线性规划问题的最优解, `fval` 为最优解 `x` 处的函数值. `exitflag` 为输出指标, 它表示解的状态, 具体意义如表 5.21 所示.

`output` 为结构, 它表示包含优化过程中的某些信息, 具体意义如表 5.22 所示.

① MATLAB 2014a 以后的版本才能使用.

表 5.21 intlinprog( ) 函数中 exitflag 值的意义

exitflag 值	意义
2	过早的终止计算. 找到整数的可行解
1	收敛到问题的解 x
0	过早地终止计算. 没有发现整数的可行解
-2	没有发现松弛问题的可行点
-3	松弛线性问题无界

表 5.22 intlinprog( ) 函数中 output 值的意义

output 值	意义
relativegap	相对间隙
absolutegap	绝对间隙
numfeaspoints	找到的整数可行解的个数
numnodes	分支定界算法中节点的个数
constrviolation	破坏约束的度量
message	退出信息

除此之外, intlinprog() 函数在计算时还给出求解过程的信息, 如松弛线性规划问题的最优解, 使用割平面的情况和分支定界的情况.

例 5.24 (职员日程安排问题) *在一个星期中每天安排一定数量的职员, 每天需要的职员数如表 5.23 所示, 每个职员每周连续工作五天, 休息两天. 每天付给每个职员的工资是 200 元. 公司将如何安排每天开始的工作人数, 并使总费用最小.*

表 5.23 每星期每天需要的职员数

日期	星期一	星期二	星期三	星期四	星期五	星期六	星期日
职员数	18	15	12	16	19	14	12

解 如果使用 linprog() 函数计算, 得不到整数结果. 使用求解整数线性规划的 intlinprog() 函数计算 (程序名: exam0524.m)

```
f = 200*ones(7,1);
A = [1 0 0 1 1 1 1; 1 1 0 0 1 1 1; 1 1 1 0 0 1 1;
     1 1 1 1 0 0 1; 1 1 1 1 1 0 0; 0 1 1 1 1 1 0;
     0 0 1 1 1 1 1];
b = [18 15 12 16 19 14 12]';
[x, fval] = intlinprog(f, 1:7, -A, -b, [], [], zeros(7,1))
```

自变量 1:7 表示全部分量均取整数. 在计算结束时, 给出如下信息

```
LP:                 Optimal objective value is 4240.000000.
Cut Generation:     Applied 1 strong CG cut.
```

```
Lower bound is 4400.000000.
Relative gap is 0.00%.
```

它表明: 如果去掉整数限制 (松弛问题) 的最优值是 4240, 分支定界法的下界是 4400, 与最优解的间隙为 0.

在计算结果中, `x` 的值是 `5 4 0 7 3 3 0`, `fval` 的值是 4400, 即周一至周日开始工作的人数分别为 5, 4, 0, 7, 3, 3 和 0, 每天的总费用为 4400 元 (22 人).

实际上, `intlinprog()` 函数还可以求解一类特殊的整数线性规划 —— 0-1 规划, 即将变量限制在 0 与 1 之间, 再加上整数限制, 其结果不是 0 就是 1. 请见下面的例子.

例 5.25 (投资项目选择问题) 某地区有 5 个可考虑的投资项目, 其期望收益与所需投资额如表 5.24 所示. 在这 5 个项目中, I, Ⅲ, V 之间必须且仅需选择一项; 同样 Ⅱ, Ⅳ 之间至少选择一项; Ⅲ 和 Ⅳ 两个项目是密切相关的, 项目 Ⅲ 的实施必须以项目 Ⅳ 的实施为前提条件. 该地区共筹集到资金 15 万元, 究竟应该选择哪些项目, 其期望纯收益才能最大呢?

表 5.24 工程项目的期望纯收益和所需投资表

工程项目	期望纯收益/万元	所需投资/万元
I	10.0	6.0
Ⅱ	8.0	4.0
Ⅲ	7.0	2.0
Ⅳ	6.0	4.0
V	9.0	5.0

解 设 x_i 表示第 i 个项目, 当投资该项目时, $x_i = 1$, 不投资该项目时, $x_i = 0$. 这里介绍一些关于 0-1 变量的表示方法, 例如, 项目 I, III, V 之间必须且仅需选择一项的表示方法为

$$x_1 + x_3 + x_5 = 1,$$

因为当一个变量取 1 时, 其他两个变量的取值一定为 0. 而且三个变量必须有一个为 1.

项目 II 和 IV 之间至少选择一项的表示方法为

$$x_2 + x_4 \geqslant 1.$$

如果是至多有一项, 则将式中的 “$\geqslant$” 改为 “$\leqslant$”.

项目 III 的实施必须以项目 IV 的实施为前提条件的表示方法为

$$x_3 \leqslant x_4.$$

注意, 上述方法是 0-1 整数规划中经常用到的表述方法, 在线性规划的建模中会经常用到.

最后列出该问题的线性规划表达式

$$\begin{aligned}
\max \quad & 10x_1 + 8x_2 + 7x_3 + 6x_4 + 9x_5, \\
\text{s.t.} \quad & 6x_1 + 4x_2 + 2x_3 + 4x_4 + 5x_5 \leqslant 15, \\
& x_1 + x_3 + x_5 = 1, \\
& x_2 + x_4 \geqslant 1, \\
& x_3 - x_4 \leqslant 0, \\
& x_j = 0 \text{ 或 } 1, \quad j = 1, 2, \cdots, 5.
\end{aligned}$$

写出相应的 MATLAB 程序 (程序名：exam0525.m)

```
f = [10 8 7 6 9];
A = [ 6 4 2 4 5; 0 -1 0 -1 0; 0 0 1 -1 0];
b = [15 -1 0]';
Aeq = [1 0 1 0 1]; beq = 1;
lb = zeros(5, 1); ub = ones(5, 1);
[x, fval] = intlinprog(-f, 1:5, A, b, Aeq, beq, lb, ub)
```

计算结果 `x = 1 1 0 1 0`, 即优解为 $x_1 = x_2 = x_4 = 1$, $x_3 = x_5 = 0$. `fval = -24`, 即最优目标值为 24. 也就是说, 投资项目 I, II, IV, 总期望纯收益为 24 万元.

5.7　线性规划问题的应用

本节介绍若干实用的线性规划 (包括 0-1 整数规划) 模型, 以及如何使用 MATLAB 软件求解. 这些模型包括: 城市规划、投资、生产计划与库存控制、人力规划和最小覆盖问题.

5.7.1　城市规划

城市规划要解决如下三大问题: ① 建造新的住宅等; ② 改造城市中的陈旧房屋以及旧商业区; ③ 规划公共设施 (如学校、商店和机场等). 与这些项目相关的约束包括经济 (土地、建筑物、资金) 与社会 (学校、停车场、收入水平) 两个方面. 在城市新建项目的规划中, 目标函数会有各种情况, 通常可根据利润、社会、政治、经济和文化诸多方面的需求来考虑.

例 5.26 (旧城改造问题)　为增加市政府的财政收入和提高人民的生活水平, 某城市决定对城南某一地区进行旧城改造, 改造工程包括两个阶段: ① 拆除城南这一地区的旧住宅; ② 在该地区建造新的住宅. 下面是情况概要.

(1) 拆除大约 300 套旧住宅, 每套旧住宅平均占地 1000m^2. 拆除一套旧住宅的成本是 1 万元.

(2) 建造一套新的单、双、三和四居室住宅的土地面积分别是 720、1120、1600 和 2000m^2. 街道、开阔地和公共设施占可利用面积总量的 15%.

(3) 在新的开发项目中, 三居室住宅与四居室住宅的数量总和至少占总住宅数的 25%. 单居室住宅数至少应占总住宅数的 20%. 双居室住宅数至少占总住宅数的 10%.

(4) 对于单、双、三和四居室住宅, 每套住宅征税额分别是 0.5 万元、0.95 万元、1.35 万元和 1.7 万元.

(5) 对于单、双、三和四居室住宅, 每套住宅的建筑成本分别是 25 万元、35 万元、65 万元和 80 万元. 工程部门可向银行筹措上限为 7500 万元的贷款.

问题是各种居室的住宅应建多少套才能使得税收总额达到最大?

解 建立线性规划模型.

(1) 定义变量. 除了确定建造每种类型住宅单元的数量外, 还需要确定有多少旧房屋必须拆除为新的住宅提供场地. 因此, 问题的变量定义如下.

令 x_1, x_2, x_3 和 x_4 分别为建造单、双、三和四居室住宅的住宅数, x_5 为拆除旧住宅的数量.

(2) 目标函数. 目标函数是在所有 4 种类型的住宅中使得总的税收达到最大, 即

$$z = 0.5x_1 + 0.95x_2 + 1.35x_3 + 1.7x_4 \quad (\text{万元}).$$

(3) 约束条件. 问题的第一个约束是处理土地的可用量, 即

(新建住宅需要的面积)⩽(净可用面积)

从问题的数据可以得到

新建住宅需要的面积 $= 720x_1 + 1120x_2 + 1600x_3 + 2000x_4\ (\text{m}^2)$,

为确定可利用面积, 被拆除的旧住宅每套占地 1000 平方米, 因此, 得到 $1000\,x_5\text{m}^2$. 将总量的 15% 用于公用设施建设, 净可利用面积为 $0.85(1000\,x_5) = 850x_5$. 得到的约束是

$$720x_1 + 1120x_2 + 1600x_3 + 2000x_4 \leqslant 850x_5,$$

或

$$720x_1 + 1120x_2 + 1600x_3 + 2000x_4 - 850x_5 \leqslant 0.$$

被拆除的旧住宅的数量不能超过 300 套, 将它写成

$$x_5 \leqslant 300.$$

下面加上各种类型住宅单元数量的限制约束.

(单居室住宅数量) ⩾ (总住宅量的 20%),

(双居室住宅数量) ⩾ (总住宅量的 10%),

(三居室住宅与四居室住宅数量之和) ⩾ (总住宅量的 25%).

将这些文字约束转换成数学表达式

$$\begin{aligned}
x_1 &\geqslant 0.2(x_1+x_2+x_3+x_4),\\
x_2 &\geqslant 0.1(x_1+x_2+x_3+x_4),\\
x_3+x_4 &\geqslant 0.25(x_1+x_2+x_3+x_4).
\end{aligned}$$

还剩下一个约束就是要保证全部建设费用 (包括拆除和建造费用) 就在允许的预算之内, 即

(拆除和建造费用的总和) ⩽ (可用预算费用).

因此得到

$$25x_1+35x_2+65x_3+80x_4+x_5\leqslant 7500.$$

(4) 最优化问题. 由前面的推导得到完整的线性规划模型

$$\begin{aligned}
\max\quad & z=0.5x_1+0.95x_2+1.35x_3+1.7x_4,\\
\text{s.t.}\quad & 720x_1+1120x_2+1600x_3+2000x_4-850x_5\leqslant 0,\\
& x_5\leqslant 300,\\
& -0.8x_1+0.2x_2+0.2x_3+0.2x_4\leqslant 0,\\
& 0.1x_1-0.9x_2+0.1x_3+0.1x_4\leqslant 0,\\
& 0.25x_1+0.25x_2-0.75x_3-0.75x_4\leqslant 0,\\
& 25x_1+35x_2+65x_3+80x_4+x_5\leqslant 7500,\\
& x_1,\ x_2,\ x_3,\ x_4,\ x_5\geqslant 0.
\end{aligned}$$

(5) 问题求解. 写出相应的 MATLAB 程序 (程序名: `exam0526.m`)

```
f = [0.5 0.95 1.35 1.7 0];
A = [720 1120  1600  2000 -850;
       0    0     0     0    1;
    -0.8  0.2   0.2   0.2    0;
     0.1 -0.9   0.1   0.1    0;
    0.25 0.25 -0.75 -0.75    0;
      25   35    65    80    1];
b = [ 0  300     0     0    0  7500]';
[x, fval] = linprog(-f, A, b, [], [], zeros(5,1))
```

计算结果为

```
x' =
   35.8297   98.5317   44.7871    0.0000  244.4850
fval =
 -171.9826
```

(6) 对最优解的解释. 政府总税收为 171.98 万元, 其中建造单居室住宅 $x_1 = 35.83 \approx 36$ 套, 双居室住宅 $x_2 = 98.53 \approx 99$ 套, 三居室住宅 $x_3 = 44.79 \approx 45$ 套, 四居室住宅 $x_4 = 0$ 套, 拆除旧住宅 $x_5 = 244.49 \approx 245$ 套.

特别值得一提的是, 线性规划并不能自动地保证得到整数解, 这就是要将计算结果进行四舍五入得到整数的原因. 这个四舍五入的结果要求建造住宅 $180(= 36 + 99 + 45)$ 套, 拆除旧住宅 245 套, 税收总额为 171.98 万元.

但需要记住的是, 在一般情况下, 由四舍五入得到的结果不一定是可行的. 事实上, 现在的四舍五入的结果就破坏了最后一个约束 (资金上限的约束), 超出预算 35 万元.

(7) 计算整数解 (求解整数规划). 使用 intlinprog() 函数求解整数解.

```
[x, fval] = intlinprog(-f, 1:5, A, b, [], [], zeros(5,1))
x' =
    36    98    45     0   245
fval =
 -171.8500
```

即建造单居室住宅 36 套、双居室住宅 98 套、三居室住宅 45 套、四居室住宅 0 套, 拆除旧住宅 245 套、税收总额为 171.85 万元.

5.7.2 投资

投资问题的例子很多, 如工程项目的选择、债券与股票的投资组合以及银行的贷款策略等. 本小节介绍如何线性规划模型来作投资项目的选择.

例 5.27 (投资问题) 某部门准备在今后 5 年内对以下项目投资, 并由具体情况作如下规定: 项目 A: 从第 1—4 年每年年初需要投资, 并于次年年末收回本利 106%; 项目 B: 第 3 年年初需要投资, 到第 5 年年末能收回本利 115%, 但规定最大投资金额不超过 40 万元; 项目 C: 第 2 年年初需要投资, 到第 5 年年末能收回本利 120%, 但最大投资金额不超过 30 万元; 项目 D: 5 年内每年年初将资金存入银行, 于当年年末归还, 并加利息 2%.

该部门现有资金 100 万元, 问它如何确定给这些项目每年的投资金额, 使第五年年末手中拥有的资金本利总数额最大?

解 现在用线性规划方法来处理投资问题.

(1) 定义变量. 用 x_{iA}, x_{iB}, x_{iC}, $x_{iD}(i = 1,2,3,4,5)$ 表示第 i 年年初给项目 A,B,C,D 的投资金额.

(2) 约束条件. 为获得最大收益, 投资额应等于手中拥有的全部资金. 由于项目 D 每年都可以投资, 并且当年年末即能收回本息, 所以该部门每年应将全部的资金都投出去, 手中不应有剩余资金. 下面按年列约束条件.

第 1 年. 该部门年初拥有资金 100 万元, 应全部投到项目 A 和项目 D 中, 所以

$$x_{1A} + x_{1D} = 100.$$

第 2 年. 因为第 1 年投给项目 A 的资金需要到第 2 年年末才能收回, 所以该部门在第 2 年年初拥有的资金仅为项目 D 在第 1 年收回的本息, 即 $1.02x_{1D}$, 于是第 2 年的投资情况应为

$$x_{2A} + x_{2C} + x_{2D} = 1.02x_{1D}.$$

第 3 年. 第 3 年年初手中拥有的资金是从项目 A 第 1 年投资及项目 D 第 2 年投资中收回的本息总和, 即 $1.06x_{1A} + 1.02x_{2D}$, 于是第 3 年的投资情况如下:

$$x_{3A} + x_{3B} + x_{3D} = 1.06x_{1A} + 1.02x_{2D}.$$

第 4 年. 与前面同样的分析得到

$$x_{4A} + x_{4D} = 1.06x_{2A} + 1.02x_{3D}.$$

第 5 年. 为使在本年年末收回全部本息, 该年初只能对项目 D 投资

$$x_{5D} = 1.06x_{3A} + 1.02x_{4D}.$$

另外, 由于对于项目 B 和项目 C 的投资有一定限度, 即

$$x_{3B} \leqslant 40, \qquad x_{2C} \leqslant 30.$$

(3) 目标函数. 该问题要求在第 5 年年末手中拥有的资金总额最大, 目标函数表示为

$$f(x) = 1.06x_{4A} + 1.20x_{2C} + 1.15x_{3B} + 1.02x_{5D}.$$

(4) 最优化问题. 最后建立数学模型, 这个问题的线性规划描述为

$$\begin{aligned}
\max \quad & 1.06x_{4A} + 1.20x_{2C} + 1.15x_{3B} + 1.02x_{5D}, \\
\text{s.t.} \quad & x_{1A} + x_{1D} = 100, \\
& -1.02x_{1D} + x_{2A} + x_{2C} + x_{2D} = 0,
\end{aligned}$$

$$
\begin{aligned}
&-1.06x_{1A} - 1.02x_{2D} + x_{3A} + x_{3B} + x_{3D} = 0,\\
&-1.06x_{2A} - 1.02x_{3D} + x_{4A} + x_{4D} = 0,\\
&-1.06x_{3A} - 1.02x_{4D} + x_{5D} = 0,\\
&x_{3B} \leqslant 40,\\
&x_{2C} \leqslant 30,\\
&x_{iA}, x_{iB}, x_{iC}, x_{iD} \geqslant 0, \quad i = 1,2,3,4,5.
\end{aligned}
$$

(5) 问题求解. 写出相应的 MATLAB 程序 (程序名: exam0527.m), 在程序中, 项目 A 对应变量 $x_1 - x_4$, 项目 D 对应变量 $x_5 - x_9$, 项目 B 对应变量 x_{10}, 项目 C 对应变量 x_{11}.

```
%     1a 2a 3a   4a 1d 2d 3d 4d   5d   3b   2c
f = [0  0  0 1.06  0  0  0  0 1.02 1.15 1.20 ];
%           1a     2a     3a 4a    1d     2d     3d     4d 5d 3b 2c
Aeq = [   1      0      0  0     1      0      0      0  0  0  0;
          0      1      0  0 -1.02      1      0      0  0  0  1;
      -1.06      0      1  0     0  -1.02      1      0  0  1  0;
          0  -1.06      0  1     0      0  -1.02      1  0  0  0;
          0      0  -1.06  0     0      0      0  -1.02  1  0  0];
beq = [100 0 0 0 0]';
lb = zeros(11,1); ub = [inf*ones(1,9) 40 30]';
[x, fval]= linprog(-f, [], [], Aeq, beq, lb, ub)
```

计算得到

```
x' =
   63.0308    7.7086   13.9887   21.2515
   36.9692    0.0000   12.8239    0.0000   14.8280
   40.0000   30.0000
fval =
 -119.6512
```

(6) 对最优解的解释.

第 1 年. 将 100 万元资金, 在项目 A 上投资 63.0308 万元, 项目 D 上投资 36.9692 万元.

第 2 年. 项目 A 上投资 7.7086 万元, 项目 C 上投资 30 万元. 资金来源是去年的项目 D, 即银行存款.

第 3 年. 在项目 A 上投资 13.9887 万元, 项目 D 上投资 12.8239 万元, 项目 B 上投资 40 万元. 资金来源是前年的项目 A.

第 4 年. 在项目 A 上投资 21.2515 万元. 资金来源有去年的项目 D 和前年的项目 A.

第 5 年. 在项目 D 上投资 14.8280 万元. 资金来源是前年的项目 A.

这样到第 5 年年末共收回本息 119.6512 万元. (注: 本题答案不唯一).

5.7.3 生产计划与库存控制

可以用线性规划模型来处理生产计划与库存控制问题, 求解的问题包括简单地配置加工能力, 用库存来"抑制"计划期内对产品的需求变化, 以及用雇工和解雇劳动力的方法来处理较为复杂的情况.

本小节共介绍三个例子, 虽然它们都要处理生产计划问题, 但模型层次呈递进关系, 一个比一个复杂. 第一个例子是单周期生产模型, 只根据一个周期内的产品需求确定最优的生产时间; 第二个例子是多周期生产模型, 在模型中增加了产品库存, 通过库存来减少生产费用; 第三个例子是多周期生产平滑模型, 除了采用库存方式减少成本外, 还增加了雇用和解雇劳动力的手段, 通过这一手段来"平滑"多周期内产品需求的上下浮动, 以达到最优生产的目的.

例 5.28 (单周期生产模型) 为冬季作准备, 某服装公司正在加工皮制外衣、鹅绒外套、保暖裤和手套. 所有产品由 4 个不同的车间生产: 剪裁、保暖处理、缝纫和包装. 服装公司已收到其他公司的产品订单. 合同规定对于未按时交货的订单产品予以惩罚. 表 5.25 提供了生产、需求和利润等相关的数据. 试为公司设计最优的生产计划.

表 5.25 加工每件产品所需的时间 (h)、可用上限及需求、利润和惩罚

车间	皮制外衣	鹅绒外套	保暖裤	手套	可用时间上限
剪裁	0.30	0.30	0.25	0.15	1000
保暖	0.25	0.35	0.30	0.10	1000
缝纫	0.45	0.50	0.40	0.22	1000
包装	0.15	0.15	0.10	0.05	1000
需求/件	800	750	600	500	
利润/(元/件)	150	200	100	50	
惩罚/(元/件)	75	100	50	40	

解 建立线性规划模型.

(1) 定义变量. 变量的定义很简单. 令 x_1 为皮制外衣的数量, x_2 为鹅绒外套的数量, x_3 为保暖裤的数量, x_4 为手套的数量.

(2) 目标函数. 总利润最大, 即目标函数为

$$z = 150x_1 + 200x_2 + 100x_3 + 50x_4.$$

(3) 约束条件. 生产能力约束

$$\begin{aligned}
&0.30x_1+0.30x_2+0.25x_3+0.15x_4 \leqslant 1000 \quad (\text{剪裁约束}),\\
&0.25x_1+0.35x_2+0.30x_3+0.10x_4 \leqslant 1000 \quad (\text{保暖约束}),\\
&0.45x_1+0.50x_2+0.40x_3+0.22x_4 \leqslant 1000 \quad (\text{缝纫约束}),\\
&0.15x_1+0.15x_2+0.10x_3+0.05x_4 \leqslant 1000 \quad (\text{包装约束}),
\end{aligned}$$

以及需求量约束

$$x_1=800, \quad x_2=750, \quad x_3=600, \quad x_4=500.$$

(4) 最优化问题.

$$\begin{aligned}
\max \quad & z=150x_1+200x_2+100x_3+50x_4,\\
\text{s.t.} \quad & 0.30x_1+0.30x_2+0.25x_3+0.15x_4 \leqslant 1000,\\
& 0.25x_1+0.35x_2+0.30x_3+0.10x_4 \leqslant 1000,\\
& 0.45x_1+0.50x_2+0.40x_3+0.22x_4 \leqslant 1000,\\
& 0.15x_1+0.15x_2+0.10x_3+0.05x_4 \leqslant 1000,\\
& x_1=800, \quad x_2=750, \quad x_3=600, \quad x_4=500.
\end{aligned}$$

(5) 问题求解. 写出相应的 MATLAB 程序 (程序名: exam0528.m).

```
f = [150 200 100 50];
A = [0.30 0.30 0.25 0.15; 0.25 0.35 0.30 0.10;
     0.45 0.50 0.40 0.22; 0.15 0.15 0.10 0.05];
b = 1000*ones(4,1);
Aeq = eye(4); beq = [800 750 600 500]';
[x, fval] = intlinprog(-f, 1:4, A, b, Aeq, beq, zeros(4,1))
```

计算结果显示

```
No feasible solution found.
```

即问题无可行解.

经验证

$$0.45\times 800+0.50\times 750+0.40\times 600+0.22\times 500=1085,$$

不满足缝纫约束.

因此, 需要将需求约束改为

$$\begin{gathered}
x_1+s_1=800, \quad x_2+s_2=750, \quad x_3+s_3=600, \quad x_4+s_4=500,\\
x_j \geqslant 0, \quad s_j \geqslant 0, \quad j=1,2,3,4.
\end{gathered}$$

当需求不满足时 $(s_j > 0)$, 公司会被处罚. 将目标改为极大化净收入, 净收入 = 总利润 − 总惩罚. 用 $75s_1 + 100s_2 + 50s_3 + 40s_4$ 计算短缺产生的惩罚的费用. 目标函数改写为

$$z = 150x_1 + 200x_2 + 100x_3 + 50x_4 - (75s_1 + 100s_2 + 50s_3 + 40s_4).$$

最终的最优化问题写成

$$\begin{aligned}
\max \quad & z = 150x_1 + 200x_2 + 100x_3 + 50x_4 - (75s_1 + 100s_2 + 50s_3 + 40s_4), \\
\text{s.t.} \quad & 0.30x_1 + 0.30x_2 + 0.25x_3 + 0.15x_4 \leqslant 1000, \\
& 0.25x_1 + 0.35x_2 + 0.30x_3 + 0.10x_4 \leqslant 1000, \\
& 0.45x_1 + 0.50x_2 + 0.40x_3 + 0.22x_4 \leqslant 1000, \\
& 0.15x_1 + 0.15x_2 + 0.10x_3 + 0.05x_4 \leqslant 1000, \\
& x_1 + s_1 = 800, \quad x_2 + s_2 = 750, \quad x_3 + s_3 = 600, \quad x_4 + s_4 = 500, \\
& x_j \geqslant 0, \quad s_j \geqslant 0, \quad j = 1, 2, 3, 4.
\end{aligned}$$

MATLAB 程序作相应的修改, 其中变量 s_1–s_4 对应于变量 x_5–x_8.

```
f = [f -75 -100 -50 -40]; A = [A zeros(4)];
Aeq = [Aeq eye(4)]; lb = zeros(8,1);
[x, fval] = intlinprog(-f, 1:8, A, b, Aeq, beq, lb)
```

计算结果

```
x' =
   800.0000  750.0000  388.0000  499.0000
          0    0.0000  212.0000    1.0000
fval =
     -323110
```

即皮制外衣生产 800 件, 鹅绒外套生产 750 件, 保暖裤生产 388 件, 短缺 212 件, 手套生产 499 副, 短缺 1 副, 净收入为 323110 元.

例 5.29 (多周期生产–库存模型) 某制造公司已签订了未来的 6 个月提供房屋窗户的合同, 每月的需求量分别为 100 套、250 套、190 套、140 套、220 套和 110 套. 每套窗户的生产成本与劳动力、原材料和水电费用有关, 每月不同. 公司估计在未来的 6 个月, 每套窗户的生产成本分别为 250 元、225 元、275 元、240 元、260 元和 250 元. 为了利用生产成本变动的有利条件, 公司可以选择生产多余某个月的需求, 而保存剩余的部分为以后的各月交货. 然而, 这将导致每月每套窗户有 40 元的存储成本. 建立一个线性规划模型, 确定最优的产品生产时间表.

解 建立线性规划模型.

(1) 定义变量. 本问题的变量包括月生产量和月底的库存量. 对于 $i=1,2,\cdots,6$, 令 x_i 为第 i 个月生产窗户的套数, I_i 为第 i 个月月底窗户的库存数, 这些变量与未来 6 个月范围内月需求之间的关系如图 5.6 所示. 系统以零库存开始, 这意味着 $I_0=0$.

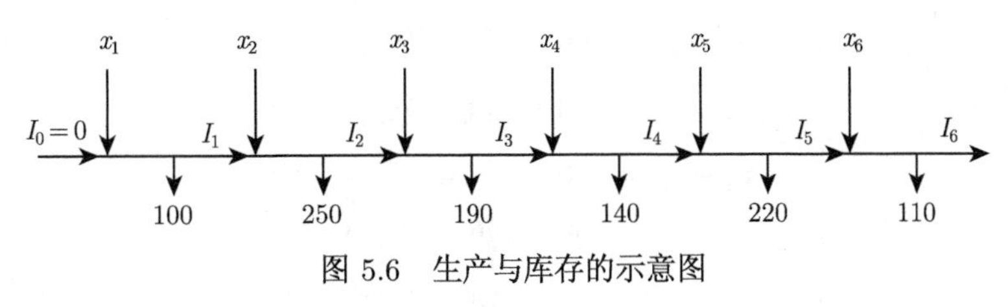

图 5.6 生产与库存的示意图

(2) 目标函数. 目标函数是求生产成本与月末库存成本之和的最小值, 其中

$$\begin{aligned}
\text{总生产成本} &= 250x_1+225x_2+275x_3+240x_4+260x_5+250x_6,\\
\text{总库存成本} &= 40(I_1+I_2+I_3+I_4+I_5+I_6),
\end{aligned}$$

因此, 目标函数为

$$\begin{aligned}
z = {} & 250x_1+225x_2+275x_3+240x_4+260x_5+250x_6\\
& +40(I_1+I_2+I_3+I_4+I_5+I_6).
\end{aligned}$$

(3) 约束条件. 问题的约束可以由图 5.6 直接得到. 对于每个周期有下列平衡方程

$$\text{月初库存} + \text{生产量} - \text{月末库存} = \text{需求}.$$

按月写成约束的数学表达式为

$$\begin{aligned}
I_0+x_1-I_1 &= 100 \quad (\text{第 1 个月}),\\
I_1+x_2-I_2 &= 250 \quad (\text{第 2 个月}),\\
I_2+x_3-I_3 &= 190 \quad (\text{第 3 个月}),\\
I_3+x_4-I_4 &= 140 \quad (\text{第 4 个月}),\\
I_4+x_5-I_5 &= 220 \quad (\text{第 5 个月}),\\
I_5+x_6-I_6 &= 110 \quad (\text{第 6 个月}),\\
x_i,\quad I_i \geqslant 0, &\quad \forall\, i=1,2,\cdots,6.
\end{aligned}$$

对于本问题, $I_0=0$, 因为问题开始时没有初始库存.

(4) 最优化问题. 由上述分析, 现在给出完整的线性规划模型

$$
\begin{aligned}
\min \quad & z = 250x_1 + 225x_2 + 275x_3 + 240x_4 + 260x_5 + 250x_6 \\
& \qquad + 40(I_1 + I_2 + I_3 + I_4 + I_5 + I_6), \\
\text{s.t.} \quad & \qquad x_1 - I_1 = 100 \quad (\text{第 1 个月}), \\
& I_1 + x_2 - I_2 = 250 \quad (\text{第 2 个月}), \\
& I_2 + x_3 - I_3 = 190 \quad (\text{第 3 个月}), \\
& I_3 + x_4 - I_4 = 140 \quad (\text{第 4 个月}), \\
& I_4 + x_5 - I_5 = 220 \quad (\text{第 5 个月}), \\
& I_5 + x_6 - I_6 = 110 \quad (\text{第 6 个月}), \\
& x_i, \quad I_i \geqslant 0, \quad \forall\, i = 1, 2, \cdots, 6.
\end{aligned}
$$

(5) 问题求解. 写出相应的 MATLAB 程序 (程序名: exam0529.m), 变量 I_1–I_6 对应于变量 $x_7 - x_{12}$.

```
f = [250 225 275 240 260 250 40*ones(1,6)];
Aeq = [eye(6) diag(ones(5,1), -1)-eye(6)];
beq = [100 250 190 140 220 110]';
[x, fval] = linprog(f, [], [], Aeq, beq, zeros(12,1))
```

计算结果为

```
x' =
   100.0000  440.0000  0.0000  140.0000  220.0000  110.0000
     0.0000  190.0000  0.0000    0.0000    0.0000    0.0000
fval =
  2.4990e+005
```

(6) 对最优解的解释. 图 5.7 概括了问题的最优解. 它表明, 每月的需求由每月的生产直接满足, 除了第 2 个月生产 440 套, 用来满足第 2 个月和第 3 个月的需求. 相应的最优总费用是 249900 元.

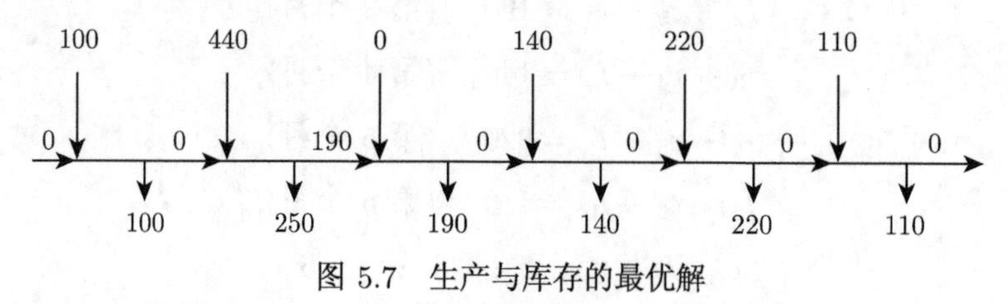

图 5.7　生产与库存的最优解

例 5.30 (多周期生产平滑模型)　一家公司将在未来的 4 个月 (3~6 月份) 生

产某种产品. 每月的需求量分别为 520 件、720 件、520 件和 620 件. 公司有 10 位长期工人作为的稳定劳动力, 但是如果需要的话, 可通过雇用和解雇临时工来适应上下变动的生产需求. 在任何一个月, 雇用和解雇临时工的额外成本分别为每位 1000 元和 2000 元. 一名长期工人每月能生产 12 件产品, 而一名临时工人, 由于缺乏经验, 每月只能生产 10 件产品. 在任何一个月, 公司的生产可以多于需求, 并将过剩的产品转到以后的某个月, 每件产品每月的库存成本为 250 元. 试为公司未来 4 个月的计划设计一种最优的雇用/解雇策略.

解 建立线性规划模型. 这个模型在一般感觉上与例 5.29 类似, 每月有它的生产、需求和月末库存. 但有两处例外: 一处是需要解决长期劳动力与临时劳动力之间的关系; 另一处需要解决每月的雇用和解雇成本.

(1) 定义变量. 因为 10 名长期工人不能够被解雇, 因此, 可以分别从每个月的需求减去他们的产量来去掉他们的影响. 对于有其余的需求, 可以通过雇用和解雇临时工人来满足. 从模型的观点来看, 每月临时工人的净余需求为

$$
\begin{aligned}
\text{三月份的需求} &= 520 - 12 \times 10 = 400\ \text{件},\\
\text{四月份的需求} &= 720 - 12 \times 10 = 600\ \text{件},\\
\text{五月份的需求} &= 520 - 12 \times 10 = 400\ \text{件},\\
\text{六月份的需求} &= 620 - 12 \times 10 = 500\ \text{件},
\end{aligned}
$$

对于 $i = 1, 2, 3, 4$, 模型的变量可以定义 x_i 为在雇用或解雇后, 第 i 个月月初临时工人的净人数, S_i 为第 i 个月月初, 雇用或解雇临时工人的数量, I_i 为第 i 个月月末库存产品的件数.

由定义可知, 变量 x_i 和 I_i 是非负的. 另一方面, 变量 S_i 可以正, 当雇用新的临时工人时; 也可以负, 当解雇临时工人时; 还可以是零, 当没有雇用和解雇发生时. 其结果为该变量必须是无符号限制的.

(2) 目标函数和约束条件. 目标是极小化雇用与解雇成本之和, 再加上从本月到下月库存的存储成本. 库存成本的处理类似于例 5.29 给出的情况, 即

$$\text{库存存储成本} = 250\,(I_1 + I_2 + I_3 + I_4),$$

雇用和解雇成本有些复杂. 事实上, 在任何最优解中, 至少 40 名临时工人 $\left(=\dfrac{400}{10}\right)$ 必须在 3 月月初被雇用, 以适应该月的需求. 然而, 并不将这种情况作为特殊情况处理, 而是将它留给最优化过程来自动处理. 因此, 已知雇用和解雇

临时工人的成本分别为 1000 元和 2000 元, 即

$$\begin{pmatrix}\text{雇用和解雇}\\\text{的成本}\end{pmatrix} = 1000\begin{pmatrix}\text{在 3～6 月初雇用}\\\text{临时工人的数量}\end{pmatrix} +2000\begin{pmatrix}\text{在 3～6 月初解雇}\\\text{临时工人的数量}\end{pmatrix},$$

在完成完整的线性规划之前, 需要先建立约束条件.

模型的约束涉及库存、雇用和解雇三个方面. 首先, 建立库存约束. 定义 x_i 为第 i 个月可用的临时工人的数量, 并且已知临时工人每个月的生产能力为 10 件, 所以第 i 个月的生产量为 $10x_i$. 因此, 库存约束为

$$\begin{aligned}10x_1 &= 400 + I_1 \quad (3\text{ 月}),\\ I_1 + 10x_2 &= 600 + I_2 \quad (4\text{ 月}),\\ I_2 + 10x_3 &= 400 + I_3 \quad (5\text{ 月}),\\ I_3 + 10x_4 &= 500 + I_4 \quad (6\text{ 月}),\\ &x_1, x_2, x_3, x_4 \geqslant 0,\ I_1, I_2, I_3, I_4 \geqslant 0.\end{aligned}$$

接下来, 建立关于雇用和解雇的约束. 注意到, 临时劳动力在 3 月月初有 x_1 名工人. 然后在 4 月月初, 劳动力人数由 x_1 调整 S_2(增加或减少) 得到 x_2. 对于 x_3 和 x_4 用类似的处理方法, 得到下列方程:

$$\begin{aligned}&x_1 = S_1,\\ &x_2 = x_1 + S_2,\\ &x_3 = x_2 + S_3,\\ &x_4 = x_3 + S_4,\\ &S_1, S_2, S_3, S_4 \text{ 无符号限制},\\ &x_1, x_2, x_3, x_4 \geqslant 0.\end{aligned}$$

变量 S_1, S_2, S_3 和 S_4, 当它们是严格正时表示雇用, 当它们是严格负时表示解雇. 然而, 这种“定性的”信息并不能用在数学表达式中. 而需要作下列替代:

$$S_i = S_i^- - S_i^+, \quad \text{其中} \quad S_i^-, S_i^+ \geqslant 0$$

无限制变量 S_i 现在是两个非负变量 S_i^- 和 S_i^+ 的差. 这里可以认为 S_i^- 是雇用临时工人的数量, S_i^+ 是解雇临时工人的数量. 例如, 如果 $S_i^- = 5$ 和 $S_i^+ = 0$, 则 $S_i = 5 - 0 = +5$, 它表示雇用. 如果 $S_i^- = 0$, $S_i^+ = 7$, 则 $S_i = 0 - 7 = -7$, 它表示解雇. 在第一种情况下, 相应的雇用成本为 $1000S_i^- = 1000 \times 5 = 5000$ 元, 在第二种

情况下, 相应的解雇成本为 $2000S_i^+ = 2000 \times 7 = 14000$ 元. 这个概念是构造目标函数的基础.

需要说明重要的一点是: 如果 S_i^- 和 S_i^+ 均为正的表示什么? 其答案是, 这是不可能发生的, 它蕴涵的结果是要求在一个月内既要雇用工人同时又要解雇工人. 有趣的是, 可以由线性规划理论得到 S_i^- 和 S_i^+ 不能同时为正. 这个结果与人们的直观感觉是一致的.

现在可以写出雇用成本和解雇成本如下:

$$
\begin{aligned}
\text{雇用成本} &= 1000\left(S_1^- + S_2^- + S_3^- + S_4^-\right), \\
\text{解雇成本} &= 2000\left(S_1^+ + S_2^+ + S_3^+ + S_4^+\right).
\end{aligned}
$$

(3) 最优化问题. 完整的线性规划模型为

$$
\begin{aligned}
\min \quad & 250\left(I_1 + I_2 + I_3 + I_4\right) + 1000\left(S_1^- + S_2^- + S_3^- + S_4^-\right) \\
& +2000\left(S_1^+ + S_2^+ + S_3^+ + S_4^+\right), \\
\text{s.t.} \quad & 10x_1 - I_1 = 400, \\
& I_1 + 10x_2 - I_2 = 600, \\
& I_2 + 10x_3 - I_3 = 400, \\
& I_3 + 10x_4 - I_4 = 500, \\
& x_1 \qquad - S_1^- + S_1^+ = 0, \\
& x_2 - x_1 - S_2^- + S_2^+ = 0, \\
& x_3 - x_2 - S_3^- + S_3^+ = 0, \\
& x_4 - x_3 - S_4^- + S_4^+ = 0, \\
& S_1^-, S_1^+, S_2^-, S_2^+, S_3^-, S_3^+, S_4^-, S_4^+ \geqslant 0, \\
& x_1, x_2, x_3, x_4 \geqslant 0, \quad I_1, I_2, I_3, I_4 \geqslant 0.
\end{aligned}
$$

(4) 问题求解. 写出模型相应的 MATLAB 程序 (程序名: exam0530.m), 变量 I_1–I_4 对应于变量 x_5–x_8, 变量 S_1^-–S_4^- 对应于变量 x_9–x_{12}, 变量 S_1^+–S_4^+ 对应于变量 x_{13}–x_{16}.

```
f = [zeros(1,4) 250*ones(1,4) 1000*ones(1,4) 2000*ones(1,4)];
Aeq = [10*eye(4) diag(ones(3,1), -1)-eye(4) zeros(4,8);
       eye(4)-diag(ones(3,1),-1) zeros(4) -eye(4) eye(4)];
beq = [400 600 400 500 0 0 0 0]';
[x, fval] = linprog(f, [], [], Aeq, beq, zeros(16,1))
```

计算结果为

```
x' =
```

```
    50.0000   50.0000   45.0000   45.0000
   100.0000    0.0000   50.0000    0.0000
    50.0000    0.0000    0.0000    0.0000
     0.0000    0.0000    5.0000    0.0000
fval =
   9.7500e+004
```

计算结果表明, 在 3 月月初雇用临时工人 50 名, 并且保持稳定的劳动力到 4 月月底. 在 5 月月初解雇临时工人 5 名. 其他的时间不再雇用和解雇工人直到 6 月月底, 那时终止所有的临时工合同. 这个结果需要在 3 月份有 100 件库存, 在 5 月份有 50 件的库存.

5.7.4 人力规划

可以运用 5.7.3 节的方法 —— 雇用和解雇劳动力的方法来解决人力规划问题. 本小节的方法是利用错开上下班的时间来减少劳动力的雇用以降低劳动成本. 对于一个一天 24h 都需要工作的单位, 如医院的急诊室, 传统的工作方法是三班倒, 8:00 – 16:00 为白班, 16:00 – 24:00 为晚班, 0:00 – 8:00 为夜班. 本小节介绍的方法是打破传统的上班方法, 上班的时间可以是一天中的任意时刻. 这样做的好处是利用人员的不同上下班时间来满足不同时段对人员的不同需求.

重新确定一班开始的概念以适应需求波动也可以扩充到其他的作业环境. 例 5.31 的问题是, 在满足高峰时间和低峰时间的运输需求的情况下, 求所需的最少公交车数.

例 5.31 (公交车调度安排) 某城市正在研究引进公交系统以减轻城市内自驾车引起的烟尘污染的可行性, 这项研究是寻求能满足运输所需的最小公交车数. 在收集了必要的信息之后, 市政工程师注意到, 所需的最小公交车数随一天中的不同时间而变化, 而且所需要的公交车数在若干连续的 4h 间隔内可以被近似为一个常数. 图 5.8 概述了工程师的发现. 为了完成所需的日常维护, 每辆公交车一天只能连续运行 8h.

解 建立线性规划模型. 确定每一班运行公交车的数量 (变量), 以满足最小需求 (约束), 使运行的公交车总数最小 (目标).

(1) 变量定义. 图 5.8 的底部解释了变量定义, 重叠的 8h 班开始时刻是凌晨 0:01, 凌晨 4:01, 上午 8:01, 中午 12:01, 下午 4:01 和晚上 8:01. 因此, 变量可以定义 x_1 为凌晨 0:01 开始的公交车数, x_2 为凌晨 4:01 开始的公交车数, x_3 为上午 8:01 开始的公交车数, x_4 为中午 12:01 开始的公交车数, x_5 为下午 4:01 开始的公交车数, x_6 为晚上 8:01 开始的公交车数.

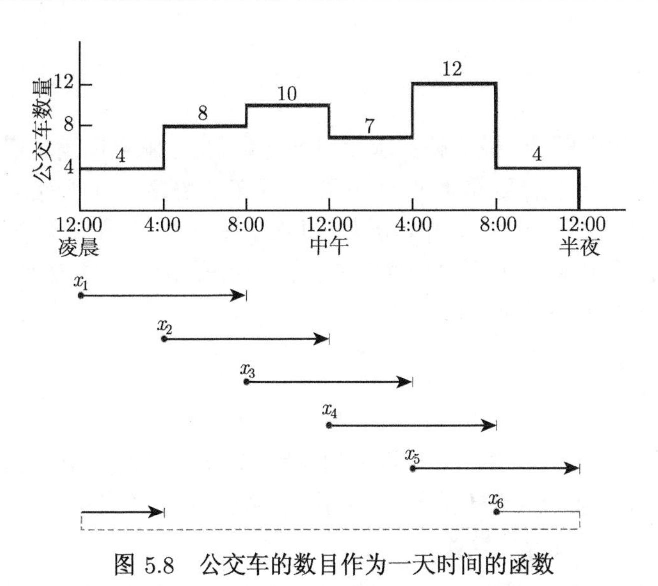

图 5.8 公交车的数目作为一天时间的函数

(2) 问题建模. 从图 5.8 可以看到, 因为排班是交错的, 在凌晨 0:01 ~ 凌晨 4:00, 运营的公交车数为 $x_1 + x_6$, 凌晨 4:01 ~ 上午 8:00, 运营的公交车数为 $x_1 + x_2$, 上午 8:01 ~ 中午 12:00 为 $x_2 + x_3$, 中午 12:01 ~ 下午 4:00 为 $x_3 + x_4$, 下午 4:01 ~ 晚上 8:00 是 $x_4 + x_5$, 晚上 8:01 ~ 半夜 12:00 为 $x_5 + x_6$. 因此, 完整的线性规划模型可写成

$$
\begin{aligned}
\min\quad & z = x_1 + x_2 + x_3 + x_4 + x_5 + x_6, \\
\text{s.t.}\quad & x_1 + x_6 \geqslant 4 \quad (\text{凌晨 00:01} \sim \text{凌晨 4:00}), \\
& x_1 + x_2 \geqslant 8 \quad (\text{凌晨 4:01} \sim \text{上午 8:00}), \\
& x_2 + x_3 \geqslant 10 \quad (\text{上午 8:01} \sim \text{中午 12:00}), \\
& x_3 + x_4 \geqslant 7 \quad (\text{下午 12:01} \sim \text{下午 4:00}), \\
& x_4 + x_5 \geqslant 12 \quad (\text{下午 4:01} \sim \text{晚上 8:00}), \\
& x_5 + x_6 \geqslant 4 \quad (\text{晚上 8:01} \sim \text{半夜 12:00}), \\
& x_j \geqslant 0,\ j = 1, 2, \cdots, 6.
\end{aligned}
$$

(3) 问题求解. 写出相应的 MATLAB 程序 (程序名: exam0531.m)

```
f = ones(1,6);
A = [eye(6)+diag(ones(5,1), -1)]; A(1,6) = 1;
b = [4 8 10 7 12 4]';
[x, fval] = intlinprog(f, 1:6, -A, -b, [], [], zeros(6,1))
x' =
     4     4     6     1    11     0
```

```
fval =
    26
```

(4) 对最优解的解释. 最优解要求使用 26 辆公交车就可以满足需求. 4 辆公交车在凌晨 0:01 开始运营, 到早上 8:00 下班; 4 辆车在凌晨 4:01 开始运营, 并在中午 12:00 下班; 6 辆车在早上 8:01 开始运营, 并在下午 4:00 下班; 1 辆车在中午 12:01 开始运营, 并在晚上 8:00 下班; 11 辆车在下午 4:01 开始运营, 并在半夜 12:00 下班. 注意. 这个问题的解不是唯一的.

5.7.5 最小覆盖

可以将最小覆盖问题看成 0-1 规划的应用. 在这一类问题中, 会有许多服务装置为一些设备提供互相重叠的服务, 目标就是要确定安装数目最少的装置来满足覆盖（满足服务需求）每一个设备.

例 5.32 (安装安全专用电话) 为了提高校园的安全性, 某大学的保安部门决定在校园内部的几个位置安装紧急报警电话. 保安部希望在校园的每条主要街道上都至少有一部电话的情况下, 使得安装的总电话数目最少. 图 5.9 给出了校园的主要街道图（A 到 K）.

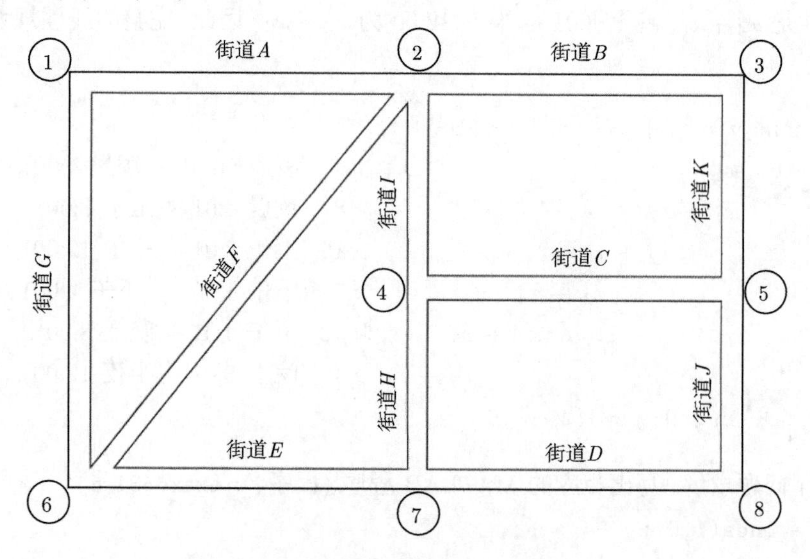

图 5.9 某大学校园的街道地图

解 将电话安装在街道的交叉口处是比较合理的, 因为这样就可以至少为两条街道提供服务. 按照图 5.9 中街道的设计可以看出, 最多需要安装八部电话. $x_j = 1$ 表示在第 j 个路口安装电话, 否则 $x_j = 0$. 问题是求每一条街道都至少安装一部电

话, 则模型可以写成

$$
\begin{aligned}
\min\ z = & x_1 + x_2 + x_3 + x_4 + x_5 + x_6 + x_7 + x_8, \\
\text{s.t.}\ & x_1 + x_2 \geqslant 1 \ (\text{街道 } A), \\
& x_2 + x_3 \geqslant 1 \ (\text{街道 } B), \\
& x_4 + x_5 \geqslant 1 \ (\text{街道 } C), \\
& x_7 + x_8 \geqslant 1 \ (\text{街道 } D), \\
& x_6 + x_7 \geqslant 1 \ (\text{街道 } E), \\
& x_2 + x_6 \geqslant 1 \ (\text{街道 } F), \\
& x_1 + x_6 \geqslant 1 \ (\text{街道 } G), \\
& x_4 + x_7 \geqslant 1 \ (\text{街道 } H), \\
& x_2 + x_4 \geqslant 1 \ (\text{街道 } I), \\
& x_5 + x_8 \geqslant 1 \ (\text{街道 } J), \\
& x_3 + x_5 \geqslant 1 \ (\text{街道 } K), \\
& x_j = 0 \text{ 或 } 1, \quad j = 1, 2, \cdots, 8.
\end{aligned}
$$

编写求解问题的 MATLAB 程序 (程序名：exam0532.m), 由于约束的系数有大量的零, 所以采用稀疏矩阵的编写方式.

```
f = ones(8,1); b = ones(11,1);
A = sparse( ...
     [1 1 2 2 3 3 4 4 5 5 6 6 7 7 8 8 9 9 10 10 11 11], ...
     [1 2 2 3 4 5 7 8 6 7 2 6 1 6 4 7 2 4  5  8  3  5], ...
     ones(22,1), 11,8);
lb = zeros(8,1); ub = ones(8,1);
[x, fval] = intlinprog(f, 1:8, -A, -b, [], [], lb, ub)
```

在上述语句中, sparse() 为稀疏矩阵函数, 其使用格式为

```
S = sparse(i, j, s, m, n, nzmax)
```

其中 i, j, s 为向量, m, n, nzmax 为正整数, S 为 $m \times n$ 的稀疏矩阵, 其中 $S(i_k, j_k) = s_k$, nzmax 为允许的最大非零个数.

计算结果如下

```
x' =
   1    1    0    0    1    0    1    0
```

需要安装 4 部电话, 分别在 1, 2, 5 和 7 号路口.

从上述例子可以看出最小覆盖问题具有以下几个性质, 事实上这些性质对一般的覆盖问题也成立.

(1) 变量 x_j $(j = 1, 2, \cdots, n)$ 取值为 0 或 1;

(2) 约束左侧的系数是 0 或者 1;

(3) 每一个约束右边的形式都是 $\geqslant 1$;

(4) 目标函数是最小化 $c_1x_1 + c_2x_2 + \cdots + c_nx_n$, 其中 $c_j > 0, j = 1, 2, \cdots, n$.

在上面给出的例题中, 对所有的 j, $c_j = 1$, 如果 c_j 表示在位置 j 安装电话的费用, 那么这个系数就可以不是 1.

5.8 用线性规划求解图论中的问题

图论中的一些问题, 如运输问题、指派问题、最短路问题和最大流问题, 可以化成线性规划 (或 0-1 整数线性规划) 问题, 故可以用本章介绍的方法和函数求解.

5.8.1 运输问题

运输问题是典型的线性规划问题, 早期有线性规划模型就是从运输问题开始的. 假设有 m 个产地 $A_1, A_2, \cdots, A_m$ 和 n 个销地 $B_1, B_2, \cdots, B_n$, 从产地 A_i 到销地 B_j 的单位运输费用为 c_{ij}, 运输量为 x_{ij}. 产地 A_i 的供应量为 a_i, 销地 B_j 的需求量为 b_j. 这一模型的目标是确定未知变量 x_{ij}, 在满足供应和需求约束的情况下, 使得运输总费用最小.

先考虑这个问题的约束条件, 由 A_i 调出的物资总量小于等于它的供应量 a_i, 所以 x_{ij} 应满足

$$\sum_{j=1}^{n} x_{ij} \leqslant a_i, \quad i = 1, 2, \cdots, m.$$

同样，运到 B_j 的物资总量应等于它的需求量 b_j, 所以 x_{ij} 应满足

$$\sum_{i=1}^{m} x_{ij} = b_j, \quad j = 1, 2, \cdots, n.$$

为了使问题有可行解, 总产量应大于等于总需求量, 即 $\sum\limits_{i=1}^{m} a_i \geqslant \sum\limits_{j=1}^{n} b_j$. 总的运费应该为

$$z = \sum_{i=1}^{m}\sum_{j=1}^{n} c_{ij}x_{ij}.$$

因此, 运输问题的数学模型为

$$\min \quad \sum_{i=1}^{m}\sum_{j=1}^{n} c_{ij}x_{ij}, \tag{5.30}$$

$$\text{s.t.} \quad \sum_{j=1}^{n} x_{ij} \leqslant a_i, \quad i = 1, 2, \cdots, m, \tag{5.31}$$

$$\sum_{i=1}^{m} x_{ij} = b_j, \quad j = 1, 2, \cdots, n, \tag{5.32}$$

$$x_{ij} \geqslant 0, \quad i = 1, 2, \cdots, m, j = 1, 2, \cdots, n. \tag{5.33}$$

编写运输问题 MATLAB 程序 (程序名: transportation.m). 注意: 模型中变量是按矩阵描述的, 在编写程序时按行排成向量.

```
function [X, fval] = transportation(a, b, C)
%% 求解运输问题的函数, 调用方法为
%%    [X, fval] = transportation(a, b, C)
%% 其中
%%    a 为产地的产量, b 为销地的需求量,
%%    C 为运费单价构成的矩阵;
%%    X 为运量构成的矩阵, fval为运输问题的最优值.

if sum(a) < sum(b)
    error('The problem is infeasible!');
end
[m, n] = size(C); f = C';
A = zeros(m, m*n); B = []; I = eye(n);
for i = 1:m
    A(i,n*(i-1)+[1:n]) = ones(1,n);
    B = [B I];
end
[x, fval, exit] = linprog(f(:), A, a, B, b, zeros(m*n,1));
for i = 1:m
    for j = 1:n
        X(i,j) = x(n*(i-1)+j);
    end
end
```

例 5.33 设有三个产地的产品需要运往四个销地, 各产地的产量、各销地的销量及各产地到各销地的单位运费如表 5.26 所示, 问如何调运, 才可使总的运费最少?

解 编写求解问题的 MATLAB 程序 (程序名: exam0533.m)

```
a = [30 25 21]'; b  = [15 17 22 12]';
C = [6 2 6 7; 4 9 5 3; 8 8 1 5];
```

```
[X, fval] = transportation (a, b, C)
```

计算结果

```
X =
    2.0000   17.0000    1.0000    0.0000
   13.0000    0.0000    0.0000   12.0000
    0.0000    0.0000   21.0000    0.0000
fval =
  161.0000
```

即由 A_1 运输到 B_1, B_2, B_3, B_4 的运量分别为 2, 17, 1 和 0. 由 A_2 运输到 B_1, B_2, B_3, B_4 的运量分别为 13, 0, 0 和 12. 由 A_3 运输到 B_1, B_2, B_3, B_4 的运量分别为 0, 0, 21 和 0. 最优总运费为 161.

表 5.26 3 个产地 4 个销地的运输问题

	B_1	B_2	B_3	B_4	产量
A_1	6	2	6	7	30
A_2	4	9	5	3	25
A_3	8	8	1	5	21
需求量	15	17	22	12	

5.8.2 最优指派问题

最优指派问题是运输问题的一种特例. 设有 m 个人, n 项工作, 每个人至多做一项工作, 每项工作需要有一个人来做. 为保证每项工作都有人做, 要求 $m \geqslant n$. 当 $m = n$ 时, 是恰有 n 个人做 n 项工作的情况.

列出最优指派问题的数学规划表达式

$$\max \quad \sum_{i=1}^{m}\sum_{j=1}^{n} c_{ij}x_{ij}, \tag{5.34}$$

$$\text{s.t.} \quad \sum_{j=1}^{n} x_{ij} \leqslant 1, \quad i = 1, 2, \cdots, m, \tag{5.35}$$

$$\sum_{i=1}^{m} x_{ij} = 1, \quad j = 1, 2, \cdots, n, \tag{5.36}$$

$$x_{ij} = 0 \text{ 或 } 1, \quad i = 1, 2, \cdots, m, \ j = 1, 2, \cdots, n. \tag{5.37}$$

编写最优指派问题 MATLAB 程序 (程序名: `assignment.m`).

```
function [X, fval] = assignment(C, person, work)
%% 求解指派问题的函数, 调用方法为
```

```
%%    [X, fval] = assignment(C, person, work)
%% 其中
%%    C 为收益的矩阵;
%%    person 为人的名称, 默认值为1, ··· , m;
%%    work 为工作的名称, 默认值为1, ··· , n;
%%    X 为指派矩阵; fval为指派的最优值.

[m,n] = size(C);
if m < n
    error('The problem is infeasible!');
end
if nargin < 2 || isempty(person)
    person = strcat({''}, num2str((1:n)','%d'));
end
if nargin < 3 || isempty(work)
    work = strcat({''}, num2str((1:n)','%d'));
end
s = size(person); if s(1) == 1 person = person'; end
s = size(work);   if s(1) == 1 work = work';     end

f = C'; A = zeros(m, m*n); B = []; I = eye(n);
for i = 1:m
    A(i,n*(i-1)+[1:n]) = ones(1,n);
    B = [B I];
end
a = ones(m,1); b = ones(n,1);
lb = zeros(m*n,1); ub = ones(m*n,1);
[x, fval] = intlinprog(f(:), 1:m*n, A, a, B, b, lb, ub);
for i = 1:m
    for j = 1:n
        X(i,j) = x(n*(i-1)+j);
    end
end
[i, j, s] = find(X);
X = [person(i) work(j) num2cell(s)];
```

对程序作以下说明:

(1) 程序中 find() 函数是提取矩阵的非零元素信息, 分别为行、列和值;

(2) 由于直接调用 intlinprog() 函数, 所以程序还是按求极小设计的.

例 5.34 考虑 $n=6$ 的情况, 即 6 个人做 6 项工作的最优指派问题, 其收益矩阵如表 5.27 所示, 求每个人做每项工作的最大收益.

表 5.27 6 人做 6 项工作的收益情况

人	工作					
	1	2	3	4	5	6
1	20	15	16	5	4	7
2	17	15	33	12	8	6
3	9	12	18	16	30	13
4	12	8	11	27	19	14
5	—	7	10	21	10	32
6	—	—	—	6	11	13

注: — 表示某人无法做某项工作.

解 编写 MATLAB 程序 (程序名: exam0534.m)

```
C = [20   15   16    5    4    7
     17   15   33   12    8    6
      9   12   18   16   30   13
     12    8   11   27   19   14
    -99    7   10   21   10   32
    -99  -99  -99    6   11   13];
[X, fval] = assignment(-C)
```

计算结果

```
X =
    '1'    '1'    [1]
    '3'    '2'    [1]
    '2'    '3'    [1]
    '4'    '4'    [1]
    '6'    '5'    [1]
    '5'    '6'    [1]
fval =
    -135
```

即第 1 个人做第 1 项工作, 第 2 个人做第 3 项工作, 第 3 个人做第 2 项工作, 第 4 个人做第 4 项工作, 第 5 个人做第 6 项工作, 第 6 个人做第 5 项工作, 总效益值为 135.

例 5.35 (游泳队员选拔问题) 某高校准备从 5 名游泳队员中选择 4 人组成接力队, 参加市里的 4×100 m 混合泳接力比赛. 5 名队员 4 种泳姿的百米平均成绩如表 5.28 所示, 应如何选拔队员组成接力队?

表 5.28 5 名队员 4 种泳姿的百米平均成绩

队员	蝶泳	仰泳	蛙泳	自由泳
甲	$1'06''8$	$1'15''6$	$1'27''$	$58''6$
乙	$57''2$	$1'06''$	$1'06''4$	$53''$
丙	$1'18''$	$1'07''8$	$1'24''6$	$59''4$
丁	$1'10''$	$1'14''2$	$1'09''6$	$57''2$
戊	$1'07''4$	$1'11''$	$1'23''8$	$1'02''4$

解 写出相应的 MATLAB 程序 (程序名: exam0535.m)

```
T =  [66.8  75.6  87    58.6; 57.2  66    66.4  53;
      78    67.8  84.6  59.4; 70    74.2  69.6  57.2;
      67.4  71    83.8  62.4];
person = {'A', 'B', 'C', 'D', 'E'};
swim = {'die', 'yang', 'wa', 'ziyou'};
[X, fval] = assignment(T, person, swim)
```

计算结果

```
X =
     'B'    'die'      [1]
     'C'    'yang'     [1]
     'D'    'wa'       [1]
     'A'    'ziyou'    [1]
fval =
     253.2000
```

即甲游自由泳, 乙游蝶泳, 丙游仰泳, 丁游蛙泳, 戊没有被选拔上, 平均成绩为 $4'13''2$.

5.8.3 最短路问题

最短路问题既是图论中的问题, 也是动态规划中的问题, 它还可以写成 0-1 整数规划问题. 本小节就介绍如何用 MATLAB 软件求解最短路问题.

1. 最短路问题及应用

建立最短路问题的数学模型.

设最短路问题有 n 个点, 其中顶点 1 为起点, 顶点 n 为终点. 将连接顶点 i 到

顶点 j 的边设成决策变量 x_{ij}, 当 $x_{ij}=1$ 时表示最短路选择了这条边; 当 $x_{ij}=0$ 时表示最短路不选此边. 用最短路中的顶点 i 建立约束方程, $\sum\limits_{j=1}^{n} x_{ij}$ 表示从顶点 i 到各点的"流出"值, $\sum\limits_{j=1}^{n} x_{ji}$ 表示从各点到顶点 i 的"流入"值. 对于起点 $(i=1)$, 流出值为 1, 流入值为 0; 对于终点 $(i=n)$, 其流出值为 0, 流入值为 1; 对于中间点 $(i\neq 1$ 和 $n)$, 流入值等于流出值. 因此, 对于顶点 i 的约束条件为

$$\sum_{\substack{j=1\\(i,j)\in E}}^{n} x_{ij} - \sum_{\substack{j=1\\(j,i)\in E}}^{n} x_{ji} = \begin{cases} 1, & i=1,\\ 0, & i\neq 1,n,\\ -1, & i=n. \end{cases}$$

最短路要求, 各边决策变量的取值达到最小, 所以写出完整的数学规划表达式如下:

$$\min \quad \sum_{(i,j)\in E} c_{ij}x_{ij}, \tag{5.38}$$

$$\text{s.t.} \quad \sum_{\substack{j=1\\(i,j)\in E}}^{n} x_{ij} - \sum_{\substack{j=1\\(j,i)\in E}}^{n} x_{ji} = \begin{cases} 1, & i=1,\\ 0, & i\neq 1,n, \quad i=1,2,\cdots,n,\\ -1, & i=n, \end{cases} \tag{5.39}$$

$$x_{ij}=0 \text{ 或 } 1, \quad (i,j)\in E, \tag{5.40}$$

其中 E 为最短路的边所构成的集合.

编写通用的 MATLAB 函数 (程序名: shortest_path.m), 为编写程序方便, 按完全图方式编写程序, 其中 w_{ij} 是完全赋权矩阵的元素, 当两个顶点无边时, 其权值为 ∞.

注意: 模型中变量是按矩阵描述的, 在编写程序时按行拉成向量.

```
function [X, fval] = shortest_path(C, s, t, nodename)
%% 求解最短路问题的函数, 调用方法为
%%    [X, fval] = shortest_path(C, s, t, nodename)
%% 其中
%%    C 为加权矩阵, 当两点间无边时,权为无穷;
%%    s为起点标号, t为终点标号;
%%    nodename为顶点的名称, 默认值为1, ..., n;
%%    X 最短路的结果, fval为最短路的值.

n=length(C); f = C';
if nargin < 4 || isempty(nodename)
```

```
        nodename = strcat({''}, num2str((1:n)','%d'));
    end
    s = size(nodename);
    if s(1) == 1 nodename = nodename'; end

    A = zeros(n, n^2); B = []; I = eye(n);
    for i = 1:n
        A(i,n*(i-1)+[1:n]) = ones(1,n);
        B = [B I];
    end
    b = zeros(n,1); b(s) = 1; b(t) = -1;
    lb = zeros(n*n,1); ub = ones(n*n,1);
    [x, fval] = intlinprog(f(:), 1:n*n, [], [], A-B, b, lb, ub);
    for i = 1:n
        for j = 1:n
            X(i,j) = x(n*(i-1)+j);
        end
    end
    [i,j,s] = find(sparse(X));
    X = [nodename(i) nodename(j) num2cell(s)];
```

例 5.36 (求运输成本最低的路线问题) 某工厂 B 从国外进口一部精密机器，由机器制造厂 A 至出口港，有 a_1, a_2, a_3 三个港口可供选择，而进口港又有 b_1, b_2, b_3 可供选择，进口后可经由 c_1, c_2 两个城市到达目的地，其间的运输成本如图 5.10 所示，试求运输成本最低的路线.

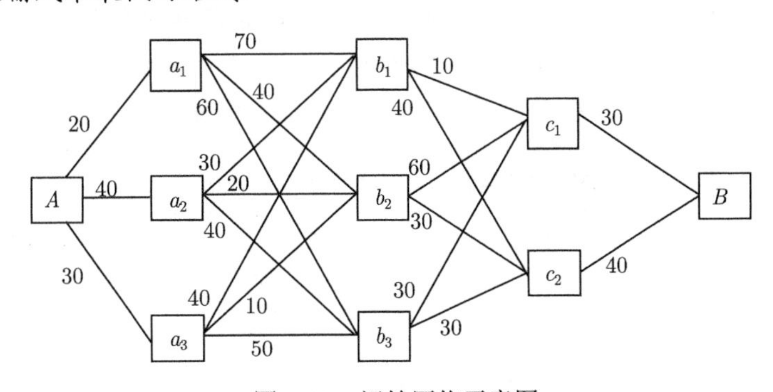

图 5.10 运输网络示意图

解 编写求解问题的 MATLAB 程序 (程序名: `exam0536.m`)，其中 C 为完全赋权矩阵, 当图 5.10 中两点无边时, 其权为 ∞ (程序中为较大的数).

```
row = [1 1 1 2 2 2 3 3 3 4 4 4 5 5 6 6 7 7  8  9];
col = [2 3 4 5 6 7 5 6 7 5 6 7 8 9 8 9 8 9 10 10];
val = [20 40 30 70 40 60 30 20 40 40 10 50 10 40 ...
     60 30 30 30 30 40];
C = 999*ones(10);
for i = 1 : length(val)
    C(row(i), col(i)) = val(i);
end
nodename={'A','a1','a2','a3','b1','b2','b3','c1','c2','B'};
[X, fval] = shortest_path(C, 1, 10, nodename)
```

计算结果为

```
X =
    'A'     'a2'    [1]
    'a2'    'b1'    [1]
    'b1'    'c1'    [1]
    'c1'    'B'     [1]
fval =
   110
```

即最短路为 $A \to a_2 \to b_1 \to c_1 \to B$, 总长度为 110.

2. 设备更新问题

设备更新问题可以看成最短路问题的应用.

例 5.37 某公司需要对一台已经使用了三年的机器确定今后 4 年 ($n = 4$) 的最优更新策略. 公司要求, 用了 6 年的机器必须更新, 购买一台新机器的价格是 100 万元, 表 5.29 给出了该问题的数据. 试给出该公司的设备更新策略.

表 5.29　每年设备运行收入、运行成本以及折旧现值　(单位: 万元)

使用年数 k	收入 r_k	运行成本 c_k	折旧现值 s_k
0	20.0	0.2	—
1	19.0	0.6	80.0
2	18.5	1.2	60.0
3	17.2	1.5	50.0
4	15.5	1.7	30.0
5	14.0	1.8	10.0
6	12.2	2.2	5.0

解 图 5.11 给出了这个问题的网络表示, 其中横坐标表示决策年度, 纵坐标表示机器年龄, K 表示继续使用, R 表示更新设备, S 表示将剩余设备折旧, 圆圈中的数为机龄, 弧边的数字表示设备继续使用或更新所产生的价值 (记为 V), 其计算方法如下:

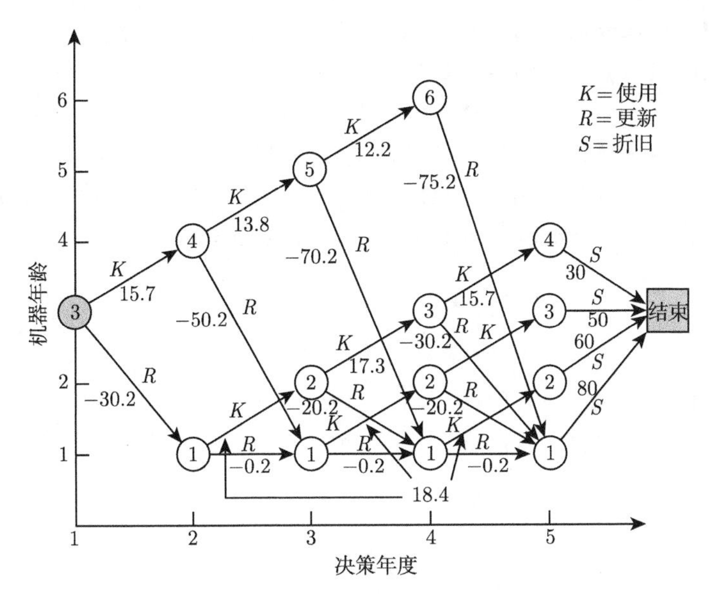

图 5.11 设备更新问题的网络表示图

设 r_k, c_k 和 s_k 表示某台 k 龄机器的年收入、运行费用和折旧现值 (其数据如表 5.29 所示), 购买一台新机器的费用每年都是 I, 则每项决策所产生的价值为

$$V=\begin{cases} r_k-c_k, & \text{继续使用}, \\ s_k-I+r_0-c_0, & \text{更新}. \end{cases}$$

例如, 在第 1 年的决策中, 如果继续使用, 则其旧设备产生的价值 $V=r_3-c_3=17.2-1.5=15.7$; 如果更新设备, 其产生的价值由卖掉已使用三年的旧设备、购买新设备和新设备运行的收入及新设备的运行成本 4 部分组成, 即 $V=s_3-I+r_0-c_0=50-100+20-0.2=-30.2$. 图中其他的弧值以此类推, 注意: 第 5 年年初只能将设备作折旧处理.

对于设备更新问题, 这里不是求起点到终点的最短路, 而是求起点到终点的最长路. 下面是程序 (程序名: exam0537.m) 和计算结果.

```
row = [ 1  1  2  2  3 3 4  4 5  5 6  6  7  8  8  9  9 10 ...
       10 11 12 13 14];
col = [ 2  3  4  6  5 6 7 10 8 10 9 10 14 11 14 12 14 13 ...
       14 15 15 15 15];
```

```
val = [15.7 -30.2 13.8 -50.2 18.4 -0.2 12.2 -70.2 17.3 ...
      -20.2 18.4 -0.2 -75.2 15.7 -30.2 17.3 -20.2 18.4 ...
      -0.2 30 50 60 80];
C = -999*ones(15);
for i = 1:length(val)
    C(row(i), col(i))=val(i);
end
nodename = {'13', '24', '21', '35', '32', '31', '46', ...
            '43', '42', '41', '54', '53', '52', '51', '6'};
[X, fval] = shortest_path(-C, 1, 15, nodename)
X =
    '13'    '21'    [1]
    '21'    '31'    [1]
    '31'    '42'    [1]
    '42'    '53'    [1]
    '53'    '6'     [1]
fval =
  -55.3000
```

即更新策略为 (R, R, K, K), 其费用为 55.3 万元. 实际上, 此问题的解不唯一, (R, K, K, R) 也是一种策略.

5.8.4 最大流问题及应用

最大流问题是图论典型问题, 可以很容易将它写成线性规划模型, 即可用线性规划方法求解.

1. 最大流问题

建立最大流问题的数学模型, 这里仅讨论单源单汇的网络, 因为多源多汇的网络, 很容易化成一个单源单汇的网络.

设网络有 n 个点, 其中起点记为源 (s), 为终点记为汇 (t). 连接顶点 i 到顶点 j 的流量记为 f_{ij}, 其容量记为 c_{ij}, 对于可行流, 应满足

$$0 \leqslant f_{ij} \leqslant c_{ij}.$$

对于顶点 i, $\sum\limits_{j=1}^{n} f_{ij}$ 表示从顶点 i 到各点的"流出"值, $\sum\limits_{j=1}^{n} f_{ji}$ 表示从各点到顶点 i 的"流入"值. 当顶点 i 为源 $(i = s)$ 时, 只有流出值, 记为 v_f, 流入值为 0; 当顶点

i 为汇 ($i=t$) 时), 其流出值为 0, 流入值仍为 v_f; 当顶点 i 既不是源, 又不是汇时, 流入值等于流出值. 问题的目标是求网络的最大流, 即 $\max\ v_f$.

给出单源单汇最大流问题的数学规划表达式

$$
\begin{aligned}
\max \quad & v_f, \\
\text{s.t.} \quad & \sum_{\substack{j\in V\\(i,j)\in E}} f_{ij} - \sum_{\substack{j\in V\\(j,i)\in E}} f_{ji} = \begin{cases} v_f, & i=s, \\ 0, & i\neq s,t, \\ -v_f, & i=t, \end{cases} \\
& 0 \leqslant f_{ij} \leqslant c_{ij}, \quad (i,j)\in E,
\end{aligned} \tag{5.41}
$$

其中 V 为顶点集, E 为边集 (或弧集), s 为源, t 为是汇.

编写通用的 MATLAB 函数 (程序名: max_flow.m), 为编写程序方便, 按完全图方式编写程序, 其中 c_{ij} 网络的容量, 当两个顶点无边时, 其容量为 0.

注意 模型中变量是按矩阵描述的, 在编写程序时按行拉成向量.

```
function [X, fval] = max_flow(C, s, t, nodename)
%% 求解最大流问题的函数, 调用方法为
%%    [X, fval] = max_flow(C, s, t, nodename)
%% 其中
%%    C 为网络的容量矩阵; s为源的标号, t为汇的标号;
%%    nodename为顶点的名称, 默认值为1, …, n;
%%    X 最大流的结果, fval为最大流值.
%% 函数将计算结果自动输出.

n=length(C); u = C';
if nargin < 4 || isempty(nodename)
    nodename = strcat({''}, num2str((1:n)','%d'));
end
A = zeros(n, n^2); B = []; I = eye(n);
for i = 1:n
    A(i,n*(i-1)+[1:n]) = ones(1,n);
    B = [B I];
end
b = zeros(n,1); b(s) = 1; b(t) = -1;
f = [zeros(n^2,1); 1];
[x, fval]= linprog(-f, [], [], [A-B -b], zeros(n,1), ...
                   zeros(n^2+1,1), [u(:); inf]);
```

```
for i = 1:n
    for j = 1:n
        X(i,j) = x(n*(i-1)+j);
    end
end
fval = -fval;
% 输出计算结果
row = 1:n; col = 1:n;
for i = n:-1:1
    if sum(abs(X(i,:))) < 1e-5 row(i) = []; end
    if sum(abs(X(:,i))) < 1e-5 col(i) = []; end
end
fprintf('%4s', ' ');
for i = col
    fprintf('%10s', nodename{i});
end
fprintf('\n');
for i = row
    fprintf('%4s', nodename{i});
    for j = col
        if abs(X(i,j)) > 1e-5
            fprintf('%10.5g', X(i,j));
        else
            fprintf('%10s', ' ');
        end
    end
    fprintf('\n');
end
fprintf('max flow is %.5g\n', fval);
```

例 5.38 图 5.12 表示具有一个源 x. 一个汇 y 和 4 个中间顶点 v_1, v_2, v_3, v_4 的网络. 求该网络的最大流.

解 编写求解问题的 MATLAB 程序 (程序名: exam0538.m), 其中 C 为网络的容量矩阵, 当图 5.12 中两点无边时, 其容量为 0. 以下是程序和计算结果.

```
% 按稀疏矩阵的方式输入矩阵
C = sparse([1 1 2 2 3 4 4 5 5], [2 3 3 4 5 3 6 4 6], ...
```

```
            [8 7 5 9 9 2 5 6 10], 6, 6);
nodename = {'x', 'v1', 'v2', 'v3', 'v4', 'y'};
[X, fval] = max_flow(C, 1, 6, nodename);

              v1         v2         v3         v4         y
  x       7.5066     6.4934
 v1                   1.835     5.6716
 v2                                             9
 v3                 0.67155                                5
 v4                                                        9
max flow is 14
```

即 x 到 v_1 和 v_2 的流值分别为 7.5066 和 6.4934, v_1 到 v_2 和 v_3 的流值分别为 1.835 和 5.6716, v_2 到 v_4 的流值为 9, v_3 到 v_2 和 y 的流值分别为 0.67155 和 5, v_4 到 y 的流值为 9. 最大流为 14.

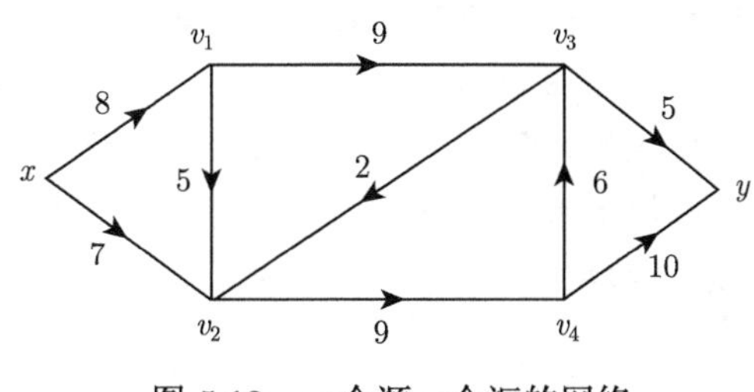

图 5.12 一个源一个汇的网络

2. 最小费用最大流问题

在最大流问题中, 并没有考虑相应的费用, 所以计算结果也就不一定是最合理的. 从这个观点出发, 自然引申出最小费用最大流的问题.

在最大流的基础上, 容易得到最小费用流的数学规划表达式, 只需将目标改成最小费用, 同时将流值 v_f 看成常数, 即给定的流量.

设 f_{ij} 为弧 (i,j) 上的流量, c_{ij} 为弧 (i,j) 上的单位运费, u_{ij} 为弧 (i,j) 上的容量, d_i 为节点 i 处的净流量, 则最小费用流的数学规划表示为

$$
\begin{aligned}
\min \quad & \sum_{(i,j)\in E} c_{ij} f_{ij}, \\
\text{s.t.} \quad & \sum_{\substack{j\in V\\(i,j)\in E}} f_{ij} - \sum_{\substack{j\in V\\(j,i)\in E}} f_{ji} = d_i, \\
& 0 \leqslant f_{ij} \leqslant u_{ij}, \quad (i,j)\in E,
\end{aligned}
\tag{5.42}
$$

其中

$$d_i = \begin{cases} v_f, & i = s, \\ 0, & i \neq s, t, \\ -v_f, & i = t, \end{cases} \tag{5.43}$$

当 v_f 为网络的最大流时, 数学规划 (5.42)–(5.43) 表示的就是最小费用最大流问题.

编写通用的 MATLAB 函数 (程序名: `mincost_flow.m`), 为编写程序方便, 按完全图方式编写程序, 其中 c_{ij} 为网络各边的费用, 当两个顶点间无边时, 其费用为 ∞; u_{ij} 为网络的容量, 当两个顶点间无边时, 其容量为 0.

注意: 模型中变量是按矩阵描述的, 在编写程序时按行拉成向量.

```
function [X, fval] = mincost_flow(C, U, flow, s, t, nodename)
%% 求解最小费用最大流问题的函数, 调用方法为
%%    [X, fval] = mincost_flow(C, U, flow, s, t, nodename)
%% 其中
%%    C 网络各边的费用; U 为网络的容量矩阵;
%%    s为源的标号, t为汇的标号;
%%    nodename为顶点的名称, 默认值为1, ..., n;
%%    X 最小费用流的结果, fval为最小费用.
%% 函数将计算结果自动输出.

n = length(C); f = C'; u = U';
if nargin < 6 || isempty(nodename)
   nodename = strcat({''}, num2str((1:n)','%d'));
end
A = zeros(n, n^2); B = []; I = eye(n);
for i = 1:n
   A(i,n*(i-1)+[1:n]) = ones(1,n);
   B = [B I];
end
b = zeros(n,1); b(s) = flow; b(t) = -flow;
[x, fval]= linprog(f(:),[],[],A-B,b,zeros(n^2,1),u(:));
for i=1:n
   for j=1:n
      X(i,j)=x(n*(i-1)+j);
   end
```

```
end
% 输出计算结果
row = 1:n; col = 1:n;
for i = n:-1:1
    if sum(abs(X(i,:))) < 1e-5 row(i) = []; end
    if sum(abs(X(:,i))) < 1e-5 col(i) = []; end
end
fprintf('%4s', ' ');
for i = col
    fprintf('%10s', nodename{i});
end
fprintf('\n');
for i = row
    fprintf('%4s', nodename{i});
    for j = col
        if abs(X(i,j)) > 1e-5
            fprintf('%10.5g', X(i,j));
        else
            fprintf('%10s', ' ');
        end
    end
    fprintf('\n');
end
fprintf('mincost maxflow is %.5g\n', fval);
```

例 5.39 (最小费用最大流问题)(续例 5.38) 由于输油管道的长短不一, 或地质等原因, 使每条管道上运输费用也不相同, 因此, 除考虑输油管道的最大流外, 还需要考虑输油管道输送最大流的最小费用, 图 5.13 所示的是带有运费的网络, 其中第 1 个数字是网络的容量, 第 2 个数字是网络的单位运费.

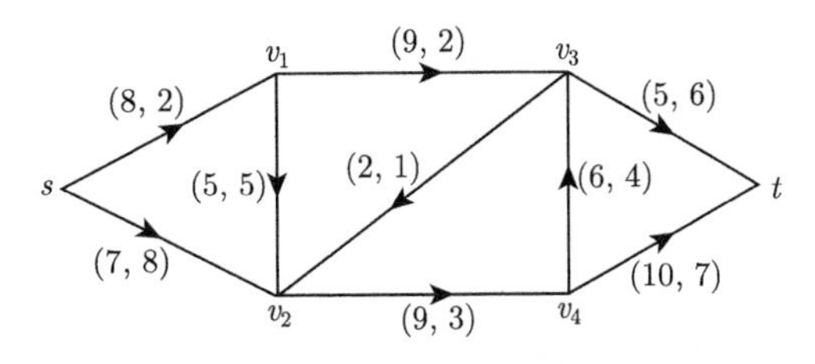

图 5.13 最小费用最大流问题

解　编写求解问题的 MATLAB 程序 (程序名: exam0539.m), 其中 U 为网络的容量矩阵, 当图 5.13 中两点无边时, 其容量为 0. C 为网络的费用矩阵, 当图 5.13 中两点无边时, 没有必要给它赋以很大的值, 因为此时边的容量为 0. 以下是程序和计算结果.

```
% 按稀疏矩阵的方式输入矩阵
C = sparse([1 1 2 2 3 4 4 5 5], [2 3 3 4 5 3 6 4 6], ...
        [2 8 5 2 3 1 6 4 7], 6, 6);
U = sparse([1 1 2 2 3 4 4 5 5], [2 3 3 4 5 3 6 4 6], ...
        [8 7 5 9 9 2 5 6 10], 6, 6);
flow = 14;
nodename = {'x', 'v1', 'v2', 'v3', 'v4', 'y'};
[X, fval] = mincost_flow(C, U, flow, 1, 6, nodename);
```

```
            v1        v2        v3        v4        y
   x          8         6
  v1                    1         7
  v2                                        9
  v3                    2                             5
  v4                                                  9
mincost maxflow is 205
```

即 x 到 v_1 和 v_2 的流值分别为 8 和 6, v_1 到 v_2 和 v_3 的流值分别为 1 和 7, v_2 到 v_4 的流值为 9, v_3 到 v_2 和 y 的流值分别为 2 和 5, v_4 到 y 的流值为 9. 最小费用为 205.

习　题　5

1. 将下列线性规划问题变换成标准形.

(1)
$$\begin{aligned}\min\ & 2x_1 - x_2 + 2x_3,\\ \text{s.t.}\ & -x_1 + x_2 + x_3 = 4,\\ & -x_1 + x_2 + x_3 \leqslant 6,\\ & 2x_1 + x_2 \leqslant 16,\\ & x_1 \leqslant 0,\ x_2 \geqslant 0,\ x_3\ \text{无限制}.\end{aligned}$$

(2)
$$\begin{aligned}\max\ & 2x_1 + x_2 + 3x_3 + x_4,\\ \text{s.t.}\ & x_1 + x_2 + x_3 + x_4 \leqslant 7,\\ & 2x_1 - 3x_2 + 5x_3 = -8,\\ & x_1 - 2x_3 + 2x_4 \geqslant 1,\\ & x_1, x_2 \geqslant 0,\ x_3 \leqslant 0,\ x_4\ \text{无限制}.\end{aligned}$$

2. 用单纯形法求解下列线性规划, 并用自编程序 simplex.m 或 two_phase.m 验证你的计算结果.

(1)
$$\begin{aligned}\max\quad & 2x_1+5x_2+8x_3,\\ \text{s.t.}\quad & 3x_1+2x_2-x_3\leqslant 60,\\ & -x_1+6x_2+3x_3\leqslant 12,\\ & -2x_1+x_2+x_3\leqslant 42,\\ & x_1,x_2,x_3\geqslant 0.\end{aligned}$$

(2)
$$\begin{aligned}\min\quad & x_1+6x_2-7x_3+x_4+5x_5,\\ \text{s.t.}\quad & 5x_1-4x_2+13x_3-2x_4+x_5=22,\\ & x_1-x_2+5x_3-x_4+x_5=9,\\ & x_j\geqslant 0,\quad j=1,2,\cdots,5.\end{aligned}$$

(3)
$$\begin{aligned}\min\quad & 5x_1-2x_2+4x_3-3x_4,\\ \text{s.t.}\quad & -x_1+2x_2-x_3+4x_4=-2,\\ & -x_1+3x_2+x_3+x_4\leqslant 14,\\ & 2x_1-x_2+3x_3-x_4\geqslant 2,\\ & x_1\text{无限制}, x_2\leqslant 0, x_3,x_4\geqslant 0.\end{aligned}$$

(4)
$$\begin{aligned}\min\quad & 2x_1+3x_2+5x_3,\\ \text{s.t.}\quad & x_1+x_2-x_3\geqslant -5,\\ & -6x_1+7x_2-9x_3=16,\\ & |19x_1-7x_2+5x_3|\leqslant 13,\\ & x_1,x_2\leqslant 0, x_3\text{无限制}.\end{aligned}$$

3. 写出下列线性规划问题的对偶问题.

(1)
$$\begin{aligned}\max\quad & 10x_1+x_2+2x_3,\\ \text{s.t.}\quad & x_1+x_2+2x_3\leqslant 10,\\ & 4x_1+x_2+x_3\leqslant 20,\\ & x_1,x_2,x_3\geqslant 0.\end{aligned}$$

(2)
$$\begin{aligned}\max\quad & 2x_1+x_2+3x_3+x_4,\\ \text{s.t.}\quad & x_1+x_2+x_3+x_4\leqslant 5,\\ & 2x_1-x_2-3x_3=-4,\\ & x_1-x_3+x_4\geqslant 1,\\ & x_1,x_3\geqslant 0, x_2,x_4\text{无限制}.\end{aligned}$$

(3)
$$\begin{aligned}\min\quad & 3x_1+2x_2-3x_3+4x_4,\\ \text{s.t.}\quad & x_1-2x_2+3x_3+4x_4\leqslant 3,\\ & x_2+3x_3+4x_4\geqslant -5,\\ & 2x_1-3x_2-7x_3-4x_4=2,\\ & x_1\geqslant 0,\quad x_4\leqslant 0,\quad x_2,x_3\text{无限制}.\end{aligned}$$

(4)
$$\begin{aligned}\max\ & -5x_1 - 6x_2 - 7x_3,\\ \text{s.t.}\ & -x_1 + 5x_2 - 3x_3 \geqslant 15,\\ & -5x_1 - 6x_2 + 10x_3 \leqslant 20,\\ & x_1 - x_2 - x_3 = -5,\\ & x_1 \leqslant 0, x_2 \geqslant 0, x_3\text{无限制}.\end{aligned}$$

4. 已知线性规划问题

$$\begin{aligned}\max\ & x_1 + x_2,\\ \text{s.t.}\ & -x_1 + x_2 + x_3 \leqslant 2,\\ & -2x_1 + x_2 - x_3 \leqslant 1,\\ & x_1, x_2, x_3 \geqslant 0.\end{aligned}$$

试应用对偶理论证明上述线性规划问题无最优解.

5. 已知线性规划问题

$$\begin{aligned}\max\ & x_1 - x_2 + x_3,\\ \text{s.t.}\ & x_1 - x_3 \geqslant 4,\\ & x_1 - x_2 + 2x_3 \geqslant 3,\\ & x_1, x_2, x_3 \geqslant 0.\end{aligned}$$

应用对偶理论证明上述线性规划问题无最优解.

6. 已知线性规划问题

$$\begin{aligned}\max\ & 3x_1 + 2x_2,\\ \text{s.t.}\ & -x_1 + 2x_2 \leqslant 4,\\ & 3x_1 + 2x_2 \leqslant 14,\\ & x_1 - x_2 \leqslant 3,\\ & x_1, x_2 \geqslant 0.\end{aligned}$$

(1) 写出它的对偶问题；(2) 应用对偶理论证明原问题和对偶问题都存在最优解.

7. 已知线性规划问题

$$\begin{aligned}\max\ & 4x_1 + 7x_2 + 2x_3\\ \text{s.t.}\ & x_1 + 2x_2 + x_3 \leqslant 10,\\ & 2x_1 + 3x_2 + 3x_3 \leqslant 10,\\ & x_1, x_2, x_3 \geqslant 0.\end{aligned}$$

应用对偶理论证明该问题最优解的目标函数值不大于 25.

8. 已知线性规划问题

$$\begin{aligned}\max\ & 2x_1 + 4x_2 + x_3 + 4x_4,\\ \text{s.t.}\ & x_1 + 3x_2 + 4x_4 \leqslant 8,\\ & 2x_1 + x_2 \leqslant 6,\\ & x_2 + x_3 + x_4 \leqslant 6,\\ & x_1 + x_2 + x_3 \leqslant 9,\\ & x_1, x_2, x_3, x_4 \geqslant 0.\end{aligned}$$

(1) 写出其对偶问题; (2) 已知原问题最优解为 $x^* = (2,2,4,0)^{\mathrm{T}}$, 试根据对偶理论, 直接求出对偶问题的最优解.

9. 写出下列线性规划的对偶问题并用图解法求出它们的解.

(1)
$$\begin{aligned} \min\quad & x_1 + 3x_2 + 5x_3 + 6x_4, \\ \text{s.t.}\quad & x_1 + 2x_2 + 3x_3 + x_4 \geqslant 2, \\ & -2x_1 + x_2 - x_3 + 3x_4 \leqslant -3, \\ & x_1,\ x_2,\ x_3,\ x_4 \geqslant 0. \end{aligned}$$

(2)
$$\begin{aligned} \max\quad & 3x_1 + x_2 + 4x_3, \\ \text{s.t.}\quad & 6x_1 + 3x_2 + 5x_3 \leqslant 25, \\ & 3x_1 + 4x_2 + 5x_3 \leqslant 20, \\ & x_1, x_2, x_3 \geqslant 0. \end{aligned}$$

10. 表 5.30 列出某个线性规划问题最优解的单纯形表, 其中 x_4, x_5 是松弛变量, 约束的类型为“$\leqslant$”.

表 5.30 最优单纯形表

基	x_1	x_2	x_3	x_4	x_5	解
z	0	-4	0	-4	-2	-40
x_3	0	$\frac{1}{2}$	1	$\frac{1}{2}$	0	$\frac{5}{2}$
x_1	1	$-\frac{1}{2}$	0	$-\frac{1}{6}$	$\frac{1}{3}$	$\frac{5}{2}$

(1) 写出原问题; (2) 写出原问题的对偶问题; (3) 由表 5.30 得到对偶问题的最优解.

11. 用对偶单纯形法求解下列线性规划问题, 并用自编程序 `dual_sim.m` 验证你的计算结果.

(1)
$$\begin{aligned} \min\quad & x_1 + 3x_2 + 5x_3 + 6x_4, \\ \text{s.t.}\quad & x_1 + 2x_2 + 3x_3 + x_4 \geqslant 2, \\ & -2x_1 + x_2 - x_3 + 3x_4 \leqslant -3, \\ & x_1, x_2, x_3, x_4 \geqslant 0. \end{aligned}$$

(2)
$$\begin{aligned} \min\quad & 4x_1 + 6x_2 + 18x_3, \\ \text{s.t.}\quad & x_1 + 3x_3 \geqslant 3, \\ & x_2 + 2x_3 \geqslant 5, \\ & x_1,\ x_2,\ x_3 \geqslant 0. \end{aligned}$$

12. 用 `linprog()` 函数求解下列线性规划问题.

(1)
$$\begin{aligned} \max\quad & 2x_1 + x_2 + x_3, \\ \text{s.t.}\quad & 4x_1 + 2x_2 + 2x_3 \geqslant 4, \\ & 2x_1 + 4x_2 + 2x_3 \leqslant 20, \\ & 4x_1 + 8x_2 + 2x_3 \leqslant 16, \\ & x_1, x_2, x_3 \geqslant 0. \end{aligned}$$

(2)
$$\begin{aligned} \max\quad & 4x_1 + 5x_2 + x_3, \\ \text{s.t.}\quad & 3x_1 + 2x_2 + x_3 \geqslant 18, \\ & 2x_1 + x_2 + 2x_3 \leqslant 4, \\ & x_1 + x_2 - x_3 = 5, \\ & x_1, x_2, x_3 \geqslant 0. \end{aligned}$$

(3)
$$\begin{aligned} \max\quad & x_1 + x_2, \\ \text{s.t.}\quad & 8x_1 + 6x_2 \geqslant 24, \\ & 4x_1 + 6x_2 \geqslant -12, \\ & x_2 \geqslant 2, \\ & x_1, x_2 \geqslant 0. \end{aligned}$$

(4)
$$\begin{aligned} \max\quad & x_1 + 2x_2 + 3x_3 - x_4, \\ \text{s.t.}\quad & x_1 + 2x_2 + 3x_3 = 15, \\ & 2x_1 + x_2 + 5x_3 = 20, \\ & x_1 + 2x_2 + x_3 + x_4 = 10, \\ & x_1, x_2, x_3, x_4 \geqslant 0. \end{aligned}$$

(5)
$$\begin{aligned} \max\quad & 4x_1+6x_2,\\ \text{s.t.}\quad & 2x_1+4x_2\leqslant 180,\\ & 3x_1+2x_2\leqslant 150,\\ & x_1+x_2=57,\\ & x_2\geqslant 22,\\ & x_1,x_2\geqslant 0. \end{aligned}$$

(6)
$$\begin{aligned} \max\quad & 5x_1+3x_2+6x_3,\\ \text{s.t.}\quad & x_1+2x_2+x_3\leqslant 18,\\ & 2x_1+x_2+3x_3\leqslant 16,\\ & x_1+x_2+x_3=10,\\ & x_1,x_2\geqslant 0, x_3\ \text{无限制}. \end{aligned}$$

(7)
$$\begin{aligned} \min\quad & 3x_1+2x_2+4x_3+8x_4,\\ \text{s.t.}\quad & x_1+x_2+5x_3+6x_4\geqslant 8,\\ & -2x_1+5x_2+3x_3-5x_4\leqslant 3,\\ & x_1,x_2,x_3,x_4\geqslant 0. \end{aligned}$$

(8)
$$\begin{aligned} \max\quad & 5x_1-2x_2+x_3,\\ \text{s.t.}\quad & x_1+4x_2+x_3\leqslant 6,\\ & 2x_1+x_2+3x_3\geqslant 2,\\ & x_1,x_3\geqslant 0, x_2\ \text{无限制}. \end{aligned}$$

(9)
$$\begin{aligned} \max\quad & 2x_1+3x_2-x_3+x_4,\\ \text{s.t.}\quad & x_1-x_2+2x_3+x_4\geqslant 9,\\ & 2x_2+x_3-x_4\leqslant 5,\\ & -2x_1+x_2-3x_3+x_4\leqslant -1,\\ & x_1+x_3\geqslant 3,\\ & x_1,x_2,x_3,x_4\geqslant 0. \end{aligned}$$

(10)
$$\begin{aligned} \max\quad & 4x_1+5x_2-3x_3,\\ \text{s.t.}\quad & x_1+x_2+x_3=10,\\ & x_1-x_2\geqslant 1,\\ & 2x_1+3x_2+x_3\geqslant 20,\\ & x_1,x_2,x_3\geqslant 0. \end{aligned}$$

(11)
$$\begin{aligned} \max\quad & 3x_1-2x_2+5x_3,\\ \text{s.t.}\quad & x_1+2x_2+x_3\geqslant 5,\\ & -3x_1+x_2-x_3\leqslant 4,\\ & x_1,x_2,x_3\geqslant 0. \end{aligned}$$

13. 用 `intlinprog()` 函数求解下列整数线性规划 (包括 0–1 规划) 问题.

(1)
$$\begin{aligned} \max\quad & z=2x_1+3x_2,\\ \text{s.t.}\quad & 5x_1+7x_2\leqslant 35,\\ & 4x_1+9x_2\leqslant 36,\\ & x_1,x_2\geqslant 0\ \text{且为整数}. \end{aligned}$$

(2)
$$\begin{aligned} \max\quad & z=x_1+x_2,\\ \text{s.t.}\quad & 2x_1+5x_2\leqslant 16,\\ & 6x_1+5x_2\leqslant 30,\\ & x_1,x_2\geqslant 0\ \text{且为整数}. \end{aligned}$$

(3)
$$\begin{aligned} \min\quad & z=4x_1+5x_2,\\ \text{s.t.}\quad & 3x_1+2x_2\geqslant 7,\\ & x_1+4x_2\geqslant 5,\\ & 3x_1+x_2\geqslant 2,\\ & x_1,x_2\geqslant 0\ \text{且为整数}. \end{aligned}$$

(4)
$$\begin{aligned} \max\quad & z=4x_1+6x_2+2x_3,\\ \text{s.t.}\quad & 4x_1-4x_2\leqslant 5,\\ & -x_1+6x_2\leqslant 5,\\ & -x_1+x_2+x_3\leqslant 5,\\ & x_1,x_2,x_3\geqslant 0\ \text{且为整数}. \end{aligned}$$

(5)
$$\begin{aligned} \max\quad & 3x_1+2x_2-5x_3-2x_4+3x_5,\\ \text{s.t.}\quad & x_1+x_2+x_3+2x_4+x_5\leqslant 4,\\ & 7x_1+3x_3-4x_4+3x_5\leqslant 8,\\ & 11x_1-6x_2+3x_4-3x_5\geqslant 3,\\ & x_j=0\ \text{或}\ 1,\quad j=1,2,\cdots,5. \end{aligned}$$

(6) $\max \quad 2x_1 - x_2 + 5x_3 - 3x_4 + 4x_5,$

$$\begin{aligned}
\text{s.t.} \quad & 3x_1 - 2x_2 + 7x_3 - 5x_4 + 4x_5 \leqslant 6, \\
& x_1 - x_2 + 2x_3 - 4x_4 + 2x_5 \leqslant 0, \\
& x_j = 0 \text{ 或 } 1, \quad j = 1, 2, \cdots, 5.
\end{aligned}$$

(7) $\max \quad 8x_1 + 2x_2 - 4x_3 - 7x_4 - 5x_5,$

$$\begin{aligned}
\text{s.t.} \quad & 3x_1 + 3x_2 + x_3 + 2x_4 + 3x_5 \leqslant 4, \\
& 5x_1 + 3x_2 - 2x_3 - x_4 + x_5 \leqslant 4, \\
& x_j = 0 \text{ 或 } 1, \quad j = 1, 2, \cdots, 5.
\end{aligned}$$

14. 某工厂生产 A, B, C 三种产品, 其所需劳动力、材料等有关数据如表 5.31 所示. (1) 确定获利最大的生产方案; (2) 如果劳动力数量不增, 材料不足时可从市场购买, 单位 0.4 元/kg, 问该厂要不要购进原材料扩大生产, 以购多少为宜?

表 5.31 不同产品的消耗定额

资 源	产 品			可用量
	A	B	C	/kg
劳动力	6	3	5	45
材 料	3	4	5	30
产品利润/(元/件)	3	1	4	

15. 某城市在未来的五年内将启动四个城市住房改造工程. 每项工程有不同的开始时间, 工程周期也不一样. 表 5.32 提供这些项目的基本数据. 工程 1 和工程 4 必须在规定的周期内全部完成. 必要时, 其余的二项工程可以在预算的限制内完成部分. 然而, 每个工程在它的规定时间内必须至少完成 25%. 每年底, 工程完成的部分立刻入住, 并且实现一定比例的收入. 例如, 如果工程 1 在第一年完成 40%, 在第三年完成剩下的 60%, 在五年计划范围内的相应收入是 0.4×50 (第二年) $+0.4 \times 50$ (第三年) $+(0.4 + 0.6) \times 50$ (第四年)$+(0.4 + 0.6) \times 50$ (第五年) $= (4 \times 0.4 + 2 \times 0.6) \times 50$ (单位: 万元). 试为工程确定最优的时间进度表, 使得五年内的总收入达到最大.

表 5.32 项目的基本数据

	第 1 年	第 2 年	第 3 年	第 4 年	第 5 年	总费用(千万元)	年收入(万元)
工程 1	开始		结束			5.0	50
工程 2		开始			结束	8.0	70
工程 3	开始				结束	15.0	150
工程 4			开始	结束		1.2	20
预算/千万元	3.0	6.0	7.0	7.0	7.0		

16. 假设投资者有如下四个投资的机会. (A) 在三年内, 投资人应在每年的年初投资, 每

年每元投资可获利息 0.2 元, 每年取息后可重新将本息投入生息. (B) 在三年内, 投资人应在第一年年初投资, 每两年每元投资可获利息 0.5 元. 两年后取息, 可重新将本息投入生息. 这种投资最多不得超过 20 万元. (C) 在三年内, 投资人应在第二年年初投资, 两年后每元可获利息 0.6 元, 这种投资最多不得超过 15 万元. (D) 在三年内, 投资人应在第三年年初投资, 一年内每元可获利息 0.4 元, 这种投资不得超过 10 万元. 假定在这三年为一期的投资中, 每期的开始有 30 万元的资金可供投资, 投资人应怎样决定投资计划, 才能在第三年底获得最高的收益.

17. 某冰淇淋店在整个的夏季的三个月中 (六月、七月和八月) 对于冰淇淋的需求估计分别是 500、600 和 400 箱. 有两个冰淇淋批发商 1 和 2 向冰激凌店供货. 虽然这两个供应商的冰淇淋的风味不同, 但可以互相交换. 任何一个供应商能够提供冰淇淋的最大箱数是每月 400 箱. 还有, 这两个供应商的供货价格是按照下面的时间表 (表 5.33) 逐月变化. 为了利用价格波动, 冰淇淋店购买的冰淇淋可以多于某个月的需求, 并且储存剩余的部分以满足以后各月的需求. 冷藏一箱冰淇淋的成本是每月 5$. 实际上可以假定, 冷藏成本是当月持有冰淇淋平均箱数的函数. 建立一个从这两个供应商购买冰淇淋的最优采购计划.

表 5.33 每月每箱冰淇淋的价格表 (单位: $)

	六月	七月	八月
供应商 1	100$	110$	120$
供应商 2	115$	108$	125$

18. 一家医院雇用志愿者作为接待处的工作人员, 接待时间是从早上 8:00 到晚上 10:00. 每名志愿者连续工作 3h, 只有在晚上 8:00 开始工作的人员除外, 他们只工作 2h. 对于志愿者的最小需求可以近似成 2h 间隔的阶梯函数, 其函数在早上 8:00 开始, 相应的需求人数分别是 4, 6, 8, 6, 4, 6, 8. 因为大多数志愿者是退休人员, 他们愿意在一天的任何时间 (早上 8:00 到晚上 10:00) 提供他们的服务. 然而, 由于大多数慈善团体竞争他们的服务, 所需的数目必须保持尽可能低.

(1) 为志愿者的开始时间确定最优的时间表.

(2) 如果考虑到午饭和晚饭, 假定没有志愿者愿意在中午 12:00 和晚上 6:00 开始工作, 确定最优的时间表.

19. 某市管辖 6 个区 (区 1～ 区 6). 这个市必须明确在什么地方修建消防站, 在保证至少有一个消防站在每个区的 15 分钟 (行驶时间) 路程内的情况下, 这个市希望修建的消防站最少. 表 5.34 给出了该市各个区之间行驶需要的时间 (单位: min). 这个市需要多少个消防站, 以及它们的所在位置.

20. 某公司生产一种除臭剂, 它在 1 至 4 季度的生产成本、生产量及订货量表 5.35 所示. 如果除臭剂在生产当季没有交货, 保管在仓库里除臭剂每盒每季度还需 1 元钱的储存费用. 公司希望制定一个成本最低 (包括储存费用) 的除臭剂的生产计划, 问各季度应生产多少? (*提示: 将该问题转化成运输问题*).

21. 已知下列六名运动员各种姿势的百米游泳成绩如表 5.36 所示, 试问如何从中选拔一个参加 4×100 米混合泳的接力队, 使预期的比赛成绩为最好.

表 5.34 该市各个区之间行驶需要的时间 (单位: min)

	区 1	区 2	区 3	区 4	区 5	区 6
区 1	0	10	20	30	30	20
区 2	10	0	25	35	20	10
区 3	20	25	0	15	30	20
区 4	30	35	15	0	15	25
区 5	30	20	30	15	0	14
区 6	20	10	20	25	14	0

表 5.35 公司的生产成本、生产量及订货量

季度	生产成本/(盒/元)	订货量/万盒	生产量/万盒
Ⅰ	5	10	14
Ⅱ	5	14	15
Ⅲ	6	20	15
Ⅳ	6	8	13

表 5.36 各运动员的游泳成绩 (单位: s)

	赵	钱	李	王	张	孙
100 米蝶泳	54.7	58.2	52.1	53.6	56.4	59.8
100 米仰泳	62.2	63.4	58.2	56.5	59.7	61.5
100 米蛙泳	69.1	70.5	65.3	67.8	68.4	71.3
100 米自由泳	52.2	53.8	49.8	51.6	53.4	55.0

22. 分配甲、乙、丙、丁 4 个人去完成 5 项任务. 每人完成各项任务时间如表 5.37 所示. 由于任务数多于人数, 故规定其中有一个人可兼完成两项任务, 其余三人每人完成一项. 试确定总花费时间为最少的指派方案.

表 5.37 每人完成每项任务的时间表 (单位: min)

人	任务				
	A	B	C	D	E
甲	25	29	31	42	37
乙	39	38	26	20	33
丙	34	27	28	40	32
丁	24	42	36	23	45

23. 某单位计划购买一台设备在今后 4 年内使用. 可以在第一年初购买该设备, 连续使用 4 年, 也可以在任何一年末将设备卖掉, 于下年初更换新设备. 表 5.38 给出各年初购置新设备的价格, 表 5.39 给出设备的维护费及卖掉旧设备的回收费. 问如何确定设备的更新策略, 使 4 年内的总费用最少?

表 5.38　年初设备购置价格　　(单位：万元)

	第一年	第二年	第三年	第四年
年初购置价	2.5	2.6	2.8	3.1

表 5.39　设备维护费和设备折旧费　　(单位：万元)

设备役龄	0-1	1-2	2-3	3-4
年维护费	0.3	0.5	0.8	1.2
年末处理回收费	2.0	1.6	1.3	1.1

24. 三个炼油厂通过管道网络为两个分散的终端运送汽油. 这个管道网络中有三个泵站, 如图 5.14 所示. 汽油的流向如图中箭头所示, 图中标出了每一段管道的运送容量, 单位是百万桶/天. 求解下面的问题：

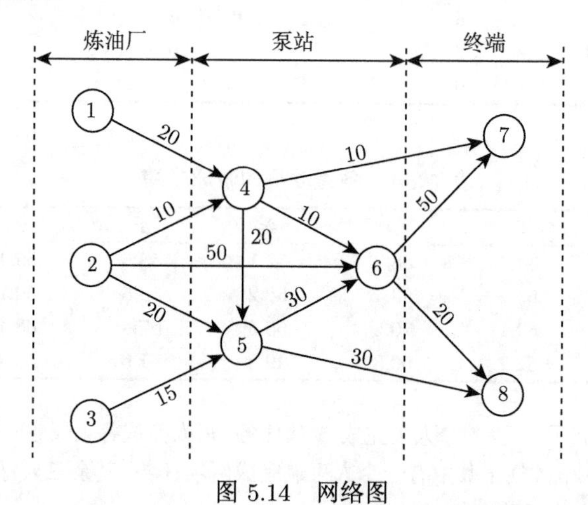

图 5.14　网络图

(1) 要满足这个网络的最大流量, 每一个炼油厂每天的产量应该是多少?

(2) 要满足这个网络的最大流量, 每一个终端每天的需求量应该是多少?

(3) 要满足这个网络的最大流量, 每个泵站每天的容量应该是多少?

(4) 如果进一步假定在图 5.14 所示的网络中泵站 6 每天的最大容量限制为 50 百万桶, 求出相应的网络的最大容量.

第 6 章　约束最优化方法

第 3 章介绍了无约束最优化问题的各种算法, 但在实际问题中, 大多数问题往往是有约束的, 因此, 问题的求解也比无约束问题困难得多. 本章讨论带有约束的非线性最优化问题

$$\min \quad f(x), \quad x \in \mathbb{R}^n, \tag{6.1}$$

$$\text{s.t.} \quad c_i(x) = 0, \ i \in \mathcal{E}, \tag{6.2}$$

$$c_i(x) \geqslant 0, \ i \in \mathcal{I}, \tag{6.3}$$

它的求解方法可分成两类: 一类方法可以看成是直接方法, 这类方法是在可行区域内考虑如何使目标函数下降 (如线性规划); 另一类方法可以看成是间接方法, 它是将约束问题转换成无约束问题, 通过求解无约束问题, 得到约束问题的解.

6.1　二次规划问题

二次规划问题是最简单的带有约束的非线性优化问题, 它是在线性约束下求解二次函数的极小点, 可以写成

$$\min_x \quad f(x) = \frac{1}{2}x^{\mathrm{T}}Gx + r^{\mathrm{T}}x, \tag{6.4}$$

$$\text{s.t.} \quad a_i^{\mathrm{T}}x = b_i, \ i \in \mathcal{E}, \tag{6.5}$$

$$a_i^{\mathrm{T}}x \geqslant b_i, \ i \in \mathcal{I}, \tag{6.6}$$

其中 G 为对称矩阵. 如果 G 为半正定矩阵, 则称问题 (6.4)–(6.6) 为凸二次规划问题.

6.1.1　二次规划的基本性质

这里仅讨论凸二次规划的性质.

定理 6.1　*设 G 是半正定, x^* 是凸二次规划问题 (6.4)–(6.6) 全局解的充分必要条件为 x^* 是 KKT 点, 即存在 λ^*, 使得*

$$Gx^* + r - \sum_{i\in\mathcal{E}\cup\mathcal{I}} \lambda_i^* a_i = 0,$$

$$a_i^{\mathrm{T}}x^* = b_i, \quad i \in \mathcal{E},$$

$$
\begin{aligned}
&a_i^{\mathrm{T}} x^* \geqslant b_i, && i \in \mathcal{I}, \\
&\lambda_i^* \geqslant 0, && i \in \mathcal{I}, \\
&\lambda_i^*(a_i^{\mathrm{T}} x^* - b_i) = 0, && i \in \mathcal{I}.
\end{aligned}
$$

证明 必要性. 由一般约束问题的必要条件得到 (定理 1.3). 注意: 线性函数本身满足约束限制条件, 因此, 不必增加线性独立约束限制条件.

充分性. 设 x^* 是 KKT 点, 考虑 $\forall x \in \Omega$, 这里

$$
\Omega = \left\{ x \mid a_i^{\mathrm{T}} x = b_i, i \in \mathcal{E}, a_i^{\mathrm{T}} x \geqslant b_i, i \in \mathcal{I} \right\}.
$$

由于 G 半正定, 因此有

$$
\begin{aligned}
f(x) - f(x^*) &= \nabla f(x^*)^{\mathrm{T}}(x - x^*) + \frac{1}{2}(x - x^*)^{\mathrm{T}} G (x - x^*) \\
&\geqslant \nabla f(x^*)^{\mathrm{T}}(x - x^*) \\
&= \sum_{i \in \mathcal{A}(x^*)} \lambda_i^* a_i^{\mathrm{T}}(x - x^*) + \sum_{i \in \mathcal{I} \setminus \mathcal{A}(x^*)} \lambda_i^* a_i^{\mathrm{T}}(x - x^*) \\
&\geqslant 0,
\end{aligned}
$$

其中

$$
\mathcal{A}(x^*) = \{ i \in \mathcal{E} \cup \mathcal{I} \mid a_i^{\mathrm{T}} x^* = b_i \}
$$

是 x^* 处的有效约束指标集. 因此, x^* 是全局解.

推论 凸二次规划问题的局部解均是全局解.

定理 6.2 *若 x^* 是凸二次规划 (6.4)–(6.6) 的全局解, 则 x^* 是如下等式约束二次规划问题*

$$
\begin{aligned}
\min \quad & f(x) = \frac{1}{2} x^{\mathrm{T}} G x + r^{\mathrm{T}} x, \quad x \in \mathbb{R}^n, && (6.7) \\
\text{s.t.} \quad & c_i(x) = a_i^{\mathrm{T}} x - b_i = 0, \quad i \in \mathcal{A}(x^*) && (6.8)
\end{aligned}
$$

的全局解.

证明 若 x^* 是问题 (6.4)–(6.6) 的全局解, 则 x^* 是问题 (6.4)–(6.6) 的 KKT 点, 也是问题 (6.7)–(6.8) 的 KKT 点, 由定理 6.1 及推论, 则 x^* 是问题 (6.7)–(6.8) 的全局解.

6.1.2 等式二次规划问题

本节讨论只有等式约束的二次规划问题

$$
\begin{aligned}
\min \quad & f(x) = \frac{1}{2} x^{\mathrm{T}} G x + r^{\mathrm{T}} x, && (6.9) \\
\text{s.t.} \quad & A^{\mathrm{T}} x = b, && (6.10)
\end{aligned}
$$

其中 $A = (a_1, a_2, \cdots, a_m)$, $m < n$ 且 $\mathrm{rank}(A) = m$, 即矩阵是列满秩的.

1. 最优性条件

定理 6.3 设 G 是半正定矩阵, 则 x^* 是约束问题 (6.9)–(6.10) 的全局解, λ^* 是相应的乘子的充分必要条件是: (x^*, λ^*) 是方程组

$$\begin{bmatrix} G & -A \\ A^{\mathrm{T}} & 0 \end{bmatrix} \begin{bmatrix} x \\ \lambda \end{bmatrix} = \begin{bmatrix} -r \\ b \end{bmatrix} \tag{6.11}$$

的解.

证明 考虑问题 (6.9)–(6.10) 的 Lagrange 函数

$$L(x, \lambda) = \frac{1}{2} x^{\mathrm{T}} G x + r^{\mathrm{T}} x - \lambda^{\mathrm{T}} (A^{\mathrm{T}} x - b),$$

则问题 (6.9)–(6.10) 的 KKT 条件等价于线性方程组 (6.11). 由定理 6.1, 命题成立.

为了使方程组 (6.11) 的系数矩阵具有对称性, 将方程组 (6.11) 改写为

$$\begin{bmatrix} G & A \\ A^{\mathrm{T}} & 0 \end{bmatrix} \begin{bmatrix} -x \\ \lambda \end{bmatrix} = \begin{bmatrix} r \\ -b \end{bmatrix}. \tag{6.12}$$

称方程组 (6.12) 的系数矩阵为 KKT 矩阵.

定理 6.4 若 A 为列满秩矩阵, 简约 Hesse 矩阵 $Z^{\mathrm{T}} G Z$ 正定, 其中 Z 为列满秩矩阵, 且满足 $A^{\mathrm{T}} Z = 0$, 则矩阵

$$K = \begin{bmatrix} G & A \\ A^{\mathrm{T}} & 0 \end{bmatrix}$$

非奇异.

证明 只需证明方程

$$\begin{bmatrix} G & A \\ A^{\mathrm{T}} & 0 \end{bmatrix} \begin{bmatrix} w \\ v \end{bmatrix} = \begin{bmatrix} 0 \\ 0 \end{bmatrix} \tag{6.13}$$

只有零解.

由方程 (6.13) 的第二个式子得到: $A^{\mathrm{T}} w = 0$. 再由题目条件, $A^{\mathrm{T}} Z = 0$ 且 Z 列满秩, 则 Z 是 A^{T} 零空间的基. 因此, 存在着 u, 使得 $w = Zu$.

因为

$$0 = \left[w^{\mathrm{T}}, v^{\mathrm{T}}\right] \begin{bmatrix} G & A \\ A^{\mathrm{T}} & 0 \end{bmatrix} \begin{bmatrix} w \\ v \end{bmatrix} = w^{\mathrm{T}} G w,$$

所以 $u^{\mathrm{T}} Z^{\mathrm{T}} G Z u = 0$. 由简约 Hesse 矩阵 $Z^{\mathrm{T}} G Z$ 正定, 所以 $u = 0$, 即 $w = 0$.

再利用方程 (6.13) 的第一个式子得到: $Av = 0$. 由 A 是列满秩的条件, 得到 $v = 0$.

由定理 6.4 和定理 6.3 可以通过求解方程组 (6.12) 得到等式约束问题的解.

定理 6.5 若 A 为列满秩矩阵, 矩阵 $Z^{\mathrm{T}}GZ$ 正定, 其中 Z 为列满秩矩阵, 且满足 $A^{\mathrm{T}}Z = 0$, x^*, λ^* 为方程组 (6.11) 的解, 则 x^* 为等式约束问题 (6.9)–(6.10) 的全局解.

证明 设 x 等式约束问题 (6.9)–(6.10) 的可行解, 即 $A^{\mathrm{T}}x = b$. 所以有 $A^{\mathrm{T}}(x - x^*) = 0$. 由矩阵 Z 的性质, 知 Z 是 A^{T} 零空间的基, 故存在 u, 使得 $x - x^* = Zu$. 由此得到

$$
\begin{aligned}
f(x) - f(x^*) &= \nabla f(x^*)^{\mathrm{T}}(x - x^*) + \frac{1}{2}(x - x^*)^{\mathrm{T}}G(x - x^*) \\
&= (Gx^* + r)^{\mathrm{T}}Zu + u^{\mathrm{T}}Z^{\mathrm{T}}GZu \\
&\geqslant (\lambda^*)^{\mathrm{T}}A^{\mathrm{T}}Zu = 0.
\end{aligned}
$$

例 6.1 求解凸二次规划问题

$$
\begin{aligned}
\min \quad & f(x) = x_1^2 + x_2^2 + x_3^2, \\
\text{s.t.} \quad & x_1 + 2x_2 - x_3 = 4, \\
& x_1 - x_2 + x_3 = -2.
\end{aligned}
$$

解 由题目知

$$
G = \begin{bmatrix} 2 & 0 & 0 \\ 0 & 2 & 0 \\ 0 & 0 & 2 \end{bmatrix}, \quad r = \begin{bmatrix} 0 \\ 0 \\ 0 \end{bmatrix}, \quad A = \begin{bmatrix} 1 & 1 \\ 2 & -1 \\ -1 & 1 \end{bmatrix}, \quad b = \begin{bmatrix} 4 \\ -2 \end{bmatrix},
$$

因此, 线性方程组 (6.12) 具体表达式为

$$
\begin{bmatrix} 2 & 0 & 0 & 1 & 1 \\ 0 & 2 & 0 & 2 & -1 \\ 0 & 0 & 2 & -1 & 1 \\ 1 & 2 & -1 & 0 & 0 \\ 1 & -1 & 1 & 0 & 0 \end{bmatrix}
\begin{bmatrix} -x_1 \\ -x_2 \\ -x_3 \\ \lambda_1 \\ \lambda_2 \end{bmatrix}
=
\begin{bmatrix} 0 \\ 0 \\ 0 \\ -4 \\ 2 \end{bmatrix},
$$

求解方程得到

$$
x_1 = \frac{2}{7}, \quad x_2 = \frac{10}{7}, \quad x_3 = -\frac{6}{7}, \quad \lambda_1 = \frac{8}{7}, \quad \lambda_2 = -\frac{4}{7},
$$

即 $x^* = \left(\frac{2}{7}, \frac{10}{7}, -\frac{6}{7}\right)^{\mathrm{T}}$, $\lambda^* = \left(\frac{8}{7}, -\frac{4}{7}\right)^{\mathrm{T}}$.

在这个例子中, 矩阵 G 正定, 所以简约 Hesse 矩阵一定正定, 所以方程组的解是问题的最优解, 这里的零空间矩阵

$$
Z = [-1, 2, 3]^{\mathrm{T}}.
$$

2. 简化方程组的求解方法

直接求解方程组 (6.12), 实际上是求解 $n+m$ 维的方程组. 如果知道 G^{-1}, 可以简化相关的计算. 令

$$\begin{bmatrix} G & A \\ A^{\mathrm{T}} & 0 \end{bmatrix}^{-1} = \begin{bmatrix} C & E \\ E^{\mathrm{T}} & F \end{bmatrix},$$

则有

$$GC + AE^{\mathrm{T}} = I, \tag{6.14}$$

$$GE + AF = 0, \tag{6.15}$$

$$A^{\mathrm{T}}E = I, \tag{6.16}$$

由式 (6.15) 得到, $E = -G^{-1}AF$, 再代入式 (6.16), 得到

$$F = -\left(A^{\mathrm{T}}G^{-1}A\right)^{-1},$$

因此, 得到

$$\begin{aligned} E &= G^{-1}A\left(A^{\mathrm{T}}G^{-1}A\right)^{-1}, \\ C &= G^{-1} - G^{-1}A\left(A^{\mathrm{T}}G^{-1}A\right)^{-1}A^{\mathrm{T}}G^{-1}, \end{aligned}$$

这样, 方程组 (6.12) 的求解变成了矩阵相乘.

另一种方法是由方程组 (6.11) 分别求解 λ 和 x 的. 由方程组 (6.11) 的第一个方程, 得到 $x = G^{-1}(A\lambda - r)$. 再将 x 代入第二个方程, 得到如下方程组

$$\left(A^{\mathrm{T}}G^{-1}A\right)\lambda = A^{\mathrm{T}}G^{-1}r + b,$$

再将得到的 λ 代回第一个方程, 得到方程组

$$Gx = A\lambda - r.$$

因此, 这种方法相当于求解一个 m 维和一个 n 维的线性方程组.

3. 零空间方法

目前, 求解等式约束问题的最有效的方法是零空间方法, 也称为广义消去法.

令 S 是 $n \times m$ 维矩阵, Z 是 $n \times (n-m)$ 维矩阵, 矩阵 $[S, Z]$ 非奇异, 并且满足 $A^{\mathrm{T}}S = I$ 和 $A^{\mathrm{T}}Z = 0$. 由 $[S, Z]$ 非奇异, 可以将它看成线性空间中的基, 因此,

x 可以表示为 $x = Sx_S + Zx_Z$. 代入约束 $A^{\mathrm{T}}x = b$, 得到 $x_S = b$, 所以 Sb 是方程 $A^{\mathrm{T}}x = b$ 的特解, 其通解为

$$x = Sb + Zx_Z. \tag{6.17}$$

将式 (6.17) 中的 x 代入等式约束问题的目标函数 (6.9), 得到

$$\begin{aligned} f(x) &= \frac{1}{2}x^{\mathrm{T}}Gx + r^{\mathrm{T}}x \\ &= \frac{1}{2}(Sb + Zx_Z)^{\mathrm{T}}G(Sb + Zx_Z) + r^{\mathrm{T}}(Sb + Zx_Z) \\ &= \frac{1}{2}x_Z(Z^{\mathrm{T}}GZ)x_Z + x_Z^{\mathrm{T}}Z^{\mathrm{T}}(GSb + r) + f(Sb), \end{aligned}$$

因此, 求解约束问题 (6.9)–(6.10) 转化成求解无约束问题

$$\min \quad \hat{f}(x_Z) = \frac{1}{2}x_Z(Z^{\mathrm{T}}GZ)x_Z + x_Z^{\mathrm{T}}Z^{\mathrm{T}}(GSb + r), \tag{6.18}$$

若 $Z^{\mathrm{T}}GZ$ 是正定的, 则无约束问题 (6.18) 有唯一的极小点, 其解满足线性方程组

$$(Z^{\mathrm{T}}GZ)x_Z = -Z^{\mathrm{T}}(GSb + r). \tag{6.19}$$

令方程 (6.19) 的解为 x_Z^*, 由式 (6.17) 知, $x^* = Sb + Zx_Z^*$.

再给出 Lagrange 乘子向量的计算公式. 由一阶必要条件有 $A\lambda^* = Gx^* + r$, 左乘 S^{T} 得到

$$\lambda^* = S^{\mathrm{T}}(Gx^* + r). \tag{6.20}$$

最后给出 S 和 Z 的构造方法. 对矩阵 A 作 QR 分解

$$A = [Q_1, Q_2]\begin{bmatrix} R \\ 0 \end{bmatrix} = Q_1R,$$

其中 $Q = [Q_1, Q_2]$ 为 n 阶正交阵, R 为 m 阶上三角阵. 取

$$S = Q_1R^{-T}, \qquad Z = Q_2$$

满足 $A^{\mathrm{T}}S = I$, $A^{\mathrm{T}}Z = 0$, 且 $[S, Z]$ 非奇异.

接下来是 Sb 和 λ^* 的具体计算公式. 由于 $Sb = Q_1R^{-T}b$, 先解方程

$$R^{\mathrm{T}}v = b, \tag{6.21}$$

得到 v, 再计算 $Sb = Q_1v$. 由式 (6.20) 得到, 乘子 λ^* 满足

$$R\lambda^* = Q_1^{\mathrm{T}}(Gx^* - r). \tag{6.22}$$

例 6.2 用零空间方法 (广义消去法) 求解例 6.1.

解 对矩阵 A 作 QR 分解

$$A=\begin{bmatrix}1 & 1\\ 2 & -1\\ -1 & 1\end{bmatrix}=\begin{bmatrix}\dfrac{1}{\sqrt{6}} & \dfrac{4}{\sqrt{21}} & \dfrac{1}{\sqrt{14}}\\ \dfrac{2}{\sqrt{6}} & -\dfrac{1}{\sqrt{21}} & -\dfrac{2}{\sqrt{14}}\\ -\dfrac{1}{\sqrt{6}} & \dfrac{2}{\sqrt{21}} & -\dfrac{3}{\sqrt{14}}\end{bmatrix}\begin{bmatrix}\sqrt{6} & -\dfrac{\sqrt{6}}{3}\\ 0 & \dfrac{\sqrt{21}}{3}\\ 0 & 0\end{bmatrix}.$$

先计算 v. 求解方程 (6.21), 即求解方程

$$\begin{bmatrix}\sqrt{6} & 0\\ -\dfrac{\sqrt{6}}{3} & \dfrac{\sqrt{21}}{3}\end{bmatrix}\begin{bmatrix}v_1\\ v_2\end{bmatrix}=\begin{bmatrix}4\\ -2\end{bmatrix},$$

得到 $v_1=\dfrac{4}{\sqrt{6}}, v_2=-\dfrac{2}{\sqrt{21}}$. 再计算 Sb,

$$Sb=Q_1v=\begin{bmatrix}\dfrac{1}{\sqrt{6}} & \dfrac{4}{\sqrt{21}}\\ \dfrac{2}{\sqrt{6}} & -\dfrac{1}{\sqrt{21}}\\ -\dfrac{1}{\sqrt{6}} & \dfrac{2}{\sqrt{21}}\end{bmatrix}\begin{bmatrix}\dfrac{4}{\sqrt{6}}\\ -\dfrac{2}{\sqrt{21}}\end{bmatrix}=\begin{bmatrix}\dfrac{2}{7}\\ \dfrac{10}{7}\\ -\dfrac{6}{7}\end{bmatrix}.$$

令 $Z=Q_2$, $Z^{\mathrm{T}}GZ=2Z^{\mathrm{T}}Z=2Q_2^{\mathrm{T}}Q_2=2$. 由于 $r=(0,0,0)^{\mathrm{T}}$, $Z^{\mathrm{T}}GSb=2Z^{\mathrm{T}}Sb=0$, 无约束问题 (6.18) 的最优解 $x_Z^*=0$. 因此, $x^*=Sb=\left(\dfrac{2}{7},\dfrac{10}{7},-\dfrac{6}{7}\right)^{\mathrm{T}}$.

再计算 Lagrange 乘子. 由 $Q_1^{\mathrm{T}}(Gx^*-r)=Q_1^{\mathrm{T}}GSb=2Q_1^{\mathrm{T}}Sb=2Q_1^{\mathrm{T}}Q_1v=2v$. 求解方程 (6.22), 即求解方程

$$\begin{bmatrix}\sqrt{6} & -\dfrac{\sqrt{6}}{3}\\ 0 & \dfrac{\sqrt{21}}{3}\end{bmatrix}\begin{bmatrix}\lambda_1\\ \lambda_2\end{bmatrix}=\begin{bmatrix}\dfrac{8}{\sqrt{6}}\\ -\dfrac{4}{\sqrt{21}}\end{bmatrix},$$

得到 $\lambda_1^*=\dfrac{8}{7}, \lambda_2^*=-\dfrac{4}{7}$.

这种方法看似复杂, 但实际的计算量并不大. 方程 (6.21) 和方程 (6.22) 的求解只需要解 m 维的三角方程. 方程 (6.19) 的求解只需要解 $n-m$ 维的方程. 另外, 在构造矩阵 S 和 Z 的过程中, 采用 QR 分解方法, 使算法具有良好的数值稳定性.

6.1.3 求解凸二次规划的有效集法

本小节讨论凸二次规划的有效集法. 有效集法的基本思想是通过求解有限个等式约束二次规划问题来得到一般约束二次规划问题 (6.4)–(6.6) 的最优解.

由定理 6.2 可知, 若 x^* 是约束问题 (6.4)–(6.6) 的全局解, 则 x^* 是等式约束问题 (6.7)–(6.8) 的全局解. 因此, 只要能确定出 x^* 处的有效约束指标集 $\mathcal{A}(x^*)$, 通过求解等式约束问题 (6.7)–(6.8) 就可得到一般约束问题的最优解.

1. 有效集法的基本步骤

若 x 是一般约束问题 (6.4)–(6.6) 的可行点, 确定点 x 处有效约束指标集

$$\mathcal{A}(x) = \left\{ i \in \mathcal{E} \cup \mathcal{I} \mid a_i^{\mathrm{T}} x = b_i \right\}, \tag{6.23}$$

并在整个算法中, 假设 $\{\cdots, a_i, \cdots\}$ $(i \in \mathcal{A}(x))$ 线性无关. 实际上, 该条件保证了二次规划问题是非退化的.

设 $\overline{x}$ 是可行点, 考虑等式约束问题

$$\min \quad f(x) = \frac{1}{2} x^{\mathrm{T}} G x + r^{\mathrm{T}} x, \tag{6.24}$$

$$\text{s.t.} \quad a_i^{\mathrm{T}} x - b_i = 0, \quad i \in \mathcal{A}(\overline{x}). \tag{6.25}$$

为保证该等式问题能求到最优解, 这里要求简约 Hesse 矩阵 $Z^{\mathrm{T}} G Z$ 正定, 即令 $A = [\cdots\ a_i\ \cdots](i \in \mathcal{A}(\overline{x}))$, Z 列满秩, 且 $A^{\mathrm{T}} Z = 0$.

设 $\widehat{x}$ 是等式约束问题 (6.24)–(6.25) 的最优解, $\widehat{\lambda}$ 为相应的 Lagrange 乘子向量, 下面分几种情况进行讨论.

(1) 若 $\widehat{x} \neq \overline{x}$, 由于 $\widehat{x}$ 是问题 (6.24)–(6.25) 的最优解, $\overline{x} - \widehat{x}$ 属于 A^{T} 的零空间, 即存在 u, 使得 $\overline{x} - \widehat{x} = Zu$, 则有

$$\begin{aligned} f(\overline{x}) - f(\widehat{x}) &= (G\widehat{x} + r)^{\mathrm{T}} (\overline{x} - \widehat{x}) + \frac{1}{2} (\overline{x} - \widehat{x})^{\mathrm{T}} G (\overline{x} - \widehat{x}) \\ &= \sum_{i \in \mathcal{A}(\overline{x})} \widehat{\lambda}_i a_i^{\mathrm{T}} Z u + \frac{1}{2} u Z^{\mathrm{T}} G Z u \\ &= \frac{1}{2} u Z^{\mathrm{T}} G Z u > 0, \end{aligned}$$

即 $f(\widehat{x}) < f(\overline{x})$. 再分两种情况讨论.

(i) 若 $\widehat{x}$ 是原问题 (6.4)–(6.6) 的可行点, 此时取 $x^+ = \widehat{x}$. 如果 x^+ 满足

$$a_i^{\mathrm{T}} x^+ > b_i, \quad i \in \mathcal{I} \backslash \mathcal{A}(\overline{x}),$$

则在点 x^+ 处的有效约束个数不变, 即 $\mathcal{A}(x^+) = \mathcal{A}(\overline{x})$. 重复上一轮计算.

(ii) 若 $\widehat{x}$ 不是原问题 (6.4)–(6.6) 的可行点, 令 $d=\widehat{x}-\overline{x}$. 由于 $\overline{x}$ 是可行点, 这表明从 $\overline{x}$ 点出发, 沿方向 d 前进, 在到达 $\widehat{x}$ 之前, 一定能遇到某个约束的边界. 它会在什么情况下发生呢? 下面再作进一步的分析.

由于 $\widehat{x}$ 是问题 (6.24)–(6.25) 的最优解, 因此, $\widehat{x}$ 满足 $\overline{x}$ 处所有的有效约束, 因此, $\widehat{x}$ 只能破坏那些不等式约束中的非有效约束. 令 $x=\overline{x}+\alpha d$, 考虑 $i\in I\setminus\mathcal{A}(\overline{x})$, 要求

$$a_i^{\mathrm{T}}x-b_i=a_i^{\mathrm{T}}\overline{x}-b_i+\alpha a_i^{\mathrm{T}}d\geqslant 0, \tag{6.26}$$

当 α 增加, 只有当 $a_i^{\mathrm{T}}d<0$ 时, 才有可能破坏约束条件 (6.26), 因此, 得到

$$\begin{aligned}\alpha&=\min\left\{\frac{a_i^{\mathrm{T}}\overline{x}-b_i}{-a_i^{\mathrm{T}}d}\,\middle|\,a_i^{\mathrm{T}}d<0,\ i\in I\setminus\mathcal{A}(\overline{x})\right\}\\&=\frac{a_p^{\mathrm{T}}\overline{x}-b_p}{-a_p^{\mathrm{T}}d},\end{aligned} \tag{6.27}$$

此时, 令 $x^+=\overline{x}+\alpha d$ 是问题 (6.4)–(6.6) 的可行点, 并且满足 $f(x^+)<f(\overline{x})$. 由推导过程可知, 在点 x^+ 处的有效约束指标集增加一个, 即

$$\mathcal{A}(x^+)=\mathcal{A}(\overline{x})+\{p\}.$$

重复上一轮计算.

(2) 若 $\widehat{x}=\overline{x}$, $\overline{x}$ 是等式约束问题 (6.24)–(6.25) 的最优解, $\widehat{\lambda}$ 是相应的 Lagrange 乘子向量, 分两种情况讨论.

(i) 如果存在 $q\in\mathcal{I}\cap\mathcal{A}(\overline{x})$, $\widehat{\lambda}_q<0$, 则求解等式约束问题 (6.24)–(6.25) 时, 去掉第 q 个约束, 即求解约束问题

$$\min\quad f(x)=\frac{1}{2}x^{\mathrm{T}}Gx+r^{\mathrm{T}}x, \tag{6.28}$$

$$\text{s.t.}\quad a_i^{\mathrm{T}}x-b_i=0,\quad i\in\mathcal{A}(\overline{x}),\quad i\neq q. \tag{6.29}$$

设 $\widetilde{x}$ 是该问题的解, $\widetilde{\lambda}$ 是相应的 Lagrange 乘子向量, 令 $d=\widetilde{x}-\overline{x}$, 则

$$d\neq 0,\quad a_q^{\mathrm{T}}d>0. \tag{6.30}$$

事实上, 由于 $\overline{x}$ 和 $\widetilde{x}$ 分别为等式约束问题 (6.24)–(6.25) 和等式约束问题 (6.28)–(6.29) 的解, $\widehat{\lambda}$ 和 $\widetilde{\lambda}$ 分别为相应的乘子向量, 由 KKT 条件得到

$$G\overline{x}+r=\sum_{i\in\mathcal{A}(\overline{x})}\widehat{\lambda}_i a_i, \tag{6.31}$$

$$G(\overline{x}+d)+r=\sum_{i\in\mathcal{A}(\overline{x}),i\neq q}\widetilde{\lambda}_i a_i, \tag{6.32}$$

用式 (6.32)–式 (6.31), 得到

$$Gd = \sum_{i\in\mathcal{A}(\overline{x}),i\neq q} \left(\widetilde{\lambda}_i - \widehat{\lambda}_i\right) a_i - \widehat{\lambda}_q a_q. \tag{6.33}$$

若 $d=0$, 则式 (6.33) 与假设 $[\cdots\ a_i\ \cdots](i\in\mathcal{A}(x))$ 线性无关矛盾, 所以 $d\neq 0$.

在式 (6.33) 的等式两端左乘 d^{T}, 得到

$$\begin{aligned} d^{\mathrm{T}}Gd &= \sum_{i\in\mathcal{A}(\overline{x}),i\neq q} \left(\widetilde{\lambda}_i - \widehat{\lambda}_i\right) a_i^{\mathrm{T}}d - \widehat{\lambda}_q a_q^{\mathrm{T}}d \\ &= -\widehat{\lambda}_q a_q^{\mathrm{T}}d. \end{aligned} \tag{6.34}$$

为保证等式约束问题 (6.28)–(6.29) 有最优解, 这里仍然要求简约 Hesse 矩阵 $Z^{\mathrm{T}}GZ$ 正定, 其中 Z 是 A^{T} 零空间的基, 这里的 $A=[\cdots\ a_i\ \cdots](i\in\mathcal{A}(\overline{x}), i\neq q)$.

由 d 的性质, 存在着 u, 使得 $d=Zu$, 则 $d^{\mathrm{T}}Gd = u^{\mathrm{T}}Z^{\mathrm{T}}GZu > 0$. 利用式 (6.34), 得到 $a_q^{\mathrm{T}}d>0$.

式 (6.30) 的两个性质表明, 当约束 q 从等式约束中的去掉后, 其最优解不会保持在原地不动, 而是向着我们希望的方向移动, 首先是 $a_q^{\mathrm{T}}d>0$, 不会破坏第 q 个约束, 其次是

$$\begin{aligned} f(\widetilde{x}) - f(\overline{x}) &= (G\overline{x}+r)^{\mathrm{T}}d + \frac{1}{2}d^{\mathrm{T}}Gd = \sum_{i\in\mathcal{A}(\overline{x})} \widehat{\lambda}_i a_i^{\mathrm{T}}d + \frac{1}{2}d^{\mathrm{T}}Gd \\ &= \widehat{\lambda}_q a_q^{\mathrm{T}}d + \frac{1}{2}d^{\mathrm{T}}Gd = -\frac{1}{2}d^{\mathrm{T}}Gd < 0, \end{aligned}$$

即新的点 $\widetilde{x}$ 要优于原来的点 $\overline{x}$.

由上述推导, 得到如下结论: 在等式约束 (6.25) 当中去掉约束 $a_q^{\mathrm{T}}x=b_q$, 会得到一个更好的点. 因此, 令 $x^+=\widehat{x}=\overline{x}$, 有效约束指标集为

$$\mathcal{A}(x^+) = \mathcal{A}(\overline{x}) - \{q\}.$$

重复上一轮计算.

(ii) 若 $\widehat{\lambda}_i \geqslant 0$, $\forall i\in\mathcal{I}\cap\mathcal{A}(\overline{x})$, 此时, $\overline{x}$ 是 KKT 点. 由定理 6.1 可知, $\overline{x}$ 是二次规划问题 (6.4)–(6.6) 的最优解.

2. 等式约束问题的化简

在有效集法中, 需要求解若干个等式约束二次规划问题 (6.24)–(6.25), 现对等式约束问题进行简化. 设 $x^{(k)}$ 是二次规划问题 (6.4)–(6.6) 的可行点, 令 $x=x^{(k)}+d$,

则

$$\begin{aligned} f(x) &= \frac{1}{2}x^{\mathrm{T}}Gx + r^{\mathrm{T}}x \\ &= \frac{1}{2}\left(x^{(k)}+d\right)^{\mathrm{T}} G\left(x^{(k)}+d\right) + r^{\mathrm{T}}\left(x^{(k)}+d\right) \\ &= \frac{1}{2}d^{\mathrm{T}}Gd + (Gx^{(k)}+r)^{\mathrm{T}}d + f(x^{(k)}). \end{aligned} \tag{6.35}$$

而对于有效约束, 有 $a_i^{\mathrm{T}}x - b_i = a_i^{\mathrm{T}}x^{(k)} - b_i + a_i^{\mathrm{T}}d = 0$, 因此,

$$a_i^{\mathrm{T}}d = 0, \quad i \in \mathcal{A}(x^{(k)}). \tag{6.36}$$

结合式 (6.35) 和式 (6.36), 等式约束二次规划问题简化为

$$\min \quad \frac{1}{2}d^{\mathrm{T}}Gd + (Gx^{(k)}+r)^{\mathrm{T}}d, \tag{6.37}$$

$$\text{s.t.} \quad a_i^{\mathrm{T}}d = 0, \ \ i \in \mathcal{A}(x^{(k)}). \tag{6.38}$$

由此得到求解一般约束二次规划的有效集法.

3. 有效集法

下面给出求解凸二次规划的有效集法.

算法 6.1 (有效集法)

(0) 取初始可行点 $x^{(0)}$, 即 $x^{(0)}$ 满足 $a_i^{\mathrm{T}}x^{(0)} = b_i\ (i \in \mathcal{E})$, $a_i^{\mathrm{T}}x^{(0)} \geqslant b_i\ (i \in \mathcal{I})$. 确定 $x^{(0)}$ 处的有效约束指标集

$$\mathcal{A}(x^{(0)}) = \left\{ i \in \mathcal{E} \cup \mathcal{I} \mid a_i^{\mathrm{T}}x^{(0)} = b_i \right\},$$

置 $k=0$.

(1) 求解等式二次规划问题 (6.37)–(6.38), 得到 $d^{(k)}$ 和相应的 Lagrange 乘子向量 $\lambda^{(k)}$.

(2) 若 $d^{(k)} = 0$, 且 $\lambda_i^{(k)} \geqslant 0$, $\forall i \in \mathcal{I} \cap \mathcal{A}(x^{(k)})$, 则停止计算 ($x^{(k)}$ 为二次规划问题 (6.4)–(6.6) 的最优解); 否则计算

$$\lambda_q^{(k)} = \min\left\{ \lambda_i^{(k)} \mid i \in \mathcal{I} \cap \mathcal{A}(x^{(k)}) \right\},$$

并置 $x^{(k+1)} = x^{(k)}$, $\mathcal{A}(x^{(k+1)}) = \mathcal{A}(x^{(k)}) - \{q\}$, $k=k+1$ 转 (1).

(3) ($d^{(k)} \neq 0$) 计算

$$\widehat{\alpha}_k = \min\left\{ \frac{a_i^{\mathrm{T}}x^{(k)} - b_i}{-a_i^{\mathrm{T}}d^{(k)}} \,\middle|\, a_i^{\mathrm{T}}d^{(k)} < 0, i \in I \backslash \mathcal{A}(x^{(k)}) \right\} = \frac{a_p^{\mathrm{T}}x^{(k)} - b_p}{-a_p^{\mathrm{T}}d^{(k)}},$$

取 $\alpha_k = \min\{\widehat{\alpha}_k, 1\}$, 置 $x^{(k+1)} = x^{(k)} + \alpha_k d^{(k)}$.

(4) 如果 $\alpha_k = \widehat{\alpha}_k$, 则置 $\mathcal{A}(x^{(k+1)}) = \mathcal{A}(x^{(k)}) + \{p\}$; 否则置 $\mathcal{A}(x^{(k+1)}) = \mathcal{A}(x^{(k)})$, 置 $k = k + 1$ 转 (1).

例 6.3　用有效集法求解二次规划问题

$$
\begin{aligned}
\min \quad & x_1^2 + x_2^2 - 2x_1 - 4x_2, \\
\text{s.t.} \quad & 1 - x_1 - x_2 \geqslant 0, \\
& x_1 \geqslant 0, \\
& x_2 \geqslant 0,
\end{aligned}
$$

取初始点 $x^{(0)} = (0,0)^{\mathrm{T}}$.

解　计算 $Gx+r = [2x_1-2, 2x_2-4]^{\mathrm{T}}$. 因为 $x^{(0)} = (0,0)^{\mathrm{T}}$, 所以 $\mathcal{A}(x^{(0)}) = \{2,3\}$, $Gx^{(0)} + r = (-2,-4)^{\mathrm{T}}$, 相应的等约束问题为

$$
\begin{aligned}
\min \quad & d_1^2 + d_2^2 - 2d_1 - 4d_2, \\
\text{s.t.} \quad & d_1 = 0, \\
& d_2 = 0,
\end{aligned}
$$

求解线性方程组

$$
\begin{bmatrix} 2 & 0 & 1 & 0 \\ 0 & 2 & 0 & 1 \\ 1 & 0 & 0 & 0 \\ 0 & 1 & 0 & 0 \end{bmatrix}
\begin{bmatrix} -d_1 \\ -d_2 \\ \lambda_2 \\ \lambda_3 \end{bmatrix}
=
\begin{bmatrix} -2 \\ -4 \\ 0 \\ 0 \end{bmatrix},
$$

得到 $d_1 = 0, d_2 = 0, \lambda_2 = -2, \lambda_3 = -4$. 乘子为负, $x^{(0)}$ 不是最优解. 由于 $\lambda_3 = \min\{-2,-4\}$, 所以去掉第 3 个约束, 即令 $x^{(1)} = x^{(0)} = (0,0)^{\mathrm{T}}$, $\mathcal{A}(x^{(1)}) = \mathcal{A}(x^{(0)}) - \{3\} = \{2\}$, 转入下一轮计算.

在这一轮计算中, 等式二次规划问题为

$$
\begin{aligned}
\min \quad & d_1^2 + d_2^2 - 2d_1 - 4d_2, \\
\text{s.t.} \quad & d_1 = 0,
\end{aligned}
$$

求解线性方程组

$$
\begin{bmatrix} 2 & 0 & 1 \\ 0 & 2 & 0 \\ 1 & 0 & 0 \end{bmatrix}
\begin{bmatrix} -d_1 \\ -d_2 \\ \lambda_2 \end{bmatrix}
=
\begin{bmatrix} -2 \\ -4 \\ 0 \end{bmatrix},
$$

得到 $d_1 = 0$, $d_2 = 2$, 即 $d^{(1)} = (0,2)^{\mathrm{T}}$. 计算

$$\hat{\alpha}_1 = \frac{1 - x_1^{(1)} - x_2^{(1)}}{d_1^{(1)} + d_2^{(1)}} = \frac{1-0}{2} = \frac{1}{2},$$

$$\alpha_1 = \min\left\{\frac{1}{2}, 1\right\} = \frac{1}{2},$$

所以 $x^{(2)} = x^{(1)} + \alpha_1 d^{(1)} = (0,0)^{\mathrm{T}} + \frac{1}{2}(0,2)^{\mathrm{T}} = (0,1)^{\mathrm{T}}$, 由于 $\alpha_1 = \widehat{\alpha}_1 = \frac{1}{2}$, 所以在 $x^{(2)}$ 处的有效约束为 $\mathcal{A}(x^{(2)}) = \mathcal{A}(x^{(1)}) + \{1\} = \{1,2\}$, 转入下一轮计算.

在这一轮计算中, $Gx^{(2)} + r = (-2,-2)^{\mathrm{T}}$, 相应的等式二次规划问题为

$$\begin{aligned} \min \quad & d_1^2 + d_2^2 - 2d_1 - 2d_2, \\ \text{s.t.} \quad & -d_1 - d_2 = 0, \\ & d_1 = 0. \end{aligned}$$

求解线性方程组

$$\begin{bmatrix} 2 & 0 & -1 & 1 \\ 0 & 2 & -1 & 0 \\ -1 & -1 & 0 & 0 \\ 1 & 0 & 0 & 0 \end{bmatrix} \begin{bmatrix} -d_1 \\ -d_2 \\ \lambda_1 \\ \lambda_2 \end{bmatrix} = \begin{bmatrix} -2 \\ -2 \\ 0 \\ 0 \end{bmatrix},$$

得到 $d_1 = 0, d_2 = 0, \lambda_1 = 2, \lambda_2 = 0$, 即 $d^{(2)} = (0,0)^{\mathrm{T}}$, $\lambda^{(2)} = (2,0,0)^{\mathrm{T}}$, 因此, $x^{(2)} = (0,1)^{\mathrm{T}}$ 是最优解, $\lambda^{(2)} = (2,0,0)^{\mathrm{T}}$ 是相应的 Lagrange 乘子向量.

4. *初始点的计算*

在实际计算中, 初始点 $x^{(0)}$ 的选取并非易事, 需要用类似于线性规划求初始基本可行点的方法构造辅助问题, 得到初始可行点.

给定任意的 $\widetilde{x}$, 构造辅助线性规划问题

$$\min_{x,z} \quad e^{\mathrm{T}} z, \tag{6.39}$$

$$\text{s.t.} \quad a_i^{\mathrm{T}} x + \gamma_i z_i = b_i, \quad i \in \mathcal{E}, \tag{6.40}$$

$$a_i^{\mathrm{T}} x + \gamma_i z_i \geqslant b_i, \quad i \in \mathcal{I}, \tag{6.41}$$

$$z \geqslant 0, \tag{6.42}$$

其中 $e = (1,1,\cdots,1)^{\mathrm{T}}$, $\gamma_i = -\mathrm{sign}(a_i^{\mathrm{T}}\widetilde{x} - b_i)$ $(i \in \mathcal{E})$, $\gamma_i = 1$ $(i \in \mathcal{I})$.

对于给定的 $\widetilde{x}$, 令

$$x = \widetilde{x}, \quad z_i = |a_i^{\mathrm{T}}\widetilde{x} - b_i| \ (i \in \mathcal{E}), \quad z_i = \max\{b_i - a_i^{\mathrm{T}}\widetilde{x}, 0\} \quad (i \in \mathcal{I}),$$

则 (x,z) 是线性规划问题 (6.39)–(6.42) 的可行解. 如果 $\widetilde{x}$ 是二次规划问题 (6.4)–(6.6) 的可行解, 则 $(\widetilde{x},0)$ 是辅助线性规划问题的最优解. 在通常情况下, 二次规划问题 (6.4)–(6.6) 有可行解, 则辅助线性规划问题的最优解 $z^*=0$, 得到的 x^* 是二次规划问题的可行解.

6.2 罚函数方法

本节介绍求解一般约束优化问题 (6.1)–(6.3) 的二次罚函数法、l_1 模罚函数法和乘子罚函数法, 其本质是将约束问题

$$\min \quad f(x),\ \ x\in\mathbb{R}^n, \tag{6.43}$$

$$\text{s.t.} \quad c_i(x)=0,\ i\in\mathcal{E}, \tag{6.44}$$

$$c_i(x)\geqslant 0,\ i\in\mathcal{I} \tag{6.45}$$

转化成一系列的无约束问题, 通过求解这些无约束最优化问题, 来得到约束问题的最优解. 因此, 此类方法也称为序列无约束极小化方法.

6.2.1 二次罚函数方法

最早的罚函数法是由 Courant 在 1943 年提出来的, 其基本思想是: 对不满足约束条件的点进行惩罚, 通过求解多个罚函数的极小得到约束问题的最优解.

1. **二次罚函数法的基本思想**

先给一个简单的例子, 来阐明罚函数法的基本思想. 仅考虑一个变量和一个不等式约束的优化问题

$$\min \quad f(x)=x^2, \tag{6.46}$$

$$\text{s.t.} \quad c(x)=x-1\geqslant 0, \tag{6.47}$$

其可行域为 $[1,\infty)$, 最优解为 $x^*=1$.

现将问题 (6.46)–(6.47) 转化为无约束问题, 也就是说, 希望构造的无约束问题的解恰好是约束问题的最优解.

从直观上看, 要做到这一点就必须增大在非可行域处的目标函数值, 即对非可行域处的目标函数加以惩罚. 现构造惩罚函数, 一种较为简单而又能保证函数具有连续的偏导数的方法为

$$P(x,\sigma)=\begin{cases} x^2, & x-1\geqslant 0,\\ x^2+\dfrac{\sigma}{2}(x-1)^2, & x-1<0,\end{cases} \tag{6.48}$$

其无约束问题 min $P(x,\sigma)$ 的最优解为 $\widehat{x}(\sigma)=\dfrac{\sigma}{2+\sigma}$. 当 $\sigma\to+\infty$ 时, $\widehat{x}(\sigma)\to 1=x^*$, 即约束问题的最优解. 罚函数的几何意义如图 6.1 所示. 因此, 对于不等式约束问题 $\min\{f(x)\mid c(x)\geqslant 0\}$, 其罚函数定义为

$$P(x,\sigma)=\begin{cases} f(x), & c(x)\geqslant 0,\\ f(x)+\dfrac{\sigma}{2}[-c(x)]^2, & c(x)<0 \end{cases}$$
$$=f(x)+\frac{\sigma}{2}\left[\max\{-c(x),0\}\right]^2. \tag{6.49}$$

记 $[y]^-=\max\{-y,0\}$, 因此, 式 (6.49) 改写为

$$P(x,\sigma)=f(x)+\frac{\sigma}{2}\left([c(x)]^-\right)^2.$$

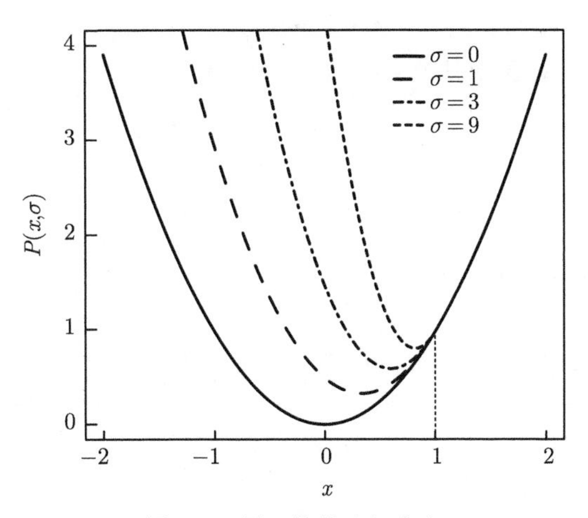

图 6.1 罚函数的几何意义

对于等式约束问题 $\min\{f(x)\mid c(x)=0\}$, 按照不满足约束即惩罚的原则, 其罚函数定义为

$$P(x,\sigma)=f(x)+\frac{\sigma}{2}c^2(x).$$

由上述分析可以得到, 对于一般约束问题 (6.43)–(6.45), 其罚函数定义为

$$P(x,\sigma)=f(x)+\frac{\sigma}{2}\left\{\sum_{i\in\mathcal{E}}c_i^2(x)+\sum_{i\in\mathcal{I}}\left([c_i(x)]^-\right)^2\right\}$$
$$=f(x)+\frac{\sigma}{2}S(x),$$

其中 $S(x)=\sum\limits_{i\in\mathcal{E}}c_i^2(x)+\sum\limits_{i\in\mathcal{I}}\left([c_i(x)]^-\right)^2$, 称 σ 为惩罚因子, 称 $\dfrac{\sigma}{2}S(x)$ 为惩罚项.

可以期望, 当 σ 充分大时, 无约束问题

$$\min\ P(x,\sigma)=f(x)+\frac{\sigma}{2}S(x)$$

的最优解 $\widehat{x}=\widehat{x}(\sigma)$ 接近约束问题的最优解 x^*. 由上述推导过程得到如下算法.

算法 6.2 (二次罚函数法)

(0) 取初始点 $x_s^{(0)}$, $\sigma_0>0$(通常的取值是 0.1), 置精度要求 ε, 置 $k=0$.

(1) 以 $x_s^{(k)}$ 为初始点, 求解无约束问题

$$\min\ P(x,\sigma_k)=f(x)+\frac{\sigma_k}{2}S(x), \tag{6.50}$$

得到最优解 $x^{(k)}$.

(2) 若 $\sqrt{S(x^{(k)})}\leqslant\varepsilon$, 则停止计算 ($x^{(k)}$ 作为约束问题的最优解); 否则, 取 $x_s^{(k+1)}=x^{(k)}$, $\sigma_{k+1}=2\sigma_k$, 置 $k=k+1$ 转 (1).

例 6.4　用二次罚函数法求解约束问题

$$\min\quad f(x)=\frac{1}{2}\left(x_1^2+\frac{1}{3}x_2^2\right), \tag{6.51}$$

$$\text{s.t.}\quad c(x)=x_1+x_2-1=0. \tag{6.52}$$

解　写出罚函数

$$P(x,\sigma)=f(x)+\frac{\sigma}{2}c^2(x)=\frac{1}{2}\left(x_1^2+\frac{1}{3}x_2^2\right)+\frac{\sigma}{2}\left(x_1+x_2-1\right)^2,$$

计算偏导数, $\dfrac{\partial P}{\partial x_1}=x_1+\sigma\left(x_1+x_2-1\right)$, $\dfrac{\partial P}{\partial x_2}=\dfrac{1}{3}x_2+\sigma\left(x_1+x_2-1\right)$. 令 $\nabla_x P(x,\sigma)=0$, 得到

$$\widehat{x}_1(\sigma)=\frac{\sigma}{1+4\sigma},\qquad \widehat{x}_2(\sigma)=\frac{3\sigma}{1+4\sigma}.$$

令 $\sigma\to+\infty$, 得到 $x^*=\left(\dfrac{1}{4},\dfrac{3}{4}\right)^{\mathrm{T}}$.

无论是问题 (6.46)–(6.47), 还是问题 (6.51)–(6.52), 其相应的无约束问题的最优解均在可行域的外部.

而对于一般约束问题, 除非它的最优解 x^* 也是一个无约束问题的最优解, 通常 x^* 总位于可行域的边界上, 因此, 采用罚函数法得到的无约束问题的最优解 $x^{(k)}$ 均位于可行域的外部, 故罚函数法也称为外罚函数法.

2. 二次罚函数法的收敛性质

对于二次罚函数法, 有如下性质.

定理 6.6 若序列 $\{\sigma_k\}$ 递增趋于 $+\infty$, $x^{(k)}$ 是无约束问题 (6.50) 的全局最优解, 则 (1) 序列 $\{P(x^{(k)},\sigma_k)\}$ 非减; (2) 序列 $\{S(x^{(k)})\}$ 非增; (3) 序列 $\{f(x^{(k)})\}$ 非减.

证明 先证 (1).

设 $\sigma_k<\sigma_{k+1}$, $x^{(k)}$ 和 $x^{(k+1)}$ 分别是无约束问题 $P(x,\sigma_k)$ 和 $P(x,\sigma_{k+1})$ 的全局最优解, 因此有

$$\begin{aligned}P(x^{(k)},\sigma_k)\leqslant P(x^{(k+1)},\sigma_k)&=f(x^{(k+1)})+\frac{\sigma_k}{2}S(x^{(k+1)})\\&\leqslant f(x^{(k+1)})+\frac{\sigma_{k+1}}{2}S(x^{(k+1)})=P(x^{(k+1)},\sigma_{k+1}),\end{aligned}$$

所以 $\{P(x^{(k)},\sigma_k)\}$ 非减.

再证明 (2). 由于

$$P(x^{(k+1)},\sigma_{k+1})\leqslant P(x^{(k)},\sigma_{k+1}), \tag{6.53}$$

$$P(x^{(k)},\sigma_k)\leqslant P(x^{(k+1)},\sigma_k), \tag{6.54}$$

将式 (6.53) 和式 (6.54) 相加, 经整理得到

$$P(x^{(k+1)},\sigma_{k+1})-P(x^{(k+1)},\sigma_k)\leqslant P(x^{(k)},\sigma_{k+1})-P(x^{(k)},\sigma_k),$$

即

$$\frac{\sigma_{k+1}-\sigma_k}{2}S(x^{(k+1)})\leqslant\frac{\sigma_{k+1}-\sigma_k}{2}S(x^{(k)}),$$

所以 $S(x^{(k+1)})\leqslant S(x^{(k)})$, 即 $\{S(x^{(k)})\}$ 非增.

最后证明 (3). 由式 (6.54) 得到

$$f(x^{(k)})+\frac{\sigma_k}{2}S(x^{(k)})\leqslant f(x^{(k+1)})+\frac{\sigma_k}{2}S(x^{(k+1)}),$$

再由结论 (2), 得到

$$f(x^{(k)})-f(x^{(k+1)})\leqslant\frac{\sigma_k}{2}\left[S(x^{(k+1)})-S(x^{(k)})\right]\leqslant 0,$$

即 $\{f(x^{(k)})\}$ 非减.

定理 6.7 设 $f(x),c_i(x)$ $(i\in\mathcal{E}\cup\mathcal{I})$ 具有连续的一阶偏导数, x^* 是约束问题 (6.43)–(6.45) 的全局最优解, 惩罚因子 $\{\sigma_k\}$ 递增趋于 $+\infty$, 若 $x^{(k)}$ 是罚函数 $P(x,\sigma_k)$ 的全局解, 则 $\{x^{(k)}\}$ 的任一聚点必是约束问题 (6.43)–(6.45) 的全局解.

证明 设 $\widetilde{x}$ 是 $\{x^{(k)}\}$ 的一个聚点, 则存在收敛子列, 不妨仍设为 $\{x^{(k)}\}$. 因为 $x(k)$ 是罚函数 $P(x,\sigma_k)$ 的全局解, 所以有

$$P(x^{(k)},\sigma_k)\leqslant P(x^*,\sigma_k)=f(x^*)+\frac{\sigma_k}{2}S(x^*),$$

由于 x^* 是约束问题的可行点, 所以有

$$S(x^*) = \sum_{i\in\mathcal{E}} c_i^2(x^*) + \sum_{i\in\mathcal{I}} \left([c_i(x^*)]^-\right)^2 = 0,$$

因此, $P(x^{(k)},\sigma_k) \leqslant f(x^*)$, 即

$$f(x^{(k)}) + \frac{\sigma_k}{2} S(x^{(k)}) \leqslant f(x^*). \tag{6.55}$$

由于 $\sigma_k \to +\infty$, 式 (6.55) 表明, $S(x^{(k)}) \to 0$, 即 $S(\widetilde{x}) = 0$, 因此 $\widetilde{x}$ 是可行点.

再证明, $\widetilde{x}$ 是全局最优解. 由式 (6.55), 并注意到 $S(x^{(k)}) \geqslant 0$, 因此有 $f(x^{(k)}) \leqslant f(x^*)$. 令 $k \to \infty$, 得到 $f(\widetilde{x}) \leqslant f(x^*)$. 另一方面, 由于 $\widetilde{x}$ 是可行点, x^* 是全局最优解, 则有 $f(x^*) \leqslant f(\widetilde{x})$. 因此, $f(\widetilde{x}) = f(x^*)$.

定理 6.8　设 $f(x), c_i(x)$ $(i \in \mathcal{E}\cup\mathcal{I})$ 具有连续的一阶偏导数, 约束问题 (6.43)–(6.45) 的全局最优解存在, 惩罚因子 $\{\sigma_k\}$ 递增趋于 $+\infty$, 若 $x^{(k)}$ 是罚函数 $P(x,\sigma_k)$ 的全局解, 且 $x^{(k)} \to x^*(k\to\infty)$, 在 x^* 处 $\nabla c(x^*)(i \in \mathcal{A}(x^*))$ 线性无关, 则 x^* 是约束问题 (6.43)–(6.45) 的全局解, 且

$$\lim_{k\to\infty} -\sigma_k c_i(x^{(k)}) = \lambda_i^*, \quad i \in \mathcal{E}, \tag{6.56}$$

$$\lim_{k\to\infty} \sigma_k [c_i(x^{(k)})]^- = \lambda_i^*, \quad i \in \mathcal{I}, \tag{6.57}$$

其中 λ^* 是 x^* 处的 Lagrange 乘子.

证明　由定理 6.7 可知, x^* 是约束问题的全局解, 只需证明定理的第二部分, 即式 (6.56) 和式 (6.57) 成立.

因为 $x^{(k)}$ 是罚函数 $P(x,\sigma_k)$ 的全局解, 所以有 $\nabla_x P(x^{(k)},\sigma_k) = 0$, 并注意到 $[c_i(x)]^- = \max\{-c_i(x), 0\}$, 有

$$\nabla f(x^{(k)}) + \sigma_k \left[\sum_{i\in\mathcal{E}} c_i(x^{(k)})\nabla c_i(x^{(k)}) - \sum_{i\in\mathcal{I}} \left[c_i(x^{(k)})\right]^- \nabla c_i(x^{(k)})\right] = 0. \tag{6.58}$$

当 $i \in I \setminus \mathcal{A}(x^*)$ 时, 有 $c_i(x^*) > 0$, 则存在 K, 当 $k > K$ 时, 有 $c_i(x^{(k)}) > 0$, 因此

$$\lim_{k\to\infty} \sigma_k \left[c_i(x^{(k)})\right]^- = 0 = \lambda_i^*, \quad i \in \mathcal{I}\setminus\mathcal{A}(x^*).$$

因此, 式 (6.58) 改为

$$\nabla f(x^{(k)}) + \sigma_k \left[\sum_{i\in\mathcal{E}} c_i(x^{(k)})\nabla c_i(x^{(k)}) - \sum_{i\in I\cap\mathcal{A}(x^*)} \left[c_i(x^{(k)})\right]^- \nabla c_i(x^{(k)})\right] = 0.$$

从约束问题的一阶必要条件知

$$\nabla f(x^*) - \sum_{i\in\mathcal{A}(x^*)} \lambda_i^* \nabla c_i(x^*) = 0,$$

且 $\nabla c(x^*)(i \in \mathcal{A}(x^*))$ 线性无关, 因此当 $k \to \infty$ 时, 有

$$\begin{aligned} -\sigma_k c_i(x^{(k)}) &\to \lambda_i^*, \quad i \in \mathcal{E}, \\ \sigma_k \left[c_i(x^{(k)})\right]^- &\to \lambda_i^*, \quad i \in \mathcal{I} \cap \mathcal{A}(x^*). \end{aligned}$$

定理 6.8 表明, 令 $\lambda_i^{(k)} = -\sigma_k c_i(x^{(k)})$, $i \in \mathcal{E}$, $\lambda_i^{(k)} = \sigma_k \left[c_i(x^{(k)})\right]^-$, $i \in \mathcal{I}$ 作为约束问题的 Lagrange 乘子的近似值.

例 6.5 利用定理 6.8 计算例 6.4 中约束问题的 Lagrange 乘子.

解 由例 6.4 的计算结果得到, $\widehat{x}_1(\sigma) = \dfrac{\sigma}{1+4\sigma}$, $\widehat{x}_2(\sigma) = \dfrac{3\sigma}{1+4\sigma}$. 所以

$$\begin{aligned} -\sigma c(\widehat{x}(\sigma)) &= -\sigma\left(\frac{\sigma}{1+4\sigma} + \frac{3\sigma}{1+4\sigma} - 1\right) = \frac{\sigma}{1+4\sigma} \\ &\to \frac{1}{4} \quad (\sigma \to \infty). \end{aligned}$$

因此, $\lambda^* = \dfrac{1}{4}$.

3. 二次罚函数法的病态性质

罚函数法的优点是将约束问题化成一系列无约束问题, 可用求解无约束问题的算法得到约束问题的最优解. 但是当惩罚因子 σ_k 充分大后, 函数 $P(x, \sigma_k)$ 通常是一个病态函数, 即其 Hesse 矩阵 $\nabla_{xx}^2 P(x^{(k)}, \sigma_k)$ 的条件数非常大, 这给无约束问题的求解带来了困难.

考虑等式约束问题

$$\begin{aligned} \min \quad & f(x), \\ \text{s.t.} \quad & c_i(x) = 0, \quad i \in \mathcal{E}, \end{aligned}$$

其罚函数为

$$P(x, \sigma_k) = f(x) + \frac{\sigma_k}{2}\sum_{i\in\mathcal{E}} c_i^2(x).$$

在 $x^{(k)}$ 处的 Hesse 矩阵为

$$\begin{aligned} \nabla_{xx}^2 P(x^{(k)}, \sigma_k) &= \nabla^2 f(x^{(k)}) + \sum_{i\in\mathcal{E}} \sigma_k c_i(x^{(k)}) \nabla^2 c_i(x^{(k)}) \\ &\quad + \sigma_k \sum_{i\in\mathcal{E}} \nabla c_i(x^{(k)}) \nabla c_i(x^{(k)})^{\mathrm{T}} \\ &= \nabla_{xx}^2 L(x^{(k)}, \lambda^{(k)}) + \sigma_k A(x^{(k)}) A(x^{(k)})^{\mathrm{T}}, \end{aligned} \tag{6.59}$$

其中 $A(x^{(k)}) = \left[\cdots,\ \nabla c_i(x^{(k)}),\ \cdots\right]\ (i \in \mathcal{E})$.

注意, 当 $\sigma_k \to \infty$ 时, 式 (6.59) 中一部分矩阵 $\left(\sigma_k A(x^{(k)}) A(x^{(k)})^{\mathrm{T}}\right)$ 的特征值趋于 ∞, 而另一部分矩阵 $\left(\nabla_{xx}^2 L(x^{(k)}, \lambda^{(k)}) \approx \nabla_{xx}^2 L(x^*, \lambda^*)\right)$ 的特征值有界, 因此, 条件数趋于 ∞.

例如, 对于等式约束问题

$$
\begin{array}{ll}
\min & f(x) = x_1^2 + x_2^2, \\
\text{s.t.} & c(x) = x_1 + 1 = 0,
\end{array}
$$

其罚函数为 $P(x, \sigma) = x_1^2 + x_2^2 + \dfrac{\sigma}{2}(x_1 + 1)^2$, 它的 Hesse 矩阵为

$$
\nabla_{xx}^2 P(x, \sigma) = \begin{bmatrix} 2+\sigma & 0 \\ 0 & 2 \end{bmatrix}.
$$

该矩阵的条件数为 $\operatorname{cond}(\nabla_{xx}^2 P(x, \sigma)) = \dfrac{2+\sigma}{2} \to \infty\ (\sigma \to \infty)$.

因此, 当惩罚因子 σ_k 变大后, 会给无约束问题 $\min P(x, \sigma_k)$ 的求解带来困难. 例如, 用 Newton 法求解罚函数问题时, 其方程组

$$
\nabla_{xx}^2 P(x, \sigma_k) d = -\nabla_x P(x, \sigma_k)
$$

系数矩阵的条件数会变得很大, 成为病态方程, 其数值解可能会有很大的误差.

另外, 会使罚函数 $P(x, \sigma_k)$ 的等值线 (考虑二维情况) 会变得很狭长, 这也会给无约束问题的求解的制造障碍.

由上述分析可以看到, 在使用罚函数法时, 会出现产生一个两难问题, 当选取很大的 σ_0, 或者 σ_k 增加得很快, 可以使算法收敛得快, 但是很难精确地求解罚函数问题; 如果选择很小的 σ_0, 或者缓慢地增加 σ_k, 可以保证 $x^{(k)}$ 与下一次迭代的罚函数 $P(x, \sigma_{k+1})$ 的极小点很接近, 使得无约束问题的求解变得容易, 但收敛太慢, 效果很差. 因此, 在实际计算过程中, 要根据实际情况适当调整 σ_0 的选取和 σ_k 的增加速度. 一种建议是选取 $\sigma_k = 0.1 \times 2^k\ (k = 0, 1, \cdots)$. 这也是算法 6.2 中 σ_0 取值和 σ_k 增加的原因.

下面用一个具体的例子演示罚函数法的计算过程.

例 6.6 用惩罚函数法 (算法 6.2) 求解约束问题

$$
\begin{array}{ll}
\min & f(x) = (x_1 - 2)^4 + (x_1 - 2x_2)^2, \\
\text{s.t.} & c(x) = x_1^2 - x_2 = 0,
\end{array}
$$

取 $x_s^{(0)} = (2, 1)^{\mathrm{T}}$, $\varepsilon = 10^{-4}$.

解 构造惩罚函数

$$P(x,\sigma_k)=(x_1-2)^4+(x_1-2x_2)^2+\frac{\sigma_k}{2}\left(x_1^2-x_2\right)^2. \tag{6.60}$$

由于罚函数 (6.60) 较为复杂, 这里采用 BFGS 方法求它的数值解, 在 BFGS 算法中, 一维搜索采用 0.618 法. 表 6.1 给出了具体的计算过程.

表 6.1 例 6.6 的计算过程

k	$x_s^{(k)}$	$f(x_s^{(k)})$	σ_k	$x^{(k)}$	$\|c(x^{(k)})\|$
0	[2.0000, 1.0000]	0.0000	0.1	[1.5347, 0.7870]	1.5683
1	[1.5347, 0.7870]	0.0484	0.2	[1.4539, 0.7608]	1.353
2	[1.4539, 0.7608]	0.0935	0.4	[1.3678, 0.7404]	1.1304
3	[1.3678, 0.7404]	0.1725	0.8	[1.2797, 0.7306]	0.90715
⋮	⋮	⋮	⋮	⋮	⋮
7	[1.0560, 0.7889]	1.0665	12.8	[1.0109, 0.8233]	0.19867
⋮	⋮	⋮	⋮	⋮	⋮
10	[0.9649, 0.8703]	1.7501	102.4	[0.9555, 0.8815]	0.031542
⋮	⋮	⋮	⋮	⋮	⋮
13	[0.9481, 0.8908]	1.9189	819.2	[0.9469, 0.8925]	0.0040921
⋮	⋮	⋮	⋮	⋮	⋮
19	[0.9456, 0.8941]	1.9458	52428.8	[0.9456, 0.8941]	6.4285e-005

图 6.2(a) 给出了具体的迭代过程, 初始点 $x_s^{(0)}=(2,1)^{\mathrm{T}}$ 是目标函数 (也就是无约束问题) 的极小点. 通过逐步增加惩罚因子 σ_k, 使得罚函数 (6.60) 的极小点逐步接近约束问题的最优解.

为了便于观察无约束问题 (罚函数) 的求解情况, 图 6.2 中的其余各图绘出了罚函数 (6.60) 的等值线图, 惩罚因子 $\sigma_0=0.1$, $\sigma_3=0.8$, $\sigma_7=12.8$, $\sigma_{10}=102.4$ 和 $\sigma_{13}=819.4$ 产生的等值线分别如图 6.2(b), 图 6.2(c), 图 6.2(d), 图 6.2(e) 和图 6.2(f) 所示. 图中的 $x^{(0)}$, $x^{(3)}$, $x^{(7)}$, $x^{(10)}$ 和 $x^{(13)}$(图中的“$\circ$”) 分别是这些等值线的中心, 也就是罚函数 $P(x,\sigma_k)$ 的极小点. 图中的 $x_s^{(0)}$, $x_s^{(3)}$, $x_s^{(7)}$, $x_s^{(10)}$ 和 $x_s^{(13)}$ (图中的“$*$”) 分别是无约束问题求解时的初始点, 也就是上一个罚函数 $P(x,\sigma_{k-1})$ 的极小点 ($x_s^{(0)}$ 除外).

当 σ_k 取较小值时, 初始点 $x_s^{(k)}$ 距最优点 $x^{(k)}$ 较远, 但罚函数 $P(x,\sigma_k)$ 的性态较好, 其等值线接近于圆形 (图 6.2(b) 和 (c)), 容易求出最优解.

当 σ_k 增大后, 等值越来越狭长, 无约束问题的求解也越来越困难. 但这时, 初始点 $x_s^{(k)}$ 距最优解 $x^{(k)}$ 很接近, 并且随着 σ_k 增加, 两点也越来越近 (图 6.2(d)–(f)), 无约束问题的求解也就不困难了.

这就是二次罚函数法在权衡惩罚因子增加和罚函数病态性之间所选择的策略, 以保证有效地求出约束问题的解.

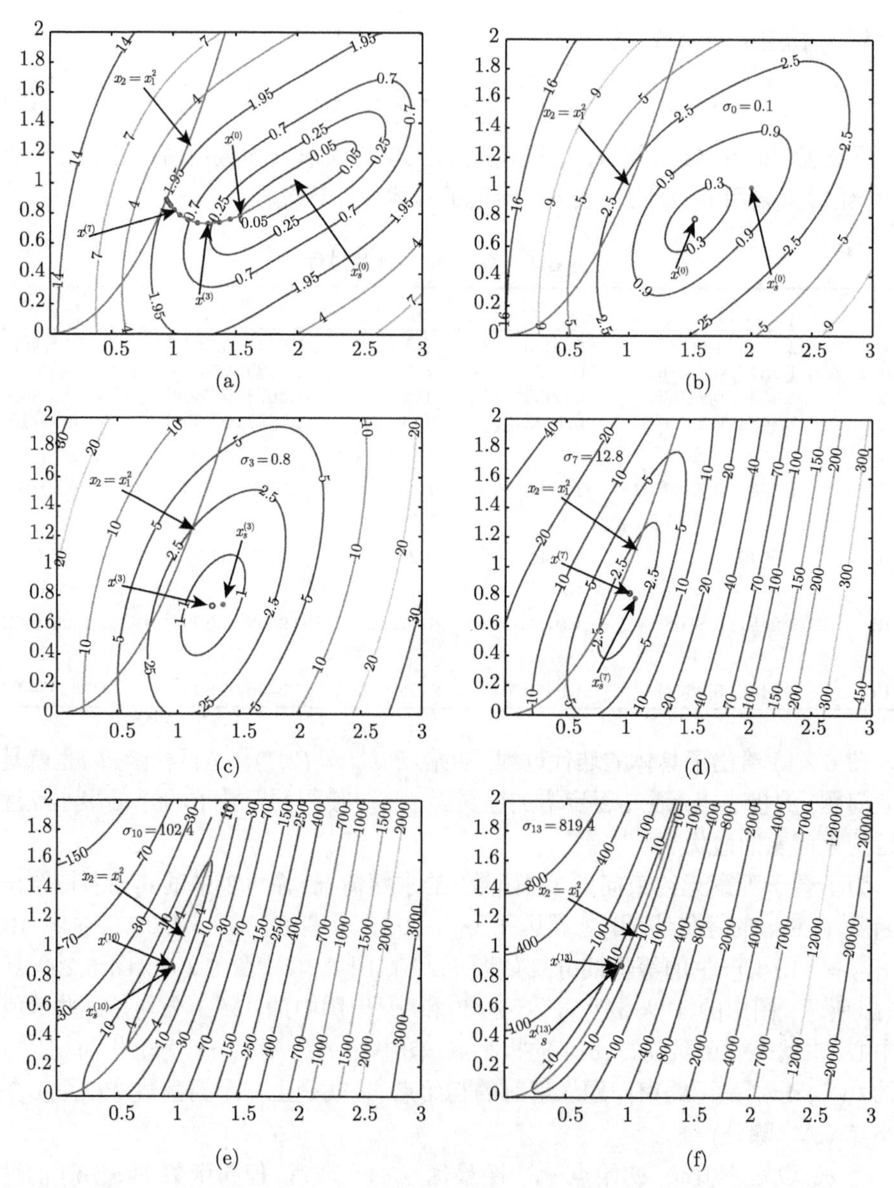

图 6.2　例 6.6 的迭代过程和罚函数 (6.60) 的等值线

6.2.2　l_1 模罚函数方法

在前面的二次函数中, 无论惩罚因子 σ 的取值有多大, 只要它固定, 罚函数 $P(x,\sigma)$ 的极小点 $\hat{x}(\sigma)$ 通常不是约束问题的最优解. 能否构造出这样罚函数, 使它的极小点成为约束问题的解. 称这种罚函数为精确罚函数, 此类方法也称为精确罚函数法.

仍然考虑一维简单情况 $\min\{x^2 \mid x-1 \geqslant 0\}$, 构造罚函数

$$\begin{aligned}\phi_1(x,\sigma) &= \begin{cases} x^2+\sigma(1-x), & x-1<0, \\ x^2, & x-1 \geqslant 0 \end{cases} \\ &= x^2+\sigma\max\{-(x-1),0\} \\ &= x^2+\sigma[x-1]^-.\end{aligned}$$

约束问题的最优解是 $x^*=1$, 罚函数 $\phi_1(x,\sigma)$ 在 $x^*=1$ 处不可微, 但该点的左、右导数存在, 分别为 $2-\sigma$ 和 2. 当 $\sigma>2$ 时, 左导数小于 0, 右导数大于 0. 因此, $x^*=1$ 是罚函数的极小点.

将上述方法推广到一般约束优化问题 (6.43)–(6.45), 构造罚函数

$$\phi_1(x,\sigma) = f(x) + \sigma\left(\sum_{i\in\mathcal{E}}|c_i(x)| + \sum_{i\in\mathcal{I}}c_i^-(x)\right), \tag{6.61}$$

其中 $y^-=\max\{0,-y\}$. 此罚函数是用约束函数的 l_1 模来构造惩罚项, 因此, 称为 l_1 模罚函数. 由于罚函数 (6.61) 在某些点处不可微, 因此, 也称为非光滑罚函数, 相应的方法也称为非光滑罚函数法.

对于 l_1 模罚函数有如下定理.

定理 6.9 设 x^* 是一般约束问题 (6.43)–(6.45) 的局部解, λ^* 是相应的 Lagrange 乘子向量, 则存在 σ^*,

$$\sigma^* = \|\lambda^*\|_\infty = \max_{i\in\mathcal{E}\cup\mathcal{I}}|\lambda_i^*|,$$

使得当 $\sigma>\sigma^*$ 时, x^* 是罚函数 $\phi_1(x,\sigma)$ 的局部极小点.

在刚才的简单例子中, $x^*=1$ 是约束问题的解, $\lambda^*=2$ 是相应的乘子, 当 $\sigma>2$ 时, $x^*=1$ 是罚函数的极小点. 这个结果实际上就是定理 6.9 的应用.

虽然 l_1 模罚函数在某些点不可微, 但它的方向导数存在, 记为 $D(\phi_1(x,\sigma);d)$. 如果在点 $\hat{x}$ 处, 对于任意的方向 $d\in\mathbb{R}^n$, 使得

$$D(\phi_1(x,\sigma);d) \geqslant 0$$

成立, 则称 $\hat{x}$ 为 $\phi_1(x,\sigma)$ 的稳定点. 如果 $\hat{x}$ 是约束问题的可行点, 则称 $\hat{x}$ 为 $\phi_1(x,\sigma)$ 的可行稳定点.

关于 $\hat{x}$ 的可行性可由函数

$$h(x) = \sum_{i\in\mathcal{E}}|c_i(x)| + \sum_{i\in\mathcal{I}}c_i^-(x) \tag{6.62}$$

来度量, 如果 $h(\widehat{x})=0$, 则 $\widehat{x}$ 是约束问题的可行点.

关于可行的稳定点, 有如下结论.

定理 6.10 如果存在 $\widehat{\sigma}>0$, 当 $\sigma>\widehat{\sigma}$ 时, $\widehat{x}$ 是 $\phi(x,\sigma)$ 可行的稳定点, 则 $\widehat{x}$ 是一般约束问题 (6.43)–(6.45) 的 KKT 点.

证明 设 $\widehat{x}$ 是约束问题的可行点, 即 $c_i(\widehat{x})=0\ (i\in\mathcal{E})$, $c_i(\widehat{x})\geqslant 0\ (i\in\mathcal{I})$, $\phi(x,\sigma)$ 在 $\widehat{x}$ 处的方向导数可以写成

$$D(\phi_1(x,\sigma);d)=\nabla f(\widehat{x})^{\mathrm{T}}d+\sigma\left(\sum_{i\in\mathcal{E}}|\nabla c_i(\widehat{x})^{\mathrm{T}}d|+\sum_{i\in\mathcal{I}\cap\mathcal{A}(\widehat{x})}[\nabla c_i(\widehat{x})^{\mathrm{T}}d]^-\right),$$

其中 $\mathcal{A}(\widehat{x})$ 为 $\widehat{x}$ 处的有效约束.

如果 $d\in\mathcal{L}(\widehat{x})$ (线性化可行方向), 即 $\nabla c_i(\widehat{x})^{\mathrm{T}}d=0\ (i\in\mathcal{E})$, $\nabla c_i(\widehat{x})^{\mathrm{T}}d\geqslant 0\ (i\in\mathcal{I}\cap\mathcal{A}(\widehat{x}))$, 则有

$$\sum_{i\in\mathcal{E}}|\nabla c_i(\widehat{x})^{\mathrm{T}}d|+\sum_{i\in\mathcal{I}\cap\mathcal{A}(\widehat{x})}[\nabla c_i(\widehat{x})^{\mathrm{T}}d]^-=0,$$

所以,

$$0\leqslant D(\phi_1(x,\sigma);d)=\nabla f(\widehat{x})^{\mathrm{T}}d,\quad \forall\ d\in\mathcal{L}(\widehat{x}).$$

由 Farkas 引理 (定理 1.12) 及推论, 存在着向量 $\widehat{\lambda}$, 其中 $\widehat{\lambda}_i$ 是它的分量, 且 $\widehat{\lambda}_i\geqslant 0\ (i\in\mathcal{I}\cap\mathcal{A}(\widehat{x}))$, 使得

$$\nabla f(\widehat{x})=\sum_{i\in\mathcal{A}(\widehat{x})}\widehat{\lambda}_i\nabla c_i(\widehat{x}).$$

算法 6.3 (l_1 模罚函数法)

(0) 取初始点 $x_s^{(0)}$, $\sigma_0>0$, 置精度要求 ε, 置 $k=0$.

(1) 以 $x_s^{(k)}$ 为初始点, 求解无约束问题 $\min\ \phi_1(x,\sigma_k)$, 其最优解记为 $x^{(k)}$, 其中 $\phi_1(x,\sigma)$ 由式 (6.61) 定义.

(2) 若 $h(x^{(k)})\leqslant\varepsilon$ ($h(x)$ 由式 (6.62) 定义), 则停止计算 ($x^{(k)}$ 作为约束问题的最优解); 否则, 取 $x_s^{(k+1)}=x^{(k)}$, $\sigma_{k+1}=2\sigma_k$, 置 $k=k+1$ 转 (1).

例 6.7 用 l_1 模罚函数法 (算法 6.3) 求解例 6.6, 取 $x^{(0)}=(2,1)^{\mathrm{T}}$, $\sigma_0=1$, $\varepsilon=10^{-4}$.

解 由于罚函数是存在不可微点, 无法使用第 3 章介绍的方法求解, 这里使用 MATLAB 软件优化工具箱中的 `fminsearch()` 函数, 由于它属于直接方法, 只使用函数值的, 不使用梯度值, 因此, 可以用它求解不可微优化问题.

l_1 模罚函数的惩罚部分是约束函数的一次项, 产生病态函数的可能性远远低于二次罚函数, 所以初始惩罚因子 σ_0 的取值可以大一些, 这里取 $\sigma_0=1$. 表 6.2 列出了全部的计算结果. 实际上, 当 $\sigma_2=4$ 时, 已满足定理 6.9 中 $\sigma>|\lambda^*|$ 的条件, 所以 $x^{(2)}$ 是约束问题的解.

表 6.2 例 6.7 的计算过程

k	$x_s^{(k)}$	$f(x_s^{(k)})$	σ_k	$x^{(k)}$	$\lvert c(x^{(k)})\rvert$
0	[2.0000, 1.0000]	0.0000	1.0	[1.2155, 0.7327]	0.74476
1	[1.2155, 0.7327]	0.4412	2.0	[1.0657, 0.7828]	0.35284
2	[1.0657, 0.7828]	1.0120	4.0	[0.9456, 0.8942]	8.1002e-008

图 6.3(a) 给出了 l_1 模罚函数法的迭代过程, 迭代 3 步就得到约束问题的解, 效率是很高的. 图 6.3(b) 给出了当 $\sigma_2 = 4$ 时, 罚函数的等值线, 点 $x^{(2)}$(图中的圆圈 "∘") 既是罚函数的极小点, 也是约束问题的最优解. 从图 6.3 中可以看出, 在曲线 $x_2 = x_1^2$ 上, 罚函数不可微.

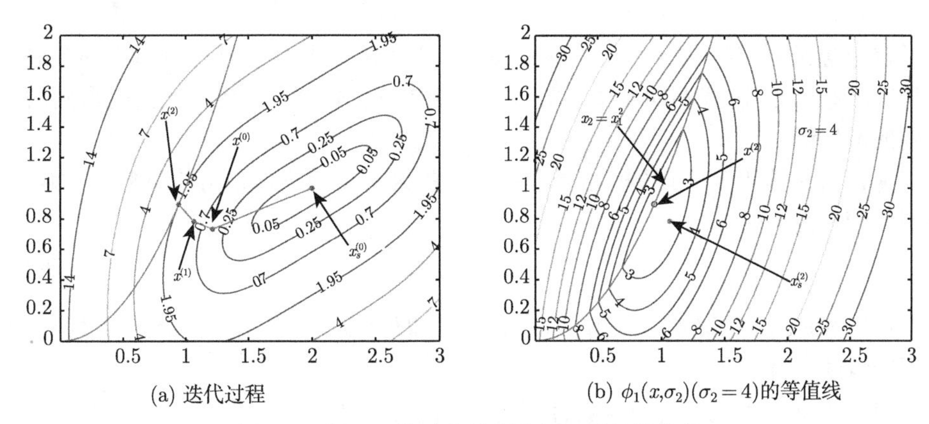

(a) 迭代过程

(b) $\phi_1(x,\sigma_2)(\sigma_2=4)$的等值线

图 6.3 例 6.7 的迭代过程和罚函数的等值线

l_1 模罚函数的最大缺点是函数在某些点处不可微, 而极小点恰好又位于这些不可微点处, 这给无约束问题的求解带来了困难. 不可微函数极小点的求解方法已超出本书的范围, 这里就不作过多的介绍.

6.2.3 乘子罚函数法

二次罚函数法的主要缺点在于需要惩罚因子趋于无穷, 才能得到约束问题的极小点, 这给无约束问题的数值求解带来很大困难. 而 l_1 模罚函数虽然不需要惩罚因子趋于无穷, 但由于罚函数非光滑, 无约束问题的求解仍然困难.

能否有两全其美的方法呢? 既不需要惩罚因子趋于无穷, 又能够保证罚函数是光滑的. 基于这一目的, Hestenes 和 Powell 于 1964 年各自独立地提出求解约束问题的乘子罚函数法.

1. *二次罚函数法的改进设想*

考虑一个简单的等式约束问题

$$\begin{aligned} \min \quad & f(x) = f(x_1, x_2), & (6.63) \\ \text{s.t.} \quad & c(x) = c(x_1, x_2) = 0, & (6.64) \end{aligned}$$

其罚函数问题为

$$\min \ P(x, \sigma) = f(x) + \frac{\sigma}{2}[c(x)]^2. \tag{6.65}$$

设 x^* 是问题 (6.63)–(6.64) 的全局解, 考察 x^* 是否为无约束问题 (6.65) 的全局解 (局部解). 罚函数 $P(x, \sigma)$ 在 x^* 处的梯度为

$$\nabla_x P(x, \sigma) = \nabla f(x^*) + \sigma c(x^*) \nabla c(x^*) = \nabla f(x^*).$$

在通常的意义下, $\nabla f(x^*) \neq 0$, 也就是说, x^* 不可能是无约束问题 (6.65) 的全局解或局部解. 因此, 也就不能期望选择一个固定的 σ, 求解一个无约束问题得到约束问题的最优解.

现在自然提出一个问题: 是否存在这样的函数 $\phi(x, \sigma)$, 使得约束问题的解 x^* 恰好是无约束问题

$$\min \ \phi(x, \sigma) \tag{6.66}$$

的全局解或局部解, 以期望求解一个无约束问题得到约束问题的最优解, 这样可大大提高算法效率.

由无约束问题的二阶充分条件. 若函数 $\phi(x, \sigma)$ 在 x^* 处满足:

(1) $\nabla_x \phi(x^*, \sigma) = 0$;　　(2) $\nabla_{xx}^2 \phi(x^*, \sigma)$ 正定,

则 x^* 是无约束问题 (6.66) 的严格局部解.

现在构造满足条件 (1) 和条件 (2) 的函数 $\phi(x, \sigma)$. 什么函数在 x^* 处的梯度为 0 呢? 自然会想到 Lagrange 函数 $L(x, \lambda) = f(x) - \lambda c(x)$ 在 (x^*, λ^*) 处的梯度等于 0. 那么 Lagrange 函数 $L(x, \lambda)$ 在 (x^*, λ^*) 处是否会满足条件 (2) — Hesse 矩阵正定呢? 一般来讲, 是不会的, 因为由约束问题的二阶必要条件知, 只能保证它在切空间上半正定.

即使是在 (x^*, λ^*) 处满足约束问题的二阶充分条件, 即

$$d^{\mathrm{T}} \nabla_{xx}^2 L(x^*, \lambda^*) d > 0, \qquad \forall d \in \mathcal{M},$$

其中 $\mathcal{M} = \left\{d \mid \nabla c(x^*)^{\mathrm{T}} d = 0\right\}$, 也不能保证在整个空间上 Hesse 矩阵正定.

例如, 考虑约束问题

$$\begin{aligned} \min \quad & f(x) = x_1^2 - x_2^2 + 3x_2, \\ \text{s.t.} \quad & c(x) = x_2 = 0, \end{aligned}$$

它的最优解是 $x^*=(0,0)^{\mathrm{T}}$, 相应的 Lagrange 函数为

$$L(x,\lambda)=x_1^2-x_2^2+(3-\lambda)x_2.$$

注意, 它的 Hesse 矩阵在切空间 $\mathcal{M}=\{(d_1,d_2)\mid d_2=0\}$ 上正定, 但对于任何的 λ, 函数 $L(x,\lambda)$ 无极小点.

因此, 如果希望 x^* 是 $\phi(x,\sigma)$ 的极小点, 需要对 $c(x)\neq 0$ 的部分予以惩罚, 即构造

$$\phi(x,\sigma)=f(x)-\lambda^*c(x)+\frac{\sigma}{2}c^2(x),$$

可以期望, 当 σ 充分大时, 有 $\nabla_x^2\phi(x^*,\sigma)$ 正定. 请看下面的定理.

定理 6.11 设 W 是 $n\times n$ 矩阵, a 为 n 阶向量, 若对一切 d 满足 $d\neq 0$, $a^{\mathrm{T}}d=0$, 均有 $d^{\mathrm{T}}Wd>0$, 则存在 $\sigma^*>0$, 使当 $\sigma\geqslant\sigma^*$ 时, 矩阵 $W+\sigma aa^{\mathrm{T}}$ 正定.

证明 考虑集合 $K=\{d\mid \|d\|=1\}$, 只需证明, $\forall d\in K$, 当 $\sigma\geqslant\sigma^*$ 时, 有

$$d^{\mathrm{T}}(W+\sigma aa^{\mathrm{T}})d>0. \tag{6.67}$$

事实上, $\forall z\neq 0$, 则 $d=\dfrac{z}{\|z\|}\in K$, 则 $z^{\mathrm{T}}(W+\sigma aa^{\mathrm{T}})z>0$ 与 $d^{\mathrm{T}}(W+\sigma aa^{\mathrm{T}})d>0$ 等价. 令

$$K'=\{d\mid d^{\mathrm{T}}Wd\leqslant 0, d\in K\}.$$

若 $K'=\varnothing$, 则 $\forall d\in K$, 有 $d^{\mathrm{T}}Wd>0$, 因此 $\forall\sigma>0$, 有 $d^{\mathrm{T}}(W+\sigma aa^{\mathrm{T}})d\geqslant d^{\mathrm{T}}Wd>0$. 因此假设 $K'\neq\varnothing$. 当 $d\in K\backslash K'$ 时, 有 $d^{\mathrm{T}}Wd>0$, 因此 $\forall\sigma>0$, 有 $d^{\mathrm{T}}(W+\sigma aa^{\mathrm{T}})d\geqslant d^{\mathrm{T}}Wd>0$.

下面考虑 $d\in K'$. 由于 K' 是有界闭集, 则函数 $d^{\mathrm{T}}Wd$ 与 $\left(a^{\mathrm{T}}d\right)^2$ 在 K' 上取到极小值. 不妨设 $(d^{(1)})^{\mathrm{T}}Wd^{(1)}$ 和 $(a^{\mathrm{T}}d^{(2)})^2$ 分别为函数的极小值, 并且 $a^{\mathrm{T}}d^{(2)}\neq 0$ (否则由定理条件, 有 $(d^{(2)})^{\mathrm{T}}Wd^{(2)}>0$, 与 $d^{(2)}\in K'$ 矛盾). 因此取

$$\sigma^*>\frac{(d^{(1)})^{\mathrm{T}}Wd^{(1)}}{(a^{\mathrm{T}}d^{(2)})^2}>0,$$

当 $\sigma\geqslant\sigma^*$ 时, 有

$$d^{\mathrm{T}}(W+\sigma aa^{\mathrm{T}})d=d^{\mathrm{T}}Wd+\sigma\left(a^{\mathrm{T}}d\right)^2\geqslant(d^{(1)})^{\mathrm{T}}Wd^{(1)}+\sigma\left(a^{\mathrm{T}}d^{(2)}\right)^2>0.$$

因此, $\forall d\in K$, 式 (6.67) 成立.

定理 6.12 设 x^*,λ^* 满足约束问题 (6.63)–(6.64) 的二阶充分条件, 则存在 $\sigma^*>0$, 使当 $\sigma\geqslant\sigma^*$ 时, x^* 是无约束问题

$$\min_x\ \phi(x,\sigma)=f(x)-\lambda^*c(x)+\frac{\sigma}{2}c^2(x) \tag{6.68}$$

的严格局部解. 反之, 若 $x^{(k)}$ 是 $\phi(x,\sigma_k)$ 的极小点, 并且 $c(x^{(k)})=0$, 则 $x^{(k)}$ 是约束问题 (6.63)–(6.64) 的局部解.

证明 设 x^*,λ^* 满足约束问题 (6.63)–(6.64) 的二阶充分条件, 由罚函数 $\phi(x,\sigma)$ 的定义, 有

$$\begin{aligned}\nabla_x\phi(x^*,\sigma)&=\nabla f(x^*)-\lambda^*\nabla c(x^*)+\sigma c(x^*)\nabla c(x^*)\\&=0,\\\nabla_{xx}^2\phi(x^*,\sigma)&=\nabla^2 f(x^*)-\lambda^*\nabla^2 c(x^*)+\sigma\nabla c(x^*)\nabla c(x^*)^{\mathrm{T}}\\&=\nabla_{xx}^2 L(x^*,\lambda^*)+\sigma\nabla c(x^*)\nabla c(x^*)^{\mathrm{T}}.\end{aligned}$$

取 $W=\nabla_x^2 L(x^*,\lambda^*)$, $a=\nabla c(x^*)$. 由引理 6.11, 则存在 σ^*, 当 $\sigma\geqslant\sigma^*$ 时, $\nabla_x^2\phi(x^*,\sigma)$ 正定, 所以 x^* 是无约束问题 (6.68) 的严格局部解.

反过来, 若 $x^{(k)}$ 是 $\phi(x,\sigma_k)$ 的极小点, 并且 $c(x^{(k)})=0$, 则当 $\|x-x^{(k)}\|\leqslant\varepsilon$ 时, 有

$$\phi(x,\sigma_k)\geqslant\phi(x^{(k)},\sigma_k)=f(x^{(k)})-\lambda^*c(x^{(k)})+\frac{\sigma_k}{2}c^2(x^{(k)})=f(x^{(k)}),$$

特别当 x 是约束问题 (6.63)–(6.64) 的可行点时, 有 $f(x)\geqslant f(x^{(k)})$, 所以 $x^{(k)}$ 是约束问题 (6.63)–(6.64) 的局部解.

2. 乘子罚函数法的基本思想

前面讲到, 当构造出函数 $\phi(x,\sigma)$ 后, 可以通过求解一个无约束问题得到约束问题的最优解. 但事实上, 并不能做到这一点. 因为 $\phi(x,\sigma)$ 中的 λ^* 未知, 在得出极小点 x^* 之前, 无法知道它的确切值.

克服上述困难的方法是用参数 λ 代替 λ^*, 得到增广 Lagrange 函数 (也称为乘子罚函数)

$$\phi(x,\lambda,\sigma)=f(x)-\lambda c(x)+\frac{\sigma}{2}c^2(x).$$

考虑其相应的无约束问题

$$\min\ \phi(x,\lambda,\sigma),$$

其最优解为 $\bar{x}=\bar{x}(\lambda,\sigma)$.

由前所述 (见定理 6.12), 只要当 σ 充分大 (不一定趋于 ∞), 就有

$$\lim_{\lambda\to\lambda^*}\bar{x}(\lambda,\sigma)=x^*.\tag{6.69}$$

这样做, 虽然达不到最初设定的目标 —— 求一个无约束问题得到约束问题的最优解, 但可以保证只要当 σ 大到一定量后, 通过调整参数 λ, 使之趋于 λ^*, 从而得到约束问题的最优解. 这就是乘子法的基本思想.

从另一个角度考虑问题, 对于任意的 λ, $\phi(x,\lambda,\sigma)$ 是约束问题

$$\min \quad f(x)-\lambda c(x), \tag{6.70}$$

$$\text{s.t.} \quad c(x)=0 \tag{6.71}$$

的惩罚函数. 而问题 (6.70)–(6.71) 与问题 (6.63)–(6.64) 等价. 在满足一定的条件下, 由罚函数的收敛定理可知,

$$\lim_{\sigma\to\infty}\bar{x}(\lambda,\sigma)=x^*. \tag{6.72}$$

从这种角度来看, 若固定 λ (特别取 $\lambda=0$), 则乘子法就是罚函数法. 结合式 (6.69), 乘子法的效率要高于罚函数法.

3. 乘子迭代公式

由式 (6.69) 知, 当 $\lambda\to\lambda^*$ 时, 有 $\bar{x}(\lambda,\sigma)\to x^*$, 但此时 λ^* 未知, 那么参数 λ 将如何调整呢?

在给定 $\lambda^{(k)},\sigma_k$ 后, 求解无约束问题

$$\min\ \phi(x,\lambda^{(k)},\sigma_k), \tag{6.73}$$

其最优解为 $x^{(k)}$. 由无约束问题的一阶必要条件, 有

$$\nabla_x\phi(x^{(k)},\lambda^{(k)},\sigma_k)=\nabla f(x^{(k)})-\lambda^{(k)}\nabla c(x^{(k)})+\sigma_k c(x^{(k)})\nabla c(x^{(k)})=0. \tag{6.74}$$

当 σ_k 充分大时, 由式 (6.72) 可知, $x^{(k)}\approx x^*$, $\nabla f(x^{(k)})\approx\nabla f(x^*)$, $\nabla c(x^{(k)})\approx\nabla c(x^*)$, 因此有

$$\nabla f(x^*)-\left[\lambda^{(k)}-\sigma_k c(x^{(k)})\right]\nabla c(x^*)\approx 0.$$

而在 x^* 处, 由约束问题的一阶条件, 有

$$\nabla f(x^*)-\lambda^*\nabla c(x^*)=0,$$

所以有 $\lambda^*\approx\lambda^{(k)}-\sigma_k c(x^{(k)})$, 这样得到乘子迭代公式

$$\lambda^{(k+1)}=\lambda^{(k)}-\sigma_k c(x^{(k)}).$$

4. 终止准则

若 $x^{(k)}$ 是无约束问题 (6.73) 的局部解, 并且满足 $c(x^{(k)})=0$, 由式 (6.74) 得到

$$\nabla f(x^{(k)})-\lambda^{(k)}\nabla c(x^{(k)})=0,$$

因此, $x^{(k)}$ 是约束问题 (6.63)–(6.64) 的 KKT 点, $\lambda^{(k)}$ 为相应的乘子向量. 类似于定理 6.12 后半部分的证明过程, 知 $x^{(k)}$ 为约束问题 (6.63)–(6.64) 的局部解, 停止计算. 因此, 终止准则为

$$|c(x^{(k)})| \leqslant \varepsilon,$$

其中 ε 是指定的精度要求.

6.2.4 一般等式约束问题的乘子罚函数法

考虑等式约束问题

$$\min \quad f(x), \quad x \in \mathbb{R}^n, \tag{6.75}$$

$$\text{s.t.} \quad c_i(x) = 0, \quad i \in \mathcal{E}, \tag{6.76}$$

构造函数

$$\phi(x,\sigma) = f(x) - \sum_{i\in\mathcal{E}} \lambda_i^* c_i(x) + \frac{\sigma}{2}\sum_{i\in\mathcal{E}} c_i^2(x), \tag{6.77}$$

这里 λ^* 是 x^* 处的 Lagrange 乘子.

对于一般约束问题构造的 $\phi(x,\sigma)$ 有类似的结论.

定理 6.13 设 x^*, λ^* 满足约束问题 (6.75)–(6.76) 的二阶充分条件, 则存在 $\sigma^* > 0$, 使当 $\sigma \geqslant \sigma^*$ 时, x^* 是无约束问题 (6.77) 的严格局部解. 反之, 若 $x^{(k)}$ 是 $\phi(x,\sigma_k)$ 的极小点, 并且 $c_i(x^{(k)}) = 0$, $i \in \mathcal{E}$, 则 $x^{(k)}$ 是约束问题 (6.75)–(6.76) 的局部解.

与简单情况相同. 在求解无约束问题时, 先构造增广 Lagrange 函数

$$\phi(x,\lambda,\sigma) = f(x) - \sum_{i\in\mathcal{E}} \lambda_i c_i(x) + \frac{\sigma}{2}\sum_{i\in\mathcal{E}} c_i^2(x),$$

在取定 $\lambda^{(k)}, \sigma_k$ 后, 求解无约束问题

$$\min \ \phi(x,\lambda^{(k)},\sigma_k), \tag{6.78}$$

其最优解为 $x^{(k)}$. 类似于简单问题的推导, 其乘子迭代公式为

$$\lambda_i^{(k+1)} = \lambda_i^{(k)} - \sigma_k c_i(x^{(k)}), \quad i \in \mathcal{E}. \tag{6.79}$$

其终止准则为

$$\left[\sum_{i\in\varepsilon} c_i^2(x^{(k)})\right]^{\frac{1}{2}} \leqslant \varepsilon. \tag{6.80}$$

这样就得到相应的算法. 该算法是由 Hestenes 和 Powell 几乎同时独立提出来的 (1969 年). 所以称为 Hestenes-Powell 乘子罚函数法, 或简称 HP 乘子罚函数法.

算法 6.4 (HP 乘子罚函数法)

(0) 取初始点 $x_s^{(0)}$, $\sigma_0 > 0$(通常的取值是 0.1), 初始乘子 $\lambda^{(0)}(=0)$, 置精度要求 ε, 置 $k=0$.

(1) 以 $x_s^{(k)}$ 为初始点, 求解无约束问题 (6.78), 得到最优解 $x^{(k)}$, 用式 (6.79) 作乘子迭代.

(2) 若终止准则 (6.80) 成立, 则停止计算 ($x^{(k)}$ 作为约束问题的最优解, $\lambda^{(k+1)}$ 为相应的乘子向量); 否则, 取 $x_s^{(k+1)} = x^{(k)}$, $\sigma_{k+1} = 2\sigma_k$, 置 $k = k+1$ 转 (1).

例 6.8 用 HP 乘子罚函数法 (算法 6.4) 求解例 6.6, 取 $x^{(0)} = (2,1)^{\mathrm{T}}$, $\lambda^{(0)} = 0$, $\varepsilon = 10^{-4}$.

解 构造乘子罚函数

$$P(x,\lambda^{(k)},\sigma_k) = (x_1-2)^4 + (x_1-2x_2)^2 - \lambda^{(k)}\left(x_1^2 - x_2\right) + \frac{\sigma_k}{2}\left(x_1^2 - x_2\right)^2. \quad (6.81)$$

这里仍然用 BFGS 方法求解相应的无约束问题, 在 BFGS 算法中, 一维搜索采用 0.618 法. 表 6.3 给出了具体的计算过程.

表 6.3 例 6.8 的计算过程

k	$x_s^{(k)}$	$f(x_s^{(k)})$	σ_k	$x^{(k)}$	$\lvert c(x^{(k)})\rvert$	$\lambda^{(k+1)}$
0	[2.0000, 1.0000]	0.0000	0.1	[1.5347, 0.7870]	1.5683	-0.1568
1	[1.5347, 0.7870]	0.0484	0.2	[1.3914, 0.7451]	1.1909	-0.3950
2	[1.3914, 0.7451]	0.1470	0.4	[1.2730, 0.7304]	0.8902	-0.7511
3	[1.2730, 0.7304]	0.3146	0.8	[1.1686, 0.7407]	0.62498	-1.2511
⋮	⋮	⋮	⋮	⋮	⋮	⋮
7	[0.9706, 0.8638]	1.6959	12.8	[0.9518, 0.8861]	0.019842	-3.2817
⋮	⋮	⋮	⋮	⋮	⋮	⋮
10	[0.9457, 0.8940]	1.9454	102.4	[0.9456, 0.8941]	1.011e-005	-3.3706

图 6.4(a) 给出了乘子罚函数法的具体迭代过程. 初始点 $x_s^{(0)} = (2,1)^{\mathrm{T}}$ 是目标函数 (也就是无约束问题) 的极小点, 通过逐步增加惩罚因子 σ_k 和调整乘子向量 $\lambda^{(k)}$, 使得罚函数 (6.81) 的极小点逐步接近约束问题的最优解.

为了便于观察无约束问题 (乘子罚函数) 的求解情况, 图 6.4 中的其余各图绘出了乘子罚函数 (6.81) 的等值线图, 图 6.4(b) 给出的是 $\lambda^{(0)} = 0$, $\sigma_0 = 0.1$ 的等值线, 它与例 6.6 的图 6.2(b) 相同. 图 6.4(c) 和 (d) 分别给出 $\lambda^{(3)} = -0.7511$, $\sigma_3 = 0.8$ 和 $\lambda^{(7)} = -3.0277$, $\sigma_7 = 12.8$ 乘子罚函数等值线的情况, 这里的 $\lambda^{(3)}$ 和 $\lambda^{(7)}$ 是按照乘子迭代公式 (6.79) 计算得到的.

在图 6.4(b)–(d) 中, $x^{(0)}$, $x^{(3)}$ 和 $x^{(7)}$(图中的"$\circ$") 分别为等值线的中心, 即增广 Lagrange 函数 $\phi(x,\lambda^{(k)},\sigma_k)$ 的极小点. $x_s^{(0)}$, $x_s^{(3)}$ 和 $x_s^{(7)}$ (图中的"$*$") 分别为无

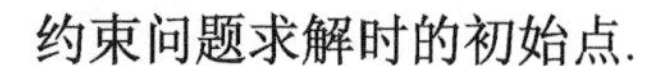
约束问题求解时的初始点.

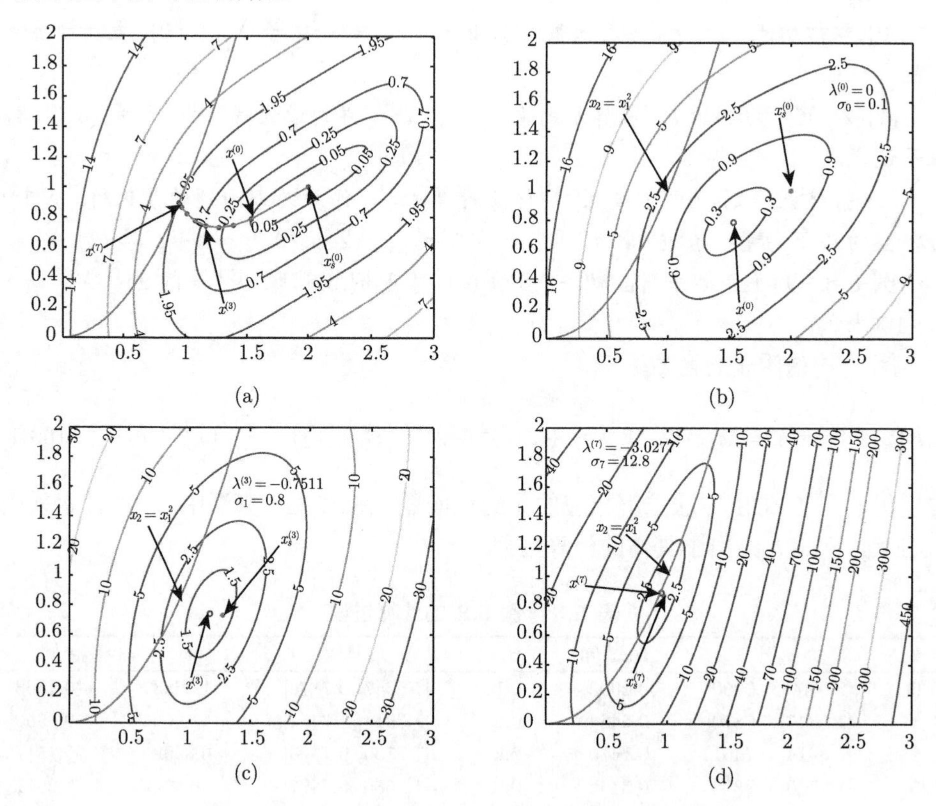

图 6.4　例 6.8 的迭代过程和罚函数 (6.81) 的等值线

从图 6.4 中可以看到, 乘子罚函数法保留了罚函数法的优点, 当 σ_k 较大时, 初始点 $x_s^{(k)}$ 与最优点 $x^{(k)}$ 相距很近, 减少了求无约束问题解的困难. 另一方面, 由于乘子罚函数法增加了乘子迭代, 使得增广 Lagrange 函数的极小点以较快的速度接近于约束问题的解, 因此, 当 σ_k 还不很大时, $x^{(k)}$ 已满足终止条件. 因此, 在整个迭代中, 增广 Lagrange 函数的性态都处在较好的状态.

对比例 6.6 和例 6.8 的计算过程 (表 6.3 和表 6.1), 可以发现, 乘子罚函数法的效率几乎提高了一倍.

6.2.5　一般约束问题的乘子罚函数法

本小节讨论一般约束优化问题 (6.43)–(6.45) 的乘子罚函数法.

引进松弛变量 s_i $(i \in \mathcal{I})$, 将一般约束问题 (6.43)–(6.45) 转换成等价的约束问题

$$\min \quad f(x), \quad x \in \mathbb{R}^n, \tag{6.82}$$

$$\text{s.t.} \quad c_i(x) = 0, \quad i \in \mathcal{E}, \tag{6.83}$$

$$c_i(x) - s_i = 0, \quad i \in \mathcal{I}, \tag{6.84}$$

$$s_i \geqslant 0, \quad i \in \mathcal{I}. \tag{6.85}$$

同时给出它的增广 Lagrange 函数, 有

$$\Phi(x, s, \lambda, \sigma) = f(x) - \sum_{i \in \mathcal{E}} \lambda_i c_i(x) - \sum_{i \in \mathcal{I}} \lambda_i [c_i(x) - s_i] + \frac{\sigma}{2}\left(\sum_{i \in \mathcal{E}} c_i^2(x) + \sum_{i \in \mathcal{I}} [c_i(x) - s_i]^2\right). \tag{6.86}$$

通过求解约束问题

$$\min_{x,s} \quad \Phi(x, s, \lambda, \sigma), \tag{6.87}$$

$$\text{s.t.} \quad s_i \geqslant 0, \quad i \in \mathcal{I} \tag{6.88}$$

来得到一般约束优化问题 (6.43)–(6.45) 的解.

1. 问题的简化

将增广 Lagrange 函数 (6.86) 改写为

$$\Phi(x, s, \lambda, \sigma) = f(x) - \sum_{i \in \mathcal{E}} \lambda_i c_i(x) + \frac{\sigma}{2} \sum_{i \in \mathcal{E}} c_i^2(x) + \sum_{i \in \mathcal{I}} \psi_i(x, s, \lambda, \sigma),$$

其中 $\psi_i(x, s, \lambda, \sigma) = -\lambda_i [c_i(x) - s_i] + \frac{\sigma}{2}[c_i(x) - s_i]^2$.

求解约束问题 (6.87)–(6.88) 的工作, 由两步完成. 第一步, 先求解约束问题

$$\min_{s} \quad \Phi(x, s, \lambda, \sigma), \tag{6.89}$$

$$\text{s.t.} \quad s_i \geqslant 0, \quad i \in \mathcal{I}, \tag{6.90}$$

设其解为 $s = s(x, \lambda, \sigma)$. 第二步, 求解无约束问题

$$\min_{x} \quad \phi(x, \lambda, \sigma) = \Phi(x, s(x, \lambda, \sigma), \lambda, \sigma), \tag{6.91}$$

其解为 $x = x(\lambda, \sigma)$. 最后通过调整参数 λ 和 σ 得到一般约束问题的解.

求解约束问题 (6.89)–(6.90) 本质上是求解

$$\min_{s_i} \quad \psi_i(x, s_i, \lambda_i, \sigma) = -\lambda_i [c_i(x) - s_i] + \frac{\sigma}{2}[c_i(x) - s_i]^2, \tag{6.92}$$

$$\text{s.t.} \quad s_i \geqslant 0. \tag{6.93}$$

目标函数 $\psi_i(x, s_i, \lambda_i, \sigma)$ 是 s_i 的二次函数, 它有唯一的极小点, $s_i = c_i(x) - \dfrac{\lambda_i}{\sigma}$. 如果 $c_i(x) - \dfrac{\lambda_i}{\sigma} \geqslant 0$, 则它是约束问题 (6.92)–(6.93) 的解. 如果 $c_i(x) - \dfrac{\lambda_i}{\sigma} < 0$, 函数 $\psi_i(x, s_i, \lambda_i, \sigma)$ 关于 s_i 的极小点小于 0, 因此, 约束问题 (6.92)–(6.93) 的解为 $s_i = 0$. 图 6.5 给出约束问题 (6.92)–(6.93) 解的几何解释.

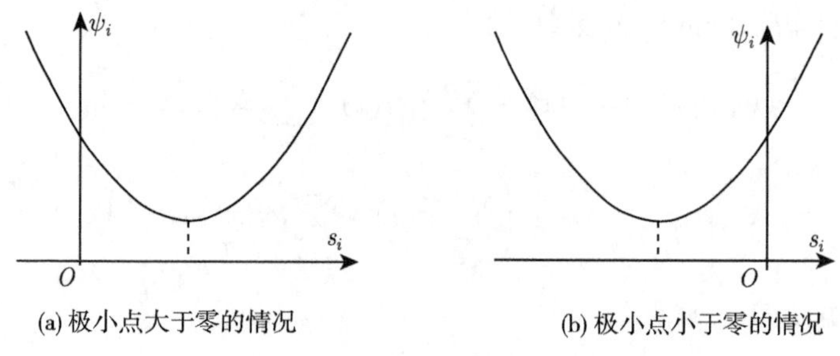

图 6.5　非负限制二次函数最优解的示意图

结合上述推导, 得到

$$s_i = \begin{cases} c_i(x) - \dfrac{\lambda_i}{\sigma}, & c_i(x) \geqslant \dfrac{\lambda_i}{\sigma}, \\ 0, & c_i(x) < \dfrac{\lambda_i}{\sigma}, \end{cases}$$

所以,

$$c_i(x) - s_i = \begin{cases} \dfrac{\lambda_i}{\sigma}, & c_i(x) \geqslant \dfrac{\lambda_i}{\sigma} \\ c_i(x), & c_i(x) < \dfrac{\lambda_i}{\sigma} \end{cases} = \min\left\{c_i(x), \frac{\lambda_i}{\sigma}\right\}.$$

将此结果代入无约束问题 (6.91) 的目标函数中, 得到

$$\begin{aligned} \phi(x, \lambda, \sigma) = & f(x) - \sum_{i\in\mathcal{E}} \lambda_i c_i(x) - \sum_{i\in\mathcal{I}} \lambda_i \min\left\{c_i(x), \frac{\lambda_i}{\sigma}\right\} \\ & + \frac{\sigma}{2}\left(\sum_{i\in\mathcal{E}} [c_i(x)]^2 + \sum_{i\in\mathcal{I}} \left[\min\left\{c_i(x), \frac{\lambda_i}{\sigma}\right\}\right]^2\right). \end{aligned} \tag{6.94}$$

2. 乘子迭代公式

对于等式约束, 乘子迭代公式不变, 即

$$\lambda_i^{(k+1)} = \lambda_i^{(k)} - \sigma_k c_i(x^{(k)}), \quad i \in \mathcal{E}. \tag{6.95}$$

对于不等式约束,

$$\begin{aligned}\lambda_i^{(k+1)} &= \lambda_i^{(k)} - \sigma_k \left[c_i(x^{(k)}) - s_i \right] \\ &= \lambda_i^{(k)} - \sigma_k \min \left\{ c_i(x^{(k)}), \frac{\lambda_i^{(k)}}{\sigma_k} \right\} \\ &= \max \left\{ \lambda_i^{(k)} - \sigma_k c_i(x^{(k)}), 0 \right\}, \quad i \in \mathcal{I}. \end{aligned} \tag{6.96}$$

3. 终止准则

对于约束问题 (6.82)–(6.85), 其终止准则为

$$\left(\sum_{i\in\mathcal{E}} c_i^2(x^{(k)}) + \sum_{i\in\mathcal{I}} \left[c_i(x^{(k)}) - s_i \right]^2 \right)^{\frac{1}{2}} \leqslant \varepsilon,$$

即

$$\left(\sum_{i\in\mathcal{E}} c_i^2(x^{(k)}) + \sum_{i\in\mathcal{I}} \left[\min \left\{ c_i(x^{(k)}), \frac{\lambda_i^{(k)}}{\sigma_k} \right\} \right]^2 \right)^{\frac{1}{2}} \leqslant \varepsilon. \tag{6.97}$$

最后给出求解约束问题(6.82)–(6.85)的乘子罚函数法, 这个方法是由Rockafellar (1973) 在 HP 算法的基础上得到的, 因此也称为 HPR 方法.

4. HPR 算法

算法 6.5 (HPR 乘子罚函数法)

(0) 取初始点 $x_s^{(0)}$, $\sigma_0 > 0$(通常的取值是 0.1), 初始乘子 $\lambda^{(0)}(=0)$, 置精度要求 ε, 置 $k=0$.

(1) 以 $x_s^{(k)}$ 为初始点, 求解无约束问题 $\min\ \phi(x, \lambda^{(k)}, \sigma_k)$, 最优解为 $x^{(k)}$. 目标函数 $\phi(x, \lambda, \sigma)$ 的表达式如式 (6.94) 所示.

(2) 用式 (6.95) 作等式约束的乘子迭代, 用式 (6.96) 作不等式约束的乘子迭代.

(3) 若终止准则 (6.97) 成立, 则停止计算 ($x^{(k)}$ 作为约束问题的最优解, $\lambda^{(k+1)}$ 为相应的乘子向量); 否则, 取 $x_s^{(k+1)} = x^{(k)}$, $\sigma_{k+1} = 2\sigma_k$, 置 $k = k+1$ 转 (1).

乘子罚函数法是求解一般约束问题较为简单和有效的方法, 但由于增广 Lagrange 函数相应的目标函数 (6.94) 仅是一阶连续可微的, 因此, 在求解无约束问题

$$\min_x \ \phi(x, \lambda, \sigma)$$

时, 可能会出现数值困难.

6.3　序列二次规划方法

本节介绍求解约束优化问题 (6.1)–(6.3), 即

$$\min \quad f(x), \quad x \in \mathbb{R}^n, \tag{6.98}$$

$$\text{s.t.} \quad c_i(x) = 0, \quad i \in \mathcal{E}, \tag{6.99}$$

$$c_i(x) \geqslant 0, \quad i \in \mathcal{I}, \tag{6.100}$$

最优解的另一种方法 —— 序列二次规划方法. 该方法本质上是求解无约束问题二次模型的推广.

6.3.1　Lagrange-Newton 法

所谓 Lagrange-Newton 法就是用 Newton 法求解等式约束问题

$$\min \quad f(x), \quad x \in \mathbb{R}^n, \tag{6.101}$$

$$\text{s.t.} \quad c(x) = 0 \tag{6.102}$$

满足一阶必要条件的点, 其中 $c(x)$ 为向量函数, $c_i(x)$ $(i \in \mathcal{E})$ 为它的第 i 个分量.

若 x^* 是等式约束问题 (6.101)–(6.102) 的解, λ^* 是相应的 Lagrange 乘子向量, 则 (x^*, λ^*) 是方程组

$$\nabla_x L(x, \lambda) = 0,$$
$$c(x) = 0$$

的解, 其中 $L(x,\lambda) = f(x) - \lambda^{\mathrm{T}} c(x)$, $\nabla_x L(x,\lambda) = \nabla f(x) - A(x)\lambda$, $A(x) = [\cdots\ \nabla c_i(x)\ \cdots](i \in \mathcal{E})$.

设 $(x^{(k)}, \lambda^{(k)})$ 为当前点, 构造求解下一点的 Newton 方程

$$\begin{bmatrix} W(x^{(k)}, \lambda^{(k)}) & -A(x^{(k)}) \\ A(x^{(k)})^{\mathrm{T}} & 0 \end{bmatrix} \begin{bmatrix} d^{(k)} \\ \Delta\lambda^{(k)} \end{bmatrix} = -\begin{bmatrix} \nabla f(x^{(k)}) - A(x^{(k)})\lambda^{(k)} \\ c(x^{(k)}) \end{bmatrix}, \tag{6.103}$$

其中 $W(x,\lambda) = \nabla_{xx}^2 L(x,\lambda) = \nabla^2 f(x) - \sum\limits_{i\in\mathcal{E}} \lambda_i \nabla^2 c_i(x)$. 令

$$x^{(k+1)} = x^{(k)} + d^{(k)}, \quad \lambda^{(k+1)} = \lambda^{(k)} + \Delta\lambda^{(k)},$$

则 Newton 方程 (6.103) 可改写为

$$\begin{bmatrix} W(x^{(k)}, \lambda^{(k)}) & -A(x^{(k)}) \\ A(x^{(k)})^{\mathrm{T}} & 0 \end{bmatrix} \begin{bmatrix} d^{(k)} \\ \lambda^{(k+1)} \end{bmatrix} = -\begin{bmatrix} \nabla f(x^{(k)}) \\ c(x^{(k)}) \end{bmatrix}. \tag{6.104}$$

下面给出求解等式约束问题 (6.101)–(6.102) 的 Lagrange-Newton 法.

算法 6.6 (Lagrange-Newton 法)

(0) 取初始对 $(x^{(0)},\ \lambda^{(0)})$, 置精度要求 ε, 置 $k=0$.

(1) 如果 $\|\nabla f(x^{(k)})-A(x^{(k)})\lambda^{(k)}\|\leqslant\varepsilon$ 且 $\|c(x^{(k)})\|\leqslant\varepsilon$, 则停止计算 ($x^{(k)}$ 作为等式约束问题 (6.101)–(6.102) 的解, $\lambda^{(k)}$ 作为 Lagrange 乘子向量); 否则求解方程组

$$\begin{bmatrix} W(x^{(k)},\lambda^{(k)}) & -A(x^{(k)}) \\ A(x^{(k)})^{\mathrm{T}} & 0 \end{bmatrix}\begin{bmatrix} d \\ \mu \end{bmatrix}=-\begin{bmatrix} \nabla f(x^{(k)}) \\ c(x^{(k)}) \end{bmatrix},$$

其解为 $d^{(k)}$ 和 $\mu^{(k)}$.

(2) 置 $x^{(k+1)}=x^{(k)}+d^{(k)}$, $\lambda^{(k+1)}=\mu^{(k)}$, $k=k+1$ 转 (1).

例 6.9 用 Lagrange-Newton 法 (算法 6.6) 求解例 6.6, 取 $x^{(0)}=(2,1)^{\mathrm{T}}$, $\lambda^{(0)}=0$, $\varepsilon=10^{-5}$.

解 $f(x)=(x_1-2)^4+(x_1-2x_2)^2$, $c(x)=x_1^2-x_2$, 所以

$$\nabla f(x)=\begin{bmatrix} 4(x_1-2)^3+2(x_1-2x_2) \\ -4(x_1-2x_2) \end{bmatrix},$$

$$W(x,\lambda)=\begin{bmatrix} 12(x_1-2)^2+2-2\lambda & -4 \\ -4 & 8 \end{bmatrix},\quad A(x)=\begin{bmatrix} 2x_1 \\ -1 \end{bmatrix}.$$

对于 $x^{(0)}=(2,1)^{\mathrm{T}}$, $\lambda^{(0)}=0$, Newton 方程为

$$\begin{bmatrix} 2 & -4 & -4 \\ -4 & 8 & 1 \\ 4 & -1 & 0 \end{bmatrix}\begin{bmatrix} d_1 \\ d_2 \\ \mu \end{bmatrix}=-\begin{bmatrix} 0 \\ 0 \\ 3 \end{bmatrix},$$

其解为 $d_1=-\dfrac{6}{7}$, $d_2=-\dfrac{3}{7}$, $\mu=0$. 所以下一个点对是 $x^{(1)}=\left(\dfrac{8}{7},\dfrac{4}{7}\right)^{\mathrm{T}}$, $\lambda^{(1)}=0$. 全部计算过程如表 6.4 所示.

表 6.4 例 6.9 的计算过程

k	$x^{(k)}$	$\lambda^{(k)}$	$f(x^{(k)})$	$\|\nabla_x L(x^{(k)},\lambda^{(k)})\|$	$\|c(x^{(k)})\|$
0	[2.0000, 1.0000]	0.0000	0.0000	0	3
1	[1.1429, 0.5714]	0.0000	0.5398	2.519	0.73469
2	[0.9105, 0.7750]	-2.5579	1.8180	1.7944	0.053999
3	[0.9472, 0.8959]	-3.3780	1.9417	0.042804	0.0013489
4	[0.9456, 0.8941]	-3.3707	1.9462	9.5397e-006	2.639e-006

与前面的罚函数法 (或乘子罚函数法) 相比, Lagrange-Newton 法的计算效率快很多, 这是由于 Newton 法的收敛速度可达到二阶收敛.

6.3.2 一般约束问题的序列二次规划方法

Lagrange-Newton 法具有计算效率高的特点, 但将它推广到求解一般约束优化问题 (6.98)–(6.100) 却存在着本质上的困难, 因此, 需要换个角度来考虑问题.

1. Newton 方程与二次规划

对于等式约束问题 (6.101)–(6.102), Newton 方程 (6.104) 等价于二次规划子问题

$$\min_{d} \quad \frac{1}{2}d^{\mathrm{T}}W(x^{(k)},\lambda^{(k)})d+\nabla f(x^{(k)})^{\mathrm{T}}d, \tag{6.105}$$

$$\text{s.t.} \quad A(x^{(k)})^{\mathrm{T}}d+c(x^{(k)})=0 \tag{6.106}$$

的 KKT 条件, 也就是说, 可以将 Lagrange-Newton 法 (算法 6.6) 中的求解 Newton 方程改为求解二次规划子问题 (6.105)–(6.106), $(d^{(k)},\mu^{(k)})$ 是子问题的解.

因此, 对于一般约束问题 (6.98)–(6.100), 可以考虑相应的二次规划子问题

$$\min_{d} \quad \frac{1}{2}d^{\mathrm{T}}B^{(k)}d+\nabla f(x^{(k)})^{\mathrm{T}}d, \tag{6.107}$$

$$\text{s.t.} \quad \nabla c_i(x^{(k)})^{\mathrm{T}}d+c_i(x^{(k)})=0,\quad i\in\mathcal{E}, \tag{6.108}$$

$$\nabla c_i(x^{(k)})^{\mathrm{T}}d+c_i(x^{(k)})\geqslant 0,\quad i\in\mathcal{I}, \tag{6.109}$$

其中 $B^{(k)}=W(x^{(k)},\lambda^{(k)})=\nabla^2_{xx}L(x^{(k)},\lambda^{(k)})$. 简单来说, 约束函数线性展开, 目标函数二次展开, 但二次项不是目标函数的 Hesse 矩阵, 而是 Lagrange 函数的 Hesse 矩阵, 或者是通过迭代公式得到的矩阵.

通过求解二次规划子问题 (6.107)–(6.109) 得到 $(d^{(k)},\lambda^{(k)})$, 来完成整个迭代, 并且每次迭代都需要求解一个二次规划问题, 所以称为序列二次规划方法.

2. 二次规划子问题的可行性

在完成序列二次规划之前, 有一个重要的问题需要得到解决 —— 二次规划子问题是否可行. 考虑不等式约束, $c_1(x)=2-x\geqslant 0$, $c_2(x)=x^2-5\geqslant 0$. 取 $x^{(k)}=1$, 由点 $x^{(k)}$ 处的展开式得到

$$-d+1\geqslant 0,\quad 2d-4\geqslant 0.$$

这两个方程不相容, 也就是说, 相应的二次规划子问题不可行.

解决子问题可行性的一种办法是增加参数 θ, 构造线性规划子问题

$$\max_{d,\theta} \quad \theta, \tag{6.110}$$

$$\text{s.t.} \quad \nabla c_i(x^{(k)})^{\mathrm{T}}d+\theta c_i(x^{(k)})=0,\quad i\in\mathcal{E}, \tag{6.111}$$

$$\nabla c_i(x^{(k)})^{\mathrm{T}} d + \theta c_i(x^{(k)}) \geqslant 0, \quad i \in \mathcal{V}, \tag{6.112}$$

$$\nabla c_i(x^{(k)})^{\mathrm{T}} d + c_i(x^{(k)}) \geqslant 0, \quad i \in \mathcal{S}, \tag{6.113}$$

其中 $\mathcal{V} = \{i \in \mathcal{I} \mid c_i(x^{(k)}) < 0\}$, $\mathcal{S} = \{i \in \mathcal{I} \mid c_i(x^{(k)}) \geqslant 0\}$. 线性规划子问题一定有可行点, 例如, $d = 0$, $\theta = 0$ 就是它的一个可行点.

对于刚才的例子, 线性规划子问题为

$$\begin{aligned} \max_{d,\theta} \quad & \theta, \\ \text{s.t.} \quad & -d + 1 \geqslant 0, \quad 2d - 4\theta \geqslant 0, \end{aligned}$$

其解为 $d = 1$, $\theta = \dfrac{1}{2}$.

3. Newton 法与拟 Newton 法

如果在二次规划子问题中, 选择 $B^{(k)} = \nabla^2_{xx} L(x^{(k)}, \lambda^{(k)})$, 则得到的序列二次规划方法相当于 Newton 法.

如果 $B^{(k)}$ 是由某种迭代公式得到的, 则序列二次规划方法相当于拟 Newton 法. 一种构造 $B^{(k)}$ 的迭代公式是 BFGS 公式, 即

$$B^{(k+1)} = B^{(k)} - \frac{B^{(k)} s^{(k)} (s^{(k)})^{\mathrm{T}} B^{(k)}}{(s^{(k)})^{\mathrm{T}} B^{(k)} s^{(k)}} + \frac{y^{(k)} (y^{(k)})^{\mathrm{T}}}{(y^{(k)})^{\mathrm{T}} s^{(k)}},$$

其中 $s^{(k)} = x^{(k+1)} - x^{(k)}$, $y^{(k)} = \nabla_x L(x^{(k+1)}, \lambda^{(k+1)}) - \nabla_x L(x^{(k)}, \lambda^{(k+1)})$.

对于无约束问题, 当一维搜索满足一定条件时, 有 $(y^{(k)})^{\mathrm{T}} s^{(k)} > 0$, 这样, 在 $B^{(k)}$ 正定时, 由 BFGS 公式得到的 $B^{(k+1)}$ 也正定. 但对于约束问题, 是无法得到 $(y^{(k)})^{\mathrm{T}} s^{(k)} > 0$ 这一关键条件的, 从而也就无法保证 $B^{(k+1)}$ 正定.

对于无约束问题, $B^{(k)}$ 正定能保证计算出的搜索方向是下降方向. 那么, 对于约束问题, 为什么也希望 $B^{(k)}$ 正定呢? 这是因为 $B^{(k)}$ 正定, 能保证二次规划子问题的求解较为容易, 也容易构造所谓效应函数的下降方向.

一种保证 $B^{(k+1)}$ 正定的方法是作 $y^{(k)}$ 与 $B^{(k)} s^{(k)}$ 的线性组合, 令

$$r^{(k)} = \theta_k y^{(k)} + (1 - \theta_k) B^{(k)} s^{(k)}, \tag{6.114}$$

选择参数 θ_k, 使得

$$(r^{(k)})^{\mathrm{T}} s^{(k)} \geqslant 0.2 (s^{(k)})^{\mathrm{T}} B^{(k)} s^{(k)} > 0,$$

所以 θ_k 的取值为

$$\theta_k = \begin{cases} 1, & (y^{(k)})^{\mathrm{T}} s^{(k)} \geqslant 0.2 (s^{(k)})^{\mathrm{T}} B^{(k)} s^{(k)}, \\ \dfrac{0.8 (s^{(k)})^{\mathrm{T}} B^{(k)} s^{(k)}}{(s^{(k)})^{\mathrm{T}} B^{(k)} s^{(k)} - (y^{(k)})^{\mathrm{T}} s^{(k)}}, & (y^{(k)})^{\mathrm{T}} s^{(k)} < 0.2 (s^{(k)})^{\mathrm{T}} B^{(k)} s^{(k)}. \end{cases} \tag{6.115}$$

这样, BFGS 公式修正为

$$B^{(k+1)} = B^{(k)} - \frac{B^{(k)}s^{(k)}(s^{(k)})^{\mathrm{T}}B^{(k)}}{(s^{(k)})^{\mathrm{T}}B^{(k)}s^{(k)}} + \frac{r^{(k)}(r^{(k)})^{\mathrm{T}}}{(r^{(k)})^{\mathrm{T}}s^{(k)}}, \tag{6.116}$$

它能够保证, 当 $B^{(k)}$ 正定时, 得到的 $B^{(k+1)}$ 正定.

4. **一维搜索与效应函数**

设 $d^{(k)}$ 是二次规划子问题 (6.107)–(6.109) 的解, 下一步的工作是一维搜索, 令

$$x^{(k+1)} = x^{(k)} + \alpha_k d^{(k)}.$$

在无约束问题中, 一维搜索的目标很明确, 求解函数 $f(x)$ 的极小, 但对于约束问题, 仅求目标函数极小是不够的, 还应尽量保证得到的点满足可行性. 因此, 求一维搜索极小点的函数既包含目标函数, 也同时包含约束函数. 称这类函数为效应函数.

选择 6.2.2 节介绍的 l_1 模罚函数

$$\phi_1(x,\sigma) = f(x) + \sigma\left(\sum_{i\in\mathcal{E}}|c_i(x)| + \sum_{i\in\mathcal{I}}[c_i(x)]^-\right)$$

作为效应函数, 它虽然是非光滑函数, 但对于任何方向, 它的方向导数存在, 不影响一维问题的求解.

定理 6.14 *若 $d^{(k)}$ 是二次规划子问题 (6.107)–(6.109) 的解, $\lambda^{(k+1)}$ 是 Lagrange 乘子向量, 则*

$$\begin{aligned} D(\phi_1(x^{(k)},\sigma_k);d^{(k)}) = {}& \nabla f(x^{(k)})^{\mathrm{T}}d^{(k)} + \sigma_k\sum_{i\in\mathcal{E}}\operatorname{sign}(c_i(x^{(k)}))\nabla c_i(x^{(k)})^{\mathrm{T}}d^{(k)} \\ & +\sigma_k\sum_{i\in\mathcal{I}}\min\left\{0,\operatorname{sign}(c_i(x^{(k)}))\right\}\nabla c_i(x^{(k)})^{\mathrm{T}}d^{(k)}. \end{aligned} \tag{6.117}$$

进一步得到

$$\begin{aligned} D(\phi_1(x^{(k)},\sigma_k);d^{(k)}) \leqslant {}& -(d^{(k)})^{\mathrm{T}}B^{(k)}d^{(k)} - \left(\sigma_k - \left\|\lambda^{(k+1)}\right\|_\infty\right) \\ & \cdot\left[\sum_{i\in\mathcal{E}}\left|c_i(x^{(k)})\right| + \sum_{i\in\mathcal{I}}\left[c_i(x^{(k)})\right]^-\right]. \end{aligned} \tag{6.118}$$

证明 为叙述方便, 在整个证明过程中去掉上标 (k) 或上标 $(k+1)$ 或下标 k. 利用方向导数的定义, 推导出 $\phi_1(x,\sigma)$ 关于方向 d 的方向导数, 有

$$D(\phi_1(x,\sigma);d) = \nabla f(x)^{\mathrm{T}}d - \sigma\sum_{\substack{i\in\mathcal{E}\\ c_i(x)<0}}\nabla c_i(x)^{\mathrm{T}}d + \sigma\sum_{\substack{i\in\mathcal{E}\\ c_i(x)>0}}\nabla c_i(x)^{\mathrm{T}}d$$

$$+\sigma \sum_{\substack{i\in\mathcal{E}\\ c_i(x)=0}} \left|\nabla c_i(x)^{\mathrm{T}} d\right| - \sigma \sum_{\substack{i\in\mathcal{I}\\ c_i(x)<0}} \nabla c_i(x)^{\mathrm{T}} d$$
$$+\sigma \sum_{\substack{i\in\mathcal{I}\\ c_i(x)=0}} \left[\nabla c_i(x)^{\mathrm{T}} d\right]^- .$$

由 d 的可行性条件, 当 $c_i(x)=0$ 时, 有 $\nabla c_i(x)^{\mathrm{T}} d = -c_i(x) = 0\ (i\in\mathcal{E})$, $\nabla c_i(x)^{\mathrm{T}} d \geqslant -c_i(x) = 0\ (i\in\mathcal{I})$. 因此,

$$\begin{aligned} D(\phi_1(x,\sigma);d) = {} & \nabla f(x)^{\mathrm{T}} d - \sigma \sum_{\substack{i\in\mathcal{E}\\ c_i(x)<0}} \nabla c_i(x)^{\mathrm{T}} d + \sigma \sum_{\substack{i\in\mathcal{E}\\ c_i(x)>0}} \nabla c_i(x)^{\mathrm{T}} d \\ & - \sigma \sum_{\substack{i\in\mathcal{I}\\ c_i(x)<0}} \nabla c_i(x)^{\mathrm{T}} d, \end{aligned}$$

即式 (6.117) 成立. 继续利用 d 的可行性条件, 得到

$$D(\phi_1(x,\sigma);d) \leqslant \nabla f(x)^{\mathrm{T}} d + \sigma \sum_{\substack{i\in\mathcal{E}\\ c_i(x)<0}} c_i(x) - \sigma \sum_{\substack{i\in\mathcal{E}\\ c_i(x)>0}} c_i(x) + \sigma \sum_{\substack{i\in\mathcal{I}\\ c_i(x)<0}} c_i(x). \tag{6.119}$$

由于 d 是二次规划的最优解, λ 是 Lagrange 乘子向量, 由 KKT 条件, 得到

$$\begin{aligned} Bd + \nabla f(x) - \sum_{i\in\mathcal{E}\cup\mathcal{I}} \lambda_i \nabla c_i(x) = 0, \\ \lambda_i(\nabla c_i(x)^{\mathrm{T}} d + c_i(x)) = 0, \quad i\in\mathcal{E}\cup\mathcal{I}, \end{aligned}$$

因此,

$$\nabla f(x)^{\mathrm{T}} d = -d^{\mathrm{T}} Bd + \sum_{i\in\mathcal{E}\cup\mathcal{I}} \lambda_i \nabla c_i(x)^{\mathrm{T}} d = -d^{\mathrm{T}} Bd - \sum_{i\in\mathcal{E}\cup\mathcal{I}} \lambda_i c_i(x). \tag{6.120}$$

将式 (6.120) 代入式 (6.119), 并注意到 $\lambda_i \geqslant 0\ (i\in\mathcal{I})$, 有

$$\begin{aligned} D(\phi_1(x,\sigma);d) & \leqslant -d^{\mathrm{T}} Bd + \sum_{\substack{i\in\mathcal{E}\\ c_i(x)<0}} (\sigma-\lambda_i) c_i(x) - \sum_{\substack{i\in\mathcal{E}\\ c_i(x)>0}} (\sigma+\lambda_i) c_i(x) \\ & \quad + \sum_{\substack{i\in\mathcal{I}\\ c_i(x)<0}} (\sigma-\lambda_i) c_i(x) - \sum_{\substack{i\in\mathcal{I}\\ c_i(x)\geqslant 0}} \lambda_i c_i(x) \\ & \leqslant -d^{\mathrm{T}} Bd - \sum_{i\in\mathcal{E}} (\sigma-|\lambda_i|)|c_i(x)| - \sum_{i\in\mathcal{I}} (\sigma-|\lambda_i|)[c_i(x)]^- \\ & \leqslant -d^{\mathrm{T}} Bd - (\sigma-\|\lambda\|_\infty)\left(\sum_{i\in\mathcal{E}} |c_i(x)| + \sum_{i\in\mathcal{I}} [c_i(x)]^-\right). \end{aligned}$$

定理 6.14 有两个目的, 一是给出了方向导数的计算公式 (见式 (6.117)), 二是表明 (见式 (6.118)): 如果 $B^{(k)}$ 正定, 则当 $\sigma_k > \|\lambda^{(k+1)}\|_\infty$ 时, 则由二次规划得到的方向 $d^{(k)}$ 是 $\phi_1(x,\sigma_k)$ 的下降方向. 这也是为什么要保持 $B^{(k)}$ 正定的原因.

当 $d^{(k)}$ 是 $\phi_1(x,\sigma_k)$ 的下降方向时, 可作一维搜索, 这里采用简单后退准则 (Armijo 准则), 一维搜索步长 α_k 满足

$$\phi_1(x^{(k)}+\alpha_k d^{(k)},\sigma_k) \leqslant \phi_1(x^{(k)},\sigma_k)+\eta\alpha_k D(\phi_1(x^{(k)},\sigma_k);d^{(k)}), \tag{6.121}$$

其中 $\eta\in(0,1)$, 按式 (6.117) 计算 $D(\phi_1(x^{(k)},\sigma_k);d^{(k)})$.

5. 算法

算法 6.7 (序列二次规划方法)

(0) 取初始点 $x^{(0)}$, $B^{(0)}=I$, $\delta=0.1$, 置精度要求 ε, 置 $k=0$.

(1) 求解二次规划子问题 (6.107) – (6.109), 若问题没有可行解, 则转 (2); 否则, 令 $d^{(k)}$ 为问题的解, $\lambda^{(k+1)}$ 为相应的 Lagrange 乘子向量, 转 (3).

(2) 求解线性规划子问题 (6.110) – (6.113), 其最优解为 θ^*, 然后求解

$$\begin{aligned}
\min_d\quad & \frac{1}{2}d^{\mathrm T}B^{(k)}d+\nabla f(x^{(k)})^{\mathrm T}d,\\
\text{s.t.}\quad & \nabla c_i(x^{(k)})^{\mathrm T}d+\theta^* c_i(x^{(k)})=0,\quad i\in\mathcal{E},\\
& \nabla c_i(x^{(k)})^{\mathrm T}d+\theta^* c_i(x^{(k)})\geqslant 0,\quad i\in\mathcal{V},\\
& \nabla c_i(x^{(k)})^{\mathrm T}d+c_i(x^{(k)})\geqslant 0,\quad i\in\mathcal{S},
\end{aligned}$$

其中 $\mathcal{V}=\{i\in\mathcal{I}\mid c_i(x^{(k)})<0\}$, $\mathcal{S}=\{i\in\mathcal{I}\mid c_i(x^{(k)})\geqslant 0\}$. 令 $d^{(k)}$ 为问题的解, $\lambda^{(k+1)}$ 为相应的 Lagrange 乘子向量.

(3) 如果 $\|d^{(k)}\|<\varepsilon$, 则停止计算 ($x^{(k)}$ 作为约束问题的最优解, $\lambda^{(k+1)}$ 为相应的乘子向量); 否则, 令

$$\sigma_k=\left\|\lambda^{(k+1)}\right\|_\infty+\delta,$$

构造效应函数 $\phi_1(x,\sigma_k)$, 使用 Armijo 准则 (见式 (6.121)) 确定一维搜索步长 α_k. 置 $x^{(k+1)}=x^{(k)}+\alpha_k d^{(k)}$.

(4) 令 $s^{(k)}=x^{(k+1)}-x^{(k)}$, $y^{(k)}=\nabla_x L(x^{(k+1)},\lambda^{(k+1)})-\nabla_x L(x^{(k)},\lambda^{(k+1)})$, 用式 (6.114)–式 (6.116) 修正矩阵 $B^{(k)}$.

(5) 置 $k=k+1$ 转 (1).

例 6.10　用序列二次规划方法 (算法 6.7) 求解约束问题

$$\begin{aligned}
\min\quad & f(x)=(x_1-2)^4+(x_1-2x_2)^2,\\
\text{s.t.}\quad & c(x)=-x_1^2+x_2\geqslant 0,
\end{aligned}$$

取 $x^{(0)}=(2,1)^{\mathrm{T}}$, $\varepsilon=10^{-4}$.

解 准备工作. $f(x)=(x_1-2)^4+(x_1-2x_2)^2$, $c(x)=-x_1^2+x_2$, 构造效应函数

$$\phi_1(x,\sigma_k)=(x_1-2)^4+(x_1-2x_2)^2+\sigma_k\max\{x_1^2-x_2,0\}.$$

计算目标函数和约束函数的梯度

$$\nabla f(x)=\begin{bmatrix}4(x_1-2)^3+2(x_1-2x_2)\\-4(x_1-2x_2)\end{bmatrix},\quad \nabla c(x)=\begin{bmatrix}-2x_1\\1\end{bmatrix}.$$

第一轮计算. 取 $x^{(0)}=(2,1)^{\mathrm{T}}$, 得到 $\nabla f(x^{(0)})=(0,\ 0)^{\mathrm{T}}$, $c(x^{(0)})=-3$, $\nabla c(x^{(0)})=(-4,\ 1)^{\mathrm{T}}$. 求解二次规划

$$\begin{aligned}\min_{d}\quad & \frac{1}{2}\left(d_1^2+d_2^2\right),\\ \text{s.t.}\quad & -4d_1+d_2-3\geqslant 0\end{aligned}$$

得到 $d_1=-\dfrac{12}{17}$, $d_2=\dfrac{3}{17}$, $\lambda^{(1)}=\dfrac{3}{17}$.

令 $\sigma_0=|\lambda^{(1)}|+0.1=0.2765$, 计算效应函数和效应函数的方向导数, 且方向导数小于 0, 使用 Armijo 准则求一维步长, $\alpha_0=\dfrac{1}{2}$, 所以

$$x^{(1)}=x^{(0)}+\alpha_0 d^{(0)}=\begin{bmatrix}2\\1\end{bmatrix}+\frac{1}{2}\begin{bmatrix}-\dfrac{12}{17}\\ \dfrac{3}{17}\end{bmatrix}=\begin{bmatrix}\dfrac{28}{17}\\ \dfrac{37}{34}\end{bmatrix}.$$

计算

$$s^{(0)}=\begin{bmatrix}-0.3529\\0.0882\end{bmatrix},\quad y^{(0)}=\nabla_x L(x^{(1)},\lambda^{(1)})-\nabla_x L(x^{(0)},\lambda^{(1)})=\begin{bmatrix}-1.3593\\2.1176\end{bmatrix},$$

用 BFGS 公式构造 $B^{(1)}$, 进入下一轮迭代. 全部计算结果如表 6.5 所示. 表中的计算结果表明: SQP 方法的计算效率还是很高的.

表 6.5 例 6.10 的计算过程

k	$x^{(k)}$	$d^{(k)}$	$\lambda^{(k+1)}$	σ_k
0	[2.0000, 1.0000]	[-7.0588e-001, 1.7647e-001]	0.1765	0.2765
1	[1.6471, 1.0882]	[-6.7878e-001, -6.1142e-001]	0.2002	0.3002
2	[1.3077, 0.7825]	[-3.8253e-001, -7.2982e-002]	1.1587	1.2587
⋮	⋮	⋮	⋮	⋮
6	[0.9455, 0.8937]	[3.8728e-005, 4.0180e-004]	3.3705	3.4705
7	[0.9456, 0.8941]	[-3.1521e-007, -5.9461e-007]	3.3707	

6.4 序列二次规划的信赖域方法

在求解无约束优化问题中, 有两类求解方法, 一类是一维搜索方法, 另一类是信赖域方法. 6.3 节介绍了带有一维搜索策略的序列二次规划方法, 这一节介绍使用信赖域策略的序列二次规划方法.

对于一般约束问题, 信赖域方法需要求解如下信赖域子问题

$$\min_{d} \quad \frac{1}{2}d^{\mathrm{T}}B^{(k)}d + \nabla f(x^{(k)})^{\mathrm{T}}d, \tag{6.122}$$

$$\text{s.t.} \quad \nabla c_i(x^{(k)})^{\mathrm{T}}d + c_i(x^{(k)}) = 0, \quad i \in \mathcal{E}, \tag{6.123}$$

$$\nabla c_i(x^{(k)})^{\mathrm{T}}d + c_i(x^{(k)}) \geqslant 0, \quad i \in \mathcal{I}, \tag{6.124}$$

$$\|d\| \leqslant \Delta_k. \tag{6.125}$$

但是, 即使在约束 (6.123) 和约束 (6.124) 是相容的情况下, 子问题 (6.122)–(6.125) 或许也没有可行点. 例如, 图 6.6 给出了只有一个等式约束情况下, 子问题不可行的情况.

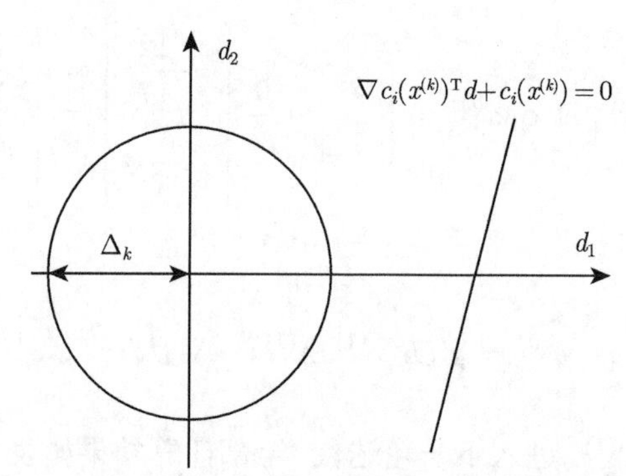

图 6.6 线性约束与信赖域半径不相容的情况

当然, 保证子问题有可行点的办法有很多, 其中最简单的办法是增加信赖域半径 Δ_k, 但这种做法破坏了信赖域算法的初衷, 因为信赖域半径的大小是根据实际下降量与理论下降量的比值来确定的.

为了便于分析, 下面分别讨论求解等式约束问题和一般约束问题的信赖域方法.

6.4.1 求解等式约束问题的信赖域算法

对于等式约束问题

$$\begin{aligned} \min \quad & f(x), \quad x \in \mathbb{R}^n, & (6.126)\\ \text{s.t.} \quad & c(x) = 0, & (6.127)\end{aligned}$$

其中 $c(x)$ 为向量函数, $c_i(x)$ $(i \in \mathcal{E})$ 为它的第 i 个分量. 在点 $x^{(k)}$ 处的信赖域子问题为

$$\begin{aligned} \min_{d} \quad & \frac{1}{2}d^{\mathrm{T}}B^{(k)}d + \nabla f(x^{(k)})^{\mathrm{T}}d, & (6.128)\\ \text{s.t.} \quad & A(x^{(k)})^{\mathrm{T}}d + c(x^{(k)}) = 0, & (6.129)\\ & \|d\| \leqslant \Delta_k, & (6.130)\end{aligned}$$

其中 $A(x^{(k)}) = [\cdots \ \nabla c_i(x^{(k)}) \ \cdots]$ $(i \in \mathcal{E})$.

1. 子问题的分析与简化

为了避免子问题 (6.128)–(6.130) 无可行点, 将分解成两个子问题, 一个称为法方向子问题, 另一个称为切方向子问题.

法方向子问题的目标是使下一个点尽量满足可行性, 所以它在信赖域约束 (6.130) 下, 求线性约束 (6.129) 的最小二乘解, 即求解子问题

$$\begin{aligned} \min_{v} \quad & \left\|A(x^{(k)})^{\mathrm{T}}v + c(x^{(k)})\right\|_2^2, & (6.131)\\ \text{s.t.} \quad & \|v\|_2 \leqslant 0.8\Delta_k. & (6.132)\end{aligned}$$

这里的 0.8 是一个系数, 希望后面构造的子问题中, d 有一定的变化范围.

法方向子问题 (6.131)–(6.132) 是典型的信赖域子问题, 可以使用第 2 章 (2.4 节) 介绍的 dogleg 方法求解.

切方向子问题的目标是在刚才的条件下, 尽量使目标函数值下降. 由于是保持约束条件不变, 相当于在约束 $c(x) = 0$ 的切空间上运动 (这也是称为切方向子问题的原因), 即求解子问题

$$\begin{aligned} \min_{d} \quad & \frac{1}{2}d^{\mathrm{T}}B^{(k)}d + \nabla f(x^{(k)})^{\mathrm{T}}d, & (6.133)\\ \text{s.t.} \quad & A(x^{(k)})^{\mathrm{T}}d + c(x^{(k)}) = r^{(k)}, & (6.134)\\ & \|d\|_2 \leqslant \Delta_k, & (6.135)\end{aligned}$$

其中 $r^{(k)} = A(x^{(k)})^{\mathrm{T}}v^{(k)} + c(x^{(k)})$, $v^{(k)}$ 是法方向子问题的最优解.

对于切方向子问题 (6.133)–(6.135) 求解, 还需要作一些简化. 设 $Z^{(k)}$ 是 $A(x^{(k)})^{\mathrm{T}}$ 零空间的基, 即 $A(x^{(k)})^{\mathrm{T}}Z^{(k)} = 0$. 令

$$d = v^{(k)} + Z^{(k)}u,$$

则约束 (6.134) 自动得到满足, 切方向子问题简化成

$$\begin{aligned} \min_{u} \quad & \frac{1}{2}u^{\mathrm{T}}(Z^{(k)})^{\mathrm{T}}B^{(k)}Z^{(k)}u+\left(B^{(k)}v^{(k)}+\nabla f(x^{(k)})\right)^{\mathrm{T}}Z^{(k)}u, \quad (6.136)\\ \text{s.t.} \quad & \left\|Z^{(k)}u\right\|_2 \leqslant \sqrt{\Delta_k^2-\left\|v^{(k)}\right\|_2^2}. \quad (6.137)\end{aligned}$$

对 $A(x^{(k)})$ 作 QR 分解, 即

$$A(x^{(k)})=[Q_1^{(k)},Q_2^{(k)}]\begin{bmatrix} R^{(k)} \\ 0 \end{bmatrix}, \tag{6.138}$$

令 $Z^{(k)}=Q_2^{(k)}$, 满足 $A(x^{(k)})^{\mathrm{T}}Z^{(k)}=0$. 由正交矩阵的性质知, $\|Z^{(k)}u\|_2=\|u\|_2$, 子问题 (6.136)–(6.137) 也是标准的信赖域子问题, 仍然可以由 dogleg 方法求解.

2. 实际下降量与预测下降量

在信赖域方法中, 实际下降量与预测下降量是非常重要的计算, 它是确定信赖域半径的关键.

在无约束问题中, 实际下降量只需考虑目标函数的下降量. 对于约束问题, 情况要复杂一些, 不但要考虑目标函数, 还要考虑约束条件, 使用两者的组合来构造效应函数. 一种方法是构造 $c(x)$ 的二范数罚函数, 即

$$\phi_2(x,\sigma)=f(x)+\sigma\|c(x)\|_2. \tag{6.139}$$

注意: 惩罚项是二范数, 不是二范数的平方.

设 $x^{(k)}$ 为当前点, $d^{(k)}$ 为信赖域子问题的步长, 则实际下降量定义为

$$\mathrm{ared}_k=\phi_2(x^{(k)},\sigma_k)-\phi_2(x^{(k)}+d^{(k)},\sigma_k).$$

由于实际下降量考虑了目标函数和约束函数的组合, 所以预测下降量的函数也要考虑两者的组合, 定义

$$q(d,\sigma_k)=\frac{1}{2}d^{\mathrm{T}}B^{(k)}d+\nabla f(x^{(k)})^{\mathrm{T}}d+\sigma_k m_k(d),$$

其中

$$m_k(d)=\left\|A(x^{(k)})^{\mathrm{T}}d+c(x^{(k)})\right\|_2,$$

则预测下降量定义为

$$\mathrm{pred}_k=q(0,\sigma_k)-q(d^{(k)},\sigma_k).$$

为了保证 $\mathrm{pred}_k>0$, 要求

$$q(0,\sigma_k)-q(d^{(k)},\sigma_k)\geqslant\gamma\sigma(m_k(0)-m_k(d^{(k)})),$$

其中 $\gamma \in (0,1)$ (通常取 $\gamma = 0.3$), 从而得到

$$\sigma_k > \overline{\sigma}_k = \frac{\frac{1}{2}(d^{(k)})^{\mathrm{T}} B^{(k)} d^{(k)} + \nabla f(x^{(k)})^{\mathrm{T}} d^{(k)}}{(1-\gamma)(m_k(0) - m_k(d^{(k)}))}. \tag{6.140}$$

计算实际下降量与预测下降量的比值

$$\rho_k = \frac{\mathrm{ared}_k}{\mathrm{pred}_k} = \frac{\phi_2(x^{(k)}, \sigma_k) - \phi_2(x^{(k)} + d^{(k)}, \sigma_k)}{q(0, \sigma_k) - q(d^{(k)}, \sigma_k)}. \tag{6.141}$$

3. 求解等式约束问题的信赖域算法

在给出算法之前, 还有一个问题需要解——终止准则. 由等式约束问题(6.126)–(6.127) 的一阶必要条件

$$\nabla f(x) - A(x)\lambda = 0, \tag{6.142}$$

$$c(x) = 0, \tag{6.143}$$

因此, 在点 $x^{(k)}$ 处 Lagrange 乘子的估计值 $\widehat{\lambda}^{(k)}$ 是方程 (6.142) 当 $x = x^{(k)}$ 时的最小二乘解, 即

$$\widehat{\lambda}^{(k)} = \left[A(x^{(k)})^{\mathrm{T}} A(x^{(k)})\right]^{-1} A(x^{(k)})^{\mathrm{T}} \nabla f(x^{(k)}). \tag{6.144}$$

由 KKT 条件 (式 (6.142) 和式 (6.143)), 终止条件定义为

$$\left\|\nabla f(x^{(k)}) - A(x^{(k)})\widehat{\lambda}^{(k)}\right\|_\infty < \varepsilon \quad 和 \quad \left\|c(x^{(k)})\right\|_\infty < \varepsilon. \tag{6.145}$$

算法 6.8 (等式约束问题的信赖域算法)

(0) 取初始点 $x^{(0)}$, 置信赖域半径上界 $\bar{\Delta}$, 取 $\Delta_0 \in (0, \bar{\Delta})$ 和 $\eta \in \left(0, \frac{1}{4}\right)$, 置初始矩阵 $B^{(0)}$ 和精度要求 $\varepsilon > 0$, 置 $k = 0$.

(1) 按式 (6.144) 计算 Lagrange 乘子的估计值, 若终止条件 (6.145) 成立, 则停止计算 ($x^{(k)}$ 作为约束问题的最优解, $\widehat{\lambda}^{(k)}$ 为相应的乘子向量); 否则, 求解法方向子问题 (6.131)–(6.132), 其解为 $v^{(k)}$.

(2) 按式 (6.138) 对矩阵 $A(x^{(k)})$ 作 QR 分解, 令 $Z^{(k)} = Q_2^{(k)}$, 求解切方向子问题 (6.136)–(6.137), 其最优解为 $u^{(k)}$, 置 $d^{(k)} = v^{(k)} + Z^{(k)} u^{(k)}$.

(3) 按式 (6.140) 计算 σ_k, 按式 (6.141) 计算 ρ_k.

(4) 如果 $\rho_k < \frac{1}{4}$, 则置 $\Delta_{k+1} = \frac{1}{2}\Delta_k$; 如果 $\rho_k > \frac{3}{4}$, 则置 $\Delta_{k+1} = \min\{2\Delta_k, \bar{\Delta}\}$; 否则置 $\Delta_{k+1} = \Delta_k$.

(5) 如果 $\rho_k \geqslant \eta$, 则置 $x^{(k+1)} = x^{(k)} + d^{(k)}$, 令 $s^{(k)} = d^{(k)}$, $y^{(k)} = \nabla_x L(x^{(k+1)}, \widehat{\lambda}^{(k)}) - \nabla_x L(x^{(k)}, \widehat{\lambda}^{(k)})$, 用式 (6.114)–式 (6.116) 修正矩阵 $B^{(k)}$, 得到 $B^{(k+1)}$; 否则置 $x^{(k+1)} = x^{(k)}$.

(6) 置 $k = k + 1$, 转 (1).

例 6.11 用信赖域算法 (算法 6.8) 求解例 6.6, 取 $x^{(0)}=(2,1)^{\mathrm{T}}$, $B^{(0)}=I$, $\Delta_0=1$, $\eta=10^{-4}$, $\varepsilon=10^{-5}$.

解 准备工作. $f(x)=(x_1-2)^4+(x_1-2x_2)^2$, $c(x)=x_1^2-x_2$, 构造效应函数

$$\phi_2(x,\sigma_k)=(x_1-2)^4+(x_1-2x_2)^2+\sigma_k|x_1^2-x_2|.$$

计算目标函数和约束函数的梯度

$$\nabla f(x)=\begin{bmatrix}4(x_1-2)^3+2(x_1-2x_2)\\-4(x_1-2x_2)\end{bmatrix},\quad \nabla c(x)=\begin{bmatrix}2x_1\\-1\end{bmatrix}.$$

$A(x^{(0)})=\nabla c(x^{(0)})=(4,-1)^{\mathrm{T}}$, $A(x^{(0)})^{\mathrm{T}}A(x^{(0)})=17$. $\widehat{\lambda}^{(0)}=[A(x^{(0)})^{\mathrm{T}}A(x^{(0)})]^{-1}$ $A(x^{(0)})^{\mathrm{T}}\nabla f(x^{(0)})=0$, $\nabla_x L(x^{(k)},\widehat{\lambda}^{(k)})=[0,0]^{\mathrm{T}}$, $|c(x^{(0)})|=3$. 求解法方向子问题和切方向子问题等.

在求解法方向子问题 (6.131)–(6.132) 时, 矩阵 $A(x^{(k)})A(x^{(k)})^{\mathrm{T}}$ 奇异, 使用 deglog 方法时, 会遇到数值困难, 计算时, 使用矩阵 $A(x^{(k)})A(x^{(k)})^{\mathrm{T}}+\gamma I$, 取 $\gamma=0.01$ 即可.

为了保证 $\sigma_k>\overline{\sigma}_k$, 且 $\sigma_k>0$, 这里取 $\sigma_k=\max\{\overline{\sigma}_k,0\}+10$, 从而保证了预测下降量 $\mathrm{pred}_k>0$. 全部计算结果如表 6.6 所示. 从表 6.6 可以看出, 信赖域方法的计算效果是不错的.

表 6.6 例 6.11 的计算过程

k	$x^{(k)}$	$f(x^{(k)})$	$\widehat{\lambda}^{(k)}$	$\nabla_x L(x^{(k)},\widehat{\lambda}^{(k)})$	$\lvert c(x^{(k)})\rvert$	σ_k
0	[2.0000, 1.0000]	0.0000	-0.0000	0.0000e+000	3.0000e+000	10.1260
1	[1.2945, 1.1764]	1.3675	-1.7328	2.5000e+000	4.9945e-001	10.0000
2	[0.7429, 0.2470]	2.5593	-3.1397	4.1355e+000	3.0494e-001	10.2108
⋮	⋮	⋮	⋮	⋮	⋮	⋮
7	[0.9456, 0.8942]	1.9462	-3.3706	2.9021e-004	3.1683e-006	14.8121
8	[0.9456, 0.8941]	1.9462	-3.3707	3.0855e-008	7.3376e-009	

6.4.2 求解一般约束问题的信赖域算法

对于一般约束优化问题 (6.98)–(6.100), 由于信赖域子问题 (6.122)–(6.125) 会出现无可行点的情况, 所以将等式约束 (6.123) 和不等式约束 (6.124) 改成目标并用 l_1 范数加以惩罚, 即子问题 (6.122)–(6.125) 改写成

$$\min_{d}\quad \frac{1}{2}d^{\mathrm{T}}B^{(k)}d+\nabla f(x^{(k)})^{\mathrm{T}}d\ +\ \sigma\sum_{i\in\mathcal{E}}\left|\nabla c_i(x^{(k)})^{\mathrm{T}}d+c_i(x^{(k)})\right|$$

$$+\sigma\sum_{i\in\mathcal{I}}\left[\nabla c_i(x^{(k)})^{\mathrm{T}}d+c_i(x^{(k)})\right]^-, \tag{6.146}$$

$$\text{s.t.} \quad \|d\|_\infty\leqslant\Delta_k, \tag{6.147}$$

此处用 ∞ 范数是为了便于子问题的求解.

1. 子问题的分析与简化

在子问题 (6.146)–(6.147) 中, 目标函数 (6.146) 是非光滑的, 这给问题的求解带来困难. 引进松弛变量 v, w 和 t, 将子问题转换成

$$\min_d \quad \frac{1}{2}d^{\mathrm{T}}B^{(k)}d+\nabla f(x^{(k)})^{\mathrm{T}}d+\sigma\sum_{i\in\mathcal{E}}(v_i+w_i)+\sigma\sum_{i\in\mathcal{I}}t_i, \tag{6.148}$$

$$\text{s.t.} \quad \nabla c_i(x^{(k)})^{\mathrm{T}}d+c_i(x^{(k)})=v_i-w_i,\quad i\in\mathcal{E}, \tag{6.149}$$

$$\nabla c_i(x^{(k)})^{\mathrm{T}}d+c_i(x^{(k)})\geqslant -t_i,\quad i\in\mathcal{I}, \tag{6.150}$$

$$d_i\leqslant\Delta_k,\quad i=1,2,\cdots,n, \tag{6.151}$$

$$v,w,t\geqslant 0. \tag{6.152}$$

这是一个光滑的二次规划问题, 可以选择关于二次规划的算法求解.

2. 实际下降量与预测下降量

由于函数 (6.146) 使用的是 l_1 模罚函数, 因此, 这里的效应函数也选择 l_1 模罚函数, 即

$$\phi_1(x,\sigma)=f(x)+\sigma\sum_{i\in\mathcal{E}}|c_i(x)|+\sigma\sum_{i\in\mathcal{I}}[c_i(x)]^-,$$

则实际下降量定义为

$$\mathrm{ared}_k=\phi_1(x^{(k)},\sigma_k)-\phi_1(x^{(k)}+d^{(k)},\sigma_k),$$

其中 $x^{(k)}$ 为当前点, $d^{(k)}$ 为信赖域子问题 (6.146)–(6.147) 的最优解, σ_k 为当前的惩罚因子.

定义

$$m_k(d)=\sum_{i\in\mathcal{E}}\left|\nabla c_i(x^{(k)})^{\mathrm{T}}d+c_i(x^{(k)})\right|+\sum_{i\in\mathcal{I}}\left[\nabla c_i(x^{(k)})^{\mathrm{T}}d+c_i(x^{(k)})\right]^-,$$

子问题的目标函数 (6.146) 可写成

$$q(d,\sigma)=\frac{1}{2}d^{\mathrm{T}}B^{(k)}d+\nabla f(x^{(k)})^{\mathrm{T}}d+\sigma m_k(d),$$

因此, 预测下降量定义为

$$\text{pred}_k = q(0, \sigma_k) - q(d^{(k)}, \sigma_k),$$

其中 $d^{(k)}$ 为信赖域子问题 (6.146)–(6.147) 的最优解, σ_k 为当前的惩罚因子.

3. 惩罚因子的调整

如果 $m_k(d^{(k)}) = 0$, 即 $d^{(k)}$ 满足线性化约束条件 (6.123) 和 (6.124), 则在下一次迭代时, 惩罚因子保持不变, 令 $\sigma^+ = \sigma_k$.

如果 $m_k(d^{(k)}) > 0$, 则在子问题 (6.146)–(6.147) 中, 选择"$\sigma = \infty$", 也就是说, 将目标函数 (6.146) 用 $m_k(d)$ 替换, 设问题的解为 d^∞.

如果 $m_k(d^\infty) = 0$, 则说明, 线性化约束 (6.123)–(6.124) 的可行解位于信赖域内, 则选择 $\sigma^+ > \sigma_k$, 取 $\sigma = \sigma^+$, 求解子问题 (6.146)–(6.147), 即求解

$$\min_d \quad q(d, \sigma^+), \tag{6.153}$$

$$\text{s.t.} \quad \|d\|_\infty \leqslant \Delta_k, \tag{6.154}$$

其解为 $d(\sigma^+)$, 使得 $m_k(d(\sigma^+)) = 0$.

如果 $m_k(d^\infty) > 0$, 则选择 $\sigma^+ \geqslant \sigma_k$, 使得

$$m_k(0) - m_k(d(\sigma^+)) \geqslant \gamma_1(m_k(0) - m_k(d^\infty)), \tag{6.155}$$

其中 $\gamma_1 \in (0, 1)$, $d(\sigma^+)$ 是问题 (6.153)–(6.154) 的解.

另外, 为保证预测下降量大于零, 需要增加 σ^+, 使得

$$q(0, \sigma^+) - q(d(\sigma^+), \sigma^+) \geqslant \gamma_2(m_k(0) - m_k(d(\sigma^+))), \tag{6.156}$$

其中 $\gamma_2 \in (0, 1)$, $d(\sigma^+)$ 是问题 (6.153)–(6.154) 的解.

在增加 σ^+ 的过程中, 可以选择 σ^+ 是上一个 σ^+ 的若干倍, 如 10 倍.

算法 6.9 (一般约束问题的信赖域算法)

(0) 取初始点 $x^{(0)}$, 置信赖域半径上界 $\bar{\Delta}$, 取 $\Delta_0 \in (0, \bar{\Delta})$ 和 $\eta \in \left(0, \dfrac{1}{4}\right)$, 置初始矩阵 $B^{(0)}$ 和精度要求 $\varepsilon > 0$, 取 $\gamma_1 = 0.1$, $\gamma_2 = 0.3$, $\sigma_0 = 1$, 置 $k = 0$.

(1) 按式 (6.144) 计算 Lagrange 乘子的估计值, 若终止条件 (6.145) 成立, 则停止计算 ($x^{(k)}$ 作为约束问题的最优解, $\widehat{\lambda}^{(k)}$ 为相应的乘子向量); 否则, 取 $\sigma = \sigma_k$, 求解信赖域子问题 (6.146)–(6.147), 其解为 $d^{(k)}$.

(2) 调整 σ_k. 如果 $m_k(d^{(k)}) = 0$, 则置 $\sigma^+ = \sigma_k$, 并令 $d(\sigma^+) = d^{(k)}$, 转 (3); 否则 ($m_k(d^{(k)}) > 0$) 计算 d^∞, 置 $\sigma^+ = 10\sigma_k$, 并作以下计算:

求解子问题 (6.153)–(6.154), 其解为 $d(\sigma^+)$. 在 $m_k(d^\infty)=0$ 的情况下, 满足 $m_k(d(\sigma^+))=0$ 停止计算; 在 $m_k(d^\infty)>0$ 的情况下, 满足式 (6.155) 停止计算. 否则置 $\sigma^+=10\sigma^+$, 继续求解该子问题.

(3) 调整 σ^+. 求解子问题 (6.153)–(6.154), 其解为 $d(\sigma^+)$. 若式 (6.156) 成立, 则停止计算, 否则置 $\sigma^+=10\sigma^+$, 继续求解该子问题.

(4) 置 $\sigma_k=\sigma^+$, $d^{(k)}=d(\sigma^+)$. 计算

$$\rho_k=\frac{\mathrm{ared}_k}{\mathrm{pred}_k}=\frac{\phi_1(x^{(k)},\sigma_k)-\phi_1(x^{(k)}+d^{(k)},\sigma_k)}{q(0,\sigma_k)-q(d^{(k)},\sigma_k)}.$$

如果 $\rho_k<\frac{1}{4}$, 则置 $\Delta_{k+1}=\frac{1}{2}\Delta_k$; 否则如果 $\rho_k>\frac{3}{4}$, 则置 $\Delta_{k+1}=\min\left\{2\Delta_k,\bar{\Delta}\right\}$; 否则置 $\Delta_{k+1}=\Delta_k$.

(5) 如果 $\rho_k\geqslant\eta$, 则置 $x^{(k+1)}=x^{(k)}+d^{(k)}$, 令 $s^{(k)}=d^{(k)}$, $y^{(k)}=\nabla_x L(x^{(k+1)},\widehat{\lambda}^{(k)})-\nabla_x L(x^{(k)},\widehat{\lambda}^{(k)})$, 用式 (6.114)– 式 (6.116) 修正矩阵 $B^{(k)}$, 得到 $B^{(k+1)}$; 否则置 $x^{(k+1)}=x^{(k)}$.

(6) 置 $k=k+1$, 转 (1).

在算法 6.9 中, 求解信赖域子问题 (6.146)–(6.147) 或求解子问题 (6.153)–(6.154), 实际上是依赖于求解子问题 (6.148)–(6.151) 完成的.

6.5 MATLAB 优化工具箱中的函数

由于约束优化问题的求解较为复杂, 本章就不介绍自编的 MATLAB 程序, 只介绍 MATLAB 优化工具箱中的函数.

6.5.1 求解二次规划问题

quadprog() 函数是求解二次规划问题

$$\begin{aligned}\min\quad & \frac{1}{2}x^{\mathrm{T}}Hx+f^{\mathrm{T}}x,\\ \text{s.t.}\quad & Ax\leqslant b,\\ & A_e x=b_e,\\ & l\leqslant x\leqslant u\end{aligned}\tag{6.157}$$

的函数, 其使用格式为

```
x = quadprog(H, f, A, b)
x = quadprog(H, f, A, b, Aeq, beq)
x = quadprog(H, f, A, b, Aeq, beq, lb, ub)
x = quadprog(H, f, A, b, Aeq, beq, lb, ub, x0)
```

```
x = quadprog(H, f, A, b, Aeq, beq, lb, ub, x0, options)
[x, fval] = quadprog(...)
[x, fval, exitflag] = quadprog(...)
[x, fval, exitflag, output] = quadprog(...)
[x, fval, exitflag, output, lambda] = quadprog(...)
```

函数的自变量 H, f, A, b, Aeq, beq, lb, ub 分别表示二次规划问题中的 H, f, A, b, A_e, b_e, l 和 u. x0 表示求解问题的初始点. options 是选择项, 由 optimset() 函数或 optimoptions() 函数设置.

quadprog() 函数使用的默认算法为求解凸二次规划的内点算法 ('interior-point-convex'), 对于非凸二次规划问题, 需要使用其他的算法, 如有效集法 ('active-set'), 其设置方法为

```
options = optimoptions(@quadprog, 'Algorithm', 'active-set')
```

函数的返回值 x 为二次规划问题的最优解, fval 为最优解 x 处的函数值. exitflag 为输出指标, 它表示解的状态, 具体意义如表 6.7 所示. output 为结构, 它表示包含优化过程中的某些信息, 具体意义如表 6.8 所示. lambda 为结构, 它表示在最优解处的 Lagrange 乘子, 具体意义如表 6.9 所示.

表 6.7　quadprog( ) 函数中 exitflag 值的意义

exitflag 值	意义
	适用于全部算法
1	收敛到问题的解 x
0	迭代次数超过 options.MaxIter 设定的值
-2	没有发现问题的可行解
-3	问题无有限最优解
	适用于凸二次规划的内点算法
-6	发现问题非凸
	适用于信赖域算法
3	目标函数的改变量小于 options.TolFun 设定的值
-4	搜索方向不是下降方向, 下一步无进展
	适用于有效集法
4	发现问题的局部解
-7	搜索方向的模长太小, 下一步无进展

表 6.8　quadprog( ) 函数中 output 值的意义

output 值	意义
iterations	算法的迭代次数
algorithm	使用的优化算法
cgiterations	PCG 迭代的总次数 (仅用于信赖域算法)
constrviolation	破坏约束函数的度量
firstorderopt	一阶最优性条件的度量
message	退出信息

表 6.9 quadprog( ) 函数中 lambda 值的意义

lambda 值	意义
lower	下界 lb 的 Lagrange 乘子
upper	上界 ub 的 Lagrange 乘子
ineqlin	线性不等式约束的 Lagrange 乘子
eqlin	线性等式约束的 Lagrange 乘子

例 6.12 用 quadprog() 函数求解二次规划问题

$$\begin{aligned} \min \quad & x_1^2 + x_2^2 - 2x_1 - 5x_2, \\ \text{s.t.} \quad & -x_1 + 2x_2 \leqslant 2, \\ & x_1 + 2x_2 \leqslant 6, \\ & x_1 - 2x_2 \leqslant 2, \\ & x_1,\ x_2 \geqslant 0. \end{aligned}$$

解 写出二次规划对应的矩阵与向量, 有

$$H = \begin{bmatrix} 2 & 0 \\ 0 & 2 \end{bmatrix}, \quad f = \begin{bmatrix} -2 \\ -5 \end{bmatrix}, \quad A = \begin{bmatrix} -1 & 2 \\ 1 & 2 \\ 1 & -2 \end{bmatrix}, \quad b = [2, 6, 2]^{\mathrm{T}}, \quad l = [0, 0]^{\mathrm{T}}.$$

编写出 MATLAB 程序 (程序名: exam0612.m)

```
H = [2 0; 0 2]; f = [-2 -5]';
A = [-1 2; 1 2; 1 -2]; b = [2 6 2]'; lb = [0 0]';
[x, fval, exitflag, output, lambda] ...
    = quadprog(H, f, A, b, [], [], lb)
```

由于没有等式约束, 用 “[]” 作为 Aeq 和 beq 的输入, 并将问题的非负限制用变量的下界来处理, 计算结果为

```
x =
    1.4000
    1.7000


fval =
   -6.4500


exitflag =
     1
```

```
output =
          algorithm: 'interior-point-convex'
     firstorderopt: 2.0972e-12
   constrviolation: 0
        iterations: 4
      cgiterations: []

lambda =
     lower: [2x1 double]
     upper: [2x1 double]
     eqlin: [0x1 double]
   ineqlin: [3x1 double]
```

最优解 $x^*=[1.4,1.7]^{\mathrm{T}}$, 最优解处的目标函数值 $f(x^*)=-6.45$.

exitflag = 1, 表示收敛到最优解. output 给出优化过程的信息: 如算法迭代了 4 次, 使用的是凸二次规划的内点算法. 不可行的度量值是 0 (说明得到的解是可行的) 等. lambda给出各类约束乘子的信息, 进一步, 输入命令lambda.ineqlin, 输出不等式约束的乘子 0.8000 0.0000 0.0000.

例 6.13 用 quadprog() 函数求解二次规划问题

$$
\begin{aligned}
\min \quad & \frac{1}{2}x_1^2-\frac{1}{2}x_2^2,\\
\text{s.t.} \quad & x_1+2x_2\geqslant 2,\\
& -5x_1+4x_2\leqslant 10,\\
& x_1\leqslant 3, x_2\geqslant 0.
\end{aligned}
$$

解 写出二次规划对应的矩阵与向量,

$$
H=\begin{bmatrix}1 & 0\\ 0 & -1\end{bmatrix},\quad f=\begin{bmatrix}0\\ 0\end{bmatrix},\quad A=\begin{bmatrix}-1 & -2\\ -5 & 4\end{bmatrix},
$$

$$
b=[-2,10]^{\mathrm{T}},\quad l=[-\infty,0]^{\mathrm{T}},\quad u=[3,\infty]^{\mathrm{T}}.
$$

这里由于没有给出 x_1 的下界和 x_2 的上界, 用 $-\infty$ 和 ∞ 替代.

编写出 MATLAB 程序 (程序名: exam0613.m)

```
H = [1 0; 0 -1]; f = [0 0]';
A = [-1 -2; -5 4]; b = [-2 10]';
lb = [-inf 0]'; ub = [3 inf]';
```

```
[x, fval, exitflag, output, lambda] ...
    = quadprog(H, f, A, b, [], [], lb, ub);
```

在返回值中, exitflag = -6, 表示该问题不是凸的, 此时得到的解并不是该问题的最优解.

在 6.1.3 节介绍过求解凸二次规划的有效集法, 事实上, 有效集法还可以求解非凸的二次规划问题. 这里将求解算法设置成有效集法, 其命令如下

```
options = optimoptions(@quadprog, 'Algorithm', 'active-set');
[x, fval, exitflag, output, lambda] = quadprog(H, f, A, b, ...
        [], [], lb, ub, [], options)
```

这次的 exitflag = 1, 收敛到最优解 x = 3.0000 6.2500, 其最优值 fval = -15.0313.

6.5.2 求解一般约束问题

fmincon() 函数是求解一般约束优化问题

$$
\begin{aligned}
\min_{x} \quad & f(x), \\
\text{s.t.} \quad & c(x) \leqslant 0, \\
& c_e(x) = 0, \\
& Ax \leqslant b, \\
& A_e x = b_e, \\
& l \leqslant x \leqslant u
\end{aligned}
$$

的函数, 不等式约束函数 $c(x)$ 和等式约束函数 $c_e(x)$ 均是非线性函数, 其他变量的意义与前面的二次规划模型相同. fmincon() 函数的使用格式为

```
x = fmincon(fun, x0, A, b)
x = fmincon(fun, x0, A, b, Aeq ,beq)
x = fmincon(fun, x0, A, b, Aeq ,beq, lb ,ub)
x = fmincon(fun, x0, A, b, Aeq ,beq, lb ,ub, nonlcon)
x = fmincon(fun, x0, A, b, Aeq ,beq, lb ,ub, nonlcon, options)
[x, fval] = fmincon(...)
[x, fval, exitflag] = fmincon(...)
[x, fval, exitflag, output] = fmincon(...)
[x, fval, exitflag, output, lambda] = fmincon(...)
[x, fval, exitflag, output, lambda, grad] = fmincon(...)
[x, fval, exitflag, output, lambda, grad, hessian] = fmincon(...)
```

函数的自变量 fun 为约束问题的目标函数 $f(x)$, 函数的编写方式与无约束优化问题相同. nonlcon 为非线性约束函数, 由 $c(x)$ 或/和 $c_e(x)$ 构成, 使用外部函数编写, 其格式为

```
function [c, ceq] = mycon(x)
c = ...      % 非线性不等式约束函数c(x).
ceq = ...    % 非线性等式约束函数ceq(x).
```

其他自变量与 quadprog() 函数中自变量的意义相同.

函数的返回值 x 为约束优化问题的最优解, fval 为最优解 x 处的函数值. exitflag 为输出指标, 它表示解的状态, 具体意义如表 6.10 所示.

表 6.10 fmincon( ) 函数中 exitflag 值的意义

exitflag 值	意义
	适用于全部算法
1	一阶最优性条件值小于 options.TolFun 设定的值, 且违反约束的最大值小于 options.TolCon 设定的值
0	迭代次数超过 options.MaxIter 设定的值, 或者函数的调用次数超过 options.MaxFunEvals 设定的值
-1	由输出函数终止计算
-2	没有找到问题的可行解
	适用于信赖域算法、内点算法和 SQP 算法
2	自变量的改变量小于 options.TolX 设定的值, 且违反约束的最大值小于 options.TolCon 设定的值
	仅适用于信赖域算法
3	目标函数的改变量小于 options.TolFun 设定的值, 且违反约束的最大值小于 options.TolCon 设定的值
	仅适用于有效集法
4	搜索方向的长度小于 2*options.TolX, 且违反约束的最大值小于 options.TolCon 设定的值
5	在搜索方向上方向导数的绝对值小于 2*options.TolFun, 且违反约束的最大值小于 options.TolCon 设定的值
	适用于内点算法和 SQP 算法
-3	目标函数值小于 options.objectiveLimit 设定的下限, 且违反约束的最大值小于 options.TolCon 设定的值

output 为结构, 它表示包含优化过程中的某些信息, 具体意义如表 6.11 所示.

表 6.11 fmincon( ) 函数中 output 值的意义

output 值	意义
iterations	算法的迭代次数
funcCount	函数的计算次数
lssteplength	一维搜索的步长 (仅适用于有效集法)
constrviolation	破坏约束函数的度量
stepsize	自变量最后的移动步长 (有效集法和内点算法)
algorithm	使用的优化算法
cgiterations	PCG 迭代的总次数 (信赖域算法和内点算法)
firstorderopt	一阶最优性条件的度量
message	退出信息

lambda 为结构, 它表示在最优解处的 Lagrange 乘子, 具体意义如表 6.12 所示.

表 6.12 fmincon( ) 函数中 lambda 值的意义

lambda 值	意义
lower	下界 lb 的 Lagrange 乘子
upper	上界 ub 的 Lagrange 乘子
ineqlin	线性不等式约束的 Lagrange 乘子
eqlin	线性等式约束的 Lagrange 乘子
ineqnonlin	非线性不等式约束的 Lagrange 乘子
eqnonlin	非线性等式约束的 Lagrange 乘子

grad 是目标函数 $f(x)$ 在最优解处的梯度, hessian 是 Lagrange 函数在最优解处的 Hesse 矩阵, 即

$$\nabla_{xx}^2 L(x,\lambda) = \nabla^2 f(x) + \sum \lambda_i \nabla^2 c_i(x) + \sum \lambda_i \nabla^2 c_{ei}(x).$$

注意: 由于这里的不等式约束使用的是“$\leqslant$”, 所以 Lagrange 函数关于约束函数部分与前面定义的 Lagrange 相差一个负号.

例 6.14 用 fmincon() 函数求解约束问题

$$\begin{aligned}
\min \quad & -x_1x_2x_3, \\
\text{s.t.} \quad & x_1 + 2x_2 + 2x_3 \geqslant 0, \\
& x_1 + 2x_2 + 2x_3 \leqslant 72, \\
& 0 \leqslant x_1 \leqslant 20, \quad 0 \leqslant x_2 \leqslant 11, \quad 0 \leqslant x_3 \leqslant 42,
\end{aligned}$$

取初始点 $x^{(0)} = (10,10,10)^{\mathrm{T}}$.

解 编写程序 (程序名: exam0614.m)

```
fun = @(x) -x(1)*x(2)*x(3);
```

```
A = [-1 -2 -2; 1 2 2]; b = [0 72]';
lb = [0 0 0]'; ub = [20 11 42]'; x0 = [10 10 10]';
[x, fval, exitflag, output, lambda] ...
    = fmincon(fun, x0, A, b, [], [], lb, ub);
```

最优解 $x^* = (20, 11, 15)^{\mathrm{T}}$, 最优目标函数值 $f^* = -3300$. 共迭代 7 次, 调用目标函数 32 次, 使用内点算法求解. 关于线性不等式约束的两个乘子分别为 0 和 110, 关于变量上界的三个乘子分别为 55, 80 和 0.

例 6.15　用 fmincon() 函数求解例 6.6, 取 $x^{(0)} = (2, 1)^{\mathrm{T}}$, $\varepsilon = 10^{-4}$.

解　编写目标函数 (函数名: objfun66.m)

```
function f = objfun66(x)
f = (x(1) - 2)^4 + (x(1) - 2*x(2))^2;
```

和约束函数 (函数名: constraint66.m)

```
function [c, ceq] = constraint66(x)
c = [];
ceq = x(1)^2 - x(2);
```

以及求解程序 (程序名: exam0615.m)

```
x0 = [2 1]';
[x, fval, exitflag, output, lambda] ...
    = fmincon(@objfun66, x0, [], [], [], [], [], [], ...
              @constraint66)
```

计算结果为 $x^* = (0.9456, 0.8941)^{\mathrm{T}}$, $f^* = 1.9462$. lambda.eqnonlin 的值 (即非线性等式约束的乘子) 是 3.3708, 与前面例子计算出的乘子相差一个负号, 因为这里关于乘子的定义相差一个负号.

例 6.16　考虑人字架最优计算问题 (见例 1.3), 已知 $P = 15000$ kg, 钢管壁厚 $\bar{t} = 0.25$ cm, 半跨度 $\bar{s} = 76$ cm, 钢管材料的扬氏模量 $E = 2 \times 10^6$ kg/cm^2, 密度 $\rho = 0.0083$ kg/cm^3, 钢管最大许可的抗压强度 $\sigma_y = 4200$ kg/cm^2. 试用 fmincon() 函数求模型的最优解.

解　按例 1.3, 编写目标函数 (函数名: optim_obj.m)

```
function  w = optim_obj(x)
rho = 0.0083; t = 0.25; s = 76;
w = 2*rho*t*x(1)*sqrt(s^2 + x(2)^2);
```

和约束函数 (函数名: optim_con.m)

```
function  [c, ceq] = optim_con(x)
    P = 15000; t = 0.25; s = 76; E = 2e6; sigma_y = 4200;
    c(1) = P/(pi*t) * sqrt(s^2+x(2)^2)/(x(1)*x(2)) - sigma_y;
```

```
c(2) = P/(pi*t) * sqrt(s^2+x(2)^2)/(x(1)*x(2)) - ...
      pi^2*E/8*(t^2+x(1)^2)/(s^2+x(2)^2);
ceq = [];
```

以及求解程序 (程序名: exam0616.m)

```
[x, fval, exit] = fmincon(@optim_obj, [10 10], [], [], ...
                          [], [], [0 0], [], @optim_con)
```

这里取初始点 $x^{(0)} = (10, 10)^{\mathrm{T}}$. 在本质上, 两个自变量应有非负限制, 因此, 增加了下限 [0 0]. 计算结果为 $x^* = (6.4308, 76.0000)^{\mathrm{T}}$, 即 d (直径) = 6.43 cm, H (高) = 76 cm.

6.6 约束最优化问题的应用

本节介绍一些约束最优化问题的实例.

6.6.1 投资组合问题

例 6.17 (投资组合问题) 美国某三种股票 (A, B, C)12 年 (1943—1954) 的价格 (已经包括了分红在内) 每年的增长情况如表 6.13 所示. 例如, 表中第一个数据 1.300 的含义是股票 A 在 1943 年的年末价值是其年初价值的 1.300 倍, 即收益为 30%, 其余数据的含义依此类推. 假设你在 1955 年时有一笔资金准备投资这三种股票, 并期望年收益率至少达到 15%, 那么你应当如何投资? 当期望的年收益率变化时, 投资组合和相应的风险如何变化?

表 6.13 股票收益数据

年份	股票 A	股票 B	股票 C	年份	股票 A	股票 B	股票 C
1943	1.300	1.225	1.149	1949	1.038	1.321	1.133
1944	1.103	1.290	1.260	1950	1.089	1.305	1.732
1945	1.216	1.216	1.419	1951	1.090	1.195	1.021
1946	0.954	0.728	0.922	1952	1.083	1.390	1.131
1947	0.929	1.144	1.169	1953	1.035	0.928	1.006
1948	1.056	1.107	0.965	1954	1.176	1.715	1.908

解 这是一个投资组合问题. 在 1.2.3 小节已将它建立成一个二次规划问题

$$
\begin{aligned}
\min \quad & \frac{1}{2}x^{\mathrm{T}}\Sigma x, \\
\text{s.t.} \quad & \mu^{\mathrm{T}}x \geqslant 1.15,\ e^{\mathrm{T}}x = 1,\ x \geqslant 0.
\end{aligned}
$$

由于不知道总体的均值与协方差阵, 只能用样本的均值与协方差阵来代替.

将数据以表格形式

```
        A     B     C
1943 1.300 1.225 1.149
1944 1.103 1.290 1.260
 ...   ...   ...   ...
```

保存在数据文件 (文件名: Portfolio.dat) 中. 编写 MATLAB 程序 (程序名: Portfolio.m), 在程序中, 用 mean() 函数计算样本均值, 用 cov() 函数计算样本方差.

```
X = tblread('portfolio.dat');
mu = mean(X); Sigma = cov(X);
[x, fval] = quadprog(Sigma, [], -mu, -1.15, [1 1 1], 1, [0 0 0])
```

计算结果 $x^* = (0.5301, 0.3564, 0.1135)^{\mathrm{T}}$, 即 53.0% 的资金投资 A 股票, 35.6% 的资金投资 B 股票, 11.4% 的资金投资 C 股票, 这样做可使风险达到最小, 投资收益达到 115%.

6.6.2 选址问题

例 6.18 (选址问题) 某公司有 6 个建筑工地要开工, 工地的位置 (平面坐标) 及水泥日用量由表 6.14 所示. 计划建设两个临时料场, 日储水泥量各为 20t, 问应建在何处, 从两料场分别向各工地运送多少吨水泥, 可使总的吨公里数最小.

表 6.14　工地所在位置及水泥日用量

工地	坐标/km	用量/t	工地	坐标/km	用量/t
1	(1.25, 1.25)	3	4	(5.75, 5.00)	7
2	(8.75, 0.75)	5	5	(3.00, 6.50)	6
3	(0.50, 4.75)	4	6	(7.25, 7.75)	11

解　设第 j 个工地的坐标为 (a_j, b_j) $(j = 1, 2, \cdots, 6)$, 第 i 个临时料场的坐标为 (x_i, y_i) $(i = 1, 2)$, 第 i 个料场到第 j 个工地的运量为 w_{ij} (单位: t). 目标函数为料场到工地的吨公里数, 即

$$f(w, x, y) = \sum_{i=1}^{2}\sum_{j=1}^{6} w_{ij}\sqrt{(x_i - a_j)^2 + (y_i - b_j)^2}.$$

约束条件为: 每个料场日使用水泥量不超过 20t, 即

$$\sum_{j=1}^{6} w_{ij} \leqslant 20, \quad i = 1, 2.$$

每个工地需要的水泥量应当满足要求, 即

$$\sum_{i=1}^{2} w_{ij} = d_j, \quad j = 1, 2, \cdots, 6,$$

其中 d_j 为第 j 个工地日水泥用量.

编写 MATLAB 程序, 为了编写方便, 作变量转换. 用 z 作为自变量, 其中 $w_{1j} = z_j$, $w_{2j} = z_{6+j}$, $j = 1, 2, \cdots, 6$, $x_1 = z_{13}$, $x_2 = z_{14}$, $y_1 = z_{15}$, $y_2 = z_{16}$. 编写目标函数 (函数名: location_obj.m)

```
function f = obj(z, a, b)
x = z(13:14); y = z(15:16); f = 0;
for i = 1:2
    for j = 1:6
        w(i,j) = z((i-1)*6 + j);
        f = f + w(i,j)* sqrt((x(i)-a(j))^2+(y(i)-b(j))^2);
    end
end
```

编写求解程序 (程序名: location.m)

```
a = [1.25 8.75 0.5  5.75 3   7.25];
b = [1.25 0.75 4.75 5    6.5 7.75];
d = [3    5    4    7    6   11  ];
e = [20 20]';
z0 = [d/2 d/2 mean(a)/2 3*mean(a) mean(b)/2 3*mean(b)];
A   = [ ones(1,6) zeros(1,6) zeros(1,4);
       zeros(1,6)  ones(1,6) zeros(1,4)];
Aeq = [eye(6) eye(6) zeros(6, 4)];

options = optimoptions(@fmincon, 'Algorithm', 'sqp');
[z, fval, exit] = fmincon(@(z) location_obj(z, a, b), ...
    z0, A, e, Aeq, d', zeros(1,16), [], [], options);
x = z(13:14); y = z(15:16);
for i = 1:2
    for j = 1:6
        w(i,j) = z((i-1)*6+j);
    end
end
```

变量 (无论是运量还是坐标) 均是非负的, 在程序中增加了的非负限制. 运量的初始值设成总运量的一半, 坐标的初始值一个设为平均值的 $\frac{1}{2}$, 另一个设为平均值的 $\frac{3}{2}$. 在求解过程中选用了 SQP (序列二次规划) 算法, 程序的计算结果为

```
w =  3     0     4     7     6     0
     0     5     0     0     0    11
x =  3.2549    7.2500
y =  5.6523    7.7500
fval =  85.2660
```

即料场 1 和 2 的两个位置分别是 $(3.25, 5.65)$ 和 $(7.25, 7.75)$, 料场 1 分别向工地 1, 3, 4, 5 运送 3, 4, 7, 6 t, 料场 1 分别向工地 2, 6 运送 5, 11 t, 总的运量为 85.266 tkm.

习　题　6

1. 求解下列等式约束二次规划问题.

(1)
$$\begin{aligned} \min \quad & x_1^2 + x_2^2, \\ \text{s.t.} \quad & x_1 + x_2 - 1 = 0. \end{aligned}$$

(2)
$$\begin{aligned} \min \quad & \frac{3}{2}x_1^2 + x_2^2 + \frac{1}{2}x_3^2 - x_1x_2 - x_2x_3 + x_1 + x_2 + x_3, \\ \text{s.t.} \quad & x_1 + 2x_2 + x_3 - 4 = 0. \end{aligned}$$

2. 用零空间方法求解习题 1.

3. 用有效集法求解凸二次规划问题.

(1)
$$\begin{aligned} \min \quad & x_1^2 + 4x_2^2 - 2x_1 - x_2, \\ \text{s.t.} \quad & x_1 + x_2 \leqslant 1, \\ & x_1 \geqslant 0,\ x_2 \geqslant 0, \end{aligned}$$

取初始点 $x^{(0)} = (0, 0)^{\mathrm{T}}$.

(2)
$$\begin{aligned} \min \quad & x_1^2 + 4x_2^2, \\ \text{s.t.} \quad & x_1 - x_2 \leqslant 1, \\ & x_2 \leqslant 1, \\ & x_1 + x_2 \geqslant 1, \end{aligned}$$

取初始点 $x^{(0)} = (1, 0)^{\mathrm{T}}$.

(3)
$$\begin{aligned} \min \quad & 2x_1^2 - 2x_1x_2 + 2x_2^2 - 4x_1 - 6x_2, \\ \text{s.t.} \quad & x_1 + x_2 \leqslant 2, \\ & x_1 + 5x_2 \leqslant 5, \\ & x_1 \geqslant 0,\ x_2 \geqslant 0, \end{aligned}$$

取初始点 $x^{(1)} = (0, 0)^{\mathrm{T}}$.

4. x^* 是严格凸二次规划问题

$$\begin{aligned} \min \quad & f(x)=\frac{1}{2}x^{\mathrm{T}}Gx+r^{\mathrm{T}}x, \\ \text{s.t.} \quad & A^{\mathrm{T}}x=b \end{aligned}$$

的全局解, λ^* 为相应的 Lagrange 乘子的充分必要条件是: x^*, λ^* 满足

$$\begin{aligned} \lambda^* &= \left(A^{\mathrm{T}}G^{-1}A\right)^{-1}\left(A^{\mathrm{T}}G^{-1}r+b\right), \\ x^* &= G^{-1}\left(A\lambda^*-r\right). \end{aligned}$$

5. 用二次罚函数法求解下列约束问题的最优解和相应的 Lagrange 乘子.

$$\begin{aligned} \min \quad & x_1^2+x_2^2, \\ \text{s.t.} \quad & x_1+x_2=1. \end{aligned}$$

6. 用二次罚函数法求解下列约束问题的最优解和相应的 Lagrange 乘子.

$$\begin{aligned} \min \quad & x_1^2+4x_2^2-2x_1-x_2, \\ \text{s.t.} \quad & x_1+x_2 \leqslant 1. \end{aligned}$$

7. 考虑约束问题

$$\begin{aligned} \min \quad & x^3, \\ \text{s.t.} \quad & x-1=0, \end{aligned}$$

$x^*=1$ 是它的最优解.

(1) 对于 $\sigma=1,10,100$ 和 1000, 画出罚函数

$$P(x,\sigma)=x^3+\frac{\sigma}{2}(x-1)^2$$

的图形, 对于每种情况, 求出 $P(x,\sigma)$ 导数为 0 的点.

(2) 证明: 对于任何 σ, $P(x,\sigma)$ 无界.

(3) 增加约束条件 $|x| \leqslant 2$, 即求解约束问题

$$\begin{aligned} \min \quad & P(x,\sigma)=x^3+\frac{\sigma}{2}(x-1)^2, \\ \text{s.t.} \quad & |x| \leqslant 2, \end{aligned}$$

得最优解 $x(\sigma)$, 验证 $x(\sigma) \to x^*=1$.

8. 设 x^* 是约束问题

$$\begin{aligned} \min \quad & f(x), \\ \text{s.t.} \quad & c_i(x)=0, \quad i \in \mathcal{E} \end{aligned}$$

的全局最优解. 考虑用如下算法求解该问题.

(0) 取 $L_0 \leqslant f(x^*)$, 置 $k=0$.

(1) 设 $x^{(k)}$ 是辅助问题

$$\min\ [f(x)-L_k]^2+\sum_{i\in\mathcal{E}}c_i^2(x)$$

的全局解. 如果 $c_i(x^{(k)})=0$, 则停止计算; 否则置 $L_{k+1}=L_k+\sqrt{v_k}$, 其中

$$v_k=\left[f(x^{(k)})-L_k\right]^2+\sum_{i\in\mathcal{E}}c_i^2(x^{(k)}).$$

(2) 置 $k=k+1$, 转 (1).

证明上述算法有如下性质:

(a) 对任意的 k, 有 $f(x^{(k)})\leqslant f(x^*)$, $L_k\leqslant f(x^*)$, 并且当 $k\to+\infty$ 时, $L_k\to f(x^*)$.

(b) 若 $c_i(x^{(k)})=0, i\in\mathcal{E}$, 则 $L_{k+1}=f(x^{(k)})=f(x^*)$, 即 $x^{(k)}$ 是约束问题的全局解.

9. 用 l_1 模罚函数法求解习题 5 的最优解, 取 $x^{(0)}=(0,0)^{\mathrm{T}}$, $\sigma_0=0.5$, $\varepsilon=10^{-4}$. 提示: 使用 `fminsearch()` 函数求解罚函数的极小点.

10. 用 l_1 模罚函数法求解习题 6 的最优解, 取 $x^{(0)}=(1,1)^{\mathrm{T}}$, $\sigma_0=0.2$, $\varepsilon=10^{-4}$. 提示: 使用 `fminsearch()` 函数求解罚函数的极小点.

11. 考虑约束问题

$$\begin{aligned}\min\quad & x_1^2-x_2^2-4x_2,\\ \text{s.t.}\quad & x_2=0.\end{aligned}$$

(1) 验证其局部解为 $x^*=(0,0)^{\mathrm{T}}$, 相应的乘子 $\lambda^*=-4$.

(2) 考察函数 $y=L(x,\lambda^*)=f(x)-\lambda^*c(x)$, 在 x^* 处沿方向 $d=(1,0)^{\mathrm{T}}$, $n=(0,1)^{\mathrm{T}}$ 的二阶方向导数的符号, 据此说明 x^* 不是 $\min\ L(x,\lambda^*)$ 的局部解.

(3) 考察函数 $\phi(x,\sigma)=L(x,\lambda^*)+\dfrac{\sigma}{2}[c(x)]^2$, 在 x^* 处的沿 $d=(1,0)^{\mathrm{T}}$, $n=(0,1)^{\mathrm{T}}$ 的二阶方向导数的符号, 验证当 $\sigma>2$ 时, 有

$$\frac{\partial^2\phi}{\partial d^2}>0,\quad \frac{\partial^2\phi}{\partial n^2}>0,\quad \forall\sigma>2.$$

x^* 是无约束问题 $\min\ \phi(x,\sigma)$ 的局部解.

12. 分别用罚函数法和乘子罚函数法求解问题

$$\begin{aligned}\min\quad & \frac{3}{2}x_1^2+x_2^2+\frac{1}{2}x_3^2-x_1x_2-x_2x_3+x_1+x_2+x_3,\\ \text{s.t.}\quad & x_1+2x_2+x_3-4=0.\end{aligned}$$

取 $x^{(0)}=(0,0,0)^{\mathrm{T}}$, $\sigma_k=0.1\times 2^k$, $k=0,1,\cdots$, $\varepsilon=10^{-4}$. 在乘子罚函数法中, 取 $\lambda^{(0)}=0$. 将两种方法的数值计算结果作对比.

13. 考虑约束问题

$$\begin{aligned}\min_x\quad & f(x),\\ \text{s.t.}\quad & c(x)\geqslant 0\end{aligned}\tag{6.158}$$

和约束问题

$$\begin{aligned} \min_{x,z} \quad & f(x), \\ \text{s.t.} \quad & c(x) - z^2 = 0. \end{aligned} \tag{6.159}$$

(1) 证明: 若 x^*, λ^* 满足不等式约束问题 (6.158) 最优解的一阶必要条件和二阶充分条件, 则存在 $z^* = \sqrt{c(x^*)}$, 使 (x^*, z^*) 和 λ^* 满足等式约束问题 (6.159) 最优解的一阶必要条件和二阶充分条件.

(2) 证明: 若 (x^*, z^*) 和 λ^* 是等式约束问题 (6.159) 的最优解和相应的乘子, 则 x^*, λ^* 满足不等式约束问题 (6.158) 的一阶必要条件.

14. 考虑不等式约束问题

$$\begin{aligned} \min \quad & f(x), \\ \text{s.t.} \quad & c_i(x) \geqslant 0,\ i \in \mathcal{I}, \end{aligned} \tag{6.160}$$

其中 $f(x), c_i(x)$ $(i \in \mathcal{I})$ 具有连续的偏导数. 设 $\bar{x}$ 是约束问题 (6.160) 的可行点, 若在 $\bar{x}$ 处 d 满足

$$\nabla f(\bar{x})^{\mathrm{T}} d < 0, \tag{6.161}$$

$$\nabla c_i(\bar{x})^{\mathrm{T}} d > 0, \quad i \in \mathcal{I} \cap \mathcal{A}(\bar{x}), \tag{6.162}$$

则 d 是 $\bar{x}$ 处的可行下降方向.

15. 设 $\bar{x}$ 是不等式约束问题 (6.160) 的可行点, 构造线性规划问题

$$\begin{aligned} \min_{d,\ z} \quad & z, \\ \text{s.t.} \quad & \nabla f(\bar{x})^{\mathrm{T}} d - z \leqslant 0, \\ & \nabla c_i(\bar{x})^{\mathrm{T}} d + z \geqslant 0, \quad i \in \mathcal{I} \cap \mathcal{A}(\bar{x}), \\ & -1 \leqslant d_i \leqslant 1, \quad i = 1, 2, \cdots, n. \end{aligned}$$

设线性规划问题的最优解为 $(\bar{d}, \bar{z})$. 证明:

(1) 若 $\bar{z} < 0$, 则 $\bar{d}$ 是 $\bar{x}$ 处的可行下降方向.

(2) 若 $\bar{z} = 0$, 且在 $\bar{x}$ 处 $\nabla c_i(\bar{x}) (i \in \mathcal{I} \cap \mathcal{A}(\bar{x}))$ 线性无关, 则 $\bar{x}$ 是不等式约束问题的 KKT 点.

16. 用 Lagrange-Newton 法求解约束问题

$$\begin{aligned} \min \quad & f(x) = 100(x_1^2 - x_2)^2 + (x_1 - 1)^2, \\ \text{s.t.} \quad & c(x) = x_1(x_1 - 4) - 2x_2 + 12 = 0, \end{aligned}$$

取初始点 $x^{(0)} = (-1.2, 1)^{\mathrm{T}}$, 取 $\lambda^{(0)} = 0$, 精度要求 $\varepsilon = 10^{-4}$.

17. 用序列二次规划方法求解约束问题

$$\begin{aligned} \min \quad & f(x) = 9x_1^2 + x_2^2, \\ \text{s.t.} \quad & c(x) = x_1 x_2 - 1 \geqslant 0, \end{aligned}$$

取初始点 $x^{(0)}=(1,1)^{\mathrm{T}}$, 精度要求 $\varepsilon=10^{-4}$. 提示: 可用 quadprog() 函数二次规划子问题.

18. 用信赖域策略的序列二次规划方法求解习题 16, 取初始点 $x^{(0)}=(-1.2,1)^{\mathrm{T}}$, $B^{(0)}=I$, $\varepsilon=10^{-4}$.

19. 用 quadprog() 函数求解下列二次规划问题.

(1)
$$\begin{aligned}\min\quad & 2x_1^2+2x_2^2+x_3^2+2x_1x_2+2x_1x_3-8x_1-6x_2-4x_3,\\ \text{s.t.}\quad & x_1+x_2+2x_3\leqslant 3,\\ & x_1,\ x_2,\ x_3\geqslant 0;\end{aligned}$$

(2)
$$\begin{aligned}\min\quad & x_1^2+\frac{1}{2}x_2^2+x_3^2+\frac{1}{2}x_4^2-x_1x_3+x_3x_4-x_1-3x_2+x_3-x_4,\\ \text{s.t.}\quad & x_1+2x_2+x_3+x_4\leqslant 5,\\ & 3x_1+x_2+2x_3-x_4\leqslant 4,\\ & x_2+4x_3\geqslant 1.5,\\ & x_1,\ x_2,\ x_3,\ x_4\geqslant 0.\end{aligned}$$

20. 用 fmincon() 函数求解约束问题

$$\begin{aligned}\min\quad & x_1-2x_2,\\ \text{s.t.}\quad & 3x_1^2-2x_1x_2+x_2^2\leqslant 1,\end{aligned}$$

取初始点 $x^{(0)}=(0,0)^{\mathrm{T}}$.

21. 现有三种投资方式 —— 股票、现金市场和债券, 已知 1—6 年的年收益率如表 6.15 所示. 试根据这些数据, 决定第 7 年各种投资方式的投资比例, 使得预期收益率在 11% 以上, 且投资的风险达到最小.

表 6.15 1—6 年的年收益率

年份	股票	现金市场	债券	年份	股票	现金市场	债券
1	22.24	9.64	10.08	4	15.46	8.26	9.18
2	16.16	7.06	8.16	5	20.62	8.55	9.26
3	5.27	7.68	8.64	6	−0.42	8.26	9.06

习题参考答案

第 1 章

1. $\min\ f(\beta)=\sum\limits_{i=1}^{m}(y_i-\beta_0-\beta_1x_{i1}-\beta_2x_{i2})^2$.

2. (1) $[4x_2\mathrm{e}^{x_1x_2}+3x_2^2, 6x_1x_2+4x_1\mathrm{e}^{x_1x_2}]$,

$$\begin{bmatrix} 4x_2^2\mathrm{e}^{x_1x_2} & 6x_2+4\mathrm{e}^{x_1x_2}+4x_1x_2\mathrm{e}^{x_1x_2} \\ 6x_2+4\mathrm{e}^{x_1x_2}+4x_1x_2\mathrm{e}^{x_1x_2} & 6x_1+4x_1^2\mathrm{e}^{x_1x_2} \end{bmatrix}.$$

(2) $\left[x_2x_1^{x_2-1}+\dfrac{1}{x_1}, x_1^{x_2}\ln x_1+\dfrac{1}{x_2}\right]$,

$$\begin{bmatrix} x_2(x_2-1)x_1^{x_2-2}-\dfrac{1}{x_1^2} & x_1^{x_2-1}+x_2x_1^{x_2-1}\ln x_1 \\ x_1^{x_2-1}+x_2x_1^{x_2-1}\ln x_1 & x_1^{x_2}\ln^2 x_1-\dfrac{1}{x_2^2} \end{bmatrix}.$$

(3) $[2x_1, 2x_2, 2x_3]$, $\begin{bmatrix} 2 & 0 & 0 \\ 0 & 2 & 0 \\ 0 & 0 & 2 \end{bmatrix}$.

(4) $\left[\dfrac{2x_1+x_2}{x_1^2+x_1x_2+x_2^2}, \dfrac{x_1+2x_2}{x_1^2+x_1x_2+x_2^2}\right]$,

$$\begin{bmatrix} \dfrac{2}{x_1^2+x_1x_2+x_2^2}-\dfrac{(2x_1+x_2)^2}{(x_1^2+x_1x_2+x_2^2)^2} & \dfrac{1}{x_1^2+x_1x_2+x_2^2}-\dfrac{(x_1+2x_2)(2x_1+x_2)}{(x_1^2+x_1x_2+x_2^2)^2} \\ \dfrac{1}{x_1^2+x_1x_2+x_2^2}-\dfrac{(x_1+2x_2)(2x_1+x_2)}{(x_1^2+x_1x_2+x_2^2)^2} & \dfrac{2}{x_1^2+x_1x_2+x_2^2}-\dfrac{(x_1+2x_2)^2}{(x_1^2+x_1x_2+x_2^2)^2} \end{bmatrix}.$$

3. (1) $[0,0]$; (2) $[0,1]$; (3) $[-23.5, 5.5, 8]$.

4. 梯度为零的点分别是 $(0,0)^{\mathrm{T}}$, $(-1,-1)^{\mathrm{T}}$, $(0,-1)^{\mathrm{T}}$ 和 $(1,0)^{\mathrm{T}}$, 4 个点处的 Hesse 矩阵分别为 $\begin{bmatrix} -6 & 6 \\ 6 & 0 \end{bmatrix}$, $\begin{bmatrix} -6 & 6 \\ 6 & -12 \end{bmatrix}$, $\begin{bmatrix} 6 & -6 \\ -6 & 0 \end{bmatrix}$ 和 $\begin{bmatrix} 6 & -6 \\ -6 & 12 \end{bmatrix}$. 所以 $(1,0)^{\mathrm{T}}$ 是极小值点, $(-1,-1)^{\mathrm{T}}$ 是极大值点.

5. 提示: $\bar{x}=0$ 是函数 $f(x)=x^{\mathrm{T}}Gx$ 的极小点.

8. 是 KKT 点, 是极小点.

9. (1) $[1,1]$, $[4,-2]$; (2) $\alpha\in\left[-\dfrac{3}{2},0\right]$.

10. $x_i=\dfrac{a}{n}$, $i=1,2,\cdots,n$.

11. 提示: 利用 KKT 条件和不等式约束的松弛互补条件.

12. 提示: 在最优解处 $x_i^* > 0,\ i = 1, 2, \cdots, n$.

13. (1) 满足; (2) 不满足; (3) 是全局解.

14. 点 $\left[\frac{1}{2}, -\frac{1}{2}\right]$ 和点 $\left[-\frac{1}{2}, \frac{1}{2}\right]$ 是最优解.

18. (1) 非凸非凹; (2) 凹函数; (3) 非凸非凹.

19. 提示: 可微凸函数的性质.

20. 提示: 数学归纳法.

21. 提示: $f(x) = \sqrt{x}$ 是凹函数, 再利用第 20 题的结论.

22. 提示: 利用可微凸函数的性质和 KKT 条件.

23. 提示: 线性规划是一种特殊的凸规划.

24. 提示: 利用不等式约束问题的一阶必要条件.

27. 提示: $a_i^{\mathrm{T}} d = 0$ 等价于 $a_i^{\mathrm{T}} d \geqslant 0,\ -a_i^{\mathrm{T}} d \geqslant 0$, 再利用 Farkas 引理.

28. 提示: $d_j = e_j^{\mathrm{T}} d$, 其中 $e_j = (0, \cdots, 0, 1, 0, \cdots, 0)^{\mathrm{T}}$. 再利用 Farkas 引理.

29. 在点 $x = \left[\frac{1}{2}, \pm\frac{\sqrt{3}}{2}, -\frac{1}{2}\right]$ 处 $\nabla c_1(x) = \nabla c_2(x)$, 不满足约束限制条件.

第 2 章

1. 0.9787, 迭代 7 次.

2. 1.6094, 精确值为 ln(5).

6. 极小点 0.6796, 极小值 −0.8242, 极大点 0.6796, 极大值 0.8242.

第 3 章

5. $(0,0) \to \left(-\frac{2}{5}, \frac{2}{5}\right) \to (0,1)$ (2 步).

6. $(0,0) \to (0,1)$ (1 步).

7. 迭代 9 次, $x^{(9)} = (1.9480, 0.9740)$.

9. 迭代 9 次, $x^{(9)} = (1.9562, 0.9781)$.

11. $(0,0) \to \left(-\frac{2}{5}, \frac{2}{5}\right) \to (0,1)$ (2 步).

13. 两算法得到的点相同, 均是 $(0,0) \to \left(-\frac{2}{5}, \frac{2}{5}\right) \to (0,1)$ (2 步).

16. 三种一维搜索的计算次数 (迭代次数/函数调用次数/梯度调用次数) 分别为 0.618 法 (22/839/23)、两点二次插值 (22/270/107)、Armijo 方法 (47/114/48).

17. 三种一维搜索的计算次数分别为 0.618 法 (113/4294/113)、两点二次插值 (125 /1384 /734)、Armijo 方法 (229/3331/229).

18. 最优解为 $(2,-1)^{\mathrm{T}}$. 各种算法的计算次数 (迭代次数/函数调用次数/梯度调用次数/Hesse 矩阵调用次数) 分别为: 最速下降法 (6/19/7/0)、FR 算法 (11/31/12/0)、PRP 算法 (失败), Newton 法 (6/13/7/7)、BFGS 算法 (8/21/10/0).

19. 最优解为 $(1,1,1,1)^{\mathrm{T}}$. 各种算法的计算次数分别为: 最速下降法 (失败, 运算次数超界)、Newton 法 (失败, 不在最优解处终止)、BFGS 算法 (37/1372/39/0)、PRP 算法 (127/4864/128/0).

20. 最优解为 $(1,1,1,1)^{\mathrm{T}}$. 各种算法的计算次数分别为: Newton 法 (失败, 运算次数超界)、秩 1 公式算法 (624/1062/438/0)、秩 2 公式算法 (73/139/66/0).

21. 提示: 在 `fminunc()` 中增加选择项 `optimset('display','iter')`.

22. 命令 `[x,fval,exitflag,output]=fminunc(@Wood, [-3 -1 -3 -1])`.

23. 命令 `[x,fval,exitflag,output]=fminsearch(@Rosenbrock, [-1 2 1])`.

24. 命令 `[x,fval,exitflag,output]=fminsearch(@Wood, [-3 -1 -3 -1])`, 并将 `output` 中的值与习题 22 中的结果作对比.

25. (1) $\min \sum\limits_{i=1}^{m} \sqrt{(x_1 - x_1^{(i)})^2 + (x_2 - x_2^{(i)})^2}$. (2) 中心位置 $(1.1930, 0.8386)$.

26. $\theta^* = (212.6837, 0.0641)$.

27. (1) 微分方程模型

$$
\begin{cases}
\dfrac{\mathrm{d}f_1(t)}{\mathrm{d}t} = -(\theta_1 + \theta_4) f_1(t) \tau(t, \theta_5), \\
\dfrac{\mathrm{d}f_2(t)}{\mathrm{d}t} = [\theta_1 f_1(t) - (\theta_2 + \theta_3) f_2(t)] \tau(t, \theta_5), \\
\dfrac{\mathrm{d}f_3(t)}{\mathrm{d}t} = [\theta_4 f_1(t) + \theta_2 f_2(t)] \tau(t, \theta_5),
\end{cases}
$$

其中 $\tau(t,\theta) = \begin{cases} 0, & t < \theta. \\ 1, & t \geqslant \theta, \end{cases}$ 也就是说, 当加热时间 $t < \theta$ 时, 油母岩没有分解, 即分解有一个滞后时间. 初始条件: $f_1(0) = 100$, $f_2(0) = 0$, $f_3(0) = 0$.

(2) $\theta^* = (0.0155, 0.0101, 0.0183, 0.0089, 5.0398)$.

第 4 章

1. 由画图得到 5 个根的有根区间分别为: $[-1.5,-1]$, $[-1,-0.5]$, $[0,0.3]$, $[0.3,0.6]$ 和 $[1,1.5]$. 用 Newton 法 (`newton.m`) 计算时分别取初始点 $x_0 = -1.5, -1, 0, 0.6$ 和 1.5. 由于 $x^* = -\dfrac{2}{3}$ 是二重根, 是线性收敛, 所以求解时迭代次数会多一些.

2. 初始点 x_0 和 x_1 分别是: -1.5 和 -1.4, -1 和 -0.5, 0 和 0.3, 0.3 和 0.6, 以及 1 和 1.5. 在计算 $x^* = -\dfrac{2}{3}$ 时, 迭代次数多, 这一点与 Newton 法一样.

3. `fzero()` 函数无法求出二重根 $x^* = -\dfrac{2}{3}$, 因为无法找到包含它的有根区间.

4. 迭代 42 次, $x^{(42)} = (5.0000, 4.0000)$.

5. 无法收敛到方程的根.

6. 设置 `options = optimoptions(@fsolve, 'Jacobian', 'on')`, 返回值中 `exitflag = -2`, 无法收敛到方程的根.

7. 用 `fzero()` 函数求导数的根, 选择区间 $(-2, 0)$ 和 $(0, 2)$. 用导数的符号判断, -0.6796 是极小值点, 0.6796 是极大值点.

8. 北纬 40.295791°, 东经 116.223508°, 具体位置是十三陵 (定陵).

9. (0, 2.5).

10. (2.3182, 0.6591, 1.1591).

11. (1) $p = (-0.0936,\ 2.5943,\ 8.4157)$, 残差平方和为 241.2443.

(2) $p = (-0.0080, 0.1931, -0.1022, 13.2513)$, 残差平方和为 106.0781.

(3) $p = (0.0009, -0.0521, 0.8658, -3.5257, 16.6041)$, 残差平方和为 36.2837.

12. (1) G-N, 0.0082148773, 6, 11, 6. (2) L-M, 0.0082148773, 12, 23, 12. (3) 拟 Newton, 0.0082148773, 10, 19, 10.

13. (1) G-N, 不收敛. (2) L-M, 124.36218, 22, 43, 22. (3) 拟 Newton, 124.36218, 22, 43, 22.

14. (1) G-N, 0.00030750695, 13, 28, 13. (2) L-M, 0.00030750705, 13, 25, 13. (3) 拟 Newton, 0.00030750561, 10, 24, 10.

15. `x = -0.1000 -0.1000 0.7000 0.1071`, `resnorm = 0.3112`.

16. `x = 0.1926 0.1956 0.1238 0.1381`, `resnorm = 3.0754e-004`, 7, 8.

17. `x = 0.0824 1.1330 2.3437`, `resnorm = 0.0082`.

18. 调用 `lsqcurvefit()` 函数时, 数据要放在函数的外部, 而调用 `lsqnonlin()` 函数时, 数据要放在函数的内部. 计算结果是相同的, 均为 `x = 0.2578 0.2578`, `resnorm = 124.3622`.

19. $a = 27.9334$, $b = 0.0058$, $c = 14.1493$.

20. $r = 0.0234$, $N = 360.3736$, 1990 年人口预测 241.77 百万.

21. (1) 1990 年人口预测 256.0584 百万.

第 5 章

1. (1)

$$
\begin{aligned}
\min \quad & 2x_1 - x_2 + 2x_3' - 2x_3'', \\
\text{s.t.} \quad & x_1' + x_2 + x_3' - x_3'' = 4, \\
& x_1' + x_2 + x_3' - x_3'' + x_4 = 6, \\
& -2x_1' + x_2 + x_5 = 16, \\
& x_1', x_2, x_3', x_3'', x_4, x_5 \geqslant 0.
\end{aligned}
$$

$$
\begin{aligned}
(2)\quad \min\quad & -2x_1 - x_2 + 3x_3' - x_4' + x_4'',\\
\text{s.t.}\quad & x_1 + x_2 - x_3' + x_4' - x_4'' + x_5 = 7,\\
& -2x_1 + 3x_2 + 5x_3' = 8,\\
& x_1 + 2x_3' + 2x_4' - 2x_4'' - x_6 = 1,\\
& x_1, x_2, x_3', x_4', x_4'', x_5, x_6 \geqslant 0.
\end{aligned}
$$

2. (1) $x^* = (24, 0, 12)^{\mathrm{T}}$, $z^* = 144$. (2) $x^* = (0, 1, 2, 0, 0)^{\mathrm{T}}$, $z^* = -8$. (3) 无有限最优解. (4) $x^* = (-1.8718, -16.4615, -13.3333)^{\mathrm{T}}$, $z^* = -119.7949$.

3. (1)
$$
\begin{aligned}
\min\quad & 10y_1 + 20y_2,\\
\text{s.t.}\quad & y_1 + 4y_2 \geqslant 10,\\
& y_1 + y_2 \geqslant 1,\\
& 2y_1 + y_2 \geqslant 2,\\
& y_1, y_2 \geqslant 0.
\end{aligned}
$$

(2)
$$
\begin{aligned}
\max\quad & 5y_1 - 4y_2 + y_3,\\
\text{s.t.}\quad & y_1 + 2y_2 + y_3 \leqslant -2,\\
& y_1 - y_2 = -1,\\
& y_1 - 3y_2 - y_3 \leqslant -3,\\
& y_1 + y_3 = -1,\\
& y_1 \leqslant 0,\quad y_2\text{无限制},\quad y_3 \geqslant 0.
\end{aligned}
$$

(3)
$$
\begin{aligned}
\max\quad & 3y_1 - 5y_2 + 2y_3,\\
\text{s.t.}\quad & y_1 + 2y_3 \leqslant 3,\\
& -2y_1 + y_2 - 3y_3 = 2,\\
& 3y_1 + 3y_2 - 7y_3 = -3,\\
& 4y_1 + 4y_2 + 4y_3 \geqslant 4,\\
& y_1 \leqslant 0,\quad y_2 \geqslant 0,\quad y_3\text{无限制}.
\end{aligned}
$$

(4)
$$
\begin{aligned}
\max\quad & 15y_1 + 20y_2 - 5y_3,\\
\text{s.t.}\quad & -y_1 - 5y_2 + y_3 \geqslant 5,\\
& 5y_1 - 6y_2 - y_3 \leqslant 6,\\
& 3y_1 + 10y_2 - y_3 = 7,\\
& y_1 \geqslant 0,\quad y_2 \leqslant 0,\quad y_3\text{无限制}.
\end{aligned}
$$

4. 提示: 对偶问题不可行, 则原问题无最优解.

5. 提示: 对偶问题不可行, 则原问题无最优解.

6. (1)
$$
\begin{aligned}
\min\quad & 4y_1 + 14y_2 + 3y_3,\\
\text{s.t.}\quad & -y_1 + 3y_2 + y_3 \geqslant 3,\\
& 2y_1 + 2y_2 - y_3 \geqslant 2,\\
& y_1, y_2, y_3 \geqslant 0.
\end{aligned}
$$

(2) 提示: 图解法, 原问题有最优解.

7. 提示: 写出对偶问题, 验证 $\left(\dfrac{1}{2}, 2\right)^{\mathrm{T}}$ 是对偶问题的可行点.

8. (1)
$$
\begin{aligned}
\max\quad & 8y_1 + 6y_2 + 6y_3 + 9y_4\\
\text{s.t.}\quad & y_1 + 2y_2 + y_4 \geqslant 2,\\
& 3y_1 + y_2 + y_3 + y_4 \geqslant 4,\\
& y_3 + y_4 \geqslant 1,\\
& 4y_1 + y_3 \leqslant 4,\\
& y_1, y_2, y_3, y_4 \geqslant 0.
\end{aligned}
$$

(2) $y_1^* = \dfrac{4}{5}$, $y_2^* = \dfrac{3}{5}$, $y_3^* = 1$, $y_4^* = 0$, $z^* = 16$.

9. (1)
$$\begin{aligned} \max \quad & 2y_1 + 3y_2, \\ \text{s.t.} \quad & y_1 + 2y_2 \leqslant 1, \\ & 2y_1 - y_2 \leqslant 3, \\ & 3y_1 + y_2 \leqslant 5, \\ & y_1 - 3y_2 \leqslant 6, \\ & y_1, y_2 \geqslant 0. \end{aligned}$$
$x_1^* = 2,\ x_2^* = x_3^* = x_4^* = 0,\ z^* = 2.$

(2)
$$\begin{aligned} \min \quad & 25y_1 + 20y_2, \\ \text{s.t.} \quad & 6y_1 + 3y_2 \geqslant 3, \\ & 3y_1 + 4y_2 \geqslant 1, \\ & 5y_1 + 5y_2 \geqslant 4, \\ & y_1, y_2 \geqslant 0. \end{aligned}$$
$x_1^* = \dfrac{5}{3},\ x_2^* = 0,\ x_3^* = 3,\ z^* = 17.$

10. (1)
$$\begin{aligned} \max \quad & 6x_1 - 2x_2 + 10x_3, \\ \text{s.t.} \quad & x_2 + 2x_3 \leqslant 5, \\ & 3x_1 - x_2 + x_3 \leqslant 10, \\ & x_1, x_2, x_3 \geqslant 0. \end{aligned}$$

(2)
$$\begin{aligned} \min \quad & 5y_1 + 10y_2, \\ \text{s.t.} \quad & 3y_2 \geqslant 6, \\ & y_1 - y_2 \geqslant -2, \\ & 2y_1 + y_2 \geqslant 10, \\ & y_1, y_2 \geqslant 0. \end{aligned}$$

(3) $y_1^* = 4,\ y_2^* = 2.$

11. (1) $x^* = (2,0,0,0)^{\mathrm{T}},\ z^* = 2$. (2) $x^* = (0,3,1)^{\mathrm{T}},\ z^* = 36$.

12. (1) $x^* = (1.7048, 0, 4.5904)^{\mathrm{T}},\ z^* = 8$. (2) 无可行解. (3) 无有限最优解. (4) $x^* = (2.5, 2.5, 2.5, 0)^{\mathrm{T}},\ z^* = 15$. (5) $x^* = (24, 33)^{\mathrm{T}},\ z^* = 294$. (6) $x^* = (14, 0, -4)^{\mathrm{T}};\ z^* = 46$. (7) $x^* = (0, 0, 1.3488, 0.2093)^{\mathrm{T}};\ z^* = 7.0698$. (8) 无有限最优解. (9) 无有限最优解. (10) $x^* = (5.5, 4.5, 0)^{\mathrm{T}};\ z^* = 44.5$. (11) 无有限最优解.

13. (1) $x^* = (4,2)^{\mathrm{T}},\ z^* = 14$. (2) $x^* = (3,2)^{\mathrm{T}},\ z^* = 5$. (3) $x^* = (2,1)^{\mathrm{T}},\ z^* = 13$. (4) $x^* = (2,1,6)^{\mathrm{T}},\ z^* = 26$. (5) $x^* = (1,1,0,0)^{\mathrm{T}},\ z^* = 5$. (6) $x^* = (0,0,1,1,1)^{\mathrm{T}},\ z^* = 6$. (7) $x^* = (1,0,1,0,0)^{\mathrm{T}},\ z^* = 4$.

14. (1) A 产品 5 件, C 产品 3 件, 最大获利 27 元. (2) 可以购买, 最多购买 15 个单位.

15. 令 x_{ij} = 工程 i 在第 j 年完成的部分, 则 $x_{11} = 0.6,\ x_{12} = 0.4,\ x_{24} = 0.225,\ x_{25} = 0.025,\ x_{32} = 0.267,\ x_{33} = 0.387,\ x_{34} = 0.346,\ x_{43} = 1,\ z = 0.52375$ 千万元. 注：最优值相同, 但方案可以有多种.

16. 第 1 年投资 A 项目 12.5 万元, B 项目 17.5 万元; 第 2 年投资 C 项目 15 万元; 第 3 年投资 A 项目 16.25 万元, D 项目 10 万元, 共回收 57.5 万元, 盈利 27.5 万元.

17. 六月初向供应商 1 订货 400 箱, 向供应商 2 订货 100 箱, 库存为 0 箱; 七月初向供应商 1 订货 400 箱, 向供应商 2 订货 400 箱, 库存为 200 箱; 八月初向供应商 1 订货 200 箱. 共花费 163700 美元.

18. (1) 8:00 有 4 个人上班, 10:00 有 4 个人上班, 11:00 有 2 个人上班, 12:00 有 2 个人上班, 13:00 有 4 个人上班, 15:00 有 2 个人上班, 15:00 有 2 个人上班, 17:00 有 4 个人上班, 19:00 有 2 个人上班, 20:00 有 6 个人上班, 共 32 人.

(2) 8:00 有 4 个人上班, 10:00 有 4 个人上班, 11:00 有 6 个人上班, 13:00 有 2 个人上班, 14:00 有 4 个人上班, 17:00 有 6 个人上班, 20:00 有 8 个人上班, 还是共需要 34 人.

19. 共设 2 个消防站, 分别设在区 2 和区 4.

20. 第一季度生产 14 万盒, 其中 10 万盒为本季度供货, 4 万盒储存为下一季度供货. 第二季度生产 15 万盒, 其中 10 万盒为本季度供货, 5 万盒储存为第三季度供货. 第三季度生产 15 万盒为本季度供货. 第四季度生产 8 万盒为本季度供货. 总成本为 292 万元.

21. 李 —— 蝶泳, 王 —— 仰泳, 张 —— 蛙泳, 赵 —— 自由泳, 预期成绩 229.2 s.

22. 甲 — B, 乙 — C 和 D, 丙 — E, 丁 — A, 预期时间 131 min.

23. 设备更新策略为 (K, R, R, K), 费用为 3.7 万元.

24. (1) 每一个炼油厂每天的产量分别为 20, 75 和 15 百万桶, 最大容量为 110 百万桶.

(2) 每一个终端每天的需求量分别为 60 和 50 百万桶, 最大容量为 110 百万桶.

(3) 泵站 4, 5, 6 每天的容量分别为 25, 40 和 70 百万桶.

(4) 最大容量为 90 百万桶.

第 6 章

1. (1) $x^*=\left(\frac{1}{2},\frac{1}{2}\right)^{\mathrm{T}}$, $\lambda^*=1$. (2) $x^*=\left(\frac{7}{18},\frac{11}{9},\frac{7}{6}\right)^{\mathrm{T}}$, $\lambda^*=\frac{17}{18}$.

2. (1) $Q=\begin{bmatrix}\frac{\sqrt{2}}{2} & -\frac{\sqrt{2}}{2}\\ \frac{\sqrt{2}}{2} & \frac{\sqrt{2}}{2}\end{bmatrix}$, $R=\begin{bmatrix}\sqrt{2}\\ 0\end{bmatrix}$; (2) $Q=\begin{bmatrix}\frac{1}{\sqrt{6}} & \frac{1}{\sqrt{3}} & \frac{1}{\sqrt{2}}\\ \frac{2}{\sqrt{6}} & -\frac{1}{\sqrt{3}} & 0\\ \frac{1}{\sqrt{6}} & \frac{1}{\sqrt{3}} & -\frac{1}{\sqrt{2}}\end{bmatrix}$,

$R=\begin{bmatrix}\sqrt{6}\\ 0\\ 0\end{bmatrix}$.

3. (1) $(0,0)\to(0,0)(\lambda=(-2,-1))\to(1,0)\to(1,0)(\lambda=(0,-1))\to(0.9,0.1)$ $(\lambda=0.2)$.

(2) $(1,0)\to(1,0)(\lambda=(-1,1))\to\left(\frac{4}{5},\frac{1}{5}\right)\left(\lambda=\frac{8}{5}\right)$.

(3) $(0,0)\to(0,0)(\lambda=(0,-8))\to(0,1)\to(0,1)\left(\lambda=\left(-\frac{28}{5},\frac{2}{5}\right)\right)\to\left(\frac{35}{31},\frac{24}{31}\right)$ $\left(\lambda=\frac{32}{31}\right)$.

5. $x(\sigma)=\left(\frac{\sigma}{2\sigma+2},\frac{\sigma}{2\sigma+2}\right)^{\mathrm{T}}$, $\lambda(\sigma)=\frac{2\sigma}{2\sigma+2}$.

6. $x(\sigma)=\left(\frac{9\sigma+16}{10\sigma+16},\frac{\sigma+2}{10\sigma+16}\right)^{\mathrm{T}}$, $\lambda(\sigma)=\frac{2\sigma}{10\sigma+16}$.

7. $x(\sigma) = \dfrac{2\sigma}{\sigma + \sqrt{\sigma^2 + 12\sigma}}$.

9. 迭代 2 次, $x^{(2)} = (0.5000, 0.5000)^{\mathrm{T}}$.

10. 迭代 1 次, $x^{(1)} = (0.9000, 0.1000)^{\mathrm{T}}$.

12. 罚函数法迭代 18 次, $x^{(18)} = (0.3889, 1.2222, 1.1666)^{\mathrm{T}}$. 乘子罚函数法迭代 6 次, $x^{(6)} = (0.3889, 1.2222, 1.1667)^{\mathrm{T}}$.

13. 提示: (1) 约束问题的一阶必要条件和二阶充分条件. (2) 一阶必要条件和二阶必要条件.

14. 提示: Taylor 展开式.

15. 提示: (1) $\bar{z} < 0$, 得到习题 11 的条件. (2) $\bar{z} = 0$, 利用 Farkas 引理.

16. 迭代 6 次, $x^{(6)} = (1.9994, 4.0000)^{\mathrm{T}}$, $\lambda^{(6)} = -0.2499$.

17. 迭代 4 次, $x^{(4)} = (0.5773, 1.7321)^{\mathrm{T}}$, $\lambda^{(4)} = 6.0000$.

18. 迭代 14 次, $x^{(14)} = (1.9994, 4.0000)^{\mathrm{T}}$, $\lambda^{(14)} = -0.2499$.

19. (1) `x = 1.3333 0.7778 0.4444`, `fval = -8.8889`, `exitflag = 1`.

(2) `x = 0.2727 2.0909 0.0000 0.5455`, `fval = -4.6818`, `exitflag = 1`.

20. `x = 0.2357 1.1785`, `fval = -2.1213`, `exitflag = 1`.

21. 提示: 用样本均值代替总体均值, 用样本方差代替总体方差, 用投资组合模型计算.

参 考 文 献

[1] 薛毅. 最优化原理与方法. 北京: 北京工业大学出版社, 2001.
[2] 袁亚湘, 孙文瑜. 最优化理论与方法. 北京: 科学出版社, 1997.
[3] Nocedal J, Wright S J. Numerical Optimization (影印版). 北京: 科学出版社, 2006.
[4] Nocedal J, Wright S J. Numerical Optimization. 2nd ed. New York: Springer Science+ Business Media, LLC, 2006.
[5] Taha H A. 运筹学导论: 初级篇. 8 版. 薛毅, 刘德刚, 朱建明, 侯思祥译, 韩继业审校. 北京: 人民邮电出版社, 2008.
[6] Taha H A. 运筹学导论: 高级篇. 8 版. 薛毅, 刘德刚, 朱建明, 侯思祥译, 韩继业审校. 北京: 人民邮电出版社, 2008.
[7] 龚纯, 王正林. 精通 MATLAB 最优化计算. 2 版. 北京: 电子工业出版社, 2012.

索　引

A

凹函数, 25

B

变尺度法, 94

变度量法, 94

C

超定方程组求解

　Gauss-Newton 法, 146

　Levenberg-Marquardt 方法, 149-150

　拟 Newton 法, 152-153

　线性最小二乘问题, 144

超线性收敛速率, 100, 108

城市规划, 230

D

单纯形法, 194

对偶单纯形法, 211

对偶定理, 209

对偶可行解, 211

对偶线性规划, 205

E

二次规划

　KKT 矩阵, 275

　等式二次规划, 274

　有效集法, 280, 283

　最优性条件, 275

二次终止性, 52, 70, 82, 87

二阶收敛速率, 87

F

罚函数

　l_1 模罚函数, 295

　二次罚函数, 286

　二次罚函数的病态性质, 291

　乘子罚函数, 300, 302, 304

罚函数法

　l_1 模罚函数法, 296

　二次罚函数法, 288

　乘子罚函数法, 297, 303, 307

非线性方程求根

　Newton 法, 133

　弦截法, 135

非线性方程组求解

　Newton 法, 137, 139, 141

　拟 Newton 法, 140

　信赖域方法, 142

非有效约束, 15

G

共轭方向, 74

共轭梯度法

　FR 算法, 79-80

　PRP 算法, 81

　二次终止性, 82

　全局收敛性, 83

　收敛速率, 84

　线性共轭梯度法, 78-79

J

极大似然估计, 66

简约 Hesse 矩阵, 275

局部解, 8-9, 13

局部收敛性, 87, 90

K

可行点, 13, 194

可行解, 194

可行解集, 194

可行域, 13, 194

扩展子空间定理, 75

L

两点二次插值法, 45
灵敏度分析, 226
路灯照明问题, 65

N

内点算法, 215
拟 Newton 方程, 95, 96
拟 Newton 法
    BFGS 算法, 101
    BFGS 修正公式, 105, 110, 118
    DFP 算法, 103
    DFP 修正公式, 105
    超线性收敛速率, 108,
    全局收敛性, 108,
    信赖域算法, 110
    秩 1 修正公式, 95
    秩 1 修正公式算法, 97
    秩 1 修正公式性质, 98
    秩 2 修正公式性质, 105
拟 Newton 法, 140, 152

Q

切锥, 31
求极值问题, 177
曲线拟合问题, 126, 182
全局解, 7, 13
全局收敛性, 51, 71, 108

R

人力规划, 244

S

生产计划与库存控制, 236
剩余变量, 190
收敛速率
    二阶收敛, 52, 87
    超线性收敛, 52, 108
    线性收敛, 52, 74, 84
收敛性
    局部收敛, 50
    全局收敛, 50, 71, 108
    收敛定理, 50
松弛变量, 190

T

梯度, 9
投资, 233
投资组合问题, 331
凸函数, 25
凸集, 22
凸锥, 28

W

无约束问题的最优性条件
    一阶必要条件, 10
    二阶充分条件, 11

X

下降方向, 32, 68, 80, 83, 105
香蕉函数, 12
效应函数, 312, 318
线搜索, 43
线性规划
    标准形式, 190
    单纯形表, 197
    单纯形法, 194
    改进单纯形法, 203
    基本解, 195
    基本可行解, 195
    可行解, 194
    可行解集, 194
    两阶段方法, 199
    图解法, 191
    最优解, 194
线性规划的对偶
    对偶单纯形法, 211
    对偶理论, 208, 210
    对偶线性规划, 205

正则解, 211
线性化锥, 31
线性收敛, 52, 74, 84
信赖域方法
Cauchy 点, 55
CG-Steihaug 算法, 93
dogleg 方法, 54
Newton 步, 54
基本结构, 53
全局收敛性, 55
信赖域方法, 91, 110, 142, 316, 320
序列二次规划方法
Lagrange-Newton 法, 308-309
一般约束问题, 310, 316
效应函数, 312, 318
信赖域方法, 316, 318, 320
选址问题, 125, 332

Y

药物浓度的测定, 126
有效集, 16, 280, 283
有效约束, 16
有效约束指标集, 16, 274, 280, 283
有效集法, 280, 283
一维搜索
精确一维搜索, 43, 46, 48
非精确一维搜索, 48
约束问题最优性条件
一阶必要条件, 14, 16, 31, 35
二阶充分条件, 19-21, 33, 38
约束限制条件
线性独立性条件, 17, 32
线性函数, 17
运输问题, 248

Z

增广 Lagrange 函数, 300, 302, 305
整体解, 7, 13
正定二次函数, 49
最大流问题, 258
最短路问题, 253
最速下降法
算法, 69
收敛性, 71
线性收敛速率, 100, 108
最小二乘问题, 2-3, 35-36, 133
最小费用最大流问题, 261
最小覆盖, 246
最优化问题
无约束问题, 7, 8
约束问题, 7, 8, 10, 273
线性规划, 3, 188
二次规划, 2, 4, 273
整数规划, 2
混合规划, 2
最优解
无约束问题, 7
约束问题, 13-14
线性规划, 194
最优指派问题, 250

其　他

0.618 法, 43, 44
Armijo 准则, 48
BFGS 算法, 101
BFGS 修正公式, 105
Cauchy 点, 55
DFP 算法, 103
DFP 修正公式, 105
Farkas 引理, 29, 296
FR 算法, 79, 80
Goldstein 准则, 47
GPS 定位问题, 179, 182
HP 算法, 307
HPR 算法, 307
Hesse 矩阵, 11, 329
Jacobi 矩阵, 137, 146

Karush-Kuhn-Tucker 条件, 16
Kantorovich 不等式, 73
KKT 条件, 16
Lagrange 乘子, 16, 224, 278, 280, 290
Lagrange 函数, 16, 275, 298
Lagrange-Newton 法, 308
Newton 法
　　精确 Newton 法, 85
　　非精确 Newton 法, 88-89
　　带有一维搜索的 Newton 法, 90
　　信赖域 Newton 法, 91
　　二次终止性, 87
　　局部收敛性, 87, 90
　　二阶收敛速率, 87, 88, 92
Newton 法, 133, 137
PRP 算法, 81
Rosenbrock 函数, 12
Sherman-Morrison 公式, 96
Wolfe 准则, 47, 50, 80, 142

MATLAB 函数索引

fminbnd 函数 —— 求一维函数的极小点, 63
fmincon 函数 —— 求解一般约束优化问题, 327
fminsearch 函数 —— 使用直接方法求解无约束优化问题, 119
fminunc 函数 —— 求解无约束优化问题, 118
fsolve 函数 —— 求解非线性方程组, 167
fzero 函数 —— 求解非线性方程, 169
intlinprog 函数 —— 求解整数线性规划和 0-1 规划问题, 227
linprog 函数 —— 求解线性规划问题, 222
lsqcurvefit 函数 —— 最小二乘意义下的非线性曲线拟合, 174
lsqlin 函数 —— 求解带有线性约束的线性最小二乘问题, 170
lsqnonlin 函数 —— 求解非线性最小二乘问题, 176
lsqnonneg 函数 —— 求解非负约束的线性最小二乘问题, 172
ode45 函数 —— 求微分方程初值问题的数值解, 128
optimoptions 函数 —— 优化函数中参数设置或修改, 123, 168, 170, 222, 324
optimset 函数 —— 参数设置或修改, 121, 174, 324
quadprog 函数 —— 求解二次规划问题, 323

MATLAB 自编函数索引

armijo 函数 —— 按 Armijo 准则编写的非精确一维搜索算法, 60
assignment 函数 —— 求解最优指派问题, 250
BFGS 函数 —— 求解无约束问题的 BFGS 算法, 114
Box 函数 ——Box 三维测试函数, 165
cg 函数 —— 求解无约束问题的 PRP 算法, 112
dogleg 函数 —— 求解信赖域子问题的 dogleg 方法, 61
dual_sim 函数 —— 从正则解开始的对偶单纯形法, 220
GN 函数 —— 求解非线性最小二乘问题的 Gauss-Newton 法, 161
golden 函数 —— 求一维问题极小点的 0.168 法, 57
LM 函数 —— 求解非线性最小二乘问题的 Levenberg-Marquardt 方法, 162
max_flow 函数 —— 求解最大流问题, 259
mincost_flow 函数 —— 求解最小费用最大流, 262
Newton 函数 —— 求解无约束问题的 Newton 法, 113
—— 求解非线性方程的 Newton 法, 154
Newtons 函数 —— 求解非线性方程组的 Newton 法, 156
Newton_Search 函数 —— 求解非线性方程组带有一维搜索的 Newton 法, 159
qnewton 函数 —— 求解非线性最小二乘问题的拟 Newton 法, 163
Quasi_Newton 函数 —— 求解非线性方程组的拟 Newton 法, 158
range 函数 —— 作线性规划灵敏度分析, 226
secant 函数 —— 求解非线性方程的弦截法, 155
shortest_path 函数 —— 求解最短路问题, 254
simplex 函数 —— 从基本可行解开始的单纯形法, 217
steepest 函数 —— 求解无约束问题的最速下降法, 111
transportation 函数 —— 求解运输问题, 249
Trust_E 函数 —— 求解非线性方程组的信赖域方法, 160
Trust_N 函数 —— 求解无约束问题的 Newton 型信赖域方法, 115
Trust_R2 函数 —— 求解无约束问题的拟 Newton 型信赖域方法 (BFGS 公式), 116
two_phase 函数 —— 求解线性规划的两阶段方法, 218
twopoint 函数 —— 求一维问题极小点的两点二次插值法, 59